高职高专教改系列教材·建筑工程技术类

编审委员会

☆ 高职高专教改系列教材·建筑工程技术类

建筑施工技术

主　编　胡　慨

副主编　孔定娥　胡　昊

中国科学技术大学出版社

·合肥·

内 容 简 介

　　本书为安徽省财政支持省属高等职业院校"建筑工程技术专业"发展能力提升项目建设系列教材之一,作者本着高职高专教育特色,依据提升专业发展服务能力、专业人才培养方案和课程建设的目标和要求,按照校企专家多次研究讨论后制定的课程标准进行编写。全书共 7 个学习任务,内容包括土石方工程、地基与基础工程、砌筑工程、钢筋混凝土结构工程、结构安装工程、屋面与防水工程、装饰工程。

　　本书为高职高专建筑工程技术专业教材,也可作为土建类相关专业课程教材和工程技术人员的参考用书。

图书在版编目(CIP)数据

建筑施工技术/胡慨主编. —合肥:中国科学技术大学出版社,2013.9
(高职高专教改系列教材·建筑工程技术类/满广生,胡慨主编)
ISBN 978-7-312-03285-1

Ⅰ.建…　Ⅱ.胡…　Ⅲ.建筑工程—工程技术—高等学校—教材　Ⅳ.TU74

中国版本图书馆 CIP 数据核字(2013)第 151969 号

责任编辑:张善金
出 版 者:中国科学技术大学出版社
地　　址:安徽省合肥市金寨路 96 号,230026
网　　址:http://press.ustc.edu.cn
电　　话:发行部 0551-63606086-8808
印 刷 者:合肥学苑印务有限公司
发 行 者:中国科学技术大学出版社
经 销 者:全国新华书店
开　　本:710 mm×960 mm　1/16
印　　张:23.75
字　　数:452 千
版　　次:2013 年 9 月第 1 版
印　　次:2013 年 9 月第 1 次印刷
定　　价:38.00 元

前　言

　　本书是依据安徽省财政支持"建筑工程技术专业"发展能力提升建设项目的建设要求,结合专业人才培养方案和课程建设目标进行编写的。

　　本书以工作过程为导向,以任务引领为思路进行编写。本书编写时,坚持遵守现行规范要求并与工程实际相结合,强调"以实用为主,以够用为度,注重实践,强化训练,利于发展"的原则,根据专业知识与能力需求,设置教学内容,并注重内容的实用性、可操作性及综合性,及时引入行业新知识,确保教学内容与行业需求接轨。在本书编写过程中,我们充分汲取了高职教育在探索培养技术应用型专门人才方面取得的成功经验、研究成果和建筑施工行业的新技术、新工艺,从而保证了本书内容的先进性和实践指导性。

　　本书是集体智慧和力量的结晶,参加编写工作的作者均来自长期从事建筑施工技术教学、科研和工程建设第一线的教师、科研人员和工程技术专家,胡慨担任主编,具体编写分工如下:安徽水利水电职业技术学院胡慨编写学习任务4;宋文学编写学习任务6;包海玲编写学习任务1;孔定娥编写学习任务2;何芳编写学习任务5;胡昊编写学习任务7;蚌埠市江河水利工程建设有限责任公司王堃编写学习任务3。全书由胡慨统稿、总纂,夏雨担任主审。

　　本教材由安徽水利水电职业技术学院和蚌埠市江河水利工程建设有限责任公司共同开发,在编写过程中,得到了安徽水利水电职业技术学院领导和教学管理部门,以及蚌埠市江河水利工程建设有限责任公司的大力支持,此外,我们在编写过程中还参阅了大量同类教科书、文献、资料,在此向上述关心和支持本书出版的领导、同事、相关部门和单位以及参考文献的作者们一并表示感谢。

　　当今社会,科学和技术飞速发展,知识创新、技术创新层出不穷,尽管我们很努力,试图尽可能使本书所涉及内容尽善尽美,但是由于作者水平有限,书中难免存在不妥之处,恳请同行专家、学者和读者不吝赐教,以便于我们在将来重印或再版时修正。

编　者

2013 年 5 月 20 日

目　　录

学习任务 1 土石方工程

【学习目标】

本项目以房屋建筑工程为项目载体,学习土的工程性质、土方工程量计算、土方工程施工技术以及基坑施工技术。通过本项目的教学,使学生:

(1) 能理解土的工程性质、分类以及爆破的基本概念,了解土方工程机械的种类、性能及使用和爆破工程中装药量的计算及爆破方法。

(2) 掌握填土压实方法、质量要求以及基坑施工。

(3) 初步具有组织土方施工,选择施工机械,计算工程量,以及控制工程质量和施工安全的能力。

学习单元 1.1 概　　述

‖ 工作任务表 ‖

能力目标	主讲内容	学生完成任务
通过学习训练,使学生理解土方工程特点,掌握土的分类和土的基本性质	着重介绍土的分类和土的工程性质	结合相关专业课,在学习过程中对室外各类土进行分类,并利用实训设备,实测各类土的工程性质

土方工程是建筑工程施工中的主要工种工程之一,也是整个建设工程全部施工过程中的第一道工序。土方工程主要包括土的开挖、运输和填筑等主要施工过程,以及排水、降水和土壁支撑等准备工作及辅助工作。

1.1.1 土方工程的施工特点

土方工程的施工具有以下特点:

(1) 土方工程施工面广、量大、工期长、劳动强度大。

(2) 多为露天作业,易受气候的影响大。

（3）受水文、地质条件影响较大，地下开挖后难以确定的因素较多。

（4）土的坚硬程度不一，开挖及回填的几何特征不一，施工难易程度相差较大。

因此，为了减轻劳动强度，提高工效，加快工程进度，降低成本，在组织施工之前，应根据工程自身条件，制定合理的施工方案，尽可能采用新技术和机械化施工，为整个工程的后续工作提供良好的工作面。

1.1.2 土的分类

在建筑施工中土方工程一般按以下两种方法进行分类。

1. 按土开挖的难易程度分类

按开挖的难易程度（坚实程度），土可分为松软土、普通土、坚土、砂砾坚土、软石、次坚石、坚石、特坚石八类，前四类属于土，后四类属于岩石，见表 1.1。

2. 按开挖和填筑的几何特征分类

按开挖和填筑的几何特征，土方工程分为以下五种：

（1）平整场地。系指挖填平均厚度 $h \leqslant 300$ mm 的挖填找平工作。

（2）挖基槽。系指基槽或基坑宽度 $b \leqslant 3$ m 且基槽或基坑长度 $a \geqslant 3b$ 者。

（3）挖基坑。系指基底面积 $S \leqslant 20$ m^2 且 $a \leqslant 3b$ 者。

（4）挖土方。系指山坡挖土或基槽开挖 $b > 3$ m、基坑开挖 $S > 20$ m^2、场地平整 $h > 300$ mm 者。

（5）回填土。回填土分不同形状的松填和夯填。

正确区分和鉴别土的种类，可以合理地选择施工方法和准确地套用定额计算土方工程费用。

表 1.1 土的工程分类与现场鉴别方法

土的分类	土的名称	土的可松性系数		现场鉴别方法
		K_s	K_s'	
一类 （松软土）	砂，亚砂土，冲击砂土层，种植土，泥炭（淤泥）	1.08～1.17	1.01～1.03	能用锹、锄头挖掘
二类 （普通土）	亚黏土，潮湿的黄土，夹有碎石、卵石的砂，种植土，填筑土及亚砂土	1.14～1.28	1.02～1.05	用锹、锄头挖掘，少许用镐、撬棍
三类 （坚土）	软及中等密实土，重亚黏土，粗砾石，干黄土及含碎石、卵石的黄土，亚黏土，压实的填筑土	1.24～1.30	1.04～1.07	主要用镐，少许用锹、锄头挖掘，部分用撬棍

土的分类	土的名称	土的可松性系数		现场鉴别方法
		K_s	K_s'	
四类 (砂砾坚土)	重黏土及含碎石、卵石的黏土,粗卵石,密实的黄土,天然级配砂石,软泥灰岩及蛋白石	1.26~1.32	1.06~1.09	整个用镐、撬棍,然后用锹挖掘,部分用楔子及大锤
五类 (软石)	硬石炭纪黏土,中等密实的页岩,泥灰岩,白垩土,胶结不紧的砾岩,软的石灰岩	1.30~1.45	1.10~1.20	用镐或撬棍、大锤挖掘,部分使用爆破方法
六类 (次坚石)	泥岩,砂岩,砾岩,坚实的页岩,泥灰岩,密实的石灰岩,风化花岗岩,片麻岩	1.30~1.45	1.10~1.20	用爆破方法开挖,部分用风镐
七类 (坚石)	大理岩,辉绿岩,玢岩,粗、中粒花岗岩,坚实的白云石,砂岩,砾岩,片麻岩,石灰岩,风化痕迹的安山岩,玄武岩	1.30~1.45	1.10~1.20	用爆破方法开挖
八类 (特坚石)	安山岩,玄武岩,花岗片麻岩,坚实的细粒花岗岩,闪长岩,石英岩,辉长岩,辉绿岩,玢岩	1.45~1.50	1.20~1.30	用爆破方法开挖

1.1.3 土的基本性质

土的工程性质影响着土方工程的施工方法、施工机械的选择、劳动力消耗以及工程费用。其基本工程性质包括以下几个方面:

1. 含水率

土的含水率是土中水的质量与固体颗粒质量之比,以百分率表示:

$$w = \frac{m_w}{m_s} \times 100\% \tag{1.1}$$

式中,w 为土的含水率(%);m_w 为土中水的质量;m_s 为土中固体颗粒的质量。

2. 天然密度和干密度

土在天然状态下单位体积的质量称为天然密度;单位体积中土的固体颗粒质量称为土的干密度(单位:g/cm³、t/m³)。

$$\rho = \frac{m}{V} \tag{1.2}$$

$$\rho_d = \frac{m_s}{V} \tag{1.3}$$

(1.2)式和(1.3)式中,ρ 为土的天然密度;ρ_d 为土的干密度;m 为土的总质量;m_s 为土的固体颗粒质量;V 为土的天然体积。

3. 孔隙比和孔隙率

孔隙比和孔隙率反映了土的密实程度,其值愈小,土愈密实。孔隙比 e 是土的孔隙体积 V_v 与固体体积 V_s 的比值:

$$e = \frac{V_v}{V_s} \tag{1.4}$$

孔隙率 n 是孔隙体积 V_v 与总体积 V 的比值,用百分率表示:

$$n = \frac{V_v}{V} \times 100\% \tag{1.5}$$

4. 可松性

自然状态下的土经开挖后,内部组织破坏,其体积因松散而增加,以后虽经压实但仍不能恢复其原来体积,土的这种性质称为土的可松性。

$$K_s = \frac{V_2}{V_1} \tag{1.6}$$

$$K_s{}' = \frac{V_3}{V_1} \tag{1.7}$$

式中,K_s 为最初可松性系数;$K_s{}'$ 为最终可松性系数;V_1 为自然状态下体积,单位:m^3;V_2 为松散状态下体积,单位:m^3;V_3 为回填压实后体积,单位:m^3。

土经压实后,土壤变得密实,但无论如何其密实程度不如原土,即 $V_3 > V_1$。

K_s、$K_s{}'$ 的大小与土质有关,根据土的工程分类,相应的可松性系数可参考表1.1。在甲、乙双方计算土方费用时,回填方量以压实方计算;挖土、运土方量均以自然方计算,常利用可松性系数进行体积换算。

5. 渗透性

土的渗透性是指土体被水透过的性质。土体孔隙中的自由水在重力作用下会发生流动作用。当基坑(槽)开挖至地下水位以下时,地下水会不断流入基坑(槽)。地下水在土中渗透流动时受到土颗粒的阻力,其大小与土的渗透性及地下水渗流的路程长短有关。法国学者达西的砂土渗透试验发现水在土中的渗流速度(v)与水力坡度(I)成正比,即

$$v = kI \tag{1.8}$$

水力坡度 I 是水位差 H 与渗流路程 L 之比,即 $I = H/L$。显然,渗流速度 v 与 H 成正比,与渗流的路程长度 L 成反比。比例系数 k 称为土的渗透系数(m/d),它与土的颗粒级配、密实程度等有关,一般由试验确定,表1.2的数值可

供参考。土的渗透系数是选择各种人工降低地下水位方法的依据,也是分层填土时,确定相邻两层结合面形式的依据。

表 1.2　土的渗透系数参考值

土的名称	渗透系数(m/d)	土的名称	渗透系数(m/d)
黏土	<0.005	中砂	5.0～20.00
亚黏土	0.005～0.10	均质中砂	35～50
轻亚黏土	0.10～0.25	粗砂	20～50
黄土	0.25～0.50	圆砾石	50～100
粉砂	0.50～1.00	卵石	100～500
细砂	1.00～5.00		

6. 土的压实系数

土的紧密程度用土的压实系数表示:

$$\lambda_e = \frac{\rho_d}{\rho_{dmax}} \tag{1.9}$$

式中,λ_e 为土的压实系数;ρ_d 为土的实际干密度;ρ_{dmax} 为土的最大干密度。

土的干密度可以用"环刀法"进行测定,即用环刀取样,测出天然密度,烘干后测出含水率(w),然后用下式计算实际干密度:$\rho_d = \rho/(1+0.01w)$。而 ρ_d 的最大值(土的最大干密度)可由击实试验测出。

土的工程性质对土方工程的施工有直接影响,在进行土方量的计算、确定运土机具的数量等情况时,要考虑到土的可松性;在进行基坑、基槽的开挖,确定降水方案等情况时,要考虑到土的渗透性;在考虑土方边坡稳定、进行填土压实等情况时,要考虑到土的密实度 λ_e,进而考虑到干密度 ρ_d 及含水率 w。

<h1 align="center">学习单元 1.2　土方工程量计算</h1>

┃ 工作任务表 ┃

能力目标	主讲内容	学生完成任务
通过学习,使学生学会各类土方挖填工程量计算	主要介绍基坑基槽挖土工程量、填土工程量计算方法及场地平整工程量计算方法	根据室外场地条件,在学习过程中选择一块自然场地进行地面标高测量,采用方格网法进行场地平整工程量计算

在土方施工之前,必须先计算土方的工程量。土方工程外形复杂且不规则,

一般情况下,将其分割为具有一定几何形状的形体,按照求解几何体积的理论方法分块求和与实际情况近似的方法来进行计算。在同一基坑或基槽的土方挖、运、填工程量计算中,挖土量是计算运土、填土量的基础和依据。按挖土断面不同有不放坡挖土(直挖)和放坡挖土两种。

1.2.1 基坑(槽)挖土工程量

1.2.1.1 基槽土方量计算

$$V_{槽} = \sum L_i \cdot S_i \tag{1.10}$$

式中,L_i 为基槽所在断面的长度,外墙基槽按中心线计算,内墙基槽按净长线计算;S_i 为基槽平均断面面积,不放坡时(矩形)$S = BH$,放坡时(梯形)$S = (mH + B)H$,其中,B 为基槽开挖底宽,H 为开挖深度,m 为放坡系数。

1.2.1.2 坑土方量计算

$$V_{坑} = \frac{H}{6}(S_1 + 4S_0 + S_2) \tag{1.11}$$

式中,H 为挖土深度(开挖基底至自然地坪的高差),单位:m;S_1 为基底面积,单位:m^2;S_2 为基坑上口面积,单位:m^2;S_0 为基坑中截面面积,单位:m^2。

　　工程图设计中往往并不直接告诉基坑面积,而是注明开挖范围(距外墙轴线的距离)、开挖深度及放坡系数等,这样可直接利用梯形体计算。对于不规则图形,可分解为几个梯形体计算。

$$V_{坑} = ABH + (A + B)mH^2 + \frac{4}{3}m^2H^3 \tag{1.12}$$

式中,A 为基坑底长度,单位:m;B 为基坑底宽度,单位:m;H 为基坑开挖深度,单位:m;m 为放坡系数。

　　基坑土方量计算简图如图1.1所示。

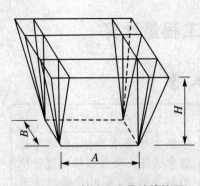

图1.1 基坑土方量计算简图

1.2.2 回填土工程量

　　回填土工程量计算按工程部位不同分为基坑、基槽、房心、问题坑和室外沟槽等回填。

1.2.2.1 基坑、基槽回填工程量

　　按设计室外地坪与自然地坪的高差关系分三种情况计算如下:

(1) 室外设计地坪高程与自然地坪高程相同时：

$$V_填 = V_挖 - V_埋 \qquad (1.13)$$

(2) 当室外自然地坪高于设计室外地坪时：

$$V_填 = V_挖 - V_埋 - S_2 \Delta H \qquad (1.14)$$

(3) 当室外自然地坪低于设计室外地坪时：

$$V_填 = V_挖 - V_埋 + S_2 \Delta H \qquad (1.15)$$

式中，$V_挖$ 为基槽或基坑的挖土方量，单位：m^3；$V_填$ 为基槽或基坑的回填土方量，单位：m^3；$V_埋$ 为设计室外地坪以下埋设的结构体积，单位：m^3；S_2 为挖土上口面积，单位：m^2；ΔH 为自然地坪与设计室外地坪的高差，单位：m。

三种相对关系基础土方计算简图如图 1.2 所示。

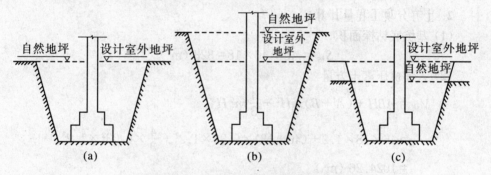

图 1.2 三种相对关系基础土方计算简图

(a) 设计室外地坪与自然地坪相同；(b) 设计室外地坪低于自然地坪；
(c) 设计室外地坪高于自然地坪

1.2.2.2 房心回填工程量

房心回填工程量按主墙之间的净面积乘以填土的平均厚度计算：

$$V_素 = (S_{房心} + S_{底层阳台} + S_{室外平台}) h_{平均} \qquad (1.16)$$

当回填高度相差较大时，采用分块计算法：

$$V_素 = \sum (分块面积 \times 相应厚度) \qquad (1.17)$$

1.2.2.3 外运余土或取土工程量

外运余土或取土工程量用下式计算：

$$V_{外运} = V_{总挖} - V_用 \qquad (1.18)$$

上式计算结果为正值时为余土外运，为负值时为取(购)土回填。

1.2.2.4 土方工程量计算示例

某住宅楼工程基础平面为矩形，纵外墙外边线长 40.0 m，总宽 12.0 m 地基处理设计规定,大开挖范围从外墙边线外放 3.0 m,从设计室外地坪(− 0.75 m,与自然地坪相同)向下挖深 3.80 m,在基底钻探后向上满铺素土回填 1.20 m,3∶7 灰土 0.60 m 至基础底面。施工组织设计采用挖掘机挖土,推土机辅助推土,放坡系数为 0.33,最终可松性系数 $K'_s = 1.08$。事先已另行计算出设计室外地坪以下埋设总体积 $V_埋 = 295.11$ m³,按分块法计算出底层地面净面积合计 419.60 m²。地面垫层均为 3∶7 灰土 100 mm 厚,混凝土垫层、砂浆找平层、面层为 120 mm 厚。采用统筹法计算各项土方工程量如下:

1. 基坑土方计算基数

$$A = 40.0 + 6.0 = 46.0 \text{ (m)} \qquad m = 0.33$$

$$B = 12.0 + 6.0 = 18 \text{ (m)} \qquad K'_s = 1.08$$

$$H_{总填} = 1.80 \text{ m} \qquad H_素 = 1.20 \text{ m} \qquad H_{灰土} = 0.60 \text{ m}$$

2. 土方分项工程量计算

(1) 基坑底钻探面积

$$S_钻 = AB = 46 \times 18 = 828 \text{ (m}^2\text{)}$$

(2) 人铺机压素土方量

$$V_坑 = ABH + (A + B)mH^2 + \frac{4}{3}m^2H^3$$

$$= 46 \times 18 \times 1.2 + (46 + 18) \times 0.33 \times 1.2^2 + \frac{4}{3} \times 0.33^2 \times 1.2^3$$

$$= 1024.26 \text{ (m}^3\text{)}$$

(3) 满堂回填土及灰土总体积

$$V_填 = ABH + (A + B)mH^2 + \frac{4}{3}m^2H^3$$

$$= 46 \times 18 \times 1.8 + (46 + 18) \times 0.33 \times 1.2^2 + \frac{4}{3} \times 0.33^2 \times 1.8^3$$

$$= 1\,559.68 \text{ (m}^3\text{)}$$

(4) 人铺机压 3∶7 灰土方量

$$V_{灰土} = V_{总填} - V_{素填}$$

$$= 1\,559.68 - 1\,024.26$$

$$= 535.42 \text{(m}^3\text{)}$$

(5) 挖掘机挖土方量

$$V_挖 = ABH + (A + B)mH^2 + \frac{4}{3}m^2H^3$$

$$= 46 \times 18 \times 3.8 + (46 + 18) \times 0.33 \times 3.8^2 + \frac{4}{3} \times 0.33^2 \times 3.8^3$$

$$= 3\,459.34 \text{ (m}^3\text{)}$$

(6) 基坑槽帮回填土体积

$$V_{坑填} = V_{挖} - V_{总填} - V_{埋} = 3\,459.34 - 1\,559.68 - 295.11 = 1\,604.55\ (\text{m}^3)$$

(7) 房心回填土体积

$$V_{房填} = \sum (\text{分块面积} \times \text{相应回填土厚度}) = 419.60 \times (0.75 - 0.22)$$
$$= 222.39\ (\text{m}^3)$$

(8) 房心回填灰土体积

$$V_{房灰土} = 419.6 \times 0.1 = 41.96\ (\text{m}^3)$$

(9) 回填素土压实方总体积

$$V_{总素} = 1\,024.26 + 1\,604.55 + 222.39 = 2\,851.20\ (\text{m}^3)$$

(10) 3∶7 灰土压实方总体积

$$V_{总灰} = 535.42 + 41.96 = 577.38\ (\text{m}^3)$$

(11) 用做回填的挖土体积自然方

$$V_{用} = (V_{总素} + 0.7V_{总灰})/K_s = (2\,851.2 + 0.7 \times 577.38)/1.08 = 3\,014.23\ (\text{m}^3)$$

(12) 余土外运土方

$$V_{余} = V_{挖} - V_{用} = 3\,459.34 - 3\,014.23 = 445.11\ (\text{m}^3)$$

1.2.3 场地平整土方工程量

场地平整通常是挖高填低。计算场地挖方量和填方量,首先要确定场地设计标高,由设计平面的标高和天然地面的标高之差,可以得到场地各点的施工高度(即填挖高度),由此可计算场地平整的挖方和填方的工程量。

1.2.3.1 场地设计标高确定

场地设计标高是进行场地平整土方量计算的依据,也是总体规划和竖向设计的依据。合理地确定场地设计标高,对减少土石方量、加快工程进度都有重要的经济意义。如图 1.3 所示,当场地设计标高为 H_0 时,填挖方基本平衡,可将土方移挖作填,就地处理;当设计标高为 H_1 时,填方大大超过挖方,则需从场地外大量取土回填;当设计标高为 H_2 时,挖方大大超过填方,则要向场地外大量弃土。因此,在确定场地设计标高时,应结合现场的具体条件,反复进行技术经济比较,选择其中最优方案。其原则是:① 应满足生产工艺和运输的要求;② 充分利用

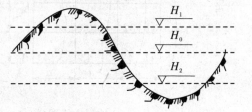

图 1.3　场地不同设计标高的比较

地形(如分区或分台阶布置),尽量使挖填方平衡,以减少土方量;③ 要有一定泄水坡度($i \geqslant 2\text{‰}$),使之能满足排水要求;④ 要考虑最高洪水位的影响。场地设计

标高如无其他特殊要求,则可根据填挖方量平衡的原则加以确定。

1. 场地设计标高(H_0)

将场地划分成边长为 a 的若干个方格,将方格网各角点的原地形标高标在图上。原地形标高可利用等高线由插入法求得或在实地测量得到。按照挖填土石方量相等的原则,场地设计标高可按下式计算:

$$H_0 na^2 = \sum_{i=1}^{n} \left(a^2 \frac{Z_{i1} + Z_{i2} + Z_{i3} + Z_{i4}}{4} \right) \tag{1.19}$$

即

$$H_0 = \frac{1}{4n} \sum_{i=1}^{n} (Z_{i1} + Z_{i2} + Z_{i3} + Z_{i4}) \tag{1.20}$$

式中,H_0 为所计算场地的初定设计标高;n 为方格数;Z_{i1},Z_{i2},Z_{i3},Z_{i4} 为第 i 个方格中四个角点的天然地面标高。

由图 1.4 可见,11 号角点为一个方格独有的,而 12,13,21,24 号角点为两个方格共有,22,23,32,33 号角点则为四个方格所共有,在用(1.20)式计算 H_0 的过程中,类似 11 号角点的标高仅加一次,类似 12 号角点的标高加二次,类似 22 号角点的标高加四次,这种在计算过程中被应用的次数称 P_i,它反映了各角点标高对计算结果的影响程度,测量上的术语称为"权"。考虑各角点标高的"权",(1.20)式可改写成更便于计算的形式:

$$H_0 = \frac{1}{4n} \left(\sum Z_1 + 2 \sum Z_2 + \sum 3Z_3 + \sum 4Z_4 \right) \tag{1.21}$$

式中,Z_1 为一个方格独有的角点标高;Z_2,Z_3,Z_4 为二、三、四个方格所共有的角点标高。

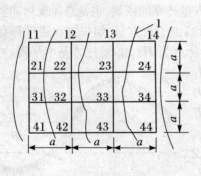
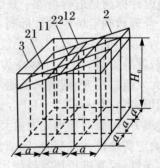

(a) 地形方格图　　　　　　　(b) 设计标高示意图

图 1.4　场地设计标高计算示意图

1—等高线;2—自然地面;3—设计平面

【例 1.1】　确定图 1.5 所示的场地设计标高 H_0。

$$H_0 = \frac{1}{4 \times 6}\big[(252.45 + 251.40 + 250.60 + 251.60) + 2 \times (252.00 + 251.70$$
$$+ 251.90 + 250.95 + 251.25 + 250.85) + 4 \times (251.60 + 251.28)\big]$$
$$= 251.45 \text{ (m)}$$

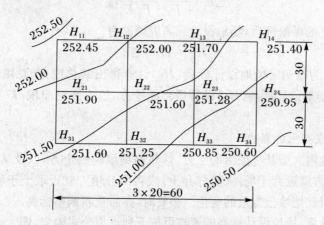

图 1.5　场地设计标高计算图(单位:m)

2. 调整场地设计标高

初步确定场地设计标高(H_0)仅为一理论值,实际上,还需要考虑以下因素对初步场地设计标高(H_0)值进行调整。

1) 土的可松性影响

由于土具有可松性,会造成填土的多余,需相应地提高设计标高。如图 1.6 所示,设 Δh 为土的可松性引起设计标高的增加值,则设计标高调整后的总挖方体积 V_w' 为:

$$V_w' = V_w - F_w \cdot \Delta h \tag{1.22}$$

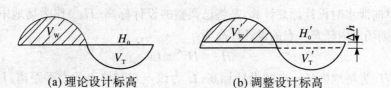

(a) 理论设计标高　　　　　　(b) 调整设计标高

图 1.6　设计标高调整计算示意

总填方体积为:

$$V_T' = V_w' K_s' = (V_w - F_w \cdot \Delta h) \cdot K_s' \tag{1.22}$$

此时,填方区的标高也应与挖方区一样,提高 Δh,即

$$\Delta h = \frac{V_T{}' - V_s}{F_T} = \frac{(V_w - F_w \cdot \Delta h) \cdot K_s{}' - V_T}{F_T} \tag{1.23}$$

经移项整理简化得(当 $V_T = V_w$ 时)

$$\Delta h = \frac{V_w \cdot (K_s{}' - 1)}{F_T + F_w K_s{}'} \tag{1.24}$$

故考虑土的可松性后,场地设计标高应调整为:

$$H_0{}' = H_0 + \Delta h \tag{1.25}$$

式中,V_w,V_T 为按初定场地设计标高(H_0)计算得出的总挖方、总填方体积;F_w,F_T 为按初定场地设计标高(H_0)计算得出的挖方、填方区总面积;$K_s{}'$ 为土的最终可松性系数。

2) 借土或弃土的影响

由于场地内大型基坑挖出的土方、修筑路堤填高的土方,以及从经济角度比较,将部分挖方就近弃于场外(简称弃土)或将部分填方就近取土于场外(简称借土)等,均会引起挖填土方量的变化。必要时,亦需重新调整标高。

为简化计算,场地设计标高的调整可按下列近似公式确定,即

$$\dot{H}_0{}'' = H_0{}' \pm \frac{Q}{na^2} \tag{1.26}$$

式中,Q 为假定按初步场地设计标高(H_0)平整后多余或不足的土方量;n 为场地方格数;a 为边长。

3) 考虑泄水坡度对设计标高的影响

按调整后的同一设计标高进行场地平整时,整个场地表面均处于同一水平面,但实际上由于排水的要求,场地表面需有一定的泄水坡度。设计无要求时,应向排水沟方向作成不小于2‰的坡度。因此,还需根据场地泄水坡度的要求(单向泄水或双向泄水),计算出场内各方格角点实际施工所用的设计标高。

单向泄水时设计标高计算,是将已调整的设计标高($H_0{}''$)作为场地中心线的标高,则场地内任意一点的设计标高为:

$$H_{ij} = H_0{}'' \pm Li \tag{1.27}$$

式中,H_{ij} 为场地内任一点的设计标高;L 为该点至起坡点的水平距离;i 为场地单向泄水坡度(不小于2‰)。

双向泄水时设计标高计算,是将已调整的设计标高($H_0{}''$)作为场地纵横方向的中心点,则场地内任意一点的设计标高为:

$$H_{ij} = H_0{}'' \pm L_x i_x \pm L_y i_y \tag{1.28}$$

式中,L_x,L_y 为该点沿 $z-z$、$y-y$ 方向距场地起坡点的距离;i_x、i_y 分别为该点

沿 z—z、y—y 方向的泄水坡度。

1.2.3.2　场地及边坡土方量计算

场地土方量计算方法有方格网法和断面法两种。在场地地形较为平坦时宜采用方格网法；当场地地形比较复杂或挖填深度较大、断面不规则时，宜采用断面法。

1. 方格网法

场地宜划分为 10～40 m 的正方形方格网，通常以 20 m 居多。将场地设计标高和自然地面标高分别标注在方格角点上。场地设计标高与自然地面标高的差值，即为各角点的施工高度（挖或填），并习惯以"＋"号表示填方，"－"号表示挖方，也将施工高度标注于角点上。然后分别计算每一个方格网的填挖土方量，并计算出场地边坡的土方量，将挖方区（或填方区）所有方格计算的土方量和边坡土方量汇总，即得场地挖方和填方的总土方量。

计算前先确定"零线"的位置，有助于了解整个场地的挖填区域分布状态。零线即挖方区与填方区的分界线，在该线上的施工高度为零。零线的确定方法是：在相邻角点施工高度为一挖一填的方格边线上，用插入法求出零点的位置（见图 1.7），将各相邻的零点连接起来，即为零线。零线确定后，便可进行土方量计算。方格中土方量的计算有两种方法，即四角椎柱体法和三角椎体法。

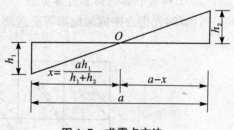

图 1.7　求零点方法

1）四角椎柱体的体积计算方法

方格四个角点全部为填或全部为挖时，其挖方或填方的体积为：

$$V = \frac{a^2}{4}(h_1 + h_2 + h_3 + h_4) \tag{1.29}$$

式中，h_1，h_2，h_3，h_4 为方格四个角点挖或填的施工高度，均取绝对值，单位：m；a 为方格边长。

方格四个角点中，部分是挖方，部分是填方（图 1.8）时，其挖方或填方体积分别为：

$$V_{填} = \frac{a^2}{4} \cdot \frac{\left(\sum h_{填}\right)^2}{\sum h} \tag{1.30}$$

$$V_{挖} = \frac{a^2}{4} \cdot \frac{\left(\sum h_{挖}\right)^2}{\sum h} \tag{1.31}$$

式中，$\sum h_填$ 为方格角点中填、挖方施工高度总和，取绝对值，单位：m；$\sum h$ 为方格四个角点施工高度总和，取绝对值，单位：m。

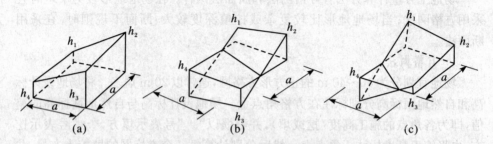

图 1.8　四方棱柱体的体积计算

（a）角点全填或全挖；（b）角点二填二挖；（c）角点一填（挖）三挖（填）

2）三角棱柱体的体积计算方法

计算时先把方格网顺地形等高线将各个方格划分成三角形（见图 1.9）。

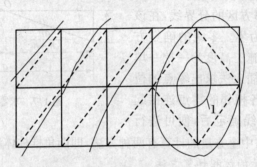

图 1.9　按地形方格划分成三角形

1—等高线

每个三角形的三个角点的填挖施工高度，用 h_1、h_2、h_3 表示。当三角形三个角点全部为挖或全部为填时（见图 1.10），其挖填方体积为：

$$V = \frac{a^2}{6}(h_1 + h_2 + h_3) \tag{1.32}$$

式中，a 为方格边长，单位：m；h_1、h_2、h_3 为三角点有填有挖时，零线将三角形分成两部分，一个是底面为三角形的锥体，一个是底面为四边形的楔体（见图 1.10），其锥体部分的体积为：

$$V = \frac{a^2}{6}\frac{h_3{}^3}{(h_1 + h_3)(h_2 + h_3)} \tag{1.33}$$

楔体部分的体积为：

$$V = \frac{a^2}{6} \left[\frac{h_3^3}{(h_1 + h_3)(h_2 + h_3)} - h_3 + h_2 + h_1 \right] \tag{1.34}$$

h_1、h_2、h_3 为三角形各角点的施工高度,取绝对值,单位:m。h_3 指的是锥体顶点的施工高度。四方棱柱体的计算公式是根据平均中断面的近似公式推导而得的,当方格中地形不平时,误差较大,但计算简单,宜于手工计算。三角棱柱体的计算公式是根据立体几何体积计算公式推导出来的,当三角形顺着等高线进行划分时,精确度较高,但计算繁杂,适宜用计算机计算。

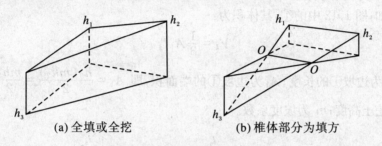

(a) 全填或全挖   (b) 椎体部分为填方

图 1.10 三角椎柱体的体积计算

2. 断面法

沿场地取若干个相互平行的断面(当精度要求不高时,可利用地形图定出,若精度要求较高时,应实地测量定出),将所取的每个断面(包括边坡断面)划分为若干个三角形和梯形,如图 1.11 所示,则面积为:

$$f_1 = \frac{h_1}{2} d_1, f_2 = \frac{h_1 + h_2}{2} d_2, \cdots$$

某一断面面积为:$F_1 = f_1 + f_2 + \cdots + f_n$,若 $d_1 = d_2 = \cdots = d_n = d$,则

$$F_1 = d(h_1 + h_2 + h_3 + \cdots + h_{n-1})$$

设各断面面积分别为 $F_1, F_2, F_3, \cdots, F_n$,相邻两断面间的距离依次为 $l_1, l_2, \cdots, l_n$,则所求土方量为:

$$V = \frac{F_1 + F_2}{2} l_1 + \frac{F_2 + F_3}{2} l_2 + \cdots + \frac{F_{n-1} + F_n}{2} l_{n-1} \tag{1.35}$$

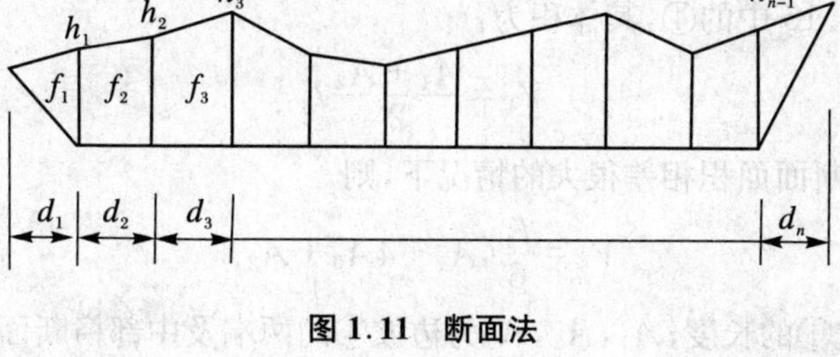

图 1.11 断面法

用断面法计算土方量时,边坡土方量已包括在内。

3. 边坡土方量计算

当用方格网法计算土方量时,还要另外计算边坡土方量,其方法是:首先根据规范或设计文件所规定的边坡系数 m,把挖方区和填方区的边坡画出来,然后把这些边坡划分为若干个几何形体,如三角棱锥体或三角棱柱体,再分别计算其体积。

1) 三角棱锥体边坡体积

例如,图 1.12 中的①,其体积为:

$$V_1 = \frac{1}{3} A_1 l_1 \tag{1.36}$$

式中,l_1 为边坡①的长度;A_1 为边坡①的端面积,即 $A_1 = \frac{h_2(mh_2)}{2} = \frac{mh_2^2}{2}$;$h_2$ 为角点的挖土高度;m 为坡度系数。

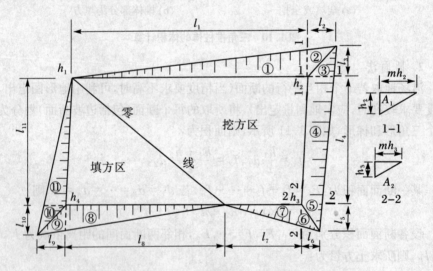

图 1.12　场地边坡平面图

2) 三角棱柱体边坡体积

例如,图 1.15 中的④,其体积为:

$$V_4 = \frac{A_1 + A_2}{2} l_4 \tag{1.37}$$

在两端横断面面积相差很大的情况下,则

$$V_4 = \frac{l_4}{6}(A_1 + 4A_0 + A_2) \tag{1.38}$$

式中,l_4 为边坡④的长度;A_1,A_2,A_0 为边坡④的两端及中部横断面面积。

学习单元 1.3 土方机械化施工

▌ 工作任务表 ▌

能力目标	主讲内容	学生完成任务
通过学习训练,使学生掌握土方开挖、运输、填筑与压实的机械化施工方法	着重介绍了各类土方工程机械的组成、使用特点以及施工方法	结合校园周边在建工程项目的土方施工,调查土方开挖与填筑的施工机械和施工方法

土方工程的施工过程包括土方开挖、运输、填筑与压实等。施工时,应尽量采用机械化与半机械化施工,以减轻繁重的劳动强度,加快施工进度。

1.3.1 土方开挖与运输

在土方开挖之前应根据工程结构形式、开挖深度、地质条件、气候条件、周围环境、施工方法、施工工期和地面荷载等有关资料,确定土方开挖和地下水控制施工方案。基坑(槽)及管沟开挖方案内容主要包括支护结构的龄期、土方机械选择、开挖时间、分层开挖深度及开挖顺序、坡道位置和车辆进出场道路、施工进度和劳动组织安排、降排水措施、监测方案、质量和安全措施,以及土方开挖对周围建筑物需采取的保护措施等。土方开挖常采用的挖土机械有推土机、铲运机、单斗挖土机、多斗挖土机、装载机等。

1.3.1.1 主要挖土机械的施工特点

1. 推土机施工

推土机由动力机械和工作部件两部分组成,其动力机械是拖拉机,工作部件是安装在动力机械前面的推土铲。推土机行走方式有轮胎式和履带式两种,铲刀的操纵机构有索式和油压式两种。索式推土机的铲刀是借本身自重切入土中,在硬土中切土深度较小;液压式推土机是采用油压操纵,能使铲刀强制切入土中,切入深度较大。

推土机的特点是操纵灵活、运转方便、所需工作面小、行驶速度快、易于转移、能爬30°左右的缓坡。它主要适用于挖土深度不大的场地平整,铲除腐殖土,并推到附近的弃土区;开挖深度不大于 2.0 m 的基坑(槽);回填基坑(槽)、管沟;推筑高度在 1.5 m 内的堤坝、路基;平整其他机械卸置的土堆;推送松散的硬土、岩石和冻土;配合铲运机、挖土机工作等。卸下铲刀还可牵引其他无动力的土方机械。

推土机可推掘一至四类土壤,为提高生产效率,可对三、四类土宜事先翻松。推运距离宜在 100 m 以内,以 40~60 m 效率最高。

推土机的生产效率主要取决于推土铲刀推移土壤的体积及切土、推土、回程等工作循环时间。为此可采用顺地面坡度下坡推土、2~3 台推土机并列推土(两台并列可增加推土量 15%~30%)、分批集中一次推送(多刀送土)、槽形推土(可增加 10%~30% 的推土量)等方法来提高生产效率。如推运较松的土壤且运距较大时,还可在铲刀两侧加挡土板。

2. 铲运机施工

铲运机由牵引机械和铲斗组成。按行走方式分为牵引式铲运机和自行式铲运机;按铲斗操纵系统分为液压操纵和机械操纵两种。

铲运机的特点是能综合完成挖土、运土、平土或填土等全部土方施工工序。对行驶道路要求较低,操纵简单灵活,运转方便,生产效率高。在土方工程中常应用于大面积场地平整,开挖大型基坑、沟槽以及填筑路基、堤坝等。最适于铲运场地地形起伏不大、坡度在 20° 以内的大面积场地,土的含水率不超过 27% 的松土和普通土,以及平均运距在 1 km 以内特别是在 600 m 以内的挖运土方;不适于在砾石层和冻土地带及沼泽区工作;当铲运三、四类较坚硬的土壤时,宜用推土机助铲或选用松土机配合把土翻松 0.2~0.4 m,以减少机械磨损,提高生产率。

铲运机的开行路线对提高生产效率影响较大,应根据挖填区的分布情况,并结合具体条件,选择合理的开行路线。根据实践,铲运机的开行路线有以下几种:

(1) 环行路线。施工地段较短,地形起伏不大的挖、填工程,适宜采用环形路线[见图 1.13(a)、(b)]。当挖土和填方交替,而挖填之间距离又较短时,则可采用大环形路线[见图 1.13(c)],大环形路线的优点是一个循环能完成多次铲土和卸土,从而减少了铲运机的转弯次数,提高了工作效率。

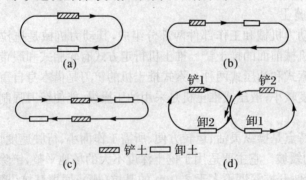

图 1.13　铲运机开行路线

(a)、(b)环形路线;(c)大环形路线;(d)"8"字形路线

(2) "8"字形路线。在地形起伏较大，施工地段狭长的情况下，宜采用"8"字形路线[图 1.13(d)]。它适用于填筑路基、场地平整工程。

铲运机在坡地行走或工作时，上下纵坡不宜超过 25°，横坡不宜超过 6°，不能在陡坡上急转弯，工作时应避免转弯铲土，以免铲刀受力不均引起翻车事故。当铲运机铲土接近设计标高时，为了正确控制标高，宜沿平整场地区域每隔 10 m 左右配合水准仪抄平，先铲出一条标准槽，以此为准使整个区域平整到设计要求。

3. 单斗挖土机施工

单斗挖土机是大型基坑（槽）或管沟开挖中最常用的一种土方机械。根据其工作装置的不同，分为正铲、反铲、抓铲和拉铲四种。常用斗容量为 0.5~2.0 m³。根据操纵方式，分为液压传动和机械传动两种。在建筑工程中，单斗挖土机更换装置后还可进行装卸、起重、打桩等作业，是土方工程施工中不可缺少的机械设备。

1) 正铲挖土机

(1) 正铲挖土机挖掘能力大，生产效率高。它的工作特点是"前进向上，强制切土"，适于开挖停机平面以上一至四类土壤。正铲挖土机需与汽车配合完成挖运任务。在开挖基坑（槽）及管沟时，要通过坡道进入地面以下挖土（坡道坡度为 1∶8 左右），并要求停机面干燥，因此挖土前必须做好排水工作。其机身能回转 360°，动臂可升降，斗柄可以伸缩，铲斗可以转动。图 1.14 所示为正铲液压挖土机的简图及其工作状态。表 1.9 所示为国产两种正铲液压挖土机的主要技术性能。图 1.15 所示为其工作尺寸与开挖断面之间关系的示意。

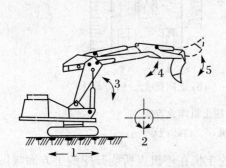 

图 1.14　单斗液压挖土机的主要工作状态　　图 1.15　液压正铲工作尺寸
1—行走；2—回转；3—动臂升降；
4—斗柄伸缩；5—铲斗转动

(2) 根据挖土机与运输工具的相对位置不同，正铲挖土机挖土和卸土的方式有以下两种：① 正向挖土、侧向卸土：挖土机向前进方向挖土，运输工具在挖土机一侧开行、装土[见图 1.16(a)]，二者可不在同一工作面（运输工具可停在挖土机平面上或高于停机平面）。这种开挖方式，卸土时挖土机旋转角度小于 90°，提高了挖土效率,可避免汽车倒开和转弯多的缺点,因而在施工中常采用此法。② 正向挖土、后方卸土:挖土机向前进方向挖土,运输工具停在挖土机的后面装土[见图 1.16(b)],二者在同一工作面(即挖土机的工作空间)上。这种开挖方式挖土高度较大,但由于卸土时必须旋转较大角度,且运输车辆要倒车开入,影响挖土机的生产率,故只适用于基坑(槽)宽度较小,而开挖深度较大的情况。

表 1.9　正铲挖土机的主要技术性能

技术参数	符号	单位	W2 - 200	W4 - 60
铲斗容量	Q	m³	2.0	0.6
最大挖土半径	R	m	11.1	6.7
最大挖土深度	h	m	2.45	3.8
最大挖土高度	H	m	11.0	5.8
最大卸土高度	H_1	m	7.0	3.4

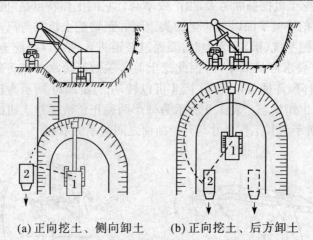

(a) 正向挖土、侧向卸土　　　(b) 正向挖土、后方卸土

图 1.16　正铲挖土机作业方式

1—正铲挖土机;2—自卸汽车

正铲挖土机的工作面及开行通道:挖土机在停机点所能开挖的土方面叫做工作面,称"掌子面",其大小、形状取决于挖土机的性能、挖土和卸土方式及土壤性质等。当开挖较大面积或深度超过挖土机工作面高度的基坑(槽)时,必须对挖土开行路线和进出口通道进行规划,绘出开挖平面和剖面图,以便于挖土机按计划开挖。当基坑(槽)开挖的深度小而面积大时,只需布置一层通道即可[图 1.17(a)],第一次开行采用正向挖土、后方卸土,第二、三次可用正向挖土、侧向卸土,一次挖到坑(槽)底标高。当基坑(槽)宽度稍大于工作面的宽度时,为减少挖土机的开行通道,可采用加宽工作面的办法[图 1.17(b)],这时挖土机按"之"字形路

线开行。当基坑(槽)的深度较大时,通道可布置成多层[图1.17(c)],逐层下挖。

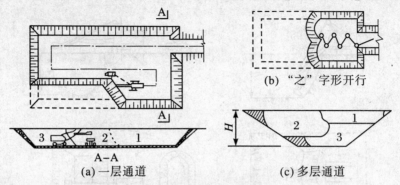

(b) "之"字形开行

(a) 一层通道

(c) 多层通道

图 1.17 正铲开挖基坑

1,2,3—通道断面及开挖顺序

2) 反铲挖土机

(1) 反铲挖土机的工作特点是"后退向下,强制切土",用于开挖停机平面以下的一至三类土,不需设置进出口通道。它适用于开挖基坑、基槽和管沟,有地下水的土壤或泥泞土壤。一次开挖深度取决于挖土机的最大挖掘深度等技术参数。表1.10和图1.18所示为液压反铲挖土机的主要性能及工作尺寸。

表 1.10 液压反铲挖土机的主要性能及工作尺寸

技术参数	符号	单位	W2-40	W4-60
铲斗容量	Q	m^3	0.4	0.6
最大挖土半径	R	m	7.03	7.3
最大挖土深度	h	m	3.74	3.7
最大挖土高度	H	m	5.98	6.4
最大卸土高度	H_1	m	4.52	4.7

(2) 反铲挖土机的开行方式有沟端开行和沟侧开行两种。

沟端开行[见图1.19(a)]:挖土机在基坑(槽)或管沟的一端,向后倒退挖土,开行方向与开挖方向一致,汽车停在两侧装土。其优点是挖土方便,挖土宽度和深度较大,单面装土时宽度为1.3R,两面装土时为1.7R。深度可达最大挖土深度 h。当基坑(槽)宽度超过1.7R时,可分次开行开挖或之字形路线开挖。当开挖大面积的基坑时,可分段开挖或多机同

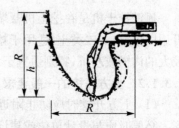

图 1.18 液压反铲挖掘机工作尺寸

挖。当开挖深槽时,可采用分段分层开挖。

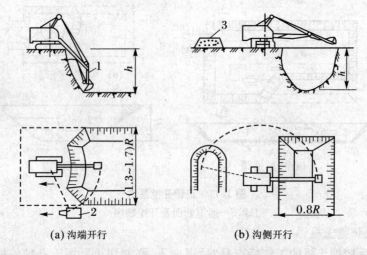

(a) 沟端开行　　　　　　　　　(b) 沟侧开行

图 1.19　反铲挖土机开行方式与工作面
1—反铲挖土机;2—自卸汽车;3—弃土堆

沟侧开行[见图 1.19(b)]:挖土机在基坑(槽)一侧挖土、开行。由于挖土机移动方向与挖土方向垂直,所以其稳定性较差,挖土宽度和深度也较小,且不能很好地控制边坡。此法土方可就近堆放,也可弃土于距坑(沟)较远的地方。

3) 拉铲挖土机

拉铲挖土机用于开挖停机面以下的一、二类土。它工作装置简单,可直接由起重机改装。其特点是铲斗悬挂在钢丝绳下而不需刚性斗柄,土斗借自重使斗齿切入土中,开挖深度和宽度均较大,常用于开挖大型基坑、沟槽和水下开挖等。与反铲挖土机相比,拉铲的挖土深度、挖土半径和卸土半径均较大,但开挖的精确性差,且大多将土弃于土堆,如需卸土在运输工具上,则操作技术要求高,且效率降低。拉铲挖土机的开行路线与反铲挖土机开行路线相同。

4) 抓铲挖土机

抓铲挖土机是在挖土机臂端用钢索装一抓斗,也可由履带式起重机改装。它可用以挖掘一、二类土,适用于挖掘独立柱基的基坑、沉井及开挖面积较小、深度较大的沟槽或基坑,特别适宜于水下挖土。

1.3.1.2　土方开挖的一般要求

(1) 土方开挖时应防止附近已有建筑物、构筑物、道路、管线等发生下沉和变形。必要时应与设计单位或建设单位协商采取防护措施(如支护),并在施工中进行沉降和位移监测。

（2）土方开挖之前，应检查龙门板（在基坑或沟槽外拐角处）、轴线、控制点有无位移现象，并根据设计图纸校核基础轴线的位置、尺寸及龙门板标高等。

（3）在土方开挖前，应对原有地下管线情况进行调查，并事先进行妥善处理。

（4）土方开挖应连续进行，尽快完成。施工时在基坑周围地面应进行防水、排水处理。

（5）开挖基坑（槽）时，若土方量不大，应有计划地堆置在现场，满足基坑（槽）回填土及室内回填土的需要。若有余土则应考虑好弃土地点，并及时将土运走，避免二次倒运。开挖土方堆置，应距离坑（槽）边在 0.8 m 以外，以免影响施工或造成坑（槽）土壁崩塌。

（6）在开挖过程中，应对土质情况、地下水位和标高等的变化作定量测量，做好记录，以便随时分析、处理。

（7）在开挖基坑（槽）和管沟时，不得扰动基土，破坏土壤结构，降低承载力。使用推土机、铲运机施工时，可在规定标高以上保留 200 mm 土层不挖掘；使用拉铲、正铲、反铲挖土机施工时，可保留 300 mm 原土层不挖。所保留土层将在基础施工前由人工铲除。

（8）土方开挖过程中，若发现古墓及文物等，要保护好现场，并立即通知文物管理部门，经查看处理后方可继续施工。

（9）在滑坡地段挖土时，不宜在雨期施工，尽量遵循先整治后开挖的施工程序，做好地面上、下的排水工作，严禁在滑坡体上部弃土或堆放材料。为了确保安全，应尽量在旱季开挖，并加强支撑。

1.3.2　填土与压实

1.3.2.1　填筑要求

1. 土料的选择

填方土料应符合设计要求，如设计无要求时，应符合下列规定：

（1）碎石类土、砂土和爆破石渣（粒径不大于每层铺厚的 2/3）可用于表层下的填料。

（2）含水率符合压实要求的黏性土，可用做各层填料。

（3）碎块草皮和有机质含量大于 8% 的土，仅用于无压实要求的填方。

（4）淤泥和淤泥质土一般不能用做填料，但在软土或沼泽地区，经过处理使含水率符合压实要求后，可用于填方中的次要部位。

（5）含水溶性硫酸盐大于 5% 的土，不能用做回填土，因为在地下水作用下，硫酸盐会逐渐溶解流失，形成孔洞，从而影响土的密实性。

（6）冻土、膨胀性土等不应作为填方土料。

2. 填土方法

填土应分层进行,每层厚度应根据所采用的压实机具及土的种类而定。同一填方工程应尽量采用同类土填筑,如采用不同土填筑时,必须按类分层铺筑,应将透水性大的土层置于透水性较小的土层之下。若已将透水性较小的土填筑在下层,则在填筑上层透水性较大的土壤之前,应将两层结合面做成中央高、四周低的弧面排水坡度或设置盲沟,以免填土内形成水囊。决不能将各种土混杂在一起填筑。

当填方位于倾斜的地面时,应先将斜坡改成阶梯状,然后分层填土以防填土滑动。回填施工前,应清除填方区的积水和杂物,如遇软土、淤泥,必须进行换土回填。回填时,若分段进行,每层接缝处应做成斜坡形,辗迹重叠 $0.5 \sim 1.0$ m,上、下层接缝应错开不小于 1.0 m。应防止地面水流入,并应预留一定的下沉高度。回填基坑(槽)时,应从四周或两侧均匀地分层进行,以防止基础和管道在土压力作用下产生偏移或变形。

1.3.2.2　填土压实方法

填土的压实方法一般有碾压(包括振动碾压)、夯实、振动压实等几种(见图 1.20)。碾压法是由沿填筑面滚动的鼓筒或轮子的压力压实土壤,多用于大面积填土工程。

碾压机械有平碾(压路机)、羊足碾和气胎碾等。平碾有静力作用平碾和振动作用平碾之分。平碾对砂土、黏性土均可压实,静力作用平碾适用于较薄填土或表面压实、平整场地、修筑堤坝及道路工程;振动作用平碾使土受振动和碾压两种作用,效率高,适用于填料为爆破石渣、碎石类土、杂填土或轻亚黏土的大型填方。羊足碾需要较大的牵引力,与土接触面积小,但单位面积的压力比较大,对土壤的压实效果好,适用于碾压黏性土。气胎碾在工作时是弹性体,其压力均匀,填土质量较好。

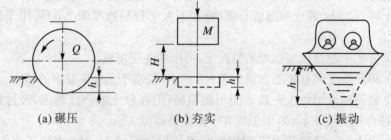

(a) 碾压　　　　　　　　(b) 夯实　　　　　　　　(c) 振动

图 1.20　填土压实方法

夯实方法是利用夯锤自由下落时的冲击力来夯实土壤,主要用于基坑(槽)及各种零星分散、边角部位的小型填方的夯实工作。优点是可以夯实较厚的土层,且可以夯实黏性土及非黏性土。夯实机械有冲击夯土机和蛙式打夯机等。

振动压实法是将振动压实机放在土层表面,借助振动机构使压实机械振动,土颗粒发生相对位移而达到紧密状态。这种方法主要用于非黏性土的压实。

1.3.2.3　影响填方压实效果的主要因素

影响土壤压实效果的因素有内因和外因两方面。内因是指土质和湿度;外因是指压实功能及压实时的外界自然和人为的其他因素等。归纳起来主要有以下几方面:

1. 含水率的影响

土中含水率对压实效果的影响比较显著。当含水率较小时,由于颗粒间引力(包括毛细管压力)使土保持着比较疏松的状态或凝聚结构,土中孔隙大都互相连通,水少而气多,在一定的外部压实功能作用下,虽然土孔隙中气体易被排出,密度可以增大,但由于水膜润滑作用不明显,土粒相对移动不容易,因此压实效果比较差;含水率逐渐增大时,水膜变厚,引力缩小,水膜又起着润滑作用,外部压实功能比较容易使土粒移动,压实效果渐佳。

当土中含水率增加到一定程度后,在外部压实功的作用下,土的压实效果达最佳,此时土的含水率称为最佳含水率。土中含水率过大时,孔隙出现了自由水,压实功能不可能使气体排出,压实功能的部分被自由水所抵消,减小了有效压力,压实效果反而降低。由图1.21中土的密度与含水率关系可以看出,对应于最佳含水率曲线有一峰值,此处的干密度为最大,称为

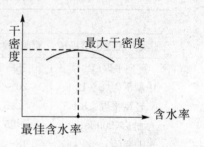

图1.21　土的干密度与含水率的关系

最大密度 ρ_{dmax}。然而含水率较小时土粒间引力较大,虽然干密度较小,但其强度可比最佳含水率还要高。此时因其密实度较低,孔隙多,一经饱水,其强度会急剧下降。因此,用干密度作为表征填方密实程度的技术指标,取干密度最大时的含水率为最佳含水率,而不取强度最大时的含水率为最佳含水率。土在最佳含水率的最大干密度,可由击实试验取得,也可参考表1.11确定。

表 1.11　土的最佳含水率和最大干密度参考值

项次	土的种类	最佳含水率(%)	最大干密度(g/cm³)
1	砂土	8～12	1.80～1.88
2	粉土	16～22	1.61～1.80
3	粉质黏土	18～21	1.65～1.74
4	黏土	19～23	1.58～1.70

2. 压实功能的影响

压实功能(指压实工具的重量、碾压遍数或锤落高度、作用时间等)对压实效果的影响,是除含水率以外的另一重要因素。当土偏干时,增加压实功能对提高土的干密度影响较大,偏湿时则收效甚微。因此,对偏湿的土企图用加大压实功能的办法来提高土的密实度是不经济的,若土的含水率过大,则此时增大压实功能就会出现"弹簧"现象。另外,当压实功加大到一定程度后,对干密度的提高就不明显了。所以,在实际施工时,应根据不同的土以及压实密度要求和不同的压实机械来决定压实的遍数(可参考表 1.12)。此外,松土不宜用重型碾压机直接滚压,否则土层会有强烈起伏现象,效率不高,如先用轻碾压实,再用重碾就可取得较好效果。

表 1.12　不同压实机械分层填土虚铺厚度及压实遍数

压实方法或压实机械	黏性土		砂土	
	虚铺厚度(cm)	压实遍数	虚铺厚度(cm)	压实遍数
重型平碾(12 t)	25～30	4～6	30～40	4～6
中型平碾(8～12 t)	20～25	8～10	20～30	4～6
轻型平碾<8 t	15	8～12	20	6～10
蛙夯(200 kg)	25	3～4	30～40	8～10
人工夯(50～60 kg)	18～22	4～5		

3. 铺土厚度的影响

压实厚度对压实效果有明显的影响。相同压实条件下(土质、含水率与压实功不变),实测土层不同深度的密实度得知,密实度随深度递减,表层 50 cm 最高。不同压实工具的有效压实深度有所差异,根据压实工具类型、土质及填方压实的基本要求,每层铺筑压实厚度有具体规定数值,见表 1.12。铺土过厚,下部土体所受压实作用力小于土体本身的黏结力和摩擦力,土颗粒不能相互移动,无论压实多少遍,填方也不能被压实;铺土过薄,则下层土体压实次数过多,而受剪切破坏。所以,最优的铺土厚度应能使填方压实而机械的功耗费最小。

4. 土质的影响

在一定压实功能作用下,含粗粒愈多的土,其最大干密度愈大,即随着粗粒土增多,其击实曲线的峰点愈向左上方移动。施工时应根据不同土质,分别确定其最大干密度和最佳含水率。

1.3.2.4　填土压实的质量检查

填土压实后必须达到一定的密实度要求,填土密实度以设计规定的控制干密度 ρ_d 作为检查标准。土的控制干密度 ρ_d 与最大干密度 ρ_{dmax} 之比称为压实系数 λ。不同的填方工程,设计要求的压实系数不同,一般场地平整,其压实系数为 0.9 左右;地基填土为 0.91~0.97。具体取值视结构类型和填土部位而定。检查土的实际干密度 ρ_d,可采用环刀法取样测定。其取样组数为:基坑回填为每 20~50 m³ 取样一组(每个基坑不少于一组);基槽或管沟回填每层按长度 20~50 m 取样一组;室内回填土每层按 100~500 m² 取样一组;场地平整填方每层按 400~900 m² 取样一组。取样部位一般应在每层压实后的下半部。试样取出后,先测出土的密度和含水率,然后用下式计算土的实际干密度 ρ_d(g/cm³):

$$\rho_d = \frac{\rho}{1+0.01w} \tag{1.39}$$

式中,ρ_d 为土的天然密度,单位 g/cm³;w 为土的含水率(%)。当土的最大干密度 ρ_{dmax} 无试验资料时,可按下式计算:

$$\rho_{dmax} = \eta \frac{\rho_w d_s}{1+0.01 w_{op} d_s} \tag{1.40}$$

式中,η 为经验系数,对于黏土取 0.95,粉质黏土取 0.96,粉土取 0.97;ρ_w 为水的密度,单位:g/m³;d_s 为土粒相对密度(比重);w_{op} 为最佳含水率(%),可按当地经验或取 $w_{op} = w_p + 2$;w_p 为土的塑限。

学习单元 1.4　基 坑 施 工

‖ 工作任务表 ‖

能力目标	主讲内容	学生完成任务
通过学习训练,使学生学会基坑排水与人工降低地下水位的方法,掌握进坑支护的基本方法	着重介绍了轻型井点的设备组成、布置及近点埋设施工方法;放坡坡度,土壁支护的方法	结合校园周边在建工程项目的基坑施工,编制一个切实可行的土方施工方案(含降(排)水、基坑支护)

1.4.1　基坑(槽)排水与降水

在地下水位较高的地区开挖基坑或沟槽时,土的含水层被切断,地下水会不断地渗入基坑。雨季施工时,地面水也会流入基坑。为了保证施工的正常进行,防止出现流砂、边坡失稳和地基承载能力下降的情况,必须在基坑或沟槽开挖前和开挖时,做好排水降水工作。基坑或沟槽的排水方法可分为明排水法和人工降低地下水位法。

1.4.1.1　明排水法

明排水法又称集水井法,属重力降水,采用截、疏、抽的方法来进行排水。即在基坑开挖过程中,沿基坑底周围或中央开挖排水沟,再在沟底设集水井,使基坑内的水经排水沟流向集水井,然后用水泵抽走。

根据基坑(槽)底涌水量的大小、基础的形状和水泵的抽水能力,决定排水沟的截面尺寸和集水井个数。排水沟和集水井应在基础边线 0.4 m 以外,排水沟边缘应离开坡脚不小于 0.3 m,以免影响边坡稳定。排水沟的截面一般为 0.3 m × 0.5 m,沟底低于挖土工作面不小于 0.5 m,并向集水井方向保持 3‰ 左右的纵向坡度;每间隔 20～40 m 设置一个集水井,其直径或宽度为 0.6～0.8 m,深度随挖土深度的增加而加深,且低于挖土面 0.7～1.0 m。集水井积水到一定深度,将水抽出坑外。基坑(槽)挖至设计标高后,集水井底比沟底低 0.5 m 以上,并铺设碎石滤水层。为了防止井壁由于抽水时间较长而将泥沙抽出及井底土被搅动而塌方,井壁可用竹、木、砖、水泥混凝土管等进行简单加固。用排水法降水时,所采用的抽水泵主要有离心泵、潜水泵、软轴泵等。选择水泵时,水泵的流量和扬程应满足基坑涌水量和坑底降水深度的要求。

明排水法由于设备简单和排水方便,因此在工地上采用比较广泛。它适用于水流较大的粗粒土层的排水、降水。因为水流一般不致将粗粒带走,也可以用于渗水量较小的黏性土层降水。但不适宜细砂土和粉砂土层,因为地下水渗出会带走细粒土。在这种情况下就必须采取有效的措施和方法防止流砂现象的发生。

1.4.1.2　人工降低地下水位

人工降水的常用降水井类型有轻型井点、喷射井点、电渗井点、管井(大口井)、深井等。各种方法的选用,视土的渗透系数、降水深度、工程特点、设备条件及经济比较等条件选用。其中以轻型井点的理论最为完善,应用较广。但目前很多深基坑(槽)降水,都采用大口井方法,它的设计是以经验为主、理论计算为辅,目前国家尚无这种井的设计规程。下面重点介绍轻型井点和大口井。

1. 轻型井点

轻型井点降水(见图 1.22)是沿着基坑四周或一侧每隔一定距离埋入井点管

（下端为滤管）至蓄水层内，井点管上端通过弯联管与总管连接，利用抽水设备将地下水从井点管内不断抽出，使原有地下水位降至坑底以下的一种降水方法。轻型井点设备主要包括滤管、井点管、集水总管、抽水设备等组成。

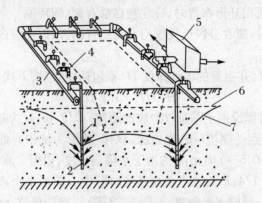

图1.22 轻型井点降低地下水位全貌

1—井点管；2—滤管；3—总管；4—弯联管；5—抽水设备；
6—原有地下水位线；7—降低后地下水位线

1）轻型井点的布置

（1）平面布置：当基坑或沟槽宽度小于6 m，水位降低值不大于6 m时，可采用单排井点，布置在地下水流的上游一侧，其两端的延伸长度一般以不小于坑（槽）宽度为宜（见图1.23）。当基坑宽度大于6 m或土质不良，渗透系数较大时则宜采用双排井点。当基坑面积较大（$L/B \leqslant 5$，降水深度 $S \leqslant 5$ m，坑宽 B 小于2倍的抽水影响半径 R）时，宜采用环形井点（见图1.24）。当基坑面积过大或 $L/B > 5$ 时，可分段进行布置。无论采用哪种布置方案，井点管距离基坑（槽）壁一般不宜小于0.7～1.0 m，以防漏气。井点管间距应根据土质、降水深度、工程性质等确定，一般为0.8～1.6 m，或由计算和经验来确定。

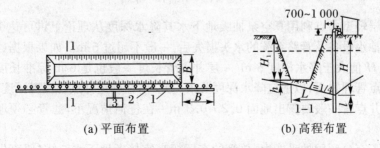

(a)平面布置　　　　(b)高程布置

图1.23 单排线状井点的布置图

1—总管；2—井管；3—泵站

一套抽水设备能带动的总管长度一般为 $100 \sim 120$ m。采用多套抽水设备时,井点系统要分段,各段长度应大致相等,其分段地点宜选择在基坑(槽)拐弯处,以减少总管弯头数量,提高水泵的抽水能力。泵宜设置在各段总管中部,使泵两端水流平衡。采用环形布置时,应注意在泵对面(即环圈一半处)的总管上装设阀门。多套分段时,应在分段处设阀门或将总管断开,以免管内水流平衡紊乱,影响抽水效果。

(2)高程布置:井点管的埋置深度 H(不包括滤管)按下式计算(见图 1.24):

$$H \geqslant H_1 + h + IL \tag{1.41}$$

式中,H_1 为井点管埋设面至基坑(槽)底的距离,单位:m;h 为基坑(槽)底面(单排井点时,为远离井点一侧坑(槽)底边缘,双排、环形为坑中心处)至降低后地下水位的距离,一般为 $0.5 \sim 1.0$ m;I 为地下水降落坡度,根据实测,环形、双侧井点为 $1/10$,单排井点为 $1/4$;L 为井点管至基坑(槽)中心的水平距离(单排井点为井点管至基坑(槽)另一侧的水平距离,见图 1.23、图 1.24),单位:m。

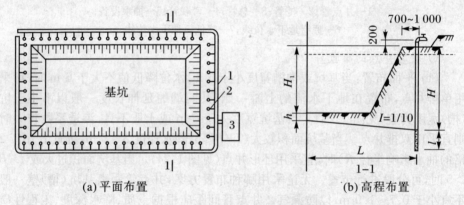

图 1.24　环形井点的布置图
1—总管;2—井管;3—泵站

一层轻型井点利用真空泵抽吸地下水其降水深度从理论上讲可达 10.3 m,但考虑抽水设备及管路系统的水头损失后,一般不超过 6 m。如果根据(1.44)式算出的 H 值大于降水深度 6 m(一层井点管长度一般也是 6 m 标准长度),则应降低井点管埋置面,以适应降水深度要求。此外,在确定井点管埋置深度时,还要考虑到井点管一般要露出地面 $0.2 \sim 0.3$ m。在任何情况下,滤管必须埋在透水层内。

为了充分利用抽吸能力,总管的布置标高宜接近地下水位线(要事先挖槽),水泵轴心标高宜与总管平行或略低于总管,总管应具有 $0.25\% \sim 0.5\%$ 的坡度(坡向泵房)。各段总管与滤管最好分别设在同一水平面。

当一级(一层)井点未达到上述埋置及降水深度要求,即 $H_1 + h + IL > [6.0 - (0.2 \sim 0.3)]$ m 时,可视土质情况,先用其他方法排水(如明排水法),挖去一层土再布置井点系统;或采用二级井点(即先挖去第一级井点所疏干的土,然后再布置第二级井点)使降水深度增加。

2) 轻型井点的安装

轻型井点的安装程序是:先挖井点沟槽,排放总管,再冲孔沉设井点管,用弯联管将井点管与总管接通,最后安装抽水设备,进行试抽、检查,修整后正常使用。安装时应注意各部件要结合严密,防止漏气。井点管的埋设主要有两个过程——制孔和埋管。

井点管的制孔有三种可行的方法:射水法、冲孔或钻孔法、套管法,可根据设备条件及土质情况选用。

(1) 射水法:在地面井点位置先挖一小坑,吊放射水式井点管垂直插入坑中心,它下有射水球阀,上接可转动管节和高压胶管、水泵等。利用高压水在井点管下端冲刷土层,使井点管下沉,并利用下端的锯齿,在下沉时随时转动管子以增加下沉速度,同时避免射水口被泥淤塞。

(2) 冲孔或钻孔法:冲孔或钻孔法是用直径 50～70 mm 的冲水管或套管式高压水枪冲孔,或用机械、人工钻孔后再埋放井点管。

(3) 套管法:用水冲法或振动水冲法将直径 150 mm、200 mm 的套管沉至要求深度后,先在孔底填一层砂砾,然后将井点管居中插入,在套管与井点管之间分层填入粗砂,并逐步拔出套管。

井点管插入孔内后,立即进行埋管,即在井点管与孔壁之间填灌砂滤层和封口,以防孔壁塌土。砂滤层的填灌质量是保证轻型井点顺利抽水的关键,应注意以下几点:砂的规格,宜选用粗砂,以免堵塞滤网网眼;砂滤层的厚度,宜达到 60～100 mm,以提高透水性并防止土粒渗入滤管。为此,井点管要位于冲孔中央,以免填砂厚度不均匀,并应尽快填砂,防止孔壁塌土造成滤管周围填砂不足;砂滤层的填充高度,至少达到滤管顶以上 1.0～1.5m,也可填到原地下水位线,以保证水流畅通;井点填砂时应注意管口应有泥浆水冒出,或向管内灌水时能很快下渗,证明井点渗水性能合格;砂滤层填灌好后,距地面下 0.5～1.0 m,应用黏土封口以防漏气。

3) 轻型井点的使用

轻型井点安装完毕后,需进行试抽,以便检查抽水设备运转是否正常、管路有无漏气。轻型井点使用时,一般应连续抽水(特别是开始阶段)。若时抽时停,滤网易于堵塞,出水浑浊并引起附近建筑物由土颗粒流失而沉降、开裂。同时由于中途停抽,地下水回升,也可能在抽水过程中引起边坡塌方等事故,应调节离心泵的出水量,使抽吸排水保持均匀,达到细水长流。正常的出水规律是"先大后小,先浑后清"。真空度是判断井点系统工作情况是否良好的尺度,必须经常观察检查。造成真空度不足的原因很多,但多是井点系统有漏气现象,应及时采取措施。

在抽水过程中,还应检查有无堵塞"死井"(工作正常的井管,用手触摸时,应有冬暖夏凉的感觉,或从弯联管上的透明阀门观察),如死井太多,严重影响降水效果时,应逐个用高压水冲洗或拔出重埋。为观察地下水位的变化,可在影响半径内设观察孔。

2. 管井

当土的渗透系数大($k>10$ m/d)、地下水丰富时,可用管井(又称大口井)降水。由于管井排水量大,降水深,较轻型井点的降水效果好,故可代替多组轻型井点。

1) 管井系统主要设备

(1) 滤水井管。井管部分用直径 200 mm 以上的钢管或竹、木、混凝土、塑料等材料制成的管。过滤部分可用钢筋焊接骨架,外缠镀锌铁丝,并包孔眼为 1~2 mm 的滤网,长 2~3 m,可用无砂混凝土管。

(2) 吸水管。用直径 50~100 mm 的胶皮管或钢管,其底部装有逆止阀。吸水管插入滤水井管,长度应大于抽水机械抽吸高度。

(3) 水泵。一般每个管井装置一台水泵,常用潜水泵。也可采用离心泵,但离心泵抽水深度小(一般只有 6 m),开泵前须灌满水能进行,施工不方便。

2) 管井布置及埋设

管井沿基坑外围每隔一定距离(10~50 m)设置一口井。井中心距地下构筑物边缘的距离依据所用钻机的钻孔方法而定:当采用泥浆护壁套管法时不小于 3 m;当采用泥浆护壁冲击式钻机成孔法时为 0.5~1.0 m。钻孔直径应比滤管外径大 200 mm 以上。管井下沉前应清洗,并保持滤网的通畅,滤水井管放于孔中心,下端用圆木堵塞管口。井壁与孔壁之间用 3~15 mm 砾石填充作过滤层,地面下 0.5 m 内用黏土填充压实。

3) 井管的拔出

井管使用完毕,滤水井管可拔出重复使用。拔出方法是在井口周围挖深 0.3 m,用钢丝绳将管口套紧,然后用起重机械将井管缓缓拔出,用砂砾将孔洞填实,上部 0.5 m 用黏土填充夯实。最后将滤水井管洗去泥沙后储存备用。

1.4.2　土方边坡与土壁支撑

土方开挖之前,在编制土方工程的施工组织设计时,应确定出基坑(槽)及管沟的边坡形式及开挖方法,确保土方开挖过程中和基础施工阶段土体的稳定。

1.4.2.1　放坡开挖

1. 放坡的形式

放坡的形式由场地土质、开挖深度、周围环境、技术经济的合理性等因素决定,常用的放坡形式有直线形、折线形、阶梯形和分级形。

当场地为一般黏性土或粉土时,基坑(槽)及管沟周围具有堆放土料和机具的条件,地下水位较低,或降水、放坡开挖不会对相邻建筑物产生不利影响,具有放坡开挖条件时,可采用局部或全深度的放坡开挖方法。如开挖土质均匀可放成直线形;如开挖土质为多层不均且差异较大,则可按各层土的土质放坡成折线形或阶梯形。

2. 影响土方边坡稳定的因素

土方边坡的稳定主要是由于土体内土颗粒间存在摩擦力和黏结力,使土体具有一定的抗剪强度。黏性土既有摩擦力,又有黏结力,抗剪强度较高,土体不易失稳,土体若失稳则是沿着滑动面整体滑动(滑坡);砂性土只有摩擦力,无黏结力,抗剪强度较差。所以,黏性土的放坡可陡些,砂性土的放坡应缓些。

当外界因素发生变化,土体的抗剪强度降低或土体所受剪应力增加时,破坏了土体的自然平衡状态,边坡就会因失去稳定而塌方。造成土体内抗剪强度降低的主要原因是水(雨水、施工用水)使土的含水率增加,土颗粒之间摩擦力和黏结力降低;造成土体所受剪应力增加的原因主要是坡顶上部的荷载增加和土体自重的增大(含水率增加),以及地下水渗流中的动水压力的作用,此外地面水浸入土体的裂缝之中产生静水压力也会使土体内的剪应力增加。所以在确定土方边坡的形式及放坡大小时,既要考虑上述各方面的因素,又要注意周围环境条件,保证土方和基础施工的顺利进行。

3. 放坡坡度及保证措施

(1) 对于土质均匀且地下水位低于基坑(槽)底或管沟底面标高,开挖土层湿度适宜且敞露时间不长时,其开挖边坡可做成直壁,不加支撑。但挖方深度不宜超过下列规定:① 密实、中密的砂土和碎石土(充填物为砂土)1.0 m;② 硬塑、可塑的粉质黏土及粉土1.25 m;③ 硬塑、可塑的黏土和碎石类土(充填物为黏性土)1.50 m;④ 坚硬的黏土2.0 m。

(2) 当地质条件良好时,基坑(槽)和管沟的自立放坡应按表1.13和表1.14的要求确定开挖放坡坡度、坡高,以确保基坑(槽)及管沟的稳定性与安全。

表 1.13　土质边坡坡度

土的类别	密实度或状态	坡度容许值（高宽比）	
		坡高在 5 m 以下	坡高 5～10 m
碎石土	密实	1：0.35～1：0.50	1：0.50～1：0.75
	中密	1：0.50～1：0.75	
	稍密	1：0.75～1：1.00	
粉土	$S_r \leqslant 0.5$	1：1.00～1：1.25	1：0.75～1：1.00
粉质黏土	硬塑	1：0.75	1：1.00～1：1.25
		1：1.00～1：1.25	
		1：1.25～1：1.50	
黏性土	坚硬	1：0.75～1：1.00	1：1.00～1：1.25
	硬塑	1：1.00～1：1.25	1：1.25～1：1.50
花岗岩残积黏性土	硬塑	1：0.75～1：1.10	
	可塑	1：0.85～1：1.25	
杂填土	中密或密实的建筑垃圾	1：0.75～1：1.10	
砂土		1：1.00（或自然休止角）	

注：1. 坡度大小视坡顶荷载情况取值：无荷时取陡值；有荷时取中等值；有动荷时取缓值。
　　2. 对非黏性土坡顶不得有振动荷载。因为在振动荷载作用下，无黏性土在暴露边坡的情况下，土质极易松动，甚至引起局部或大部分坡面滑塌。

表 1.14　岩石边坡坡度

岩土类别	风化程度	坡度容许值（高宽比）	
		坡高在 8 m 以内	坡高 8～15 m
硬质岩石	微风化	1：0.10～1：0.20	1：0.20～1：0.35
	中等风化	1：0.20～1：0.35	1：0.35～1：0.50
	强风化	1：0.35～1：0.50	1：0.50～1：0.75
软质岩石	微风化	1：0.35～1：0.50	1：0.50～1：0.75
	中等风化	1：0.50～1：0.75	1：0.75～1：1.00
	强风化	1：0.75～1：1.00	1：1.00～1：1.25

注：表中碎石土充填物为坚硬或硬塑状态的黏性土。

　　对于在地质条件良好、土质较均匀的高地中修筑 18 m 以内的路堑，由于路堑所受荷载和使用功能与基坑（槽）和沟不同，因此路堑的边坡为永久性，而基坑

(槽)和沟的边坡为临时性,所以两者放坡略有不同,其路堑边坡坡度可按表 1.15
采用。

表 1.15　路堑边坡坡度

项目	土或岩石种类	边坡最大高度(m)	路堑边坡坡度(高宽比)
1	一般土	18	1:0.5～1:1.5
2	黄土或类似黄土	18	1:1～1:1.25
3	砾碎岩石	18	1:0.5～1:1.5
4	风化岩石	18	1:0.5～1:1.5
5	一般岩石		1:0.1～1:0.5
6	坚石		1:0.1～直立

　　(3) 分级放坡开挖时,应设置分级过渡平台。对深度大于 5 m 的土质边坡,
各级过渡平台的宽度为 1.0～1.5 m,必要时可选 0.6～1.0 m,小于 5 m 的土质边
坡可不设过渡平台。岩石边坡过渡平台的宽度不小于 0.5 m,施工时应该按上陡
下缓原则开挖,坡度不宜超过 1:0.75。对于砂土和用砂填充的碎石土,分级坡
高 H≤5 m,坡度按自然休止角确定;人工填土放坡坡度按当地经验确定。

　　(4) 放坡保证措施。土质边坡放坡开挖如遇边坡高度大于 5 m,具有与边坡
开挖方向一致的斜向界面,有可能发生土体滑移的软弱淤泥或含水率丰富的夹
层;坡顶堆料、堆物有可能超载时以及对各种易使边坡失稳的不利情况,应对边坡
整体稳定性进行验算,必要时进行有效加固及支护处理。具体保证措施有以下几
种:① 对于土质边坡或易于软化的岩质边坡,在开挖时应采取相应的排水和坡
脚、坡面保护措施,基坑(槽)及管沟周围地面采用水泥砂浆抹面、设排水沟等防止
雨水渗入的措施,以保证边坡稳定范围内无积水。② 对坡面进行保护处理,以防
止渗水风化碎石的剥落。保护处理的方法是用水泥砂浆抹面(3～5 cm 厚),也可
先在坡面挂铁丝网再喷抹水泥砂浆;对各种土质或岩石边坡,可用浆砌片石护坡
或护坡脚,但护坡脚的砌筑高度要满足挡土的强度、刚度的要求;对已发生或将要
发生滑坍失稳或变形较大的边坡,可用砂土袋堆置于坡脚或坡面来阻挡失稳。
③ 土质坡面加固方法有螺旋锚预压坡面和砖石砌体护面等。螺旋锚由螺旋形的
锚杆及锚杆头部的垫板和锁紧螺母构成,将螺旋锚旋入土坡中,拧紧锚头的螺
母即可;砖石砌体护面根据砌体受力情况和砌体高度,按砖石砌体设计施工,保证
安全。当放坡不能满足要求的坡度时(场地受限),可采用土钉和水泥砂浆抹坡面
的加固方法,但要保证土钉的锚固力,对于砂性土和淤泥土禁用。

1.4.2.2　土壁支撑

　　在基坑(槽)或管沟开挖时,为了缩小工作面,减少土方开挖量,或因土质不良

且受场地限制不能放坡时,应设置支护体系,即土壁支撑体系。

1. 支护体系的类型

支护体系主要由围护结构(挡土结构)和撑锚结构两部分组成。围护结构为垂直受力部分,主要承担土压力、水压力和边坡上的荷载,并将这些荷载传递到撑锚结构。撑锚结构为水平受力部分,除承受围护结构传递来的荷载外,还要承受施工荷载(如施工机具、堆放的材料、堆土等)和自重。所以说支护体系是一种空间受力结构体系。

1) 围护结构的类型

围护结构的类型有木挡墙、钢板桩、钢筋混凝土板桩、H 型钢支柱(或钢筋混凝土支柱)、钻孔灌注桩、旋喷桩帷幕墙、深层搅拌水泥土挡墙、地下连续墙等(见图 1.25)。各种围护结构性能和适用条件见表 1.16。

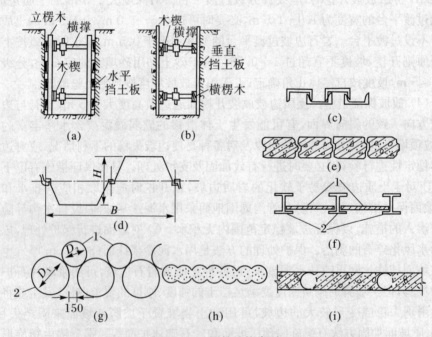

图 1.25　围护结构类型

(a) 水平挡墙;(b) 木垂直挡墙;(c) 槽钢挡墙;(d) 锁口钢板桩挡墙;
(e) 钢筋混凝土板桩挡墙;(f) H 型钢支柱(或钢筋混凝土支柱)、木挡板支护墙
(1—挡土板;2—H 型钢支柱);(g) 钻孔灌注桩挡墙(1—素桩;2—钢筋混凝土桩);
(h) 旋喷桩帷幕墙;(i) 地下连续墙

表 1.16　各种围护结构性能和适用条件

支挡结构形式		截面抗弯能力	墙的整体性	防渗性能	施工速度	造价	适用条件
木板桩		差	差	差	快	省	沟槽开挖深度小于 5 m,墙后地下无水
钢板桩	槽钢	差	差	差	快	省	开挖深度小于 4 m,基坑面积不大,墙后无地下水
	锁口钢板	较好	好	好	快	较高	开挖深度可达 8～10 m,可适用多层支撑,适应性强,板桩可回收
钢筋混凝土板桩		较差	较差	较差	较快	省	开挖深度 3～6 m,土质不宜太硬,配合井点降水使用
H 型钢(或钢筋混凝土)桩、木挡板墙		较差	差	差	较快	较省	适用于地下水渗流小(或井点降水疏干)、较坚硬的土层
钻孔灌注桩挡墙		较好	较差	较差	较慢	较省	开挖深度 6～8 m,可根据计算确定桩径(墙厚)和间距,适应性强
旋喷桩帷幕墙		较好	较好	较好	较慢	较省	适用于地下水渗流较大的场合,按计算确定桩径,并可加筋
深层搅拌水泥土挡墙		较好	较好	较好	较慢	较省	适用于软黏土、淤泥质土层,按计算确定墙厚,墙内可加筋
地下连续墙		好	好	好	慢	高	按计算确定墙厚,适应性强

2) 支护体系类型

支护体系根据基坑(槽)和管沟的挖深、宽度、施工方法和场地条件及有无支撑可分为下列支护形式:

(1) 悬臂式支护结构[见图 1.26(a)]。当基坑(槽)或管沟的开挖深度不大(一般不大于 4 m),或邻近基坑(槽)边无建筑物及地下管线时,可选用此结构。挡土结构采用的桩型包括人工挖孔桩、灌注桩、钢筋混凝土板桩和锁口钢板桩或 H 型支柱。悬臂式支护结构易产生侧向变形,发生强度或稳定性破坏,所以板墙(桩)的入土深度按板墙(桩)前后的被动土压力和主动土压力对其底部弯矩平衡原理,即极限平衡法计算,以满足悬臂结构的强度、抗滑移和抗倾覆的要求。为了增强其整体强度和稳定性,可在围护结构(挡墙)顶部增设一道冠梁,使悬臂深度增加 1~2 m。

(2) 拉锚式支护体系[见图 1.26(b)]。为了减小围护墙(桩)的侧向位移,增加支挡刚度和稳定性,可采用拉锚式挡墙。即当土方挖至一定深度(锚杆标高)时,用锚杆钻机钻孔,放入锚杆,进行灌浆,待达到设计强度,装上锚具后继续挖土。拉锚有单排和多层,这种支护方法可使基坑(槽)或管沟的挖土深度达 6 m 以上。但锚杆宜在黏性土层中使用,在砂土、淤泥质土层中使用,其锚固力(抗拔力)不易得到保证,因而会发生围护结构倾斜破坏。

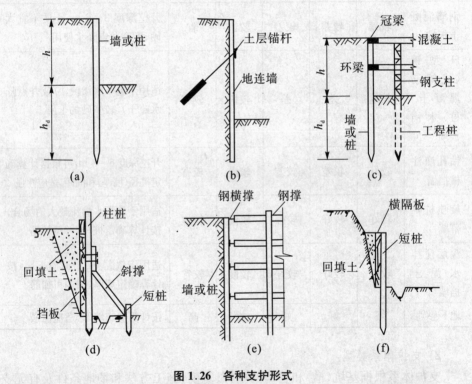

图 1.26　各种支护形式
(a) 悬壁式支护结构;(b) 拉锚式支护体系;(c)、(d) 内撑式支护体系;(e)、(f) 简易式支撑

(3) 内撑式支护体系[见图 1.26(c)、(d)]。围护结构为木板桩、钢板桩、钢筋混凝土板桩、目前,为了解决支护体系挖土难、耗用材料多等缺点,节约支护体系费用,在许多深基坑工程中采用了利用地下结构楼板或环梁体系作内支撑。地下结构的施工多采用"逆施法"或"逆支正施法"。逆施法是指先做围护结构,再浇注地下室顶板,然后地上地下同时进行施工,地下部分采用挖一层土、做一层结构的

施工方法。逆支正施法是指地下部分从上向下做支撑体系,而后从底板开始逐层从下向上进行地下室结构施工。这两种方法所用的围护结构多采用地下连续墙。在土方开挖时,基坑顶面位移均较小。

(4) 简易式支撑[见图 1.26(e)、(f)]。对于较浅的基坑(槽)或管沟,可采用先挖土后支撑的方法,然后对不稳定土体(易滑动部分)进行支护,可大大减少支护费用,但土方开挖量有所增加(支撑占用空间)。

2. 支护结构体系的计算

支护结构的计算主要分两部分,即围护结构计算和支撑结构计算。围护结构主要是确定挡墙(桩)的入土深度、截面尺寸、间距和配筋;支撑结构主要是确定支撑结构的受力状况、截面尺寸、配筋和构造措施。另外还有:地基的整体抗滑稳定性验算;基坑(槽)底部土体隆起、回弹和抗管涌稳定性验算;围护结构的稳定性(抗倾覆)验算及抗渗能力、抗剪强度的计算等。

3. 基坑开挖方案

基坑工程的挖土方案,主要有放坡挖土、中心岛式挖土和盆式挖土等。前者为无支护结构,详细可参阅 1.4.2.1 小节;后两种皆为有支护结构,简单介绍如下:

1) 中心岛式挖土

中心岛式挖土,宜用于中间具有较大空间的大型基坑,支护结构的支撑型式为角撑、环梁式或边桁(框)架式。此时可利用中间的土墩作为支点搭设栈桥。挖土机可利用栈桥下到基坑挖土,运土的汽车亦可利用栈桥进入基坑运土。这样可以加快挖土和运土的速度。

采用中心岛式挖土时,中间土墩的留土高度、边坡的坡度、挖土层次与高差都要经过仔细研究确定。由于在雨季遇有大雨,土墩边坡易滑坡,因此必要时对边坡需加固。挖土亦分层开挖,多数是先全面挖去第一层,然后中间部分留置土墩。周围部分分层开挖。开挖多用反铲挖土机,如基坑深度大则用向上逐级传递方式进行装车外运。整个的土方开挖顺序,必须与支护结构的设计工况严格一致。要遵循开槽支撑、先撑后挖、分层开挖、严禁超挖的原则。

2) 盆式挖土

盆式挖土是先开挖基坑中间部分的土,周围四边留土坡,土坡最后挖除。这种挖土方式的优点是周边的土坡对围护墙有支撑作用。有利于减少围护墙的变形。其缺点是大量的土方不能直接外运。需集中提升后装车外运。

学习单元 1.5　爆 破 工 程

▌工作任务表 ▌

能力目标	主讲内容	学生完成任务
通过学习训练,使学生掌握起爆方法与爆破的基本方法	着重介绍了爆破的基本原理,工程中爆破的基本方法与起爆方法	结合课程内容,到相关单位了解炸药、雷管等爆破器材;查阅一份相关工程的爆破施工方案

1.5.1　爆破的基本概念

　　爆破是利用炸药产生剧烈的化学反应,在极短的时间内释放出大量的高温、高压气体,冲击和压缩周围的介质,使其受到不同程度的破坏而达到施工的目的。爆破技术广泛应用于岩石、冻土的开挖,树根、顽石、混凝土块等障碍物的清除,旧建筑物或构筑物的拆除,以及人工挖孔桩孔内岩石的开挖和爆扩灌注桩的施工。

　　爆破时,最靠近药包处的介质受到的压力最大,对于塑性土质,便会被压缩成空腔;对于坚硬的岩石,便会被粉碎。我们把这个范围称为爆破的压缩圈或粉碎圈。在压缩圈或破碎圈以外的介质受到的作用力虽然减弱了些,但足以使介质结构破坏,使其分裂成各种形状的碎块,这个范围称之为破坏圈或松动圈。在破坏圈或松动圈以外的介质,因爆破的作用力已微弱到不能使之破坏,因而只能产生震动现象,这个范围称之为震动圈。以上爆破作用的范围,可以用一些同心圆表示,叫做爆破作用圈。在压缩圈和破坏圈内称为破坏范围,该范围的半径称为破坏半径或药包的爆破作用半径,以 R 表示。如果药包埋置深度大于爆破作用半径,爆破作用不能达到地表,称为内部爆破;如果药包埋置深度接近破坏圈或松动圈的外围,但爆破作用没有余力可以使破坏的碎块产生抛掷运动,只能引起介质的松动,而不能形成爆破坑,则称为松动爆破;如果药包埋置深度小于爆破作用半径,爆炸必然破坏地表,并将部分(或大部分)介质抛掷出去,这种爆破形式则称之为抛掷爆破。

　　在抛掷爆破中,部分(或大部分)介质抛掷出去后,会在地面形成一个爆破坑,其形状如漏斗,称为爆破漏斗。形成爆破漏斗的大小主要取决于最小抵抗线(即药包埋置深度)、介质的性质以及炸药包的性质和大小。

炸药是指在外界能量作用下,能够由其本身的能量发生爆炸的物质。工程实践中常用的炸药可以分为起爆炸药和破坏炸药两类。起爆炸药是一种高敏感的烈性炸药,很容易爆炸,一般用于制作雷管、引爆索和起爆药包等。破坏炸药又称次发炸药,用做主炸药,它具有相当大的稳定性,只有在起爆炸药爆炸的激发下才能发生爆炸。

1.5.2 起爆方法

为了使用安全,一般使用敏感性较低的破坏炸药。使用时,要使炸药发生爆炸,必须用起爆炸药引爆。起爆方法有火花起爆、电力起爆和导爆索(或导爆管)起爆。

1.5.2.1 火花起爆

火花起爆是利用导火索在燃烧时的火花引爆雷管,先使药卷爆炸,从而使全部炸药发生爆炸。火花起爆器材有导火索、火雷管及起爆药卷。火花起爆同时点燃的导火索根数受到限制,因而同时爆破的药包也受到限制。

(1)普通雷管。普通雷管由外壳,正、副起爆炸药和加强帽三部分组成。雷管的规格有1~10号,号数愈大,威力愈大,其中6号和8号应用最广。由于雷管内装的都是烈性炸药,遇冲击、摩擦、加热、火花就会爆炸,因此在运输、保管和使用中要特别注意。

(2)导火索。导火索由黑火药药芯和耐水外皮组成,直径5~6 mm。导火索的正常燃速为1 cm/s,另一种为0.5 cm/s。使用前应做燃烧速度试验,必要时还应做耐水性试验,以保证爆破安全。

根据所需要用的长度将导火索切下(不得小于1 m),把插入雷管的一段切成直角,插到与雷管中的加强帽接触为止,不要转动也不要用力压。然后,用雷管钳将导火索夹紧于雷管壳上,夹紧部分为3~5 mm,此时称为火线雷管。

(3)起爆药卷。起爆药卷是使主要炸药爆炸的中继药包。制作时,解开药卷的一端,使包皮敞开,将药卷捏松,用木棍轻轻地在药卷中插一个孔,然后将火线雷管插入孔内,收拢包皮纸,用细麻绳绑扎。起爆药卷只能在即将装炸药前制作这次需用数量,不得先做成成品使用。

1.5.2.2 电力起爆

电力起爆是利用电雷管中的电力引火剂发热燃烧使雷管爆炸,从而引起药包爆炸。大规模爆破及同时爆较多炮眼时,多采用电力起爆。电力起爆器材有电雷管、电线、电源及测量仪器。电雷管由普通雷管和电力引火装置组成,有即发电雷管和延期电雷管两种。延期电雷管是在电力引火装置与起爆药之间放上一段缓燃剂而成的。延期电雷管可以延迟雷管爆炸时间。延迟时间有2 s,4 s,6 s,8 s,

10 s,12 s 等。电线用来连接电雷管组成电爆网络。通常用胶皮绝缘线,禁止使用不带绝缘包皮的电线。电源可用照明和动力电源、电池组或专供电力起爆用的各类放炮器。

1.5.2.3　导爆索起爆

导爆索的外线和导火索相似,但它的药芯由烈性炸药组成,传爆速度在7 000 m/s以上。皮线绕红色条以与导火索区别。导爆索起爆不需雷管,但本身必须用雷管引爆。这种方法成本较高,主要用于深孔爆破和大规模的药室爆破,不宜用于一般的炮眼法爆破。

1.5.3　爆破方法及安全技术

1.5.3.1　爆破方法

建筑工程实践中常用的爆破方法有:炮眼爆破法、药壶爆破法、洞室爆破法等。限于篇幅,本书在这里仅介绍炮眼爆破法,感兴趣的读者将来工作需要,可参阅有关工程爆破方面的专门著作。

炮眼爆破法(又称浅眼爆破法)属小爆破,是在被爆破的岩石上钻凿直径为 $25\sim75$ mm、深 $0.5\sim5$ m 的圆柱形炮眼,然后装药进行爆破。适用于开挖基坑和管沟、开采石料、松动冻土、爆破大块岩石及开挖路堑等。

炮眼位置要尽量利用临空面较多的地形,或者有计划地造成地形,第一次爆破给第二次爆破创造更多的临空面,以获得良好的效果。炮眼的方向应避免与临空面垂直,因为炸药爆炸时,破坏力向最小抵抗线方向发挥。如果炮眼方向与临空面垂直,爆炸力多半向孔口逸散。因此,炮眼方向应尽量与临空面平行,或与水平临空面成 45°角。炮眼的深度(L)根据岩石的软硬和梯段高度(H)而定(见图 1.27):坚硬岩石 $L = (1.1\sim1.5)H$;中硬岩石 $L = H$;松软岩石 $L = (0.85\sim0.95)H$。H 是根据工程规模、开挖厚度、施工进度和钻孔机械、挖掘机械的性能等来确定的。

梯段爆破炮眼中药包中心到梯段边坡的最短距离,称为最小抵抗线 W,见图 1.27。最小抵抗线 W 应根据炸药性能、装药直径(d)、起爆方法和地质条件确定。一般可按 $W = (20\sim40)d$ 计算,对坚硬岩石或低密度的炸药,取较小值,反之取较大值。

炮眼间距(a)应根据岩石的特征、炸药种类、抵抗线长度和起爆顺序而定。炮眼通常布置成梅花形,依次逐排起爆,如图 1.28 所示。一般按 $a = (1\sim2)W$ 计算。当抵抗线较小,前排无压渣或炸药威力大时取大值,反之取较小值。炮眼行距（b）可取为第一行炮眼的最小抵抗线长度 W，若第一行各炮眼的 W 不相同时，则取其平均值。

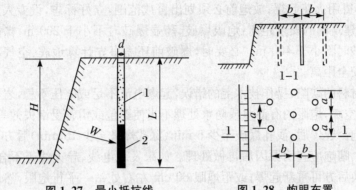

图 1.27　最小抵抗线　　图 1.28　炮眼布置
1—堵塞物；2—炸药

在实际工作中，因为炮眼很多，所以不一一计算，而是根据经验，通常装药长度控制在炮眼深度的 1/3～1/20，为防止冲天炮，炮眼必须用干细砂土（1 份黏土和 2 份砂土混合）堵塞至少 1/3 的长度。

炮眼法的施工操作顺序为钻孔、装药、堵塞及起爆。在装药前，先清除炮眼内的石粉及泥浆，然后装填炸药。如果方向为水平、倾斜或向上的炮眼，则用筒装炸药装填。不论是筒装或松散的炸药，每装填 150～250 g 后，就用木棍压实一次，将炸药装到 80%～85% 以后，再装入起爆药卷。炸药装好后，将炮眼的其余部分用干细砂土填塞。

1.5.3.2　爆破安全技术

爆破工程应由具有相应爆破资质和安全生产许可证的企业承担。爆破作业人员应取得有关部门颁发的资格证书，做到持证上岗。爆破工程作业现场应由具有相应资格的技术人员负责指导施工。

爆破材料应贮存在干燥、通风的仓库中，库内温度应保持在 18～30 ℃ 之间，库房周围 5 m 范围内要清除一切树木和杂草，库内应有消防设施。炸药和雷管应分别贮存，不同性质的炸药亦应分别贮存。仓库与建筑物和构筑物应保持一定的安全距离。炸药和雷管、硝铵炸药和黑火药均要分别运送。要建立严格的保管、消防和领退制度。

当爆破作业环境有下列情况时，应严禁进行爆破作业：

（1）爆破可能产生不稳定边坡、滑坡、崩塌的危险。

（2）爆破可能危及建（构）筑物、公共设施或人员的安全。

（3）恶劣的天气条件。

　　装药时只能用木棒把炸药轻轻压入炮孔,严禁冲捣和使用金属棒,装药现场严禁烟火或使用手机;炮眼深度超过 4 m 时,须用两个雷管起爆,如果深度超过10 m,则不得用火花起爆;放炮前必须划出警戒范围,立好标志,设专人警戒。作业时,人及建筑物的安全距离:炮眼爆破、药壶爆破时不小于 200 m;裸露药包及洞室法爆破时不小于 400 m。必要时,爆破前还需事先计算地震、空气冲击波和飞石等的安全距离。

　　爆破材料的缺陷,操作技术上的错误,起爆电流不足或电压不稳,岩石内部有较大裂缝、空隙,炮眼内有渗水或防水处理不当使药包或雷管受潮失效等原因,都会产生瞎炮。起爆后,浅孔爆破至少 5 min(深孔爆破至少 15 min)后方可进入爆破区检查。瞎炮应查明原因后再做处理。如果发现电线、导火线等不合要求,经校正或更换后方可重新起爆;或距炮眼 60 cm 左右处钻一平行炮眼,然后装药起爆,销毁原瞎炮;炮眼深度小于 50 cm 时也可用裸露爆破法处理;炮眼较深时可用木制工具小心地将炮眼上部堵塞物掏出,如系硝铵类炸药可用水浸泡并冲洗出整个药包,再重新装药起爆。

复习思考题与习题

　　1. 土是如何分类的? 具体有哪些类型? 它们与土方工程的关系如何?

　　2. 简述土的可松性在场地平整土方工程中的意义。

　　3. 土的含水率及其与土方开挖有何关系?

　　4. 研究土的渗透性对土方工程施工有何关系?

　　5. 场地设计标高的确定方法有哪两种? 它们有何区别和联系?

　　6. 试述计算土方量的四角棱柱体法、三角棱柱体法和截面法的适用条件及其优缺点。

　　7. 场地平整土方工程的施工机械有哪些? 各自的适用范围和施工特点如何?

　　8. 试分析土壁塌方的原因及采取的措施。

　　9. 试述管井、轻型井点的构造措施及适用范围。

　　10. 试述轻型井点的布置方案和设计步骤。

　　11. 试分析产生流砂的外因和内因及防治流砂的途径及方法。

　　12. 影响填土压实的主要因素有哪些? 如何检查填土压实的质量?

　　13. 试解释土的最佳含水率和最大干密度,它们与填土压实的质量有何关系?

　　14. 常用的土方机械有哪些? 试述其工作特点及适用范围。

15. 如何提高推土机、铲运机和单斗挖土机的生产率？如何组织土方工程综合机械化施工？

16. 一基坑深 5 m、底长 50 m、宽 40 m，四边放坡，边坡坡度为 1 ：0.5，问挖土土方量为多少？若地坪以下混凝土基础的体积为 2 800 m³，则回填土为多少？多余土外运，如用斗容量为 6 m³ 的汽车运土，问需运多少次？已知土的最初可松性系数 K_s = 1.14，最终可松性系数 K_s' = 1.05。

学习任务 2 地基与基础工程

【学习目标】

本任务以房建地基与基础工程为项目载体,学习地基处理与基础工程的各种施工方法、作业条件、施工工艺流程、施工操作要点的质量标准和检验检查等。

通过本项目的教学,使学生:

(1) 熟悉建筑地基与基础的基本概念与类型。

(2) 了解桩基的作用、分类,了解桩基工程检测与验收。

(3) 掌握建筑物地基验槽的目的与内容。

(4) 掌握地基处理的基本方法与施工工艺。

(5) 掌握钢筋混凝土预制桩打桩顺序及其质量控制要求。

(6) 掌握泥浆护壁成孔灌注桩成孔工艺及特点。

学习单元 2.1 浅 基 础

‖ 工作任务表 ‖

能力目标	主讲内容	学生完成任务
通过学习训练,使学生理解地基与基础的基本概念,初步具有组织验槽的能力	着重介绍了地基与基础的基本概念、分类与浅基础施工	结合学校周边项目,完成该项目浅基础施工的调查报告

2.1.1 地基与基础的类型

1. 地基与基础的概念

建筑物的全部荷载都由它下面的地层来承担,地基就是指建筑物荷载作用下基底下方产生的变形不可忽略的那一部分地层;而基础就是建筑物向地基传递荷载的下部结构。

2．地基与基础的要求

地基基础应满足两个基本条件：

（1）要求作用于地基的荷载不超过地基的承载能力，保证地基在防止整体破坏方面有足够的安全储备；

（2）控制基础沉降使之不超过地基的变形允许值，保证建筑物不因地基变形而损坏或影响其正常使用。

3．地基与基础的类型

基础结构的型式很多。设计上应选择能适应上部结构、符合使用要求，且必须满足地基基础设计的两项基本要求以及技术合理的基础方案。

我们通常把埋置深度在 5 m 以内、只须经过挖槽、排水等施工的普通程序就可以建造起来的基础统称为浅基础。如独立柱基础、筏板基础等。反之，若浅层土质条件差，必须把基础埋置于深处的好土层时，就要考虑借助于特殊的施工方法来建造的基础即为深基础。如桩基础、沉井和地下连续墙等。地基若不加处理就可以满足要求的，称为天然地基，否则，就叫人工地基。如换土垫层、振密挤密、排水固结等方法处理的地基。

2.1.2　浅基础施工

2.1.2.1　浅基础的类型

根据受力条件和构造不同，浅基础可分为刚性基础和柔性基础两大类。

（1）刚性基础：砖基础、毛石基础、灰土基础和三合土基础、混凝土基础和毛石混凝土基础等。

（2）柔性基础：钢筋混凝土独立柱基础（阶梯形、锥形、杯形），钢筋混凝土条形基础，筏形基础（基础底板连成一片：平板式、上梁式和下梁式），箱形基础等。

2.1.2.2　浅基础的施工

1．浅基础施工的基本程序

浅基础施工包括准备工作、基础开挖（降水、排水、土壁支撑）、验槽、基础施工、验收与回填土等基本工作过程。

基础开挖一般采用明挖。开挖工作应尽量在枯水或少雨季节进行，且不宜间断。基坑开挖可用机械或人工进行，接近基础设计标高应留 30 cm 厚度的土层作为保护层，待基础浇砌圬工前，再用人工开挖至设计标高。

2．验槽

1）验槽的目的

验槽是基础开挖后的重要程序，也是一般岩土工程勘察工作最后一个环节。当施工单位挖完基槽并普遍钎探后，由建设单位约请勘察、设计单位技术负责人

和施工单位技术负责人,共同到施工工地对槽底土层进行检查,简称"验槽"。其主要目的在于:

(1)检验勘察成果是否符合实际。因为勘探孔的数量有限,仅布设在建筑物外围轮廓线 4 角与长边的中点。基槽全面开挖后,地基持力层土层应完全暴露出来,首先检验勘察成果与实际情况是否一致,勘察成果报告的结论与建议是否正确和切实可行。

(2)解决遗留和发现的问题。有时勘察成果报告存在当时无法解决的遗留问题。例如,某学校新征土地上的一幢学生宿舍楼在勘察工作时,因拆迁未完成,场地上的一住户不让钻孔。此类遗留问题只能在验槽时解决。

在验槽时发现新问题通常有局部人工填土和墓葬、松土坑、废井、老建筑物基础等。解决此类问题通常要进行地基局部挖填处理,或采用增大基础埋深、扩大基础面积、布置联合基础、加设挤密桩或设置局部桩基等方法。

(3)对于没有勘察资料的三级建筑物,地基浅层情况只有凭验槽来了解。

2)验槽的内容

(1)校核基槽开挖的平面位置与槽底标高是否符合勘察设计、要求。

(2)检验槽底持力层土质与勘察报告是否相同。

(3)当发现基槽平面土质显著不均匀,或局部存在古井、墓穴、河道等不良地基,可用钎探查明其平面范围与深度。

(4)检查基槽钎探结果。钎探位置:条形基础宽度小于 80 cm 时,可沿中心线打一排孔;大于 80 cm 时,可打两排错开孔,钎探孔距为 1.5~2.5 m。深度每 30 cm 为一组,通常为 5 组,1.5 m 深。

3)验槽注意事项

(1)验槽前应全部完成合格钎探,提供验槽的定量数据。

(2)验槽时间要抓紧,基槽挖好,突击钎探,立即组织验槽。尤其夏季要避免下雨泡槽,冬季要防冻。不可拖延时间形成隐患。遇到问题时也必须当场研究具体措施并作出决定。

(3)验槽时应验看新鲜土面。冬季冻结的表土看似很坚硬,夏季日晒后的干土也看似很坚实,但都不是真实状态,应除去表层再检验。

(4)应填写验槽记录,并由参加验槽的 4 个方面负责人签字,作为施工处理的依据。验槽记录应存档长期保存。若工程发生事故,验槽记录是分析事故原因的重要依据。

学习单元 2.2 基础处理

‖ 工作任务表 ‖

能力目标	主讲内容	学生完成任务
通过学习训练,使学生熟悉地基处理的基本方法,初步具有选择地基处理方法与组织地基处理施工的能力	着重介绍了地基处理的分类与各类地基处理方法的施工	结合学校周边项目,完成该项目地基处理施工的调查报告

2.2.1 地基处理方法分类

当建筑物下的土层为软弱土时,为保证建筑物地基的强度、稳定性和变形要求,以及结构的安全和正常使用,就必须采用适当的地基处理方法。其目的是改善地基土的工程性质,达到满足建筑物对地基稳定和变形的要求,包括改善地基土的变形特性和渗透性,提高其抗剪强度和抗液化能力,消除其他的不利影响。

近年来,建筑工程的发展推动了地基处理技术的迅速发展。地基处理的方法越来越多,根据地基处理方法的原理,基本上分为如表 2.1 所示的几类。

表 2.1　地基处理方法分类表

序号	分类	作用原理	处理方法	适用范围
1	碾压及夯实	利用压实原理,通过机械碾压夯击,使表层地基土密实;强夯法则是利用强大的夯击能在土中产生强大的冲击波和应力波,使土动力固结密实	重锤夯实,机械碾压,振动压实,强夯法	碎石土,砂土,粉土、低饱和度的黏性土、杂填土等
2	换土垫层	以较高强度的材料,置换地基表层软弱土,提高地基的承载力,扩散应力,减少压缩量	砂石垫层,素土垫层,灰土垫层,矿渣垫层	适用于处理暗沟、暗塘等软弱土地基

序号	分类	作用原理	处理方法	适用范围
3	排水固结	在地基中设置竖向排水体,加速地基的固结和强度增长,提高地基的稳定性,加速沉降发展,提高地基承载力	天然地基堆载预压,砂井预压,塑料排水板预压,降水法,真空预压	适用于处理饱和软弱土,对于渗透性极低的泥炭土要慎重
4	振密、挤密	通过振动或挤密,使土的孔隙减少,强度提高,必要时,在振动挤密过程中,回填砂、石、灰土等,形成复合地基从而提高承载力,减少沉降量	振冲挤密,灰土挤密桩,砂桩,石灰桩,爆破挤密	适用于松砂、粉土、杂填土及湿陷性黄土
5	置换、拌入	以砂、碎石等材料置换地基中部分软弱土,或在部分软弱土中掺入水泥、石灰或砂浆等形成加固体,与原土组成复合地基,提高承载力,减少沉降量	振冲置换(碎石桩),深层搅拌,高压喷射注浆(旋喷法)	适用于软弱黏性土、冲填土、粉土、细砂等
6	加筋	在地基中埋入土工聚合物、钢片等加筋材料,使地基土能承受拉力,从而提高地基的承载力,改善变形特性	土工聚合物加筋,锚固技术,树根桩,加筋土	适用于软弱土地基、填土及陡坡填土、砂土
7	其他	通过独特的技术处理软弱土地基	灌浆,冻结,托换技术,纠偏技术	根据实际情况

2.2.2 地基处理的方法

2.2.2.1 换土垫层法

换土垫层法是先将基础底面以下一定范围内的软弱土层挖去,然后回填强度较高、压缩性较低、并且没有侵蚀性的材料,如中粗砂、碎石或卵石、灰土、素土、石屑、矿渣等,再分层夯实,作为地基的持力层。它的作用在于提高地基的承载力,并通过垫层的应力扩散作用,减少垫层下天然土层所承受的压力,这样就可以减少基础的沉降量。例如在软土上采用透水性较好的垫层(如砂垫层)时,软土中的水分可以通过它较快地排出去,能够有效地缩短沉降稳定时间。实践证明,换土垫层法对于解决荷载较大的中小型建筑物的地基问题比较有效。这种方法取材方便,无须特殊的机械设备,施工简便,造价低廉,因此得到了广泛的应用。

垫层的宽度应满足基础底面应力扩散的要求,可按(2.1)式计算或根据当地经验确定:

$$b' \geqslant b + 2z\tan\theta \tag{2.1}$$

式中,b' 为垫层底面宽度;b 为矩形基础或条形基础底面的宽度;z 为基础底面下垫层的厚度;θ 为垫层的压力扩散角,可按表 2.2 采用;当 $z/b < 0.25$ 时,仍按表中 $z/b = 0.25$ 取值。

表 2.2　压力扩散角 θ(°)

换填材料 z/b	中砂、粗砂、砾砂 卵石、碎石	黏性土和粉土($8 < I_p < 14$)	灰土
0.25	20	6	30
$\geqslant 0.50$	30	23	

整片垫层的宽度可根据施工的要求适当放宽。且垫层顶面每边宜超出基础底边不小于 300 mm,或从垫层底面两侧向上按当地开挖基坑经验的要求放坡。

2.2.2.2　砂垫层地基

砂垫层和砂石垫层统称砂垫层,是用夯(压)实的砂或砂石垫层来替换基础下部一定厚度的软土层,以起到提高基础下地基承载力,减少沉降,加速软土层的排水固结作用。一般适用于处理有一定透水性的黏性土地基,但不宜用于湿陷性黄土地基和不透水的黏性土地基,以免聚水而引起地基下沉和降低承载力。

1. 材料要求

砂垫层和砂石垫层所用材料,宜采用颗粒级配良好、质地坚硬的中砂、粗砂、砾砂、碎(卵)石、石屑或其他工业废粒料。如采用其他工业废料作为地基材料,应经试验合格后,方可使用。在缺少中、粗砂和砾砂地区,也可采用细砂,但宜同时掺入一定数量的碎石或卵石,其掺量应符合设计规定(含石量不应大于 50%)。所用砂和砂石材料,不得含有草根、垃圾等有机杂物。用作排水固结地基的材料除应符合上列要求外,含泥量不宜超过 3%。碎石或卵石最大粒径不宜大于50 mm。

2. 施工要点

(1) 施工前应验槽,先将浮土清除,基槽(坑)的边坡要稳定,必须防止塌方。槽底和两侧如果有孔洞、沟、井和墓穴等,应在未做垫层前加以局部处理。

(2) 人工级配的砂、石材料,应按级配拌合均匀,再行铺填捣实。

（3）砂垫层和砂石垫层的底面宜铺设在同一标高上，如深度不同时，施工应按先深后浅的程序进行。土面应挖成台阶或斜坡搭接，搭接处应注意捣实。

（4）分段施工时，接头处应作成斜坡，每层错开 0.5～1.0 m，并充分捣实。

（5）采用碎石垫层时，为防止基坑底面的表层软土发生局部破坏，应在基坑底部及四侧先铺一层砂，然后再铺碎石垫层。

（6）垫层应分层铺垫，分层夯（压）实，每层的铺设厚度不宜超过表 2.3 中的规定数值。分层厚度可用样桩控制。垫层的捣实方法可视施工条件按表 2.3 选用。捣实砂层应注意不要扰动基坑底部和四侧的土，以免影响和降低地基强度。每铺好一层垫层，经密实度检验合格后方可进行上一层施工。

（7）冬季施工时，不得采用夹有冰块的砂石作垫层，并应采取措施防止砂石内水分冻结。

3. 质量检查

在捣实后的砂垫层中，用容积不小于 200 cm^3 的环刀取样，测定其干密度，以不小于通过试验所确定的该砂料在中密状态时的干密度数值为合格。如系砂石垫层，可在垫层中设置纯砂检查点，在同样施工条件下取样检查。

中砂在中密状态的干密度一般为 1.55～1.60 g/cm^3。

2.2.2.3 灰土垫层

灰土垫层是用石灰和黏性土拌和均匀，然后分层夯实而成的。采用的体积配合比一般为 2∶8 或 3∶7（石灰∶土），其承载力可达 300 kPa。适用于一般黏性土地基加固。

1. 材料要求

灰土的土料，宜采用就地基槽中挖出的土，但不得含有有机杂物，使用前应过筛，粒径不宜大于 15 mm。用作灰土的熟石灰应过筛，其粒径不得大于 5 mm，熟石灰中不得夹有未熟化的生石灰，也不得含有过多的水分。

2. 施工要点

（1）施工前应验槽，将积水、淤泥清除干净，待干燥后再铺灰土。

（2）灰土施工时，应适当控制其含水率，以用手紧握土料成团，两指轻捏能碎为宜，如土料水分过多或不足时可以晾干或洒水润湿；灰土应拌合均匀，颜色一致，拌好后应及时铺好夯实。铺土应分层进行，每层铺土厚度可参照表 2.4 确定。厚度由槽（坑）壁预设标钎控制。

（3）每层灰土的夯打遍数，应根据设计要求的干密度在现场试验确定。一般夯打（或辗压）不少于 4 遍。

表 2.3　砂垫层和砂石垫层每层铺设厚度及最佳含水率

捣实方法	每层铺设厚度(mm)	施工时最佳含水率(%)	施工说明	备注
平振法	200～250	15～20	1.用平板式振捣器往复振捣,往复次数以简易测定密实度合格为准 2.振捣器移动时,每行应搭接三分之一,以防振动面积不搭接	不宜使用细砂或含泥量较大的砂铺筑砂垫层
插振法	振捣器插入深度	饱和	1.用插入式振捣器 2.插入间距可根据机械振幅大小决定 3.不应插至下卧黏性土层 4.插入振捣完毕所留的空洞,应用砂填实 5.应有控制地注水和排水	不宜使用细砂或含泥量较大的砂铺筑垫层
水撼法	250	饱和	1.注水高度略超过铺设面层 2.用钢叉摇撼振实,插入点间距100 mm左右 3.应有控制地注水和排水 4.钢叉分四齿,齿的间距30 mm,长300 mm,木柄长900 mm,重4 kg	湿陷性黄土、膨胀土、细砂地基上不得使用
夯实法	150～200	8～12	1.用木夯或机械夯 2.木夯重40 kg,落距400～500 mm 3.一夯压半夯,全面夯实	适用于砂石垫层
碾压法	150～350	8～12	6～10 t压路机往复碾压,碾压次数以达到要求密实度为准	适用于大面积的砂石垫层,不宜用于地下水位以下的砂垫层

表 2.4　灰土最大虚铺厚度

项次	夯实机具种类	重量(kg)	厚度(mm)	备注
1	小木夯	5～10	150～200	人力送夯,落高400～500 mm,一夯压半夯
2	石夯、木夯	40～80	200～250	
3	轻型夯实机具	—	200～250	蛙式打夯机,柴油打夯机双轮
4	压路机	6～10 t(机重)	200～300	

（4）灰土分段施工时,不得在墙角、柱墩及承重窗间墙下接缝,上下相邻两层灰土的接缝间距不得小于 0.5 m,接缝处的灰土应充分夯实。当灰土垫层地基高度不同时,应作成阶梯形,每阶宽度不少于 0.5 m。

（5）在地下水位以下的基槽、坑内施工时,应采取排水措施,使在无水状态下施工。入槽的灰土,不得隔日夯打。夯实后的灰土三天内不得受水浸泡。

（6）灰土打完后,应及时进行基础施工,并及时回填土,否则要做临时遮盖,防止日晒雨淋。刚打完毕或尚未夯实的灰土,如遭受雨淋浸泡,则应将积水及松软灰土除去并补填夯实,受浸湿的灰土,应在晾干后再使用。

（7）冬季施工时,不得采用冻土或夹有冻土的土料,并应采取有效的防冻措施。

3. 质量检查

可用环刀取样,测定其干密度。质量标准可按压实系数 λ_0（即施工时实际达到的干密度 ρ_d 与其最大干密度 ρ_{dmax} 之比）鉴定,一般为 0.93～0.95;也可以按表 2.5 中的规定执行。

表 2.5　灰土质量标准

项次	土料种类	灰土最大干密度(g/cm^3)
1	粉土	1.55
2	粉质黏土	1.50
3	黏土	1.45

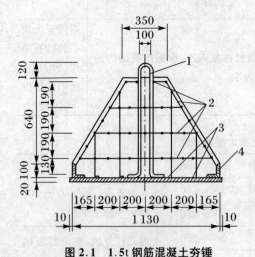

图 2.1　1.5t 钢筋混凝土夯锤

1—吊环 ϕ 30;2—ϕ 8 钢筋网 100×100;
3—锚钉 ϕ 10;4—角钢 100×100×10

2.2.2.4　重锤夯实地基

重锤夯实的锤重 1.5～3 t,用起重机械将其提升到一定高度后,自由下落,落距为 2.45～4.5 m,夯击基土表面,一般为 8～12 遍,使浅层地基受到压密加固,加固深度一般为 1.2 m。适用于处理离地下水位 0.8 m 以上稍湿的黏性土、砂土、湿陷性黄土、杂填土和分层填土地基。但当夯击对邻近建筑物有影响时,或地下水位高于有效夯实深度时,不宜采用。

夯锤形状为一截头圆锥体（图 2.1）,可用 C20 钢筋混凝土制作,其底部可采用 20 mm 厚钢板,以使重心降低。锤底直径一般为1.13～1.5 m。锤重与底面积的关系应符合锤重在底面上的单位静压力1.5～2.0 N/cm²。

地基重锤夯实前,应在现场进行试夯,选定夯锤重量、底面直径和落距,以便确定最后下沉量及相应的最少夯击遍数和总下沉量。试夯及地基夯实时,必须使土保持最优含水率范围。基槽(坑)的夯实范围应大于基础底面,每边应比设计宽度加宽0.3 m以上,以便于底面边角夯打密实。基槽(坑)边坡应适当放缓。夯实前,槽、坑底面应高出设计标高,预留土层的厚度可为试夯时的总下沉量再加50～100 mm。在大面积基坑或条形基槽内夯打时,应一夯挨一夯顺序进行。在一次循环中同一夯位应连夯两击,下一循环的夯位,应与前一循环错开1/2锤底直径(图2.2),落锤应平稳,夯位应准确。在独立柱基基坑内夯打时,一般采用先周边后中间或先外后里的跳夯法进行(图2.3)。夯实完后,应将基槽(坑)表面修整至设计标高。

重锤夯实后,应检查施工记录,除应符合试夯最后下沉量的规定外,并应检查基槽(坑)表面的总下沉量,以不小于试夯总下沉量的90%为合格。

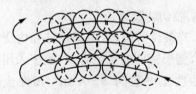

图2.2 夯位搭接示意图　　　　　　图2.3 夯打顺序图

2.2.2.5 强夯地基

1. 原理及适用条件

强夯法是用起重机械将8～40 t的夯锤吊起,从6～30 m的高处自由下落,对土体进行强力夯实的地基加固方法。强夯法是在重锤夯实法的基础上发展起来的,但在作用机理上,又与它有很大区别。强夯法属高能量夯击,是用巨大的冲击能量(一般为500～800 kJ),使土体中出现冲击波和很大的应力,迫使土颗粒重新排列,排除孔隙中的气和水,从而提高地基强度,降低其压缩性。强夯适用于碎石土、砂土、黏性土、湿陷性黄土及杂填土地基的深层加固。地基经强夯加固后,承载能力可以提高2～5倍;压缩性可降低2～10倍,其影响深度在10 m以上,国外加固影响深度已达40 m。是一种效果好、速度快、节省材料、施工简便的地基加固方法。其缺点与重锤夯实类似,施工时噪音和振动很大,当距离建筑物小于10 m时,应挖防震沟,沟深要超过建筑物基础深。

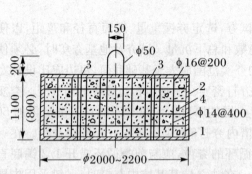

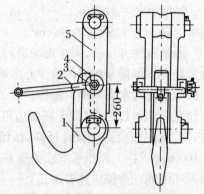

图 2.4　12t 钢筋混凝土夯锤

1—钢底板,厚 30 mm;2—钢外壳,厚 18 mm;

3—ϕ 159×5 钢管 6 个;4—C30 钢筋混凝

土,钢筋用 A_3F

图 2.5　脱钩装置图

1—吊钩;2—锁卡焊合件;3—螺栓

4—开口锁;5—架板

2. 机具设备

强夯法施工的主要设备包括夯锤、起重机、脱钩装置等。

夯锤重 8～40 t,最好用铸钢或铸铁制作,若条件所限,可用钢板外壳内浇注钢筋混凝土(图 2.4),夯锤底面有圆形和方形,圆形锤印易于重合,一般多采用圆形。锤的底面积大小取决于表面土质,对砂性土一般为 2～4 m^2,黏性土为 3～4 m^2,淤泥质土为 4～6 m^2。夯锤中宜设置若干个上下贯通的气孔,以减少夯击时空气阻力。

起重机一般采用自行式起重机。起重能力取大于 1.5 倍锤重。并需设安全装置,防止夯击时臂杆后仰。吊钩宜采用自动脱钩装置,见图 2.5。

3. 技术参数

通常根据要求加固土层的深度 H(单位:m),按下列经验公式选定强夯法所用的锤重 Q(单位:t)和落距 h(单位:m)。

$$H \cong K \cdot \sqrt{Qh} \tag{2.2}$$

式中,K 为经验系数,一般取 0.4～0.7。

夯击点布置,一般按正方形或梅花形网格排列。其间距根据基础布置、加固土层厚度和土质而定,一般为 5～15 m。

夯击遍数通常为 2～5 遍,前 2～3 遍为"间夯",最后一遍为低能量的"满夯"。每个夯击点的夯击数一般为 3～10 击。最后一遍只夯 1～2 击。

两遍之间的间隔时间一般为 1～4 周。对于黏性土或冲积土常为 3 周,若地下水位在 5 m 以下,地质条件较好时,可以隔 1～2 天就进行连续夯击。

对于重要工程的加固范围,应比设计的地基长、宽各加一个加固深度 H;对于一般建筑物,在离地基轴线以外 3 m 布置一圈夯击点即可。

4. 施工要求

(1)强夯施工前,应试夯,做好强夯前后试验结果对比分析,确定正式施工的各项参数。

(2)强夯施工,必须按试验确定的技术参数进行。以各个夯击点的夯击数为施工控制数值,也可采用试夯后确定的沉降量控制。

(3)夯击时,重锤应保持平稳,夯位准确,如错位或坑底倾斜过大,宜用砂土将坑底整平,才能进行下一次夯击。

(4)每夯击一遍完成后,应测量场地平均下沉量,然后用土将夯坑填平,方可进行下一遍夯击。最后一遍的场地平均下沉量,必须符合要求。

(5)雨天施工,夯击坑内或夯击过的场地有积水时,必须及时排除。

冬天施工,首先应将冻土击碎,然后再按各点规定的夯击数施工。

(6)强夯施工应做好记录。

5. 质量检查

应检查施工记录及各项技术参数,并应在夯击过的场地选点作检验。一般可采用标准贯入、静力触探或轻便触探等方法,符合试验确定的指标时即为合格。

检查点数,每个建筑物的地基不少于 3 处,检测深度和位置按设计要求确定。

2.2.2.6　振冲地基

1. 加固原理及适用条件

振冲地基,它是以起重机吊起振冲器,启动潜水电机带动偏心块,使振冲器产生高频振动,同时开动水泵通过喷嘴喷射高压水流。在振动和高压水流的联合作用下,振冲器沉到土中的预定深度,然后经过清孔工序,用循环水带出孔中稠泥浆,此后就可以从地面向孔中逐段添加填料(碎石或其他粒料),每段填料均在振动作用下被振挤密实,达到所要求的密实度后提升振冲器。再于第二段重复上述操作;如此直至地面;从而在地基中形成一根大直径的密实桩体,与原地基构成复合地基,提高地基承载能力和改善土体的排水降压通道,并对可能发生液化的砂土产生预振效应,防止液化;在黏性土中,振冲主要起置换作用,故称振冲置换;在砂性土中,振冲起挤密作用,故称振冲挤密。不加填料的振冲挤密仅适用于处理黏粒含量小于 10% 的细砂、中砂地基。

2. 机具设备

设备主要有振冲器、起重机械、水泵及供水管道、加料设备和控制设备等。振冲器为立式潜水电机直接带动一组偏心块,产生一定频率和振幅的水平向振力的专用机械。压力水通过振冲器空心竖轴从下端喷口喷出,其构造如图 2.6 所示。

用附加垂直振动式或附加垂直冲击式的振冲器则效果更好。

加料可采用起重机吊自制吊斗或用翻斗车,其能力必须符合施工要求。

3. 施工工艺

1) 振冲试验

施工前应先在现场进行振冲试验,以确定其施工参数,如振冲孔间距、达到土体密实度时的密实电流值、成孔速度、留振时间、填料量等。

2) 制桩

碎石桩成桩施工过程包括定位、成孔、清孔和振密等。

(1) 定位。振冲前,应按设计图定出冲孔中心位置并编号。

(2) 成孔。振冲器用履带式起重机或卷扬机悬吊,对准桩位,打开下喷水口,启动振冲器[图2.7(a)]。水压可用 400～600 kPa,水量可用 200～400 L/min。此时,振冲器以其自身重量和在振动喷水作用下,以 1～2 m/min 的速度徐徐沉入土中,每沉入 0.5～1.0 m,宜留振 5～10 s 进行扩孔,待孔内泥浆溢出时再继续沉入,直达设计深度为止。在黏性土中应重复成孔 1～2 次,使孔内泥浆变稀,然后将振冲器提出孔口,形成直径 0.8～1.2 m 的孔洞。

(3) 清孔。当下沉达设计深度时,振冲器应在孔底适当留振并关闭下喷口,打开上喷水口减少射水压力,以便排除泥浆进行清孔[图2.7(b)]。

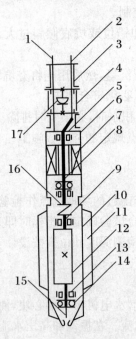

图 2.6　ZCQ 系列振冲器构造示意图

1—电缆;2—水管;3—吊罐;4—减振器;
5—电机垫板;6—潜水电机;7—转子;8—电机轴;
9—中空轴;10—壳体;11—翼板;12—偏心体;
13—向心轴承;14—推力轴承 15—射水管;
16—联轴节;17—万向节

(4) 振密。将振冲器提出孔口,向孔内倒入一批填料,约 1 m 堆高[图2.7(c)],将振冲器下降至填料中进行振密[图2.7(d)],待密实电流达到规定的数值,将振动器提出孔口。如此自下而上反复进行直至孔口,成桩操作即告完成[图2.7(e)]。

3）排泥

在施工场地上应事先开设排泥水沟系统，将成桩过程中产生的泥水集中引入沉淀池。定期将沉淀池底部的厚泥浆挖出，运至存放地点。沉淀池上部较清的水应重复使用。

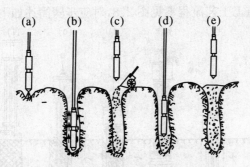

图 2.7 碎石桩制桩步骤

（a）定位；（b）振冲下沉（c）加填料；（d）振密；（e）成桩

4）成桩顺序

桩的施工顺序一般为"由里向外"或"一边推向另一边"的方式，因为这种方式有利于挤走部分软土。对抗剪强度很低的软黏土地基，为减少制桩时对原土的扰动，宜用间隔跳打的方式施工。

5）振冲地基表面的处理

振冲地基表面 0.1～1.0 m 的范围内密实度较差，一般应予挖除，如不挖除，则应加填碎石进行夯实或压路机辗压密实。

4．质量控制与检查

（1）振冲法加固土体，用密实电流、填料量和留振时间来控制。用 ZCQ—30 振冲器加固黏性土地基的密实电流为 50～55 A，砂性土为 45～50 A；直径 0.8 m 时，每米桩体填料量为 0.6～0.7 m^3，土质差时填料量应多些。

（2）桩位偏差不得大于 0.2d（d 为桩孔直径）。

（3）桩位完成半个月（砂土）或一个月（黏性土）后，方可进行载荷试验或动力触探试验来检验桩的施工质量。如在地震区进行抗液化加固地基，尚应进行现场孔隙水压力试验。

2.2.2.7 深层搅拌地基

1．加固基本原理及适用条件

深层搅拌法是用于加固饱和软黏土地基的一种新方法，它是利用水泥、石灰等材料作为固化剂，通过特制的深层搅拌机械，在地基深处就地将软土和固化剂

(浆液)强制搅拌,利用固化剂和软土之间所产生的一系列物理—化学反应,使软土硬结成具有整体性、水稳定性和一定强度的地基。深层搅拌法还常作为重力式支护结构用来挡土、挡水。

2. 施工工艺

深层搅拌法的施工工艺流程参见图2.8,对应步骤简述如下:

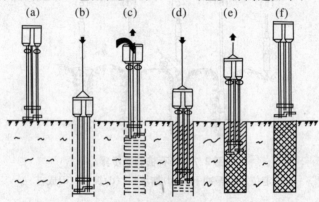

图2.8　深层搅拌法施工工艺流程

(a) 定位;(b) 预拌下沉;(c) 喷浆搅拌机上升;

(d) 重复搅拌下沉;(e) 重复搅拌上升;(f) 完毕

(1) 定位。起重机(或用塔架)悬吊深层搅拌机到达指定桩位,对中。当地面起伏不平时,应使起吊设备保持水平。

(2) 预搅下沉。待深层搅拌机的冷却水循环正常后,启动搅拌机电机,放松起重机钢丝绳,使搅拌机沿导向架搅拌切土下沉,下沉速度可由电机的电流监测表控制。工作电流不应大于 70 A。如果下沉速度太慢,可从输浆系统补给清水以利钻进。

(3) 制备水泥浆。待深层搅拌机下沉到一定深度时,即开始按设计确定的配合比拌制水泥浆,在压浆前将水泥浆倒入集料斗中。

(4) 喷浆、搅拌和提升。深层搅拌机下沉到达设计深度后,开启灰浆泵将水泥浆压入地基中,并且边喷浆、边旋转,同时严格按照设计确定的提升速度提升深层搅拌机。

(5) 重复上、下搅拌。深层搅拌机提升至设计加固深度的顶面标高时,集料斗中的水泥浆应正好排空。为使软土和水泥浆搅拌均匀,可再次将搅拌机边旋转边沉入土中,至设计加固深度后再将搅拌机提升出地面。

(6) 清洗。向集料斗中注入适量清水,开启灰浆泵,清洗全部管路中残存的水泥浆,直至基本干净。并将粘附在搅拌头的软土及浆液清洗干净。

(7) 移位。重复上述步骤(1)~(6),进行下一根桩的施工。

考虑到搅拌桩顶部与上部结构的基础或承台接触部分受力较大,因此通常还可对桩顶 1.0~1.5 m 范围内再增加一次输浆,以提高其强度。

3. 质量检测

施工前应标定深层搅拌机械的灰浆泵输浆量、灰浆经输浆管到达搅拌机喷浆口的时间和起吊设备提升速度等施工参数,并根据设计要求通过成桩试验,确定搅拌桩的配合比和施工工艺。施工过程中应严格按规定的施工参数进行。随时检查施工记录,对每根桩进行质量评定。

搅拌桩应在成桩后 7 d 内用轻便触探器钻取桩身加固土样,观察搅拌均匀程度,同时根据轻便触探击数用对比法判断桩身强度。检验桩的数量应不少于已完成桩数的 2%。对桩身强度有怀疑的桩、场地复杂或施工有问题的桩、或对相邻桩搭接要求严格的工程,尚应分别考虑取芯、单桩载荷试验或开挖检验。

4. 深层搅拌水泥粉喷桩施工

近年来新兴起了深层搅拌水泥粉喷桩(简称粉喷桩),作为软土地基改良加固方法和重力式支护结构。施工时,以钻头在桩位搅拌后将水泥干粉用压缩空气输入到软土中,强行拌合,使其充分吸收地下水并与地基土发生理化反应,形成具有水稳定性、整体性和一定强度的柱状体,同时桩间土得到改善,从而满足建筑基础的设计要求。其桩径一般为 500 mm、600 m、700 mm,桩长可达 18 m。

深层搅拌水泥粉喷桩施工工艺分为:就位、钻入、预搅、喷搅、成桩等过程。具体方法如下:

(1) 钻机移至桩位,分别以经纬仪、水平尺在钻杆及转盘的两正交方向校正垂直度和水平度。

(2) 打开粉喷机料罐上盖,按(设计有效桩长 + 余桩长)×每米(m)用料,计算出水泥用量进行过筛,加料入罐,第一罐应多加一包水泥。

(3) 关闭粉喷机灰路蝶阀、球阀,打开气路蝶阀。

(4) 开动钻机,启动空气压缩机并缓慢打开气路调压阀,对钻机供气,视地质及地下障碍情况采用不同转速正转下钻,宜用慢档先试钻。

(5) 观察压力表读数,随钻杆下钻压力增大而调节压差,使后阀较前阀大 0.02~0.05 MPa 压差。

(6) 钻头钻到设计桩长底标高,关闭气路蝶阀,并开启灰路蝶阀,反转提升,打开调速电机,视地质情况调整转速,喷灰成桩。

(7) 钻机正转下钻复搅,反转提钻复喷。根据地质情况及余灰情况重复数次,保证桩体水泥土搅拌均匀。

(8) 钻头提至桩顶标高下 0.5 m 时,关闭调速电机,停止供灰,充分利用管内余灰喷搅。

（9）原位旋转钻具 2 min，脱开减速箱、离合器，将钻头提离地面 0.2 m。

（10）打开球阀，减压放气，打开料罐上盖，检查罐内余灰。

（11）钻机移位，进入下一个成桩桩位。

粉喷施工场地要求平整，并及时清理地下障碍物。正式打桩前宜按设计要求施打工艺试桩，以确定各地层和平面区域内钻杆提升速度和喷灰速度、喷灰量等。粉体喷射机灰罐应按理论计算量投一次料，打一根桩，以确保桩质量。若因机械操作原因，灰罐及灰管内无灰，而桩顶未达设计标高，应加灰复搅重喷；灰罐内余灰过多，应视具体情况对有断桩、空头、缺灰或土质软弱断面复搅重喷。钻机预搅下钻时，应尽量不用冲水下钻，当遇较硬土层下沉太慢时方可适量冲水。施工中应经常测量电压、检查钻具、流量计、分水滤气器、送粉蝶阀和胶管灰路工作情况。

2.2.2.8　高压喷射注浆

高压喷射注浆法按注浆形式分旋喷注浆、定喷注浆和摆喷注浆三种。它适用于处理淤泥、淤泥质土、粉土、砂土、黏性土、湿陷性黄土及人工填土、碎石土等地基。对地下水流速度过大和已涌水的工程，要慎重使用。旋喷地基是用钻机钻到预定深度，然后用高压泵把浆液通过钻杆端头的特殊喷嘴，以高压水平喷入土层，喷嘴在喷射浆液时，一边缓慢旋转（20 r/min），一边徐徐提升（一般为 150～300 mm/min），借助高压浆液的水平射流不断切削土层并与切削下来的土充分搅拌混合，最后在喷射力的有效射程内，形成一个由圆盘状混合物连续堆积成的圆柱状凝固体，即旋转喷射桩。桩径一般为 0.5～1.5 m，成桩深度最大可达 40 m，桩的抗压强度为 0.5～8 MPa（渗透系数可低至 10^{-7}～10^{-8} cm/s），从而使地基得到加固。如采用喷嘴一面喷射，一面提升（即不旋转），则固结体形如壁状，可用于临时工程基坑开挖中防止坑底流砂隆起或作为防水帷幕、防止滑坡等。

学习单元 2.3　桩 基 工 程

‖ 工作任务表 ‖

能力目标	主讲内容	学生完成任务
通过学习训练，使学生初步具有组织桩基工程施工与质量控制的能力	着重介绍了桩基工程分类与各类桩基工程方法的施工	结合学校周边项目，完成该项目桩基工程施工的调查报告

桩是指深入土层的柱型构件，称基桩。由基桩与连接桩顶的承台组成桩基

础,简称桩基。桩基的主要作用是将上部结构的荷载传递到深部较坚硬、压缩性小的土层或岩层中去。由于桩基具有承载力高、稳定性好、沉降及差异变形小、沉降稳定快、抗震性能强以及能适应各种复杂地质条件等特点而得到广泛应用。

2.3.1 桩基工程分类

按桩的功能不同分为:竖向抗压桩、竖向抗拔桩、水平受荷桩和复合受荷桩。其中竖向抗压桩又可按承载性状不同分为:摩擦桩、端承桩、摩擦端承桩、端承摩擦桩。

按成桩有无挤土效应,分为挤土桩、部分挤土桩及非挤土桩三类。

按成桩方法分为预制桩与灌注桩两种。其中预制桩由材料不同分为木桩、混凝土桩、钢桩等。按成桩方法有打入法(包括锤击法和振动法)及静压法等。按桩的形状有方桩、圆形桩、管桩、螺旋形桩等。灌注桩由成孔工艺不同有沉管灌注桩、钻孔灌注桩、人工挖孔桩等。

按桩径大小分为大直径桩(直径 800 mm 以上)、中等直径桩(250～800 mm)、小直径桩(直径在 250 mm 以内)。其中小直径桩也是近十多年发展较快的新桩型,如树根桩、锚杆静压桩、小直径静压预制桩等。它具有施工空间要求小,对原有建筑物基础影响小,施工方便,可在各种土层中成桩,并能穿越原有基础等特点。在地基托换、支撑结构、抗浮等工程中都得到了广泛应用。

2.3.2 打入桩施工

预制桩具有结构坚固耐久、桩身质量易于控制、成桩速度快、制作方便、承载力高,并能根据需要制成不同尺寸、不同形状的截面和长度,且不受地下水位的影响、不存在泥浆排放问题等特点,是建筑工程最常用的一种桩型。随着对沉桩噪音、振动、挤土等综合防护技术的发展,尤其是静压设备的发展,预制桩仍将是桩基工程中主要桩型之一。

2.3.2.1 施工准备

桩基础施工前应作好三个方面的准备工作:内业准备工作,它包括施工方案、施工方法,机具设备选择,质量与安全技术措施以及劳动力、材料、机具设备供应计划等;现场准备,包括障碍物处理、场地平整、抄平放线以及设备进场、安装;桩的制作、运输、堆放。

1. 现场准备

障碍物处理。打桩前,应向城市管理、供水、供电、煤气、电信、房管等有关单位提出要求,认真处理高空、地上、地下的障碍物。然后对现场周围的建筑物、驳岸、地下管线等作全面检查,如有危房或危险构筑物,必须予以加固或采取隔振措施或拆除。

　　场地平整。打桩场地必须平整、坚实,必要时应铺设道路,经压路机压实,场地四周应挖排水沟排水。

　　抄平放线。在打桩现场设置水准点,其位置应不受打桩影响,数量不少于两个,用于抄平场地和检查桩的入土深度。要根据建筑物的轴线控制桩定出桩基础的每个桩位。

2. 预制桩的制作、运输和堆放

1) 混凝土实心方桩的制作、运输和堆放

　　预制混凝土实心方桩是最常用的桩型之一。断面尺寸一般为(200 mm×200 mm)~(600 mm×600 mm)(图2.9)。单节桩的最大长度,依打桩架的高度而定,一般在27 m以内。如需打设30 m以上的桩,则将桩预制成几段,在打桩过程中逐段接长。但应避免桩尖接近硬持力层或桩尖处于硬持力层中接桩。较短桩多在预制厂生产,较长桩一般在现场附近或打桩现场就地预制。

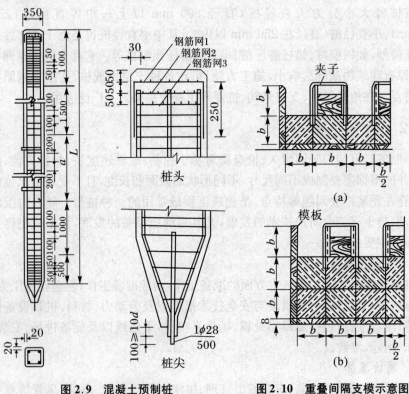

图2.9　混凝土预制桩　　　　图2.10　重叠间隔支模示意图

现场制桩一般采用重叠法间隔制作(图 2.10)。重叠层数根据地面允许荷载和施工条件确定,但不宜超过四层。桩与桩之间应做好隔离层(如油毡、牛皮纸、塑料纸、纸筋灰等)。上层桩或邻桩的浇注,应在下层桩或邻桩混凝土达到设计强度的 30%以后方可进行。由于重叠法施工需待上层桩混凝土到龄期后,整堆桩才能起吊使用,故也可将桩制成阶梯状。

预制桩钢筋骨架的主筋连接宜采用对焊或电弧焊。主筋接头配置在同一截面内的数量,应符合下列规定:① 当采用闪光对焊和电弧焊时,不得超过 50%;② 相邻两根主筋接头错开距离应大于 $35d$(d 为主筋直径),且不小于 500 mm。

预制桩混凝土粗骨料应使用碎石或开口卵石,粒径宜为 5~40 mm。混凝土强度等级常用 C30~C40,宜用机械搅拌,机械振捣,由桩顶向桩尖连续浇注捣实,一次完成。制作后应洒水养护不少于 7 天。

混凝土预制桩达到设计强度的 70%后方可起吊,达到设计强度 100%后方可进行运输。如果要提前吊运,必须验算合格。桩在起吊和搬运时,吊点应符合设计规定。如无吊环,设计又未作规定时,应符合起吊弯矩最小的原则,按图 2.11的位置捆绑。捆绑时钢丝绳与桩之间应加衬垫,以免损坏棱角。起吊时应平稳提升,吊点同时离地。长桩搬运时,桩下要设置活动支座。经过搬运的桩,还应进行质量复查。

堆放桩时,地面必须平稳、坚实;垫木间距应根据吊点确定;各层垫木应位于同一垂直线上;最下层垫木应适当加宽;堆放层数不宜超过四层;不同规格的桩应分别堆放。

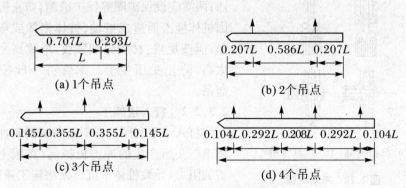

(a) 1个吊点　0.707L　0.293L　L

(b) 2个吊点　0.207L　0.586L　0.207L

(c) 3个吊点　0.145L　0.355L　0.355L　0.145L

(d) 4个吊点　0.104L　0.292L　0.208L　0.292L　0.104L

图 2.11　吊点合理位置示意图

2) 混凝土管桩的制作、运输和堆放

混凝土管桩为中空,一般在预制时用离心法成型,把混凝土中多余的水分用离心力甩出,故混凝土密实,强度高,抵抗地下水和耐腐蚀的性能强。为解决混凝土管桩在吊装和搬运时因弯曲拉应力的作用而开裂,以及打桩时因拉应力而产生环状裂缝,故常用预应力混凝土管桩。预应力混凝土管桩有振动成型或离心法成型两种。混凝土强度等级不低于 C40;采用高强钢丝、钢绞线或高强螺纹钢筋等作预应力钢筋。混凝土管桩应达到设计强度 100%后方可运到现场打桩。堆放层数不超过三层。

3)钢管桩的制作、运输和堆放

钢管桩较其他桩型有以下特点:强度高,能承受强大的冲击力,穿透硬土层性能好,可获得较高的承载能力,有利于建筑物的沉降控制;能承受较大的水平力;桩长可任意调节;重量轻、刚度好,装卸运输方便,挤土量少;但钢桩需采取防腐处理。

钢管桩一般使用无缝钢管,也可采用钢板卷板焊接而成,一般在工厂制作。钢管桩的直径为 400～3000 mm,管壁厚度为 6～50 mm;一般由一节上节桩、若干节中节桩与一节下节桩组成。分节长度一般为 12～15 m。

钢管桩在地下的腐蚀率一般为 0.05～0.03 mm/y,处于海水或海底土层中的腐蚀率可为 0.15 mm/y;所以对钢管桩的防腐处理尤为重要。钢管桩防腐处理方法可采用:外表面涂防腐层(如防腐油漆、环氧煤焦油和聚氨酯类涂料等)、增加腐蚀余量和阴极保护等。当钢管桩内壁与外界隔绝时,可不考虑内壁防腐。

钢管桩堆放场地应平整、坚实、排水畅通;两端应设保护圈等保护措施,防止搬运时因桩体撞击而造成桩端、桩体损坏或弯曲变形;应按规格、材质分别堆放,堆放高度不宜太高,防止受压变形。钢管桩一般按两点起吊。

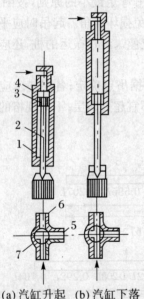

(a)汽缸升起　(b)汽缸下落

图 2.12　单动汽锤

1—汽缸;2—活塞杆;3—活塞;
4—活塞提升室;5—进汽口;6—排汽口
7—换向阀门

2.3.2.2　打入法施工

打入法是利用桩锤下落时的瞬时冲击力锤击桩头所产生的冲击机械能,克服土体对桩的阻力,导致桩体下沉。该法施工速度快,机械化程度高,适应范围广,但施工时有挤土、噪音和振动等公害,使用上受到一定的限制。

1. 打桩设备及选用

打桩所用的机具设备,主要包括桩锤、桩架及动力装置三部分。

(1)桩锤。其作用是对桩施加冲击力,将桩打入土中。

(2)桩架。其作用是支持桩身和桩锤,将桩吊到打桩位置,并在打入过程中引导桩的方向,保证桩锤沿着所要求的方向冲击。

(3)动力装置。包括起动桩锤用的动力设施,如卷扬机、锅炉、空气压缩机等。

1)桩锤选择

桩锤有落锤、单动汽锤、双动汽锤、柴油打桩锤和液压锤等。桩锤的类型应根据施工现场情况、机具设备条件及工作方式和工作效率等条件来选择。

单动汽锤。如图 2.12 所示,利用蒸汽(或压缩空气)的压力作用于活塞的上部,将桩锤(汽缸)上提。提升到一定高度后,通过排汽阀释放蒸汽,则桩锤(汽缸)靠自重下落打桩。单动汽锤冲击力较大,打桩速度较落锤快,每分钟锤击 60~80 次,锤重 1.5~15 t,适用于各种桩在各类土层中施工。

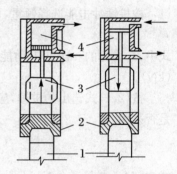

图 2.13　双动汽锤
1—桩;2—垫座;3—冲击部分;
4—蒸汽缸

双动汽锤。如图 2.13 所示,锤体上升原理与单动汽锤相同,但与此同时,又在活塞上面的汽缸中通入高压蒸汽,因此锤芯在自重和蒸汽压力作用下向下锤击桩头,所以双动汽锤的冲击力更大,频率更快(每分钟达 100~120 次),锤重为 0.6~6 t,适用于一般的打桩工程,并能用于打钢板桩、水下桩、斜桩和拔桩。

柴油锤。分为导杆式、活塞式和管式三类,如图 2.14 所示。它的冲击部分是上下运动的汽缸或活塞。锤重 0.22~15 t,每分钟锤击 40~70 次。柴油锤的工作原理是当冲击部分落下时,压缩汽缸里的空气,柴油以雾状射入汽缸,由于冲击作用点燃柴油,引起爆炸,使在锤击向下移动的桩又施以附加的冲力,同时推动冲击部分向上运动。柴油锤本身附有机架,不需附加其他动力设备,目前应用广泛。

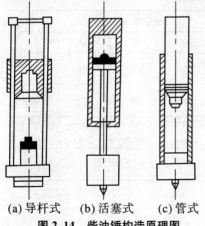

(a)导杆式　(b)活塞式　(c)管式
图 2.14　柴油锤构造原理图

液压锤。是在城市环境保护要求日益提高的情况下研制出的新型、低噪音、无油烟、能耗省的打桩锤。它是由液压推动密闭在锤壳体内的芯锤活塞柱,令其往返实现夯击作用,将桩沉入土中。我国已研制成功液压锤,并广泛用于打桩工程。

桩锤类型选定之后,还要根据重锤低击的原则确定桩锤的重量。桩锤过重,所需动力设备也大,不经济;桩锤过轻,必将加大落距,锤击功能很大部分被桩身吸收,桩不易打入,且桩头容易被打坏,保护层可能振掉。轻锤高击所产生的应力,还会促使距桩顶1/3桩长范围内的薄弱处产生水平裂缝,甚至使桩身断裂。因此,选择稍重的锤,用重锤低击和重锤快击的方法效果较好。一般可根据地质条件、桩型、桩的密集程度、单桩竖向承载力及现有施工条件等决定。

按桩锤冲击能选择锤重,依下式:

$$E \geqslant 0.025P \tag{2.3}$$

式中,E 为锤的一次冲击动能(kN·m),P 为设计单桩竖向极限承载力标准值(kN)。

按(2.1)式选出的桩锤,应按所施打桩的重量,用以下经验公式复核,以决定是否采用。

$$K = \frac{M + C}{W} \tag{2.4}$$

式中,M 为桩锤重(kN);C 为桩重(包括送桩、桩帽和桩垫重),以 kN 计;W 为桩锤一次冲击能(kN·m);K 为桩锤的适用系数,双动汽锤和柴油锤 $K \leqslant 5.0$;单动汽锤 $K \leqslant 3.5$;落锤 $K \leqslant 2.0$。

也可根据施工经验,参照表 2.6 选用桩锤重量。

表 2.6　锤重选择参考表

锤　　型		单动蒸汽锤(kN)			柴油锤(kN)				
		30~40	70	100	25	35	45	60	72
锤的动力性能	冲击部分重(kN)	20~40	55	90	25	35	45	60	72
	总重(kN)	35~45	67	110	65	72	96	150	180
	冲击力(kN)	2300	3000	3500~4000	2000~2500	2500~4000	4000~5000	5000~7000	7000~10000
	常用冲程(m)	0.6~0.8	0.5~0.7	0.4~0.6	1.8~2.3				

(续)表 2.6

锤 型		单动蒸汽锤(kN)			柴油锤(kN)				
		30~40	70	100	25	35	45	60	72
适用的桩规格	预制方桩、预应力管桩的边长或直径(cm)	35~40	40~45	40~50	35~40	40~45	45~50	50~55	55~60
	钢管桩直径(mm)				400		600	900	900~1000
持力层	黏性土 一般进入深度(m)	1~2	1.5~2.5	2~3	1.5~2.5	2~3	2.5~3.5	3~4	3~5
	黏性土 静力触探比贯入阻力平均值(MPa)	3	4	5	4	5	>5	>5	>5
	砂土 一般进入深度(m)	0.5~1	1~1.5	1.5~2	0.5~1.5	1~2	1.5~2.5	2~3	2.5~3.5
	砂土 标准贯入击数 $N_{a_{3.5}}$ 值	15~25	20~30	30~40	20~30	30~40	40~45	45~50	50
锤的常用控制贯入度(cm/10 击)		3~5			2~3		3~5		4~8
设计单桩极限承载力(kN)		600~1400	1500~3000	2500~4000	800~1600	2500~4000	3000~5000	5000~7000	7000~10000

注：1. 本表仅供选锤参考,不能作为确定贯入度和承载力的依据。

2. 适用于 20~60 m 长预制钢筋混凝土桩,40~60 m 长钢管桩,且桩端进入硬土层一定深度。

3. 标准贯入击数为未修正的数值。

4. 锤型根据日式系列。

5. 钢管桩按 1 级钢考虑。

2)桩架选择

选择桩架时,应考虑桩锤的类型、桩的长度和施工条件等因素。桩架的高度由桩的长度、桩锤高度、桩帽厚度及所用滑轮组的高度来决定。此外,还应留 1~2 m 的高度作为桩锤的伸缩余地。

常用的桩架形式有下列三种:滚筒式桩架、多功能桩架、履带式桩架。

滚筒式桩架。行走靠两根钢滚筒在垫木上滚动,优点是结构比较简单,制作容易,但在平面转弯、调头方面不够灵活,操作人员较多。见图 2.15。

多功能桩架。多功能桩架的机动性和适应性很大,在水平方向可作 360°旋转,导架可以伸缩和前后倾斜,底盘下装有铁轮,底盘在轨道上行走,见图2.16。

履带式桩架。它以履带式起重机为底盘,增加导杆和斜撑组成。移动方便,比多功能桩架更灵活,见图 2.17。

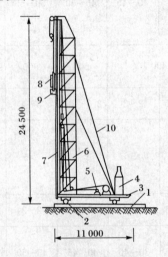

图 2.15　滚筒式桩架

1—枕木;2—滚筒;3—底座;4—锅炉;

5—卷扬机;6—桩架;7—龙门;8—蒸

汽锤;9—桩帽;10—缆绳

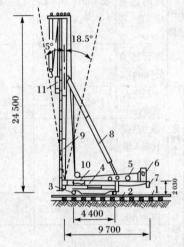

图 2.16　多功能桩架

1—枕木;2—钢轨;3—底盘;4—回转

平台;5—卷扬机;6—操作室;7—平

衡重;8—撑杆;9—挺杆;10—水平调整

装置;11—桩锤与桩帽

3) 垫材的选择

为提高打桩效率和沉桩精度,保护桩锤安全使用和桩顶免遭破损,应在桩顶加设桩帽,见图 2.18,并根据桩锤和桩帽类型、桩型、地质条件及施工条件等多种因素,合理选用垫材。位于桩帽上部与桩锤相隔的垫材称为锤垫,常用橡木、桦木等硬木按纵纹受压使用,有时也可采用钢索盘绕而成。近年来也有使用层状板及化塑型缓冲垫材。对重型桩锤尚可采用压力箱式或压力弹簧式新型结构锤垫。桩帽下部与桩顶相隔的垫材称为桩垫。桩垫常用松木横纹拼合板、草垫、麻布片、纸垫等材料。垫材的厚度应选择合理。

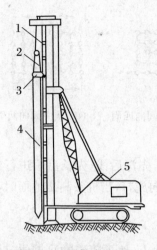

图 2.17 履带式桩架
1—导架；2—桩锤；3—桩帽；
4—桩；5—吊车

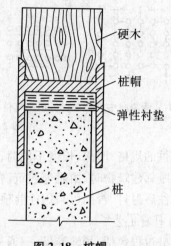

图 2.18 桩帽

4）送桩器

桩基施工一般均在基础开挖前施工，要将桩顶打至地表以下的设计标高，就要采用送桩器送桩。随着高层大型建筑物的兴建，基础顶部的埋深越来越深，此类工程桩基施工的送桩也随之加深，最深可达 10～15 m。送桩器一般用钢管制成，送桩器制作要求：要有较高的强度和刚度；打入时阻力不能太大；能较容易地拔出；能将锤的冲击力有效地传递到桩上。

2. 打桩顺序

由于打桩对土体的挤密作用，使先打的桩因受水平推挤而造成偏移和变位，或被垂直挤拔造成浮桩；而后打入的桩因土体挤密，难以达到设计标高或入土深度，或造成隆起和挤压，截桩过大。所以，群桩施打时，为了保证打桩工程质量，防止周围建筑物受挤土的影响，在打桩前应根据桩的密集程度、规格、长短和桩架移动方便程度来正确选择打桩顺序。

当桩较密集时（桩中心距小于或等于四倍桩边长或桩径），应由中间向两侧对称施打或由中间向四周施打，如图 2.19(c)，(d)。这样，打桩时土体由中间向两侧或向四周均匀挤压，易于保证施工质量。当桩数较多时，也可采用分区段施打。当桩较稀疏时（桩中心距大于四倍桩边长或桩径），可采用上述两种顺序，也可采用由一侧向单一方向施打的方式（即逐排打设）或由两侧同时向中间施打，如图 2.19(a)，(b)。逐排打设，桩架单方向移动，打桩效率高。但打桩前进方向一侧不宜有防侧移、防振动的建筑物、构筑物、地下管线等，以防被土体挤压破坏。

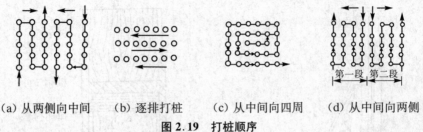

　　(a) 从两侧向中间　　(b) 逐排打桩　　(c) 从中间向四周　　(d) 从中间向两侧
图 2.19　打桩顺序

　　当桩的规格、埋深、长度不同时,宜先大后小,先深后浅,先长后短进行施打;当一侧毗邻建筑物时,由毗邻建筑物处向另一方向施打,当桩头高出地面时,桩机宜采用往后退打,否则可采用往前顶打:

3. 打桩工艺

　　打桩过程包括:场地准备(三通一平和清理地上、地下障碍物)、桩位定位、桩架移动和定位、吊桩和定桩、打桩、接桩、送桩、截桩。

　　1) 打桩

　　在桩架就位后即可吊桩,利用桩架上的卷扬机将桩吊成垂直状态送入导杆内,对准桩位中心,缓缓放下插入土中。桩插入时校正其垂直度偏差不超过0.5%。桩就位后,在桩顶安上桩帽,然后放下桩锤轻轻压住桩帽。桩锤、桩帽和桩身中心线应在同一垂直线上。在桩的自重和锤重作用之下,桩向土中沉入一定深度而达到稳定。这时再校正一次桩的垂直度,即可进行沉桩。为了防止击碎桩顶,应在混凝土桩的桩顶与桩帽之间、桩锤与桩帽之间放上硬木、粗草纸或麻袋等垫材作为缓冲层。

　　打桩时为取得良好效果宜用"重锤低击"。桩开始打入时,桩锤落距宜低,一般为 0.6~0.8 m,使桩能正常沉入土中。当桩入土一定深度(一般 1~2 m),桩尖不易产生偏移时可适当增大落距,并逐渐提高到规定的数值,连续锤击。

　　当桩顶设计标高在地面以下时,需用专制的送桩器加接在桩顶上,继续锤击将其送沉地下。

　　2) 接桩

　　当施工设备条件对桩的限制长度小于桩的设计长度时,需采用多节桩段连接而成。这些沉入地下的连接接头,其使用状况的常规检查将是困难的。多节桩段的垂直承载能力和水平承载能力将受其影响,桩的贯入阻力也将有所增大。影响程度主要取决于接头的数量、结构形式和施工质量。规范规定混凝土预制桩接头不宜超过两个,预应力管桩接头数量不宜超过四个。良好的接头构造形式,不仅应满足足够的强度、刚度及耐腐蚀性要求,而且也应符合制造工艺简单、质量可靠、接头连接整体性强与桩材其他部分应具有相同断面和强度,在搬运、打入过程中不易损坏,现场连接操作简便迅速等条件。此外,也应做到接触紧密,以减少锤击能量损耗。

接头的连接方法有:焊接法、浆锚法、法兰法三种类型。

焊接法接桩适用于单桩承载力高、长细比大、桩基密集或须穿过一定厚度较硬土层、沉桩较困难的桩。焊接法接桩的节点构造如图2.20所示,焊接用钢板、角钢宜用低碳钢,焊条宜用E43;上、下节桩对准后,将锤降下,压紧桩顶,节点间若有间隙,用铁片垫实焊牢;接桩时,上、下节桩的中心线偏差不得大于5 mm,节点弯曲矢高不得大于桩长1‰,且不大于20 mm;施焊前,节点部位预埋件与角铁要除去锈迹、污垢,保持清洁;焊接时,应先将四角点焊固定,再次检查位置正确后,应由两个对角同时对称施焊,以减少焊接变形,焊缝要连续饱满,焊缝宽度、厚度应符合设计要求。钢管桩接桩一般也采用焊接法接桩。接头焊接完毕,应冷却一分钟后方可锤击。焊接质量按规定进行外观检查,此外还应按接头总数的5%做超声或2%做X拍片检查,在同一工程内,探伤检查不得少于3个接头。

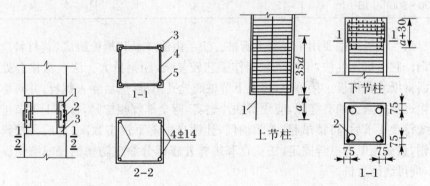

图2.20　焊接法节点构造示意图
1—拼接角钢;2—连接角钢;3—角钢与
主筋焊接;4—钢筋与角钢焊接;5—主筋

图2.21　浆锚法节点构造示意图
1—锚筋;2—锚筋孔

浆锚法接桩可节约钢材、操作简便,接桩时间比焊接法要大为缩短。在理论上,浆锚法与焊接法一样,施工阶段节点能够安全地承受施工荷载和其他外力;使用阶段能同整根桩一样工作,传递垂直压力或拉应力。因在实际施工中,浆锚法接桩受原材料质量、操作工艺等因素影响,出现接桩质量缺陷的机率较高,故应谨慎使用。一般应用于沉桩无困难的地质条件,不宜用于坚硬土层中。

浆锚法接桩节点构造如图2.21所示。接桩时,首先将上节桩对准下节桩,使四根锚筋插入锚筋孔(孔径为锚筋直径的2.5倍),下落上节桩身,使其结合紧密。

然后将它上提约 200 mm(以四根锚筋不脱离锚筋孔为度),此时应安设好施工夹箍(由四块木板,内侧用人造革包裹 40 mm 厚的树脂海绵块而成),将熔化的硫磺胶泥(温度控制 145°左右)注满锚筋孔和接头平面上,然后将上节桩下落,当硫磺胶泥冷却并拆除施工夹箍后,即可继续加荷施压。

为保证硫磺胶泥的接桩质量,应做到:锚筋刷净并调直;锚筋孔内应有完好螺纹,无积水、杂物和油污;接桩时接点的平面和锚筋孔内应灌满胶泥;灌注时间不得超过 2 min;灌注后停歇时间应符合表 2.7 的规定。

表 2.7　硫磺胶泥灌注后需停歇的时间

桩截面 mm× mm	不同气温下的停歇时间(min)									
	0~10 ℃		11~20 ℃		21~30 ℃		31~40 ℃		41~50 ℃	
	打入桩	静压桩	打入桩	静压桩	打入桩	静压桩	打入桩	静压桩	打入桩	静压桩
400×400	6	4	8	5	10	7	13	9	17	12
450×450	10	6	12	7	14	9	17	11	21	14
500×500	13		15		18		21		24	

法兰法接桩主要用于混凝土管桩。法兰由法兰盘和螺栓组成,其材料应为低碳钢。它接桩速度快,但法兰盘制作工艺较复杂,用钢量大。法兰盘接合处可加垫沥青纸或石棉板。接桩时,将上下节桩螺栓孔对准,然后穿入螺栓,并对称地将螺帽逐步拧紧。如有缝隙,应用薄铁片垫实,待全部螺帽拧紧,检查上下节桩的纵轴线符合要求后,将锤吊起,关闭油门,让锤自由落下锤击数次,然后再拧紧一次螺帽,最后用电焊点焊固定;法兰盘和螺栓外露部分涂上防锈油漆或防锈沥青胶泥,即可继续沉桩。

3)截桩

当桩顶露出地面并影响后续桩施工时,应立即进行截桩头,而桩顶在地面以下不影响后续桩施工时,可结合凿桩头进行。截桩头前,应测量桩顶标高,将桩头多余部分截除,预制混凝土桩可用人工或风动工具(如风镐等)来截除。混凝土空心管桩宜用人工截除。无论采用哪种方法均不得把桩身混凝土打裂,并保持桩身主筋伸入承台内的锚固长度。粘着在主筋上的混凝土碎块要清除干净。当桩顶标高在设计标高以下时,应在桩位上挖成喇叭口,凿去桩头表面混凝土,凿出主筋并焊接接长至设计要求的长度,再用与桩身同强度等级的混凝土与承台一起浇注。

钢管桩可用长柄氧乙炔内切割器伸入管内进行粗割,使管顶高出设计标高150~200 mm,并用临时钢盖板覆盖管口,待混凝土垫层浇灌后,进行钢管桩的精割。先用水准仪在每根钢管桩上按设计标高定上三点,然后按此水平标高固定一环作为割刀的支承点,切割整平后放上配套桩盖焊牢,再在钢管桩顶端焊上基础锚固钢筋。

2.3.2.3　质量标准

打桩质量包括两个方面的内容,即能否满足贯入度或设计标高的要求以及施工偏差是否在规范允许的范围以内。

为保证打桩质量,应遵循如下停打原则:

(1)桩端(指桩的全断面)位于一般土层时,以控制桩端设计标高为主,贯入度可作参考。

(2)桩端达到坚硬、硬塑的黏土、中密以上的粉土、碎石类土、砂土、风化岩时,以贯入度控制为主,桩端标高可作参考。

(3)贯入度已达到而桩端标高未达到时,应继续锤击3阵,按每阵10击的贯入度不大于设计规定的数值加以确认。必要时施工控制贯入度应通过试验与有关单位会商确定。

混凝土预制桩打设后桩位允许偏差,应符合表2.8的规定。按标高控制的桩,桩顶标高的允许偏差为−50～+100 mm。

表 2.8　预制桩(钢管桩、木桩)位置的允许偏差

序号	项　目	允许偏差(mm)
1	单排或双排桩条形桩基	
	(1)垂直于条形桩基纵轴方向	100
	(2)平行于条形桩基纵轴方向	150
2	桩数为1～2根桩基中的桩	100
3	桩数为3～20根桩基中的桩	1/2桩径或1/2边长
4	桩数大于20根桩基中的桩	
	(1)最外边的桩	1/2桩径或1/2边长
	(2)中间桩	一个桩径或一个边长

注:由于降水、基坑开挖和送桩深度超过2 m等原因产生的位移偏差不在此表内。

2.3.2.4　施工注意事项

(1)打桩过程应做好测量和记录,用落锤、单动汽锤或柴油锤打桩时,从开始即需统计桩身每沉1 m所需的锤击数。当桩下沉接近设计标高时,则应以一定落距测量其每阵(10击)的沉落值(贯入度),使其达到设计承载力所要求的最后贯入度。如用双动汽锤.从开始就应记录桩身每下沉1 m所需要的锤击时间,以观察其沉入速度。当桩下沉接近设计标高时,则应测量桩每分钟的下沉值,以保证桩的设计承载力。

（2）桩入土的速度应均匀，锤击间歇的时间不要过长。打桩时应观察桩锤的回弹情况，如果回弹较大，则说明桩锤太轻，不能使桩沉下，应及时予以更换。

（3）打桩过程中应经常检查打桩架的垂直度，如果偏差超过 1% 则应及时纠正，以免桩打斜。

（4）随时注意贯入度的变化情况，当贯入度骤减，桩锤有较大回弹时，表明桩尖遇到障碍，此时应将锤击的落距减小，加快锤击。如果上述现象仍然存在，则应停止锤击，研究遇阻的原因并进行处理。打桩过程中，如突然出现桩锤回弹、贯入度突增、锤击时桩弯曲、倾斜、颤动、桩顶破坏加剧等，则表明桩身可能已经破坏。

（5）打桩过程中应防止锤击偏心，以免打坏桩头或使桩身折断。若发生桩身折断、桩位偏斜时，须将其拔出重打。拔桩的方法根据桩的种类、大小和入土深度而定，可以利用杠杆原理，使用三脚架卷扬机、千斤顶或汽锤、振动打桩机和拔桩机等进行。

（6）打桩中还应特别注意打桩机的工作情况和稳定性。应经常检查机件是否正常、绳索有无损坏，桩锤悬挂是否牢固、桩架移动是否安全等。

2.3.3　静力压桩施工

2.3.3.1　静压桩的施工原理、特点

静力压桩是利用静压力将预制桩逐节压入土中的一种沉桩工艺，它借助专用桩架自重及桩架上的压重，通过卷扬机滑轮组或液压系统施加压力在桩顶或桩身上，当施加给桩的静压力与桩的入土阻力达到动态平衡时，桩在自重和静压力作用下逐渐压入地基中。

静力压桩具有无噪音、无振动、无冲击力、施工应力小等特点，可节约材料、降低造价、减少高空作业，可减少打桩振动对地基和邻近建筑物的影响，桩顶不易损坏，不易产生偏心沉桩，沉桩精度较高，且可在沉桩施工中测定沉桩阻力，为设计施工提供参数，并预估和验证桩的承载力，是一种很有发展前途的桩型。静力压桩有利于在城市和有防震、防噪音要求的地区

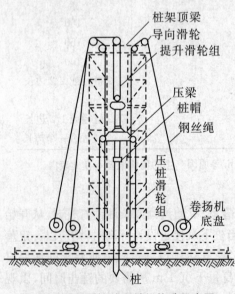

图 2.22　顶压式压桩机构造示意图

施工。但这种方法只适用于土质均匀的软土地基,且不能压斜桩。

2.3.3.2　静压桩机械

静压桩机有顶压式、箍压式和前压式三种类型。

(1)顶压式压桩机,其构造如图 2.22 所示。它由桩架、压梁、桩帽、卷扬机、滑轮组等组成。压桩时,开动卷扬机,通过桩架顶梁逐步将压梁两侧的压桩滑轮组钢索收紧,并通过压梁将整个压桩机的自重和配重施加在桩顶上,把桩逐渐压入土中。其行走机构为步履式,最大压桩力达 1 500 kN。这种压桩机通常可自行插桩就位,施工简单,但由于受压柱高度的限制,桩长一般限为 12～15 m。对于长桩,需分节制作、压桩。由于受桩架底盘尺寸的限制,邻近已有建筑物处沉桩时,需保持足够的施工距离。

(2)箍压式压桩机。它是近年新发展的机型。如图 2.23 所示,全液压操纵,行走机构为新型的液压步履机,前后左右可自由行走,还可作任何角度的回转,以电动液压油泵为动力,最大压桩力可达 7 000 kN,配有起重装置,可自行完成桩的起吊、就位、接桩和配重装卸。它是利用液压夹持装置抱夹桩身,再垂直压入土中,可不受压桩高度的限制。同样,由于受桩架底盘尺寸的限制,邻近建筑物处沉桩时,需保持足够的施工距离。

(3)前压式压桩机是最新的压桩机型,其行走机构有步履式和履带式。最大压桩力可达 1 500 kN。可自行插桩就位,还可作 360°旋转。压桩高度可达 20 m,有利于减少接桩工序。由于不受桩架底盘的限制,适宜在邻近建筑物处沉桩。

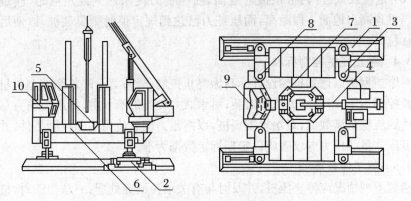

图 2.23　箍压式液压静力压桩机

1—长船行走机构;2—短船行走及回转机构;3—支腿式底盘结构;4—液压起重机;
5—夹持与压桩结构;6—配重;7—导向架;8—液压系统;9—电控系统;10—操作室

2.3.3.3　压桩工艺

静力压桩工艺流程:场地清理和处理→测量定位→尖桩就位、对中、调直→压桩→接桩→再压桩→送桩(或截桩)。

(1)场地清理和处理:清除施工区域内高空、地上和地下的障碍物。平整、压实场地,并铺上 10 cm 厚的道渣。由于静压桩机设备重,对地面附加应力大,应验算其地耐力,若不能满足要求,应对地表土加以处理(如碾压、铺毛石垫层等),以防机身沉陷。

(2)测量定位:施工前应放好轴线和每一个桩位。如果在较软的场地施工,由于桩机的行走会挤走预定标志,故在桩机大体就位之后要重新测定桩位。

(3)尖桩就位、对中、调直:对于液压步履式行走机构的压桩机,通过起动纵向和横向行走油缸,将桩尖对准就位;开动夹持油缸和压桩油缸,将桩箍紧并压入土中 1.0 m 左右停止压桩,调整桩在两个方向的垂直度,第一节桩是否垂直,是保证压桩质量的关键。

(4)压桩:通过夹持油缸将桩夹紧,然后使压桩油缸伸程,将压力施加到桩顶,压桩力由压力表反映。在压桩过程中要记录桩入土深度和压力表读数的关系,以判断桩的质量及沉桩阻力。当压力表读数突然上升或下降时,要对照地质资料进行分析,判断是否遇到障碍物或产生断桩情况等。压同一根(节)桩时,应缩短停歇时间,以防桩周与地基土固结,造成压桩困难。

(5)接桩:当下一节桩压到露出地面 0.8～1.0 m 时,开始接桩。应尽量缩短接桩时间,以防桩周与土固结,造成压桩困难。

(6)送桩或截桩:当桩顶接近地面,而压桩力尚未达到规定值时,应进行送桩。当桩顶高出地面一段距离,而压桩力已达到规定值时则要截桩,以便后续压桩和移位。

2.3.3.4　终止压桩控制标准

对摩擦型桩以达到桩端设计标高为终止控制条件;对于端承摩擦型长桩以设计桩长控制为主,最终压力值作对照;对承载力较高的端承桩,终压力值宜尽量接近或达到压桩机满载值;对端承型短桩,以终压力满载值为终压控制条件,并以满载值复压。量测压力等仪表应以定期标定数据为准。

2.3.3.5　施工注意事项

遇到下列情况应停止压桩,并及时与有关单位研究处理:一是初压时,桩身发生较大幅度移位、倾斜,压入过程中桩身突然下沉或倾斜;二是桩顶混凝土破坏或压桩阻力剧变。

2.3.4　振动沉桩、水冲沉桩

2.3.4.1　振动沉桩

振动沉桩的原理是借助固定于桩头上的振动沉桩机所产生的振动力,以减小桩与土壤颗粒之间的摩擦力,使桩在自重与机械力的作用下沉入土中。

振动沉桩法主要适用于砂石、黄土、软土和亚黏土,在含水砂层中的效果更为显著,但在砂砾层中采用此法时,尚需配以水冲法。沉桩工作应连续进行,以防间歇过久难以沉下。

2.3.4.2　水冲沉桩

水冲沉桩法,就是利用高压水流冲刷桩尖下面的土壤,以减少桩表面与土壤之间的摩擦力和桩下沉时的阻力,使桩身在自重或锤击作用下,很快沉入土中。射水停止后,冲松的土壤沉落,又可将桩身压紧。

水冲法适用于砂土、砾石或其他较坚硬土层,特别对于打设较重的混凝土桩更为有效。但在附近有旧房屋或结构物时,由于水流的冲刷将会引起它的沉陷,故在采取措施前,不得采用此法。

2.3.5　混凝土灌注桩施工

混凝土灌注桩是直接在施工现场桩位上成孔,然后在孔内安放钢筋笼,浇注混凝土成桩。与预制桩相比,具有施工低噪音、低振动、桩长和直径可按设计要求变化自如、桩端能可靠地进入持力层或嵌入岩层、单桩承载力大、挤土影响小、含钢量低等特点。但成桩工艺较复杂、成桩速度较预制桩施工慢。按成孔的方法不同,混凝土灌注桩可以分为:沉管灌注桩、干作业螺旋钻孔灌注桩、泥浆护壁成孔灌注桩和人工挖孔灌注桩。

不论采用什么方法,混凝土灌注桩施工均应满足以下规定。

2.3.5.1　一般规定

1. 成孔

成孔设备就位后,必须平整、稳固,确保在施工中不发生倾斜、移动,允许垂直偏差为 0.3%。为准确控制成孔深度,应在桩架或桩管上作出控制深度的标尺,以便在施工中进行观测、记录。

1) 成孔的控制深度

成孔的控制深度应符合下列要求:

摩擦型桩。摩擦桩以设计桩长控制成孔深度;端承摩擦桩必须保证设计桩长及桩端进入持力层深度;当采用锤击沉管法成孔时,桩管入土深度控制以标高为主,以贯入度控制为辅;

端承型桩。当采用钻(冲)、挖掘成孔时,必须保证桩孔进入设计持力层深度;当采用锤击沉管法成孔时,沉管深度以贯入度为主,设计持力层标高对照为辅。

2)成孔施工顺序

对土没有挤密作用的钻孔灌注桩、干作业成孔灌注桩,一般按现场条件和桩机行走最方便的原则确定成孔顺序。对土有挤密作用和振动影响的冲孔灌注桩、锤击(或振动)沉管灌注桩、爆扩桩等,一般可结合现场施工条件,采用下列方法确定成孔顺序:

(1)间隔一个或二个桩位成孔。

(2)在邻桩混凝土初凝前或终凝后成孔。

(3)一个承台下桩数在五根以上者,中间的桩先成孔,外围的桩后成孔。

(4)同一个承台下的爆扩桩,可采用单爆或联爆法成孔。

(5)人工挖孔桩当桩净距小于 2 倍桩径且小于 2.5 m 时,应采用间隔开挖。排桩跳挖的最小施工净距不得小于4.5 m,孔深不宜大于 40 m。

2. 钢筋笼的制作

制作钢筋笼时,要求主筋环向均匀布置,箍筋的直径及间距、主筋的保护层、加劲箍的间距等均应符合设计要求,箍筋一般应为螺旋式。分段制作的钢筋笼,其接头宜采用焊接并应遵守《混凝土结构工程施工与验收规范》(GB 50524—2011)。钢筋笼分段长度一般宜定在 8 m 左右。对于长桩,当采取一些辅助措施后,也可为 12 m 左右或更长一些。钢筋笼主筋净距必须大于混凝土粗骨料粒径的 3 倍以上,加劲箍宜设在主筋外侧,钢筋笼内径应比导管接头处外径大 100 mm以上。为保护主筋保护层的厚度,应在主筋外侧安设钢筋定位器。

钢筋笼安放时要求对准孔位、扶稳、缓慢、顺直,避免碰撞孔壁,严禁墩笼、扭笼。钢筋笼到达设计位置后应采用工艺筋(吊筋、抗浮筋)固定,避免钢筋笼下沉或受混凝土上浮力的影响而上浮。钢筋笼放入泥浆后 4 小时内必须灌注混凝土,并做好记录。

3. 混凝土的配制与灌注

(1)混凝土的配制要求:① 混凝土强度等级不应低于设计要求。② 用导管法水下灌注混凝土时坍落度为160~220 mm;非水下直接灌注混凝土(有配筋)时坍落度宜为 80~100 mm,非水下直接灌注素混凝土时坍落度宜为 60~80 mm。③ 粗骨料可选用卵石或碎石,其最大粒径对于沉管灌注桩不宜大于 50 mm,并不得大于钢筋间最小净距的 1/3;对于素混凝土桩,不得大于桩径的 1/4,并不宜大于 70 mm。④ 对于水下灌注混凝土的含砂率宜为 40%~45%,水泥用量不少于360 kg/m³,为改善和易性和缓凝,宜掺外加剂。

(2)混凝土的灌注方法:① 导管法用于孔内水下灌注。② 串筒法用于孔内无水或渗水量很小时灌注。③ 短护筒直接投料法用于孔内无水或虽孔内有水但能疏干时灌注。④ 混凝土泵可用于混凝土灌注量大的大直径钻、挖孔桩。

（3）灌注混凝土应遵守以下规定：① 检查成孔质量合格后应尽快灌注混凝土，桩身混凝土必须留有试件，泥浆护壁成孔的灌注桩，每根桩不得少于 1 组试块；同一配合比的试块，每个浇注台班不得少于 1 组，每组 3 件。② 混凝土灌注充盈系数（实际灌注混凝土体积与按设计桩身直径计算体积之比）不得小于 1.0；一般土质为 1.1；软土为 1.2～1.3。③ 每根桩的混凝土灌注应连续进行。对于水下混凝土及沉管成孔从管内灌注混凝土的桩，在灌注过程中应用浮标或测锤测定混凝土的灌注高度，以检查灌注质量。④ 灌注后的桩顶应高出设计标高，并予以保护，以保证在凿除浮浆层后，桩顶标高和桩顶混凝土质量能符合设计要求。⑤ 当气温低于 0 ℃时，灌注混凝土应采取保温措施，灌注时的混凝土温度不应低于 5 ℃；在桩顶混凝土未达到设计强度的 50% 前不得受冻。当气温高于 30 ℃时，应根据具体情况对混凝土采取缓凝措施。

2.3.5.2　沉管灌注桩

沉管灌注桩是目前常用的一种灌注桩。其施工方法有锤击沉管灌注桩、振动沉管灌注桩、静压沉管灌注桩、沉管夯扩灌注桩和振动冲击沉管灌注桩等。这类灌注桩的施工工艺是使用锤击式桩锤或振动式桩锤将一定直径的钢管沉入土中，造成桩孔，然后放入钢筋笼（也有的是后插入钢筋笼），浇注混凝土，最后拔出钢管，形成所需要的灌注桩。它和打入桩一样，对周围有噪音、振动、挤土等影响。

1. 锤击沉管灌注桩

锤击沉管灌注桩宜用于一般黏性土、淤泥质土、砂土和人工填土地基。施工设备如图 2.24 所示。

2. 振动混管灌注桩

振动沉管灌注桩的适用范围除与锤击沉管灌注桩相同外，更适用于砂土、稍密及中密的碎石土地基。施工设备如图 2.25 所示。

锤击或振动灌注桩可采用单打法、反插法或复打法施工。

（1）单打法。施工时在沉入土中的桩管内灌满混凝土，开动激振器，振动 5～10 s，开始拔管，边振边拔。

（2）反插法。是在桩管灌满混凝土之后，先振动再开始拔管，每次拔管高度 0.5～1.0 m，反插深度 0.3～0.5 m；在拔管过程中应分段添加混凝土，保持管内混凝土面始终不低于地表面或高于地下水位 1.0～1.5 m 以上，拔管速度应小于 0.5 m/min。

（3）复打法。是在第一次灌注桩施工完毕，拔出桩管后，清除桩管外壁上的污泥和桩孔周围地面浮土，立即在原桩位再埋预制桩靴或合好桩尖活瓣，进行第二次复打沉桩管,使未凝固的混凝土向四周挤压以扩大桩径,然后再灌注第二次混凝土。拔管方法与初打时相同。施工时要注意:前后两次沉管的轴线应重合;复打施工必须在第一次灌注的混凝土初凝之前进行;钢筋笼应在第二次沉管后放入。

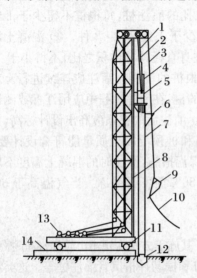

图 2.24　锤击沉管灌注桩机械设备示意图

1—桩锤钢丝绳;2—桩管滑轮组;3—吊斗钢丝绳;4—桩锤;5—桩帽;6—混凝土漏斗;7—桩管;8—桩架;9—混凝土吊斗;10—回绳;11—钢管 12—预制桩靴;13—卷扬机;14—枕木

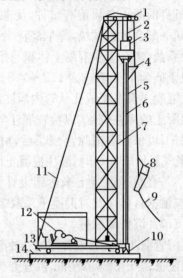

图 2.25　振动沉管灌注桩桩机示意图

1—导向滑轮;2—滑轮组;3—激振器;4—混凝土漏斗;5—桩管;6—加压钢丝绳;7—桩架;8—混凝土吊斗;9—回绳;10—桩靴;11—缆风绳;12—卷扬机;13—钢管;14—枕木

3. 沉管夯扩灌注桩

沉管夯扩灌注桩(简称夯扩桩)是在锤击沉管灌注桩的基础上发展起来的。它是利用打桩锤将内、外桩管同步沉入土层中,通过锤击内桩管夯扩端部混凝土,使桩端形成扩大头,再灌注桩身混凝土。拔外桩管时,用内桩管和桩锤顶压在管内混凝土面上,使桩身密实成型,其施工工艺流程如图 2.26 所示。夯扩桩桩身直径一般为 400~600 mm,扩大头直径一般可达 500~900 mm,桩长不宜超过20 m。适用于中低压缩性黏土、粉土、砂土、碎石土及强风化岩等土层。

夯扩桩的机械设备同锤击沉管桩,常用 D25、D40 型柴油锤。外管底部开口,内夯管底部可采用闭口平底或闭口锥底,如图 2.27 所示。内外管底部间隙不宜过大,通常内管底径比外管内径小 20~30 mm,以防沉管过程中土挤入管内。内外管高低差一般为 80~100 mm(内管较短)。沉管过程不用桩尖,外管封底采用干硬性混凝土或无水混凝土,经夯击形成柔性阻水和阻泥的管塞。

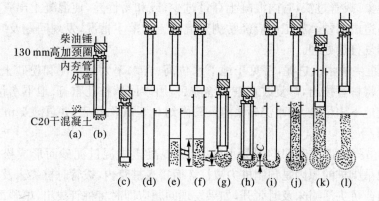

图 2.26　无预制桩尖夯扩桩施工顺序图

(a) 放干硬混凝土;(b) 放内外管;(c) 锤击;(d) 抽出内管;(e) 灌入部
分混凝土;(f) 放入内管,稍提外管;(g) 锤击;(h) 内外管沉入设计深度;
(i) 拔出内管;(j) 灌满桩身混凝土;(k) 上拔外管;(l) 拔出外管,成桩

4. 沉管灌注桩常见质量问题及处理

沉管灌注桩易发生断桩、颈缩、桩尖进水或进泥砂及吊脚桩等质量问题,施工中应加强检查并及时处理。

(1)断桩的裂缝是水平的或略带倾斜,一般都贯通整个截面,常出现于地面以下 1~3 m 的不同软硬土层交接处。断桩的原因主要有:桩距过小,邻桩施打时土的挤压所产生的水平横向推力和隆起上拔力影响;软硬土层间传递水平力大小不同,对桩产生水平剪应力;桩身混凝土终凝不久,强度弱;承受不了外力的影响。避免断桩的措施有:桩的中心距宜大于 3.5 倍桩径;考虑打桩顺序及桩架行走路线时,应注意减少对新打桩的影响;采用跳打法或控制时间法以减少对邻桩的影响。对断桩检查,在 2~3 m 以内,可用手锤敲击桩头侧面,同时用脚踏在桩上,如果桩已经断了,会感到浮

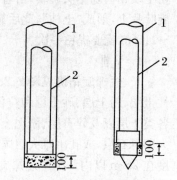

(a)平底内夯管　(b)锥底内夯管

图 2.27　内外管及管塞

1—外管;2—内管

振。如果深处断桩了,目前常用开挖检查法和动测法检查。断桩一经发现,应将断桩段拔去,把孔清理干净后,略增大面积或加上钢箍连接,再重新灌注混凝土。

(2)缩颈桩又称瓶颈桩,部分桩颈缩小,截面积不符合要求。产生缩颈的原因是:在含水率大的黏性土中沉管时,土体受强烈扰动和挤压,产生很高的孔隙压力,桩管拔出后,这种水压力便作用到新灌注的混凝土桩上,使桩身发生不同程度

的缩颈现象;拔管过快;管内混凝土存量过少;或和易性差,使混凝土出管时扩散差等也易造成缩颈。施工中应经常测定混凝土的落下情况,发现问题及时纠正,一般可用复打法处理。

(3) 桩尖进水或进泥,常见于地下水位高、含水率大的淤泥和粉砂土层。处理方法可将桩管拔出,修复改正桩尖缝隙后,用砂回填桩孔重打;地下水量大时,桩管沉到地下水位处,用水泥砂浆灌入管内约 0.5 m 作封底,并再灌 1 m 高混凝土,然后打下。

(4) 吊脚桩指桩底部的混凝土隔空,或混凝土中混进泥砂而形成松软层的桩。造成吊脚桩的原因是预制桩尖被打坏而挤入桩管内,拔管时桩尖未及时被混凝土压出或桩尖活瓣未及时张开,如果发现问题应即时将桩管拔出,填砂重打。

2.3.5.3　干作业螺旋钻孔灌注桩

干作业螺旋钻孔灌注桩按成孔方法可分为长螺旋钻孔灌注桩和短螺旋钻孔灌注桩两种。

长螺旋钻成孔是用长螺旋钻孔机的螺旋钻头,在桩位处就地切削土层,被切土块钻屑随钻头旋转,沿着带有长螺旋叶片的钻杆上升,输送到出土器后自动排出孔外。短螺旋钻成孔是用短螺旋钻机的螺旋钻头,在桩位处就地切削土层,被切土块钻屑随钻头旋转,沿着带有数量不多的螺旋叶片的钻杆上升,积聚在短螺旋叶片上,形成"土柱",此后靠提钻、反转、甩土,将钻屑散落在孔周,一般钻进0.5~1.0 m 就要提钻一次。

1. 钻机

长、短螺旋钻机见图 2.28,图 2.29。适用于成孔地下水位以上的填土层、黏性土层、粉土层、砂土层和粒径不大的砾砂层。但不宜用于地下水位以下的上述各类土层以及碎石层、淤泥土层。对非均质碎砖、混凝土块、条块石的杂填土层及大卵砾石层,成孔困难大。国产长螺旋钻孔机,桩孔直径为 300~800 mm,成孔深度在 26 m 以内。国产短螺旋钻孔机,桩孔最大直径可达 1828 mm,最大成孔深度可达 70 m。

2. 施工要点

(1) 钻进时要求钻杆垂直,如发现钻杆摇晃、移动、偏斜或难以钻进时,可能遇到坚硬夹物,应立即停车检查,妥善处理,否则会导致桩孔严重偏斜,甚至钻具被扭断或损坏。钻孔偏移时,应提起钻头上下反复打钻几次,以便削去硬土。纠正无效,可在孔中局部回填黏土至偏孔处以上 0.5 m,再重新钻进。

(2) 钻孔达要求深度后,应用夯锤夯击孔底虚土,或者用压力在孔底灌入水泥浆,以减少桩的沉降和提高桩的承载能力,然后尽快吊放钢筋笼,并浇注混凝土。浇注应分层进行。每层高度不得大于 1.5 m。

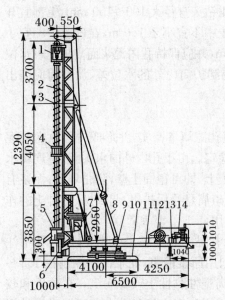

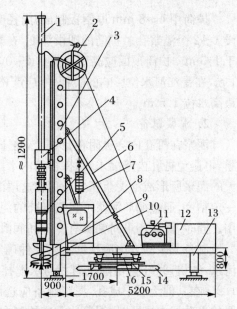

图 2.28　液压步履式长螺旋钻机(单位 mm)

1—减速箱;2—臂架;3—钻杆;4—中间导向套;5—出土装置;6—前支腿;7—操纵室;8—斜撑;9—中盘;10—下盘;11—上盘;12—卷扬机;13—后支腿;14—液压系统

图 2.29　KQB1000 型液压步履式短螺旋钻机

1—钻杆;2—电缆卷筒;3—臂架;4—导向架;5—主机;6—斜撑;7—起架油缸;8—操纵室;9—前支腿;10—钻头;11—卷扬机;12—液压系统;13—后支腿;14—履靴;15—中盘;16—上盘

2.3.5.4　泥浆护壁成孔灌注桩

泥浆护壁成孔灌注桩是利用原土自然造浆或人工造浆浆液护壁,通过循环泥浆将被钻头切削土体的土块钻屑挟带排出而成孔,之后安放钢筋笼,水下灌注混凝土成桩。泥浆护壁成孔方法有:正(反)循环回转钻成孔、正(反)循环潜水钻成孔、冲击钻成孔、冲抓锥成孔、钻斗钻成孔等。泥浆护壁成孔灌注桩适用于地下水位以下的黏性土、粉土、砂土、填土、碎(砾)石土及风化岩层;以及地质情况复杂、夹层多、风化不均、软硬变化较大的岩层;冲孔灌注桩还能穿透旧基础、大孤石等障碍物,但在岩溶发育地区慎重使用。

泥浆护壁成孔灌注桩施工工艺为:测定桩位,埋设护筒、桩机就位,泥浆制备,成孔、泥浆循环出渣,清孔,安放钢筋笼和水下浇注混凝土。

1. 埋设护筒

护筒是埋置在钻孔孔口的圆筒,是大直径泥浆护壁成孔灌注桩特有的一种装置。其作用是固定桩孔位置;防止地面水流入,保护孔口;增高桩孔内水压力,防止塌孔;以及钻孔时引导钻头方向。

护筒用 4～8 mm 厚钢板制成,内径应比钻头直径大 100～150 mm,上部宜开设 1～2 个溢浆孔。护筒的埋设深度,在黏土中不宜小于 1.0 m,在砂土中不宜小于 1.5 m。护筒顶面应高于地面 0.4～0.6 m,并应保持孔内泥浆面高出地下水位 1 m,在受江河水位影响的工程中,应严格控制护筒内外的水位差,泥浆面应高出最高水位 1.5 m。

2. 泥浆制备

泥浆在桩孔内会吸附在孔壁上,将土壁孔隙填渗密实,并形成一层致密的泥膜,可避免桩孔内壁漏水,保持护筒内水压稳定。由于孔内外的水头差,重度比水大的泥浆所形成的泥浆压力作用在这层泥膜上,即可稳固土壁,防止塌孔;泥浆有一定粘度,通过循环泥浆可将切削碎的泥石碴屑悬浮后排出,起到携砂、排土的作用。同时,泥浆还可对钻头有冷却和润滑作用。

制备泥浆的方法应根据土质条件确定:在黏土和亚黏土中成孔,可在孔中注清水,钻机回转时,切削土屑并与水搅拌,利用原土造浆,泥浆比重控制在 1.1～1.2。在其他土层中成孔,泥浆制备应选用高塑性黏性土或膨润土。在砂土和较厚的夹砂层中成孔时,泥浆比重应控制在 1.1～1.3;在穿过砂夹卵石层或容易塌孔的土层中成孔时,泥浆比重控制在 1.3～1.5。施工中应经常测定泥浆比重,并定期测定粘度(应为 18～22 s)、含砂率(应不大于 4%～8%)和胶体率(应不小于 90%)等指标。

3. 成孔

1)回转钻成孔

回转钻成孔是国内灌注桩施工中最常用的方法之一。按其排渣方式分为正循环回转钻成孔和反循环回转钻成孔两种。

(1)正循环回转钻成孔。是钻机回转装置带动钻杆和钻头回转切削破碎岩土,由泥浆泵输进泥浆,泥浆沿孔壁上升,从孔口溢浆孔溢出流入泥浆池,经沉淀返回循环池。通过循环泥浆,一方面协助钻头破碎岩土将钻渣带出孔外,同时起护壁作用,如图 2.30 所示。正循环回转钻成孔泥浆的上返速度较低,挟带土粒直径小,排渣能力差,岩土重复破碎现象严重。适用于填土、淤泥、黏土、粉土、砂土等地层,对卵砾石含量不大于 15%、粒径小于 10 mm 的部分砂卵砾石层和软质基岩、较硬基岩也可使用。桩孔直径不宜大于 1000 mm,钻孔深度不宜超过 40 m。

正循环回转钻机主要由动力机、泥浆泵、卷扬机、转盘、钻架、钻杆、水龙头等组成。

正循环钻进主要参数有:冲洗液量、转速和钻压。保持足够的冲洗液(指泥浆或水)量是提高正循环钻进效率的关键。转速的选择除了满足破碎岩土的扭矩需要,还要考虑钻头的不同部位切削具的磨耗情况。一般砂土层硬质合金钻进时,转速取 40~80 r/min,较硬或非均质地层转速可适当调慢;对于钢粒钻进成孔,转速一般取 50~120 r/min,大桩取小值,小桩取大值;对于牙轮钻头钻进成孔,转速一般取 60~180 r/min。在松散地层中,确定钻压时,以冲洗液畅通和钻渣清除及时为前提,灵活加以掌握;在基岩中钻进可通过配置加重铤或重块来提高钻压。对于硬质合金钻钻进成孔,钻压应根据地质条件、钻杆与桩孔的直径差、钻头形式、切削具数目、设备能力和钻具强度等因素综合考虑确定。一般按每片切削刀具的钻压为 800~1200 N 或每颗合金的钻压为 400~600 N 确定钻头所需的钻压。

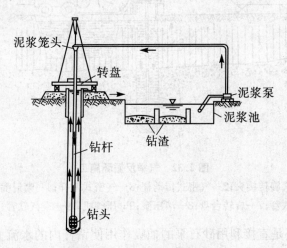

图 2.30　正循环回转钻成孔

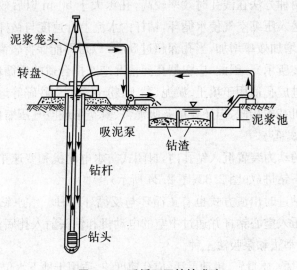

图 2.31　反循环回转钻成孔

(2) 反循环回转钻成孔。是由钻机回转装置带动钻杆和钻头回转切削破碎岩土,利用泵吸、气举、喷射等措施抽吸循环护壁泥浆,挟带钻渣从钻杆内腔抽吸出孔外的成孔方法(图 2.31)。反循环回转钻成孔方法根据抽吸原理不同可分为泵吸反循环、气举反循环与喷射(射流)反循环三种施工工艺。

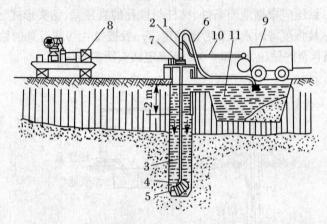

图 2.32　气举反循环施工

1—气密式旋转接头;2—气密式传动杆;3—气密式钻杆;4—喷射嘴;5—钻头
6—压送软管;7—旋转台盘;8—液压泵;9—压气机;10—空气软管;11—水槽

泵吸反循环是直接利用砂石泵的抽吸作用使钻杆内的水流上升而形成反循环;喷射反循环是利用射流泵射出的高速水流产生负压使钻杆内的水流上升而形成反循环。这两种方法在浅孔时效率较高,孔深大于 50 m 以后效率降低。气举反循环是利用送入压缩空气使水循环,钻杆内水流上升速度与钻杆内外液柱重度差有关,随孔深增加效率增加,当孔深超过 50 m 以后即能保持较高而稳定的钻进效率(如图 2.32 所示)。因此,应根据孔深情况来选择合适的反循环施工工艺。

反循环钻进成孔适用于填土、淤泥、黏土、粉土、砂土、砂砾等地层。反循环钻机与正循环钻机基本相同,但还要配备吸泥泵、真空泵或空气压缩机等。

2) 潜水钻成孔

潜水钻机的动力装置沉入钻孔内,封闭式防水电动机和变速箱及钻头组装在一起潜入泥浆下钻进(如图 2.33、图 2.34 所示)。

潜水钻机钻进时出渣方式也有正循环与反循环两种。潜水钻正循环是利用泥浆泵将泥浆压入空心钻杆并通过中空的电动机和钻头射入孔底;潜水钻的反循环有泵举法、气举法和泵吸法三种。

潜水钻体积小、质量轻、机动灵活、成孔速度快,适用于地下水位高的淤泥质土、黏性土及砂质土等,选择合适的钻头也可钻进岩层。成孔直径为800~1 500 mm深度可达50 m。

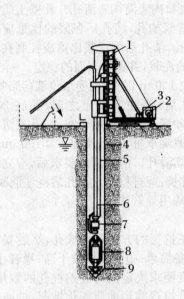

图 2.33 潜水钻机
1—桩架;2—卷扬机;3—配电箱;
4—护筒 5—防水电缆;6—钻杆;
7—潜水砂泵;8—潜水动力头装置;
9—钻头

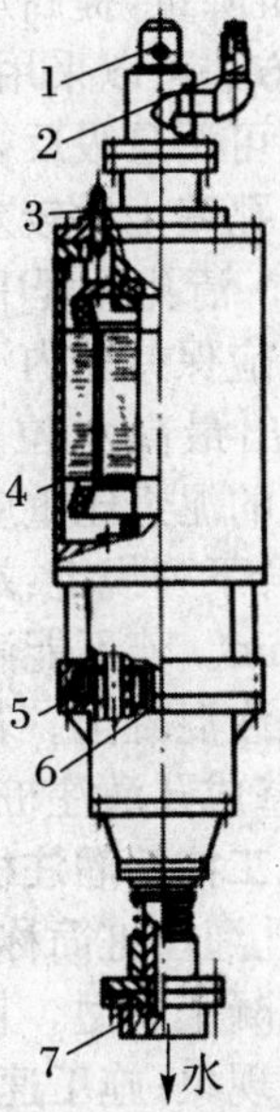

图 2.34 潜水钻机主机构造示意图
1—提升盖;2—进水管;3—电缆;4—潜水
钻机 5—行星减速箱;6—中间进水管;
7—钻头接箍

3) 冲击钻成孔

冲击钻成孔是把带钻刃的重钻头(又称冲锤)提高,靠自由下落的冲击力来破碎岩层或冲挤土层,排出碎碴成孔。它适用于碎石土、砂土、黏性土及风化岩层等。桩径可达600~1500 mm。大直径桩孔可分级成孔.第一级成孔直径为设计桩径的0.6~0.8倍。

开孔时钻头应低提(冲程≤1 m)密冲,若为淤泥、细砂等软土,要及时投入小片石和黏土块,以便冲击造浆,并使孔壁挤压密实,直到护筒以下3~4 m后,才可加大冲击钻头的冲程,提高钻进效率。孔内被冲碎的石渣,一部分会随泥浆挤入孔壁内,其余较大的石渣用泥浆循环法或掏渣筒掏出。进入基岩后,应低锤冲击或间断冲击,每钻进100~500 mm应清孔取样一次,以备终孔验收。如果冲孔发生偏斜,应回填片石(厚300~500 mm)后重新冲击。施工中应经常检查钢丝绳的磨损情况,卡扣松紧程度和转向装置是否灵活,以免掉钻。

4. 清孔

当钻孔达到设计要求深度后,即应进行验孔和清孔,清除孔底沉渣、淤泥,以减少桩基的沉降量,提高承载能力。

清孔的方法可以采用正循环法、反循环法和掏渣筒掏渣清孔。孔壁土质较好不易塌孔时,可用泵吸反循环清孔。用原土造浆的孔,清孔后泥浆的比重应控制在1.1左右。孔壁土质较差时,用泥浆循环清孔,清孔后的泥浆比重应控制在1.15～1.25之间。清孔过程中,应及时补充足够的泥浆,并保持浆面的稳定。

清孔时,应保持孔内泥浆面高出地下水位 1.0 m 以上,在受水位涨落影响时,泥浆面应高出最高水位 1.5 m 以上。清孔后,浇注混凝土之前,孔底 200～500 mm以内的泥浆比重应满足上述要求;含砂率≤8%;粘度≤28 s。孔底沉渣厚度指标应符合下列规定:端承桩≤50 mm;摩擦端承桩、端承摩擦桩≤100 mm;摩擦桩≤300 mm。若不能满足上述要求,应继续清孔。清孔满足要求后,应立即安放钢筋笼、浇注混凝土。若安放钢筋笼时间过长,应进行二次清孔后浇注混凝土。

泥浆护壁成孔灌注桩的水下混凝土浇注常用导管法。

2.3.5.5 人工挖孔灌注桩

人工挖孔灌注桩简称挖孔桩,是采用人工挖掘的方法进行成孔,然后安装钢筋笼,浇注混凝土成型。它的施工特点是:设备简单;施工现场较干净;噪音小,振动小,无挤土现象;施工速度快,可按施工进度要求决定同时开挖桩孔的数量,必要时,各桩孔可同时施工;土层情况明确,可直接观察到地质变化情况,桩底沉渣清除干净,施工质量可靠;桩径不受限制,承载力大;与其他桩相比比较经济。但挖孔桩施工,工人在井下作业,劳动条件差,施工中应特别重视流砂、流泥、有害气体等影响,要严格按操作规程施工,制订可靠的安全措施。

挖孔桩的直径除了能满足设计承载力的要求外,还应考虑施工操作的要求,故桩芯直径不宜小于800 mm,桩底一般都扩大,扩底变径尺寸按 $\dfrac{D_1-D}{2}:h=1:4$,$h_1 \geqslant \dfrac{D_1-D}{4}$ 进行控制,如图 2.35 所示。当采用现浇混凝土护壁时,护壁厚度一般不少于 $\dfrac{D}{10}+5$(cm),每步高 1 m,并有 1:0.1 的坡度。

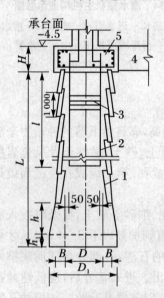

图 2.35　人工挖孔桩构造图
1—护壁;2—主筋;3—箍筋;
4—地梁;5—桩帽

1. 施工机具

挖孔桩施工机具比较简单,主要有:

垂直运输工具:如电动葫芦和提土桶。用于施工人员、材料和弃土等垂直运输。

排水工具:如潜水泵。用于抽出桩孔中的积水。

通风设备:如鼓风机、输风管。用于向桩孔中强制送入空气。

挖掘工具:如镐、锹、土筐等。若遇到坚硬的土层或岩石,还需准备风镐和爆破设备。

此外,尚有照明灯、对讲机、电铃等。

2. 施工工艺

为了确保人工挖孔桩施工过程的安全,必须考虑防止土体坍滑的支护措施。支护的方法很多,例如,可采用现浇混凝土护壁、喷射混凝土护壁、型钢或木板桩工具护壁、沉井等。下面以现浇混凝土分段护壁为例,说明人工挖孔桩的施工工艺。

(1) 按设计图纸放线、定桩位。

(2) 开挖土方。采取分段开挖,每段高度决定于土壁保持直立状态的能力,一般 0.5~1.0 m 为一个施工段,开挖范围为设计桩芯直径加护壁的厚度。

(3) 支设护壁模板。模板高度取决于开挖土方施工段的高度,一般为 1 m,由 4 块至 8 块活动钢模板(或木模板)组合而成。

(4) 在模板顶放置操作平台。平台可用角钢和钢板制成半圆形,两个合起来即为一个整圆,用来临时放置混凝土和浇注混凝土用。

(5) 浇注护壁混凝土。护壁混凝土要注意捣实,因它起着防止土壁塌陷与防水的双重作用。第一节护壁厚宜增加 100~150 mm,上下节护壁用钢筋拉结。

(6) 拆除模板继续下一段的施工。当护壁混凝土强度达到 1.2 MPa,常温下约 24 h 方可拆除模板、开挖下一段的土方,再支模浇注护壁混凝土,如此循环,直至挖到设计要求的深度。

(7) 安放钢筋笼。绑扎好钢筋笼后整体安放。

(8) 浇注桩身混凝土。当桩孔内渗水量不大时,抽除孔内积水后,用串筒法浇注混凝土。如果桩孔内渗水量过大,积水过多不便排干,则应用导管法水下浇注混凝土。

挖孔桩在开挖过程中,须专门制订安全措施。例如施工人员进入孔内必须戴安全帽;孔内有人时,孔上必须有人监督防护;护壁要高出地面 150~200 mm,挖出的土方不得堆在孔四周 1.2 m 范围内,以防滚入孔内;孔周围要设置 0.8 m 高的安全防护栏杆,每孔要设置安全绳及安全软梯;孔下照明要用安全电压;使用潜水泵,而且必须有防漏电装置;桩孔开挖深度超过 10 m 时,应设置鼓风机,专门向井下输送洁净空气,风量不少于 25 L/s 等。

学习单元 2.4　桩基工程检测与验收

工作任务表

能力目标	主讲内容	学生完成任务
通过学习训练,使学生初步具有进行桩基工程检测与验收的能力	着重介绍了桩基工程检测的内容与检测方法,桩基工程验收资料	结合所学内容,利用网络资源查找书本之外的桩基工程检测的新方法

2.4.1　桩基工程检测

　　预制成桩质量检查主要包括制桩、打入(静压)深度、停锤标准、桩位及垂直度检查。桩应按图制作,制桩偏差应符合有关规范要求。沉桩过程中应检查每米进尺锤击数、最后一米锤击数、最后三阵贯入度及桩尖标高、桩身垂直度等。

　　灌注桩的成桩质量检查主要包括成孔及清孔、钢筋笼制作及安放、混凝土制备及灌注三个工序的质量检查。成孔及清孔中,主要检查已成孔的中心位置、孔深、孔径、垂直度、孔底沉渣厚度;制作安放钢筋笼时,主要检查钢筋规格、焊条规格与品种、焊口规格、焊缝长度及焊缝质量、钢筋制作偏差及钢筋笼安放实际位置等;搅拌和灌注混凝土时,主要检查原材料质量、混凝土配合比与配料、混凝土坍落度和强度等。下面主要介绍成孔垂直度、孔径、孔底沉渣厚度检测的几种方法。

2.4.1.1　成孔垂直度检测

　　成孔垂直度检测一般采用钻杆测斜法、测锤(球)法及测斜仪等方法。

1. 钻杆测斜法

　　钻杆测斜法是将带有钻头的钻杆放入孔内到底,在孔口处的钻杆上装一个与孔径或护筒内径一致的导向环,使钻杆保持在桩孔中心线位置上。然后将带有扶正圈的钻孔测斜仪下入钻杆内,分点测斜,检查桩孔偏斜情况。

2. 测锤法

　　测锤法是在孔口沿钻孔直径方向设标尺,标尺中点与桩孔中心吻合,将锤球系于测绳上,量出滑轮到标尺中心的距离。将球慢慢送入孔底,待测绳静止不动后,读出测绳在标尺上的偏距,由此求出孔斜值。该法精度较低。

2.4.1.2　孔径检测

　　孔径检测一般采用声波孔壁测定仪及伞形、球形孔径仪和摄影(像)法等测定。

1. 声波孔壁测定仪

声波孔壁测定仪可以用来检测成孔形状和垂直度。测定仪由声波发生器、发射和接收探头、放大器、记录仪和提升机构组成。

声波发生器主要部件是振荡器,振荡器产生一定频率的电脉冲经放大后由发射探头转换为声波,多数仪器振荡频率是可调的,取得各种频率的声波以满足不同检测要求。

放大器把接收探头传来的电讯号进行放大、整形和显示,显示用标记或数字,也可以与计算机连接把信号输入计算机进行谱分析或进一步计算处理,或者波形通过记录仪绘图。

图 2.36 所示是声波孔壁测定仪检测装置,把探头固定在方形底盘四个角上,底盘是钢制的,通过两个定滑轮、钢丝绳和提升机构连接,两个定滑轮对钢丝绳的约束作用,以及底盘的自重,使探头在下降或提升过程中不会扭转,稳定探头方位。

钻孔孔形检测时安装八个探头,底盘四个角各安装一个发射探头和一个接收探头,可以同时测定正交两个方向形状。

探头由无级变速电动卷扬机提升或下降,它和热敏刻痕记录仪的走纸速度是同步的,或成比例调节,因此探头每提升或下降一次,可以自动在记录纸上连续绘出孔壁形状和垂直度(图 2.37),当探头上升到孔口或下降到孔底时都设有自动停机装置,防止电缆和钢丝绳被拉断。

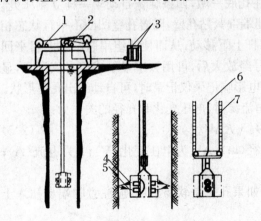

图 2.36 声波孔壁测定仪

1—电机;2—走纸速度控制器;3—记录仪;4—发射探头;5—接收探头;6—电缆;7—钢丝绳

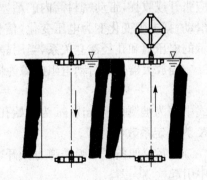

图 2.37 孔壁形状和偏斜

2. 井径仪

井径仪由测头、放大器和记录仪三部分组成[图2.38(b)]，它可以检测直径为0.08～0.6 m、深数百米的孔，当把测量腿加大后，最大可检测直径1.2 m的孔。

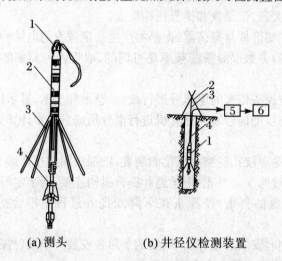

　　　　　　(a) 测头　　　　　　　(b) 井径仪检测装置

图2.38　井径仪

　(a) 1—电缆；2—密封筒；　　(b) 1—测头；2—三脚架；3—钢丝绳
3—测腿；4—锁腿装置　　　　4—电缆；5—放大器；6—记录仪

测头是机械式[2.38(a)]，当测头放入测孔之前，四条测腿合拢并用弹簧锁住，测头放入孔内，靠测头本身自重往孔底一墩，四条腿像自动伞一样立刻张开，测头往上提升时，由于弹簧力作用，腿端部紧贴孔壁，随着孔壁凹凸不平且状态相应张开或收拢，带动密封筒内的活塞杆上下移动，从而使四组串联滑动电阻来回滑动，把电阻变化变为电压变化，信号经放大后，可用数字显示或记录仪记录，显示的电压值和孔径建立关系，当用静电影响记录仪记录时，可自动绘出孔壁形状。

当放大器供给滑动电阻电源为恒流源时，电压变化和孔径的关系为：

$$\phi = \phi_0 + K\Delta V/I \qquad (2.5)$$

式中，ϕ 为被测孔径（m）；ϕ_0 为起始孔径（m）；ΔV 为电压变化（V）；I 为电流（A）；K 为率定系数（m/Ω）。

井径仪四条腿靠弹簧弹力张开，如果孔壁是软弱土层，应注意腿端易插入土中引起检测误差。

2.4.1.3　孔底沉渣厚度检测

对于泥浆护壁成孔灌注桩，假如灌注混凝土之前，孔底沉渣太厚，不仅会影响桩端承载力的正常发挥，而且也会影响桩侧阻力的正常发挥，从而大大降低桩的承载能力。因此,建筑桩基技术规范(JGJ94—94)规定:泥浆护壁成孔灌注桩在浇注混凝土前,孔底沉渣厚度应满足以下要求:

端承桩≤50 m;摩擦端承桩或端承摩擦桩≤100 mm;摩擦桩≤300 mm。

目前孔底沉渣厚度测定方法还不够成熟,以下介绍几种工程中使用的方法:

1. 垂球法

垂球法为工程中最常用的简单测定孔底沉渣厚度的方法。一般根据孔深和泥浆比重,采用质量为1～3 kg的钢、铁、铜制锥、台、桩体垂球,顶端系上测绳,把球慢慢沉入孔内,凭人的手感判断沉渣顶面位置,其施工孔深和量测孔深之差即为沉渣厚度。测量要点是每次测定后须立即复核测绳长度,以消除由于垂球或浸水引起的测绳伸缩产生的测量误差。

2. 电容法

电容法沉渣测定原理是当金属两极板间距和尺寸固定不变时,其电容量和介质的电解率成正比关系,水、泥浆和沉渣等介质的电解率有较明显差异,从而由电解率的变化量测定沉渣厚度。

仪器由测头、放大器、蜂鸣器和电机驱动源等组成(图2.39):测头装有电容极板和小型电机,电机带动偏心轮可以产生水平振动:一旦测头极板接触到沉渣表面,蜂鸣器发出响声,同时面板上的红灯亮,当依靠测头自重不能继续沉入沉渣深部时,可开启电机使水平激振器产生振动,把测头沉入更深部位沉渣厚度为施工孔深和电容突然减小时的孔深之差。

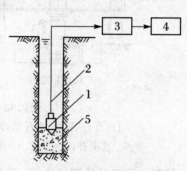

图 2.39 电容法沉渣测定仪
1—测头;2—电缆;3—电源;
4—指示器;5—沉渣

3. 声纳法

声纳法测定沉渣厚度的原理是以声波在传播中遇到不同界面产生反射而制成的测定仪。同一个测头具有发射和接收声波的功能,声波遇到沉渣表面时,部分声波被反射回来由接收探头接收,发射到接收的时间差为 t_1,部分声波穿过沉渣厚度直达孔底原状土后产生第二次反射,得到第二个反射时间差 t_2,则沉渣厚度为:

$$H = \frac{t_2 - t_1}{2} C \tag{2.6}$$

式中,H 为沉渣厚度(m);C 为沉渣声波波速(m/s);t_1,t_2 为时间(s)。

2.4.1.4　单桩承载力检测

对于重要的建筑物桩基和地质条件复杂或成桩质量可靠性较低的桩基工程,应采用静载法或动测法检查成桩质量和单桩承载力;对于大直径桩还可采取钻取芯样、预埋管超声检测法检查。具体检测方法和检测桩数由设计确定。

1. 试验装置

一般采用油压千斤顶加载,千斤顶的加载反力装置根据现场实际条件有三种形式:锚桩横梁反力装置(图 2.40)、压重平台反力装置和锚桩压重联合反力装置。千斤顶平放于试桩中心,当采用两个以上千斤顶加载时,应将千斤顶并联同步工作,并使千斤顶的合力通过试桩中心。

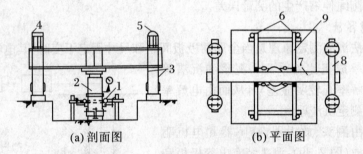

(a) 剖面图　　　　　　　　(b) 平面图

图 2.40　竖向静载试验装置

1—百分表;2—千斤顶;3—锚桩;4—厚钢板;5—硬木包钢皮;
6—基准桩;7—主梁;8—次梁;9—基准梁

荷载与沉降的量测仪表:荷载可用放置于千斤顶上的应力环、应变式压力传感器直接测定,或采用联于千斤顶的压力表测定油压,根据千斤顶率定曲线换算荷载。试桩沉降一般采用百分表或电子位移计测量。对于大直径桩应在其 2 个正交直径方向对称安置 4 个位移测试仪表,中等和小直径桩可安置 2 个或 3 个位移测试仪表。沉降测定平面离桩顶距离不应小于 0.5 倍桩径,固定和支承百分表的夹具和基准梁在构造上应确保不受气温、振动及其他外界因素影响而发生竖向变位。试桩、锚桩(压重平台支墩)和基准桩之间的中心距离应符合表 2.9 规定。

表 2.9　试桩、锚桩和基准桩之间的中心距离

反力系统	试桩与锚桩(或压重平台支墩边)	试桩与基准桩	基准桩与锚桩(或压重平台支墩边)
锚桩横梁反力装置 压重平台反力装置	$\geqslant 4d$ 且 $\geqslant 2.0$ m	$\geqslant 4d$ 且 $\geqslant 2.0$ m	$\geqslant 4d$ 且 $\geqslant 2.0$ m

注:表 2.9 中 d 为试桩或锚桩的设计直径,取其较大者(如试桩或锚桩为扩底桩时,试桩与

锚桩的中心距不应小于 2 倍扩大端直径)。

2. 加卸载方式与沉降观测

试验加载方式:采用慢速维持荷载法,即逐级加载,每级荷载达到相对稳定后加下一级荷载,直到破坏,然后分级卸载到零。当考虑结合实际工程桩的荷载特征可采用多循环加卸载法(每级荷载达到相对稳定后卸载到零)。当考虑缩短试验时间,对于工程桩检验性试验,可采用快速维持荷载法,即一般每隔一小时加一级荷载。

加载分级:每级加载为预估极限荷载的 $1/10 \sim 1/15$,第一级可按 2 倍分级荷载加荷。沉降观测:每级加载后间隔 5 min、10 min、15 min 各测读一次,以后每隔 15 min 测读一次,累计 1 h 后每隔 30 min 测读一次。每次测读值记入试验记录表。

沉降相对稳定标准:每 1 h 的沉降不超过 0.1 mm,并连续出现两次(由 1.5 h 内连续三次观测值计算),认为已达到相对稳定,可加下一级荷载。

终止加载条件:当出现下列情况之一时,即可终止加载。在某级荷载作用下,桩的沉降量为前一级荷载作用下沉降量的 5 倍;在某级荷载作用下,桩的沉降量大于前一级荷载作用下沉降量的 2 倍,且经 24 h 尚未达到相对稳定;已达到锚桩最大抗拔力或压重平台的最大重力时。

卸载与卸载沉降观测:每级卸载值为每级加载值的 2 倍。每级卸载后隔 15 min 测读一次残余沉降,读两次后,隔 30 min 再读一次,即可卸下一级荷载,全部卸载后,隔 3 h～4 h 再读一次。

3. 确定单桩竖向极限承载力

单桩竖向极限承载力可按下列方法综合分析确定:

(1) 根据沉降随荷载的变化特征确定极限承载力:对于陡降型 $Q—S$ 曲线取 $Q—S$ 曲线发生明显陡降的起始点。

(2) 根据沉降量确定极限承载力:对于缓变型 $Q—S$ 曲线一般可取 $S = 40 \sim 60$ mm 对应的荷载,对于大直径可取 $S = 0.03D \sim 0.06D$(D 为桩端直径,大桩径取低值,小桩径取高值)所对应的荷载值;对于细长桩($l/d > 80$)可取 $S = 60 \sim 80$ mm 对应的荷载。

(3) 根据沉降随时间的变化特征确定极限承载力:取 $S—\lg t$ 曲线尾部出现明显向下弯曲的前一级荷载值。

单桩竖向极限承载力标准值应根据试桩位置、实际地质条件、施工情况等综合确定。当各试桩条件基本相同时,单桩竖向极限承载力标准值可取试桩结果统计特征值。

2.4.2　桩基验收资料

当桩顶设计标高与施工场地标高相近时,桩基工程的验收应待成桩完毕后进行;当桩顶设计标高低于施工场地标高时,应待开挖到设计标高后进行验收。

桩基验收应包括下列资料:

(1) 工程地质勘察报告、桩基施工图、图纸会审纪要、设计变更单及材料代用通知单等。

(2) 经审定的施工组织设计、施工方案及执行中的变更情况。

(3) 桩位测量放线图,包括工程复核签证单。

(4) 成桩质量检查报告。

(5) 单桩承载力检测报告。

(6) 基坑挖至设计标高的桩基竣工平面图及桩顶标高图。

2.4.3　桩基工程安全技术

锤击法施工时,施工场地应按坡度不大于 1%,地耐力不小于 85 kPa 的要求进行平整、压实,地下应无障碍物。在基坑和围堰内沉桩,要配备足够的排水设备。桩锤安装时,应将桩锤运到桩架正前方 2 m 以内,不得远距离斜吊。用桩机吊桩时,必须在桩上拴好溜绳,严禁人员处于桩机与桩之间。起吊 2.5 m 以外的混凝土预制桩,应将桩锤落在下部,待桩吊近后,方可提升桩锤。严禁吊桩、吊锤、回转或行驶同时进行。卷扬机钢丝绳应经常处于油膜状态,防止硬性摩擦,钢丝绳的使用及报废标准应按有关规定执行。遇有大雨、雪、雾和六级以上大风等恶劣气候,应停止作业。当风速超过七级或有强台风警报时,应将桩机顺风停置,并增加缆风绳,必要时,应将桩架平放到地面上。施工现场电器设备外壳必须保护接零,开关箱与用电设备实行一机一闸一保险。

钻孔法施工时,应检查是否有发生卡杆现象,起吊钢丝是否牢固,卷扬机刹车是否完好,信号设备是否明显。钻孔桩的孔口必须加盖。成桩附近严禁堆放重物。施工过程应随时查看桩机施工附近地面有无开裂现象,防止机架和护筒等发生倾斜或下沉。每根桩的施工应连续进行,如因故停机,应及时提上钻具,保护孔壁,防止造成塌孔事故。

人工挖孔法施工时,井下应设通风设施,工人下井时应携带有害气体测定仪、电气设备要装安全漏电保护开关等。井下照明必须使用 36 V 安全照明电压。对易坍孔土层应采取可靠的护壁措施。经常检查桩孔护壁施工质量和变形情况。对运土吊筐要经常检查其质量,并检查吊绳是否扎牢,以防掉土、掉石砸伤井下施工人员。对挖土施工作业的设备应经常检查,摇把质量、滑轮、吊绳等应定期检查,防止断落、脱落等可能发生的事故。井口护圈应高出井口面 200 mm,并防止物件掉入桩孔砸伤井下人员。

复习思考题与习题

1. 地基与基础是如何分类的？各分为哪些？

2. 地基处理的目的是什么？常用的地基处理方法有哪些？其原理各是什么？各适用于什么条件？

3. 什么是验槽？验槽的目的和内容是什么？

4. 钢筋混凝土预制桩的起吊、运输及堆放应注意哪些问题？

5. 预制桩的沉桩方法及原理是什么？

6. 打桩顺序一般应如何确定？

7. 桩锤有哪些种类？各适用于什么范围？

8. 混凝土与钢筋混凝土灌注桩的成孔方法有哪几种？各适用于什么范围？

9. 试述泥浆护壁成孔灌注桩的施工工艺流程及埋设护筒应注意事项？

10. 套管成孔灌注桩的施工工艺？

11. 套管成孔灌注桩施工常见问题及其处理方法？

12. 桩基工程验收应提交哪些资料？

学习任务3 砌 筑 工 程

【学习目标】

本学习任务以房屋建筑工程为项目载体,学习砌筑材料、脚手架工程、垂直运输机械、砌砖施工、中小型砌块施工及砌筑工程的安全技术。通过学习与训练,使学生:

(1) 了解砌筑工程材料种类、性质与使用,了解墙体改革的方向。

(2) 了解砌筑工程的安全技术及质量通病的防治等。

(3) 熟悉砌筑工程对材料的要求,熟悉常用砌筑用脚手架及垂直运输机械。

(4) 初步具有选择砌体组砌方式,组织砌筑施工,计算工程量,并具有控制工程质量和施工安全的能力。

学习单元 3.1 砌 筑 材 料

‖ 工作任务表 ‖

能力目标	主讲内容	学生完成任务
通过学习训练,使学生了解各类砌筑材料,熟悉砌筑工程对材料的基本要求	着重介绍了砌筑用块材的种类、型号及使用特点;砌筑砂浆的种类、性能要求及配置使用要求	结合相关专业基础课,在学习过程中利用实训设备,实测各类砖石材料的强度,砂浆的和易性指标

砌筑工程是指用各类砖、石材和砌块等经砌筑而形成的各种形状的砌体结构,如墙体、毛石基础。砖石砌体结构从古至今一直广泛使用,具有取材方便、造价低、保温隔热隔声、耐火和耐久性好,节约钢材和水泥,不需要大型施工机械等优点。但这种结构以手工组砌为主,劳动强度大、生产效率低,难以适应建筑工业化。烧制黏土砖需要占用耕地,开发应用新型墙体已成为建筑业的发展方向。

砌筑工程的主要材料是块材和砂浆。

3.1.1　块材

块材分为砖、石材和砌块三大类。

3.1.1.1　砖

1. 烧结普通砖

烧结普通砖是以黏土、页岩、煤矸石、粉煤灰为主要原料,经焙烧而成的承重实心砖,孔洞率不大于 15%。外形为直角六面体,规格为 240 mm×115 mm×53 mm,具有这种尺寸的砖称为"标准砖"。根据抗压强度分为 MU30、MU25、MU20、MU15 和 MU10 五个强度等级。黏土砖因不符合节能、环保和保护农田的要求,正被限用或禁用。

2. 烧结多孔砖

烧结多孔砖主要原料与普通砖相同,是经焙烧而成的承重多孔砖,孔洞率不小于 25%,孔洞小而多,其自重轻、保温隔热性能好、抗弯抗折能力强,省砂浆。常用规格有:KP1 型,240 mm×115 mm×90 mm;KP2 型,240 mm×115 mm×180 mm;KM1 型,190 mm×190 mm×190 mm。KP1 型常用于多层房屋的承重墙体。字母 K 表示空心,P 表示普通,M 表示模数。多孔砖中竖向孔砖多用于承重砖墙;水平孔砖仅用于非承重墙或填充墙。烧结多孔砖的强度等级与烧结普通砖相同。

3. 烧结空心砖

烧结空心砖主要原料与普通砖相同,是经焙烧而成的非承重空心砖,孔洞率大于 35%。烧结空心砖的长度有 290 mm、240 mm;宽度有 190 mm、180 mm、140 mm;高度有 115 mm、90 mm。分为 MU5、MU3、MU2 三个强度等级。

4. 蒸压灰砂砖

蒸压灰砂砖是以石灰和砂为主要原料,掺加适量的颜料和外加剂,经坯料制备、压制、蒸压釜蒸压、高压蒸汽养护而成的实心砖,规格尺寸与普通砖相同。分为 MU25、MU20、MU15 和 MU10 四个强度等级。蒸压灰砂砖不得用于长期受热 200 ℃以上(如炉壁、烟囱等)、急冷急热和有酸性介质侵蚀的建筑部位。

5. 粉煤灰砖

粉煤灰砖是以粉煤灰、石灰或水泥为主要原料,掺加适量的石膏、外加剂、颜料和骨料等,经坯料制备、压制成型、高压或常压蒸汽养护而成的实心砖。规格和强度等级与普通砖完全相同,但抗冻性、稳定性及防水性能较差。

3.1.1.2　石材

石材分为毛石和料石。毛石一般要求在一个方向有较平整的面,有两个大致平行面的毛石叫平毛石,中部厚度不小于 150 mm。砌筑工程中一般用于基础、勒脚、挡土墙、墙体、堤坝等，应质地坚实、无风化剥落和裂纹。

料石分为细料石和粗料石。细料石用于砌筑高级建筑的台阶、勒脚和墙体等；粗料石也称为块石，砌筑工程中用于基础、勒脚和毛石砌体的转角部位。料石的宽度和厚度均不宜小于 200 mm，长度不宜大于厚度的 4 倍。石材分为 MU100、MU80、MU60、MU50、MU40、MU30、MU20 等七个强度等级。石材的缺点是传热性较高、自重大、加工困难、抗拉强度低。

3.1.1.3　砌块

砌块一般指混凝土空心砌块、加气混凝土砌块及硅酸盐实心砌块。按规格通常把高度在 115～380 mm 的称为小型砌块，高度在 380～980 mm 的称为中型砌块，大于 980 mm 的称为大型砌块。目前在工程中多采用中小型砌块，而且各地区生产的砌块规格不统一。砌块具有自重轻、工业化程度高、施工速度快、工艺简单，可大量利用工业废料等优点，是墙体改革的重要途径。用于砌筑的砌块的外观、尺寸和强度应符合设计要求，分为 MU20、MU15、MU10、MU7.5 和 MU5 五个强度等级。

3.1.2　砌筑砂浆

砂浆的作用是把块材粘结成整体，使其共同工作，抹平表面使砌体均匀受力。砂浆质量是由原材料的质量和拌合质量共同决定的。砂浆由胶结材料、细骨料及水组成。按照胶结材料不同，砂浆可分为水泥砂浆、石灰砂浆和混合砂浆，分别适用于不同的环境和对象，应根据设计要求确定其种类及等级。

水泥砂浆具有较高的强度和耐久性，但和易性差。常用于基础、地下室等潮湿环境中的砌体，以及承受较大外力的砌体。石灰砂浆强度低且耐久性差，主要用于干燥环境以及强度要求不高的砌体。水泥混合砂浆简称混合砂浆，通常由水泥、石灰膏、砂加水拌制而成。具有一定的强度和耐久性，且和易性和保水性好，常用做地面以上的砌体。

水泥应根据砌体部位和所处环境来选择品种及其强度等级。在进场使用前应分批对其强度、安定性进行复验。水泥储存应按品种、强度等级、出厂日期分别堆放并保持干燥，当在使用中对水泥质量有怀疑或水泥出厂超过三个月（快硬硅酸盐水泥超过一个月）时，应复查试验后按结果使用，且不同品种的水泥不得混合使用。水泥检验方法：检查产品合格证、出厂检验报告和进场复验报告。

细骨料宜用中砂并过筛，不得含有有害杂质。砂的含泥量应满足下列要求：水泥砂浆和强度等级不小于 M5 的水泥混合砂浆，不应超过 5%；强度等级小于 M5 的水泥混合砂浆，不应超过 10%。

石灰膏可用块状生石灰熟化而成，并用滤网过滤，在化灰池中熟化时间不得少于7天,贮存中应防止干燥、冻结和污染,严禁使用脱水硬化的石灰膏。拌制砂浆用水的水质应符合国家标准。

砂浆的强度等级有M15、M10、M7.5、M5、M2.5等五个。砂浆的配合比应通过试验确定,并严格执行。当砌筑砂浆的组成材料有变更时,其配合比应重新确定。砂浆现场拌制时,应采用重量计算各组分材料。

砂浆应采用机械搅拌,自投料完算起,搅拌时间应符合:水泥砂浆和水泥混合砂浆不得少于2 min;水泥粉煤灰砂浆和掺用外加剂砂浆不得少于3 min;掺用有机塑化剂的砂浆,应为3~5 min。砂浆应随拌随用,常温下水泥砂浆和水泥混合砂浆应分别在3 h和4 h内使用完毕。如施工期间最高气温超过30 ℃,应分别在拌成后2 h和3 h内使用完毕。

学习单元3.2 脚手架及垂直运输机械

‖ 工作任务表 ‖

能力目标	主讲内容	学生完成任务
通过学习训练,使学生熟悉脚手架的基本构造与搭设使用基本要求,熟悉砌筑用垂直运输机械	着重介绍了砌筑用外脚手的种类、构造要求及使用特点;垂直运输机械的种类和使用特点	在学习过程中利用实训设备,以小组为单位,搭设一段符合规程要求的钢管外脚手架

3.2.1 脚手架

脚手架是建筑施工中不可缺少的临时设施。砌筑用脚手架是为在砌筑过程中堆放材料和工人进行高部位施工操作而搭设的作业平台,它会直接影响到工程质量、施工安全和劳动生产效率。

脚手架的种类很多,按用途分有砌筑施工脚手架、装修施工脚手架、支撑脚手架等;按与建筑物位置关系分为外脚手架、里脚手架;按材料分为木、竹、金属脚手架;按构造形式分为多立杆式、吊式、挂式、挑式、工具式脚手架等;按支承部位和方式分为落地式、悬挑式、移动式和升降式等。目前脚手架发展趋势是以金属材料为主,具有多种功能的组合式脚手架,可以适用于不同情况的作业要求。

3.2.1.1　脚手架基本要求

(1) 满足使用要求。有适当的宽度、步架高度、离墙距离,能满足工人操作、材料堆置和运输的需要。

(2) 确保安全。有足够的强度、刚度、稳定性,能保证施工期间在规定荷载和气候条件下不变形、不倾斜、不摇晃。

(3) 结构简单,装拆方便,能多次周转使用,尽量节约用料,降低成本。

3.2.1.2　外脚手架

外脚手架沿建筑外围从地面起搭设,可用于外墙砌筑和装饰施工,主要有扣件式、碗扣式、门式、附着式和悬吊式等。

1. 扣件式钢管脚手架

从 20 世纪 60 年代初我国开始采用扣件式钢管脚手架,目前已经成为使用最广泛的外脚手架。扣件式钢管脚手架由钢管和扣件组成,优点是配件数量少、装拆方便、承载力大、坚固耐用,搭设灵活,适应各种建筑物平面。

1) 扣件式钢管脚手架的组成

扣件式钢管脚手架多搭设成多立杆式,主要由标准的钢管杆件和特制的扣件组成骨架,在与脚手板、防护构件、连墙件组成整体(如图 3.1 所示)。立杆、大横杆、小横杆的交叉点称为主节点,主节点处立杆和大横杆的连接扣件与大横杆和小横杆的连接扣件间距应小于 15 cm。

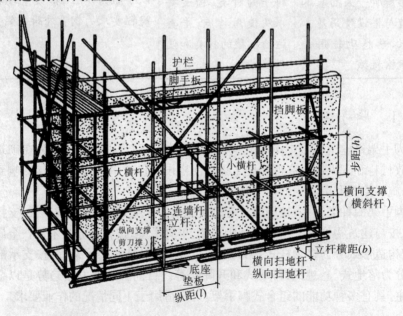

图 3.1　扣件式钢管脚手架的组成

(1) 钢管杆件。包括立杆、大横杆、小横杆、剪刀撑、斜杆等。钢管杆件一般采用外径 48 mm,壁厚 3.5 mm 的焊接钢管或无缝钢管。贴地面设置的纵横杆称为扫地杆,作业层设置的用于护栏的水平杆称为栏杆。

立杆平行于建筑物且垂直于地面,把脚手架荷载传递给基础。每根立杆底部应设置底座或垫板,脚手架底层步距不应大于 2 m,立杆必须用连墙件与建筑物可靠连接。立杆接长除顶层顶步可以采用搭接外(搭接长度不应小于 1 m,不少于 2 个旋转扣件固定,端部扣件盖板的边缘至杆端距离不应小于 100 mm),其余各层各步接头必须采用对接扣件连接,立杆上的对接扣件应交错布置,两根相邻立杆的接头不应设置在同步内,同步内隔一根立杆的两个相隔接头在高度方向错开的距离不宜小于 500 mm,各接头中心至主节点的距离不宜大于步距的 1/3。立杆顶端宜高出女儿墙上皮 1 m,高出檐口上皮 1.5 m。

纵向水平杆称为大横杆,平行于建筑物且在纵向连接各立杆,承受并传递荷载给立杆。纵向水平杆宜设置在立杆内侧,其长度不宜小于 3 跨;接长宜采用对接扣件连接,也可采用搭接。对接、搭接应符合规范规定:纵向水平杆的对接扣件应交错布置,两根相邻纵向水平杆的接头不宜设置在同步或同跨内;不同步或不同跨两个相邻接头在水平方向错开的距离不应小于 500 mm;各接头中心至最近主节点的距离不宜大于纵距的 1/3。搭接长度不应小于 1 m,应等间距设置 3 个旋转扣件固定,端部扣件盖板边缘至搭接纵向水平杆杆端的距离不应小于 100 mm。当使用冲压钢脚手板、木脚手板、竹串片脚手板时,纵向水平杆应作为横向水平杆的支座,用直角扣件固定在立杆上;当使用竹笆脚手板时,纵向水平杆应采用直角扣件固定在横向水平杆上,并应等间距设置,间距不应大于 400 mm。

横向水平杆称为小横杆,垂直于建筑物且在横向水平连接内外立杆,承受并传递荷载给立杆。主节点处必须设置一根横向水平杆,用直角扣件扣接且严禁拆除。主节点处两个直角扣件的中心距不应大于 150 mm。在双排脚手架中,靠墙一端的外伸长度不应大于 500 mm。作业层上非主节点处的横向水平杆,宜根据支承脚手板的需要等间距设置,最大间距不应大于纵距的 1/2。当使用冲压钢脚手板、木脚手板、竹串片脚手板时,双排脚手架的横向水平杆两端均应采用直角扣件固定在纵向水平杆上;单排脚手架的横向水平杆的一端,应用直角扣件固定在纵向水平杆上,另一端应插入墙内,插入长度不应小于 180 mm。使用竹笆脚手板时,双排脚手架的横向水平杆两端,应用直角扣件固定在立杆上;单排脚手架的横向水平杆的一端,应用直角扣件固定在立杆上,另一端应插入墙内,插入长度亦不应小于 180 mm。

纵向扫地杆连接在立杆下端,距底座 200 mm,起到约束立杆底端纵向位移的作用;横向扫地杆连接在立杆下端,位于纵向扫地杆上方,起到约束立杆底端横向位移的作用。脚手架必须设置纵、横向扫地杆。纵向扫地杆应采用直角扣件固定在距底座上皮不大于 200 mm 处的立杆上。横向扫地杆亦应采用直角扣件固定在紧靠纵向扫地杆下方的立杆上。当立杆基础不在同一高度上时,必须将高处的纵向扫地杆向低处延长两跨与立杆固定,高低差不应大于 1 m。靠边坡上方的立杆轴线到边坡的距离不应小于 500 mm。

　　剪刀撑是设在脚手架外侧面并与墙面平行的十字交叉斜杆,可以增强脚手架的纵向刚度;横向斜撑设置在有连墙杆的脚手架内、外排立杆间的“之”字形斜杆,可以增强脚手架的横向刚度。双排脚手架应设剪刀撑与横向斜撑,单排脚手架应设剪刀撑。每道剪刀撑宽度不应小于 4 跨,且不应小于 6 m,斜杆与地面的倾角宜在 45°~60°之间;高度在 24 m 以下的单、双排脚手架,均必须在外侧立面的两端各设置一道剪刀撑,并应由底至顶连续设置;中间各道剪刀撑之间的净距不应大于 15 m。高度在 24 m 以上的双排脚手架应在外侧立面整个长度和高度上连续设置剪刀撑;剪刀撑斜杆的接长宜采用搭接;剪刀撑斜杆应用旋转扣件固定在与之相交的横向水平杆的伸出端或立杆上,旋转扣件中心线至主节点的距离不宜大于 150 mm。横向斜撑应在同一节间,由底至顶层呈之字型连续布置;一字型、开口型双排脚手架的两端均必须设置横向斜撑,中间宜每隔 6 跨设置一道;高度在 24 m 以下的封闭型双排脚手架可不设横向斜撑,高度在 24 m 以上的封闭型脚手架,除拐角应设置横向斜撑外,中间应每隔 6 跨设置一道。

　　(2) 扣件。用于钢管和钢管之间的连接件,有可锻铸铁和钢板轧制两种,基本形式有对接扣件、旋转扣件和直角扣件三种,如图 3.2 所示。

(a) 对接扣件　　　　　(b) 旋转扣件　　　　　(c) 直角扣件

图 3.2　扣件形式

　　对接扣件:用于两根钢管的对接接长的连接。

　　旋转扣件:用于两根任意角度相交钢管的连接。

　　直角扣件:用于两根垂直相交钢管的连接。

　　扣件规格必须与钢管外径相同;在主节点处固定横向水平杆、纵向水平杆、剪刀撑、横向斜撑等用的直角扣件、旋转扣件的中心点的相互距离不应大于 150 mm;对接扣件开口应朝上或朝内;各杆件端头伸出扣件盖板边缘的长度不应小于 100 mm。

(3) 脚手板。脚手板可采用钢、木、竹材料制作,每块质量不宜大于 30 kg。冲压钢脚手板的材质应符合现行国家标准,一般用厚度 2 mm 的钢板压制,长度 2~4 m,宽度 250 mm,表面有防滑措施。木脚手板应采用杉木或松木制作,脚手板厚度不应小于 50 mm,两端应各设直径为 4 mm 的镀锌钢丝箍两道。竹脚手板宜采用由毛竹或楠竹制作的竹串片板、竹笆板。

作业层脚手板应铺满、铺稳,离开墙面 120~150 mm;冲压钢脚手板、木脚手板、竹串片脚手板等,应设置在三根横向水平杆上。当脚手板长度小于 2 m 时,可采用两根横向水平杆支承,但应将脚手板两端与其可靠固定,严防倾翻。此三种脚手板的铺设可采用对接平铺,亦可采用搭接铺设。脚手板对接平铺时,接头处必须设两根横向水平杆,脚手板外伸长应取 130~150 mm,两块脚手板外伸长度的和不应大于 300 mm;脚手板搭接铺设时,接头必须支在横向水平杆上,搭接长度应大于 200 mm,其伸出横向水平杆的长度不应小于 100 mm。竹笆脚手板应按其主竹筋垂直于纵向水平杆方向铺设,且采用对接平铺,四个角应用直径 1.2 mm 的镀锌钢丝固定在纵向水平杆上。作业层端部脚手板探头长度应取 150 mm,其板长两端均应与支承杆可靠地固定。

(4) 连墙件。为了防止脚手架外倾,应设置连墙件将立杆与主体结构连接在一起,可用钢管、型钢或粗钢筋制作。连墙件还可以增强立杆的纵向刚度。连墙件宜优先采用菱形布置,也可采用方形、矩形布置。一字型、开口型脚手架的两端必须设置连墙件,连墙件的垂直间距不应大于建筑物的层高,并不应大于 4 m(2 步)。连墙件应从底层第一步纵向水平杆处开始设置,并宜靠近主节点设置,偏离主节点的距离不应大于 300 mm。对高度在 24 m 以下的单、双排脚手架,宜采用刚性连墙件与建筑物可靠连接,亦可采用拉筋和顶撑配合使用的附墙连接方式,严禁使用仅有拉筋的柔性连墙件。高度超过 24 m 的双排脚手架必须采用刚性连墙件与建筑物可靠连接。

2) 扣件式钢管脚手架的搭设

搭设顺序:放置纵向扫地杆→逐根树立立杆(与扫地杆扣紧)→安装横向扫地杆(与立杆或纵向扫地杆扣紧)→安装第一步纵向水平杆(与立杆扣紧)→安装第一步横向水平杆→安装第二步纵向水平杆→安装第二步横向水平杆→加设临时斜抛撑(与第二步纵向水平杆扣紧,在装设两道连墙件后可拆除)→安装第三、四步纵横向水平杆→安装连墙件、接长立杆,加设剪刀撑→铺设脚手板→挂安全网等。

脚手架必须配合施工进度搭设,一次搭设高度不应超过相邻连墙件以上两步。每搭完一步脚手架后,应按规范校正步距、纵距、横距及立杆的垂直度。底座、垫板均应准确地放在定位线上；垫板宜采用长度不少于 2 跨、厚度不小于 50 mm 的木垫板，也可采用槽钢。严禁将不同外径的钢管混合使用，开始搭设立杆时，应每隔 6 跨设置一根抛撑，直至连墙件安装稳定后，方可根据情况拆除；当搭置有连墙件的构造点时，在搭设完该处的立杆、纵向水平杆、横向水平杆后，应立即设置连墙件；当脚手架施工层高出连墙件两步时，应采取临时稳定措施，直到上一层连墙件搭设完后方可根据情况拆除；在封闭型脚手架的同一步中，纵向水平杆应四周交圈，用直角扣件与内外角部立杆固定；双排脚手架横向水平杆的靠墙一端至墙装饰面的距离不宜大于 100 mm；剪刀撑、横向斜撑搭设应随立杆、纵向和横向水平杆等同步搭设，各底层斜杆下端均必须支撑在垫块或垫板上。

3）扣件式钢管脚手架的拆除

拆除脚手架前应全面检查脚手架的扣件连接、连墙件、支撑体系等是否符合构造要求并清除脚手架上杂物及地面障碍物。拆脚手架时，地面应设围栏和警戒标志，并派专人看守，严禁非操作人员入内。拆除作业必须由上而下逐层进行，严禁上下同时作业。拆除时要统一指挥，上下呼应，动作协调，当解开与另一个人有关的扣件时，应先通知对方，以防坠落伤人。连墙件必须随脚手架逐层拆除，严禁先将连墙杆整层或数层拆除后再拆脚手架；分段拆除高差不应大于 2 步，如高差大于 2 步，应增设连墙件加固；当脚手架拆至下部最后一根长立杆（约 6.5 m）时，应先在适当位置搭设临时抛撑加固后，再拆除连墙件。当脚手架采取分段、分立面拆除时，对不拆除的脚手架两端，应先按规范规定设置连墙件和横向斜撑加固。各构配件严禁抛掷至地面。运至地面的构配件应及时检查、整修与保养，并按品种、规格随时码堆存放。

2. 碗扣式钢管脚手架

碗扣式钢管脚手架是采用定型钢管杆件和碗扣接头连接的承插式多立杆脚手架，因其独特的锁定功能在施工中更快速、安全、经济。我国大量使用的是 WDJ 碗扣型多功能脚手架，独创了带齿碗扣接头，具有拼拆迅速省力、结构简单、受力稳定可靠、配备完善、使用安全、不易丢失、运输容易、应用广泛且完全避免螺丝作业等特点。目前这种新型脚手架正在建筑施工中迅速推广。

1）碗扣式钢管脚手架的组成

碗扣式钢管脚手架由钢管立杆、横杆、碗扣接头等组成，基本构造和搭设要求与扣件式钢管脚手架类似，区别在于碗扣接头，碗扣式钢管脚手架杆件节点采用碗扣连接，如图 3.3 所示。

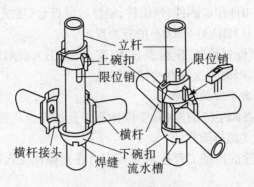

图 3.3 WDJ 碗扣接头

碗扣接头是该系统的核心,由上碗扣、下碗扣、横杆接头和上碗扣限位销等组成。脚手架立杆碗扣节点应按 0.6 m 模数设置。立杆上应设有接长用套管及连接销孔。立杆上的下碗扣是固定的,上碗扣可沿立杆上下滑动。安装时,将上碗扣的缺口对准限位销后,将上碗扣向上抬起,把横杆接头插入下碗扣内,随后滑下、旋转并压紧上碗扣,利用限位销固定上碗扣。碗扣接头可以同时连接 4 根横杆,横杆可以互相垂直或偏转一定角度。正是这个特点,碗扣式钢管脚手架可以搭设成各种形式,如扇形平面。

2) 碗扣式钢管脚手架的搭设

(1) 底座和垫板应准确地放置在定位线上;垫板宜采用长度不少于 2 跨,厚度不小于 50 mm 的木垫板;底座的轴心线应与地面垂直。

(2) 脚手架搭设应按立杆、横杆、斜杆、连墙件的顺序逐层搭设,每次上升高度不大于 3 m。底层水平框架的纵向直线度应小于或等于 $L/200$;横杆间水平度应小于等于 $L/400$。

(3) 脚手架的搭设应分阶段进行,第一阶段的搭底高度一般为 6 m,搭设后必须经检查验收后方可正式投入使用。

(4) 脚手架的搭设应与建筑物的施工同步上升,每次搭设高度必须高于即将施工楼层 1.5 m。

(5) 脚手架全高的垂直度应小于 $L/500$;最大允许偏差应小于 100 mm。

(6) 脚手架内外侧加挑梁时,挑梁范围内只允许承受人行荷载,严禁堆放物料。

(7) 连墙件必须随架子高度上升及时在规定位置处设置,严禁任意拆除。

(8) 作业层设置应符合的要求:必须满铺脚手板,外侧应设挡脚板及护身栏杆;护身栏杆可用横杆在立杆的 0.6 m 和 1.2 m 的碗扣接头处搭设两道;作业层下的水平安全网应按《安全技术规范》规定设置。

(9) 采用钢管扣件作加固件、连墙件、斜撑时应符合《建筑施工扣件式钢管脚手架安全技术规范》(JGJ130—2002)的有关规定。

(10) 脚手架搭设到顶时,应组织技术、安全、施工人员对整个架体结构进行全面的检查和验收,及时解决存在的结构缺陷。

3) 碗扣式钢管脚手架的拆除

(1) 应全面检查脚手架的连接、支撑体系等是否符合构造要求,经按技术管理程序批准后方可实施拆除作业。

(2) 脚手架拆除前现场工程技术人员应对在岗操作工人进行有针对性的安全技术交底。

(3) 脚手架拆除时必须划出安全区,设置警戒标志,派专人看管。

(4) 拆除前应清理脚手架上的器具及多余的材料和杂物。

(5) 拆除作业应从顶层开始,逐层向下进行,严禁上下层同时拆除。

(6) 连墙件必须拆到该层时方可拆除,严禁提前拆除。

(7) 拆除的构配件应成捆用起重设备吊运或人工传递到地面,严禁抛掷。

(8) 脚手架采取分段、分立面拆除时,必须事先确定分界处的技术处理方案。

(9) 拆除的构配件应分类堆放,以便于运输、维护和保管。

4) 模板支撑架的搭设与拆除

(1) 模板支撑架搭设应与模板施工相配合,利用可调底座或可调托撑调整底模标高。

(2) 按施工方案弹线定位,放置可调底座后分别按先立杆后横杆再斜杆的搭设顺序进行。

(3) 建筑楼板多层连续施工时,应保证上下层支撑立杆在同一轴线上。

(4) 搭设在结构的楼板、挑台上时,应对楼板或挑台等结构承载力进行验算。

(5) 模板支撑架拆除应符合《混凝土结构工程施工质量验收规范》(GB50204—2002)中混凝土强度的有关规定。

(6) 架体拆除时应按施工方案设计的拆除顺序进行。

5) 安全管理与维护

(1) 作业层上的施工荷载应符合设计要求,不得超载,不得在脚手架上集中堆放模板、钢筋等物料。

(2) 混凝土输送管、布料杆及塔架拉结缆风绳不得固定在脚手架上。

(3) 大模板不得直接堆放在脚手架上。

(4) 遇 6 级及以上大风、雨雪、大雾天气时应停止脚手架的搭设与拆除作业。

(5) 脚手架使用期间,严禁擅自拆除架体结构杆件,如需拆除必须报请技术主管同意,确定补救措施后方可实施。

(6) 严禁在脚手架基础及邻近处进行挖掘作业。

(7) 脚手架应与架空输电线路保持安全距离,工地临时用电线路架设及脚手架接地防雷措施等应按现行行业标准《施工现场临时用电安全技术规范》(JGJ461)的有关规定执行。

(8) 使用后的脚手架构配件应清除表面粘结的灰渣,校正杆件变形,表面作防锈处理后待用。

3. 门式脚手架

门式脚手架又称为多功能门式脚手架,是一种工厂生产、现场搭设的脚手架,是应用最普遍的脚手架类型之一,具有装拆简单、承载能力强、安全可靠等优点。门式脚手架由门架、剪刀撑、水平架或脚手板等部件构成基本单元(如图3.4),再将基本单元相互连接起来并增加梯子、栏杆等部件构成整片脚手架(如3.5)。

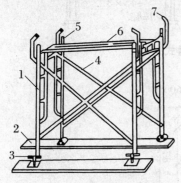

图3.4 门型脚手架的基本单元
1—门架;2—平板;3—螺旋基脚;
4—剪刀撑;5—连接棒;6—水平架;
7—锁臂

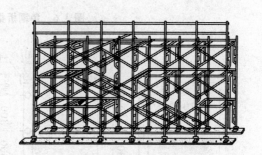

图3.5 整片门型脚手架

3.2.1.3 里脚手架

里脚手架用于建筑物内部某些墙体的砌筑以及内墙、天棚的装修施工。多、高层建筑大厅等空旷房间顶部施工往往需要搭设满堂脚手架,可使用外脚手架来搭设。由于里脚手架使用中要不断转移,装拆较频繁,故其结构形式和构造尺寸应力求简单、轻便灵活。里脚手架的形式很多,常见的有折叠式(如图3.6),支柱式(如图3.7)等。与之配套的脚手板是主要承重部件,应有足够的强度和刚度。

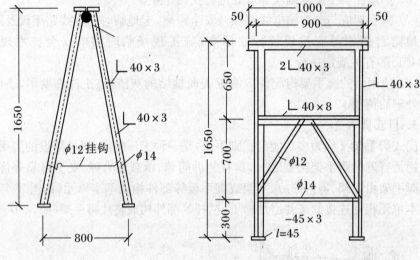

图 3.6 角钢折叠式

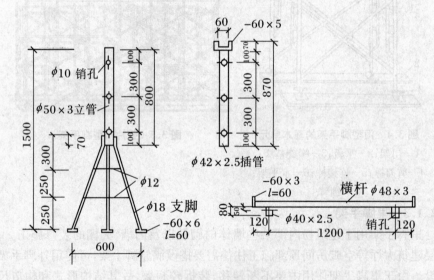

图 3.7 支柱式

3.2.1.4 脚手架的安全措施

脚手架在建筑施工中是一项不可缺少的重要工具,脚手架要求有足够的面积,能满足工人操作,材料堆置和运输的需要;同时还具备足够的强度、刚度和稳定性,能保证施工期间在各种荷载和气候条件下,不变形、不倾斜和不摇晃。脚手架工程多属高处作业,其安全措施主要有:

（1）搭拆脚手架人员必须是经过按现行国家标准《特种作业人员安全技术考核管理规则》（GB5036）考核合格的专业架子工。上岗人员应定期体检，合格者方可持证上岗。搭拆脚手架人员必须戴安全帽、系安全带、穿防滑鞋。

（2）必须有完善的安全防护措施，要按规定设置安全网、安全护栏、安全挡板以及吊盘的安全装置等。10 米以上的脚手架最好在操作层下面留设一步脚手板以保证安全，否则应在操作层下张设安全网或采取其他安全措施。

（3）操作人员上下架子，要有保证安全的乘人吊笼、扶梯、爬梯或斜道。

（4）吊、挂脚手架使用的挑梁、桁梁、吊架、钢丝绳和其他绳索，使用前要作荷载检验，均必须满足规定安全系数，升降设备必须有可靠的制动装置。

（5）必须有良好的防电、避雷装置，钢脚手架等均应可靠接地，高于四周建筑物的脚手架应架设避雷装置。

（6）必须按规定设剪刀撑和支撑，高于 7 米的脚手架必须和建筑物连接牢固，保证不摇晃。

（7）脚手板要铺满铺稳，不得留空头板，保证有 3 个支撑点，并绑扎牢固。

（8）在脚手架搭设和使用过程中，必须随时进行检查，经常清除架上的垃圾，注意控制架上荷载，禁止在架上过多堆放材料和多人挤在一起。

（9）暂停工程复工和风、雨、雪后应对脚手架进行详细检查，发现有立杆沉陷、悬空、接头松动、架子歪斜等情况应及时处理。

（10）遇到 6 级以上大风或大雾、大雨，应暂停高空作业，雨雪后上架操作要有防滑措施。

3.2.2 垂直运输机械

砌筑工程要运输大量的砖、砌块、砂浆、脚手架、脚手板和各种预制构件，不仅有垂直运输，而且有地面和楼面的水平运输，垂直运输对施工速度的影响最大。垂直运输机械是指负担垂直输送材料和施工人员上下的机械设备。砌筑工程中常用的垂直运输机械有塔式起重机、井架、龙门架、桅杆式起重机、建筑施工电梯等。

1. 塔式起重机

塔式起重机是吊装和垂直运输两用设备，有一般塔式、自升式和内爬式三种形式。塔式起重机塔身高，起重臂在塔身顶部，有较高的有效高度和较大的工作半径，起重臂可以 360°回转。塔式起重机的工作方式是在不同起重半径下回转作业，形成作业覆盖区。塔式起重机被广泛应用在多、高层结构吊装和垂直运输作业中。

2. 井架

井架是一种施工中常用的垂直运输设备。通常由井身、起重臂和内（外）吊盘组成，以地面卷扬机为动力，如图 3.8 所示。井架多为单孔，也可构成双孔或多孔井架。内设吊盘(也可在吊盘下加设混凝土料斗),双孔或多孔井架可分别设吊盘和料斗,以满足同时运输多种材料的需要。井架的安装,一般是先将井架固定位置,然后设置缆风绳或附墙拉结,井架搭设高度可达 40 m,在采取可靠措施后可搭得更高。作业方式是用水平运输工具将物料运至作业地点,然后装入吊盘或料斗内,通过升降来完成垂直运输作业,吊盘起重量为 10~15 kN。

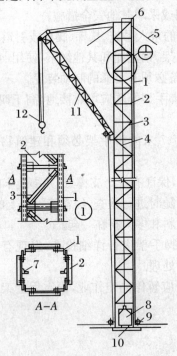

图 3.8　井架

1—立柱;2—平撑;3—斜撑;4—钢丝绳;5—缆
风绳;6—天轮;7—导轨;8—吊盘;9—地轮;
10—垫木;11—摇臂拔杆;12—滑轮组

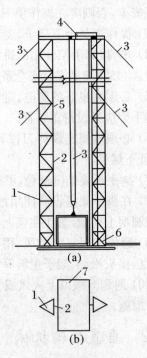

图 3.9　龙门架

(a)立面;(b)平面

1—立杆;2—导轨;3—缆风绳;4—天轮;
5—吊盘停车安全装置;6—地轮;7—吊盘

　在垂直运输机械中,井架的特点是稳定性好、运输量大、价格低廉,可以搭设较大的高度;缺点是缆风绳多,影响施工和交通。

3. 龙门架

　龙门架以地面卷扬机为动力,由两根立柱与天梁和地梁构成门式架体,吊盘在立柱中间沿轨道作垂直运动。龙门架上设置滑轮、导轨、吊盘、安全装置以及起重索、缆风绳等,构成一个完整的垂直运输体系,如图 3.9 所示。立柱是由格构柱用螺栓拼装而成,格构柱一般用角钢或钢管焊接而成。龙门架的安装方式和作业方法与井架基本相同,但龙门架的构造更加简单,拆装方便,节省材料,其起重高度为 15～30 m，适用于中小型工程。

学习单元 3.3 砌 砖 施 工

‖ 工作任务表 ‖

能力目标	主讲内容	学生完成任务
通过学习训练，使学生初步具有组织现场砌砖施工，对砌筑质量进行有效控制的能力	着重介绍了砖砌体的组砌方式、施工工艺、施工方法以及质量要求	在学习过程中利用实训设备，以小组为单位，完成规定工程量的砖砌体砌筑任务

3.3.1 砌筑前准备工作

1. 砖的准备

砖的品种、强度等级必须符合设计要求。用于清水墙、柱表面的砖，还要求边角整齐、色泽均匀。常温下，砌筑砖砌体时，砖应提前 1～2 天浇水湿润，以免砌筑时因砖吸收砂浆中的大量水分，使砂浆流动性降低，砌筑困难，并影响砂浆的粘结强度。但要注意不能将砖浇得过湿，而使砖不能吸收砂浆中的多余水分，影响砂浆的密实性。一般要求将水浸入砖内 10～15 mm 为宜。实践证明，砖适宜的含水率可以提高砌体的抗剪、抗压强度。若天气炎热，水分蒸发过快，也可在脚手架上二次浇水。

2. 砂浆的准备

砂浆主要起粘结砌体、传递荷载和密实孔隙的作用。砂浆的准备包括材料和砂浆的拌制。水泥使用前，应分批进行强度和安定性的复验。不同品种的水泥，不得混合使用，否则会因强度降低引起工程质量问题。砌筑砂浆以中砂为好，使用粗砂和易性差，不便于操作；使用细砂强度较低，一般用于勾缝。砂的含泥量也应满足规范要求。

3. 机具的准备

机具准备工作的好坏，同样会影响到工程质量与施工进度。因此，砌筑施工前必须按施工组织设计要求组织垂直和水平运输机械、砂浆搅拌机进场，并进行安装和调试等工作。同时，还应准备脚手架、砌筑工具（如大铲、灰斗、瓦刀、皮数杆、托线板)等。

3.3.2　砖砌体的组砌形式

1. 砖墙

砖墙的组砌要求上下错缝,内外搭接,保证砌体的整体性;有规律,少砍砖,提高砌筑效率,节约材料。常见组砌形式有:

1) 一顺一丁

一顺一丁砌法是一皮全部顺砖与一皮全部丁砖相互交替砌成,上下皮间的竖缝相互错开 1/4 砖长。砌体中无通缝,而且丁砖数量较多,能够增强横向拉结力;各皮间错缝搭接牢靠,整体性较好;操作中变化小,易于掌握。缺点是竖缝不易对齐,在墙角、丁字接头、门窗洞口等处都要砍砖,砌筑效率受到限制。

由于出面砖较多,对砖的质量要求较高。适合砌一砖、一砖半及二砖墙体。如图 3.10(a)。

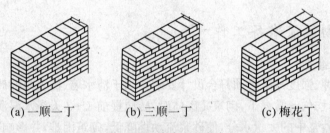

|　(a) 一顺一丁　　　　(b) 三顺一丁　　　　(c) 梅花丁|

图 **3.10**　砖墙组砌形式

2) 三顺一丁

三顺一丁砌法是三皮全部顺砖与一皮全部丁砖间隔砌成,上下皮顺砖与丁砖间竖缝错开 1/4 砖长,上下皮顺砖间竖缝错开 1/2 砖长。由于出面砖较少、砍砖较少,可提高砌筑效率。缺点是顺砖较多,当砖较湿或砂浆较稀时,顺砖层不易砌平而向外挤出,墙面平整度受到影响。适合砌一砖半以上墙体。如图 3.10(b)。

3) 梅花丁

梅花丁又称沙包式或十字式,砌法是每皮中丁砖与顺砖相隔,上皮丁砖坐于下皮顺砖,上下皮间竖缝相互错开 1/4 砖长。这样内外竖缝每皮均能错开,整体性较好,而且墙面容易控制平整度,竖缝容易对齐,墙面比较美观。缺点是由于每皮丁、顺砖交替砌筑,操作费工,砌筑效率较低。当砌筑清水墙或砖规格不统一时多采用这种砌法。如图 3.10(c)。

2. 砖基础

砖基础有带形基础和独立基础,由垫层、大放脚和基础墙构成。基础墙是墙身向下的延伸,基础下部扩大部分称为大放脚。砌成台阶形状的大放脚增大了砖基础的承压面积。大放脚有等高式和间隔式两种,等高式每两皮一收,每边收进 1/4 砖长;间隔式两皮一收与一皮一收相间,每边各收进 1/4 砖长,这种砌法在保证刚性角的前提下,减少了用砖量。大放脚一般采用一顺一丁,竖缝至少错开1/4砖长,十字及丁字接头要隔皮砌通,最下一皮

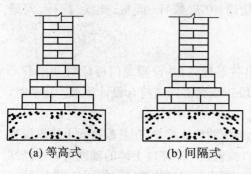

(a) 等高式　　　(b) 间隔式

图 3.11　砖基础

及每层最上一皮应以丁砌为主。如图 3.11 所示。

3. 砖柱

柱面上下皮砖的竖缝相互错开 1/2 砖长或 1/4 砖长,柱心无通天缝,少砍砖并尽量利用二寸头砖(1/4 砖),严禁使用包心砌法(即先砌四周后填心的砌法)。如图 3.12 所示。

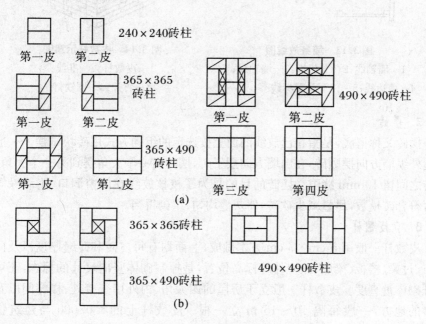

图 3.12　砖柱组砌

(a) 矩形柱正确砌筑法　(b) 矩形柱错误砌筑法(包心砌法)

3.3.3 砖砌体的施工工艺

砖砌体的施工工序有抄平放线、摆砖、立皮数杆、盘角、挂线、砌砖、勾缝清理等。

1. 抄平放线

砌墙前在基础防潮层或楼面上定出各层标高,并设置龙门板标明,用 M7.5 水泥砂浆或 C10 细石混凝土找平,使各段砖墙底部标高符合设计要求。找平时,应使上下两层外墙之间不出现明显接缝。

根据龙门板上给定的轴线及图纸上标注的墙体尺寸,在基础顶面上用墨线弹出墙的轴线和墙的宽度线,并定出门洞口位置线。二楼以上墙的轴线可以用经纬仪或垂球将轴线引上,弹出各墙的宽度线,画出门洞口位置线。如图 3.13 所示。

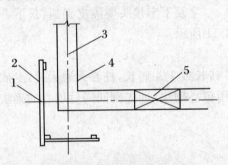

图 3.13 墙身放线图

1—墙轴线;2—龙门板;3—墙轴线;
4—墙边线;5—门洞位置标线

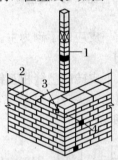

图 3.14 皮数杆示意图

1—皮数杆;2—准线;
3—竹片;4—圆铁钉

2. 摆砖

摆砖又称摆底,是指在已放线的面上按选定的组砌方式用砖块试摆。一般在房屋外纵墙方向摆顺砖,在山墙方向摆丁砖,摆砖由一个大角摆到另一个大角,砖与砖之间留 10 mm 缝隙。摆砖的目的是为了校核放线在门窗洞口、附墙垛等处是否符合砖模数,尽量减少砍砖,使灰缝均匀、组砌得当。

3. 立皮数杆

皮数杆一般用 5 cm×7 cm 方木做成,上面划有每皮砖和砖缝厚度以及门窗洞口、过梁、楼板、梁底、预埋件等标高位置,是控制砌体竖向尺寸的标志,还可以保证砌体垂直度。皮数杆一般立于房屋的四大角、内外墙交接处、楼梯间以及洞口多的地方,一般每隔 10～15 m 立一根。皮数杆上的 ±0.000 与建筑物的 ±0.000 要吻合。如图 3.14 所示。

4.盘角、挂线

墙角是控制墙面横平竖直的关键。砌筑时,先挂通线,按摆砖位置先把第一皮砖砌好,再根据皮数杆在墙角砌4~5皮砖,称为盘角。墙角砖层高度必须与皮数杆一致,做到"三皮一吊,五皮一靠"。墙角砌好后即可挂准线,作为砌筑中间墙体的依据,以保证墙面平整。一砖墙单面挂线,外墙挂外边,内墙不限;一砖半墙以上必须双面挂线。

5.砌砖

砖砌体的砌筑方法有"三一"砌砖法、挤浆法、刮浆法和满口灰法。其中"三一"砌砖法和挤浆法最常用。

"三一"砌砖法是指一块砖、一铲灰、一揉压并随手将挤出的砂浆刮去的砌筑方法。这种砌砖法的优点是灰缝容易饱满、粘结力好、墙面整洁。所以,砌筑实心砖砌体宜采用"三一"砌砖法。

挤浆法是指用灰勺、大铲或铺灰器在墙顶上铺一段砂浆,然后双手拿砖或单手拿砖,用砖挤入砂浆中一定深度之后把砖放平,达到下齐边、上齐线、横平竖直的要求。这种砌法的优点是可以连续砌几块砖,减少烦琐的动作;平推平挤可使灰缝饱满、效率高、保证砌筑质量。

6.勾缝、清理

勾缝是清水墙砌筑的最后一道工序,具有保护墙面并增加美观的作用。勾缝可以用砂浆随砌随勾缝,叫做原浆勾缝;也可以砌完后再用1:1.5水泥砂浆或加色浆勾缝,称为加浆勾缝。为确保勾缝质量,应先清除墙面粘结的砂浆等杂物,并洒水湿润。勾缝应横平竖直,深浅一致,宜采用凹缝或平缝。

该层砖砌体砌筑完毕后,应进行墙面、柱面和落地灰的清理。

3.3.4 砖砌体的技术要求

(1)砖砌体所用材料应有产品合格证书、性能检测报告。块材、水泥、钢筋、外加剂等应有材料主要性能的进场复验报告。严禁使用国家明令淘汰的材料。

(2)砌筑基础前,应校核放线尺寸,允许偏差应符合规范中的规定。

(3)砖砌体的水平灰缝厚度和竖缝宽度一般为10 mm,但不小于8 mm,也不大于12 mm。水平灰缝的砂浆饱满度应不低于80%。

(4)当基底标高不同时,应从低处砌起,并由高处向低处搭砌。当设计无要求时,搭接长度不应小于基础扩大部分的高度。

(5)砌体的转角处和交接处应同时砌筑。当不能同时砌筑时,应按规定砌成斜槎(如图3.15所示),斜槎水平投影长度不小于高度的2/3。如临时间断处留斜槎有困难,除转角外,可留直槎(如图3.16所示),但必须做成凸槎,并加设拉结筋。拉结筋的数量为每 120 mm 墙厚放置 1 根直径 6 mm 的钢筋,间距沿墙高不得超过 500 mm;埋入长度从墙的留槎处算起,每边均不应小于 500 mm;末端应有 90°弯钩。抗震设防地区建筑物不得留直槎。

砖砌体接槎时,必须将接槎处的表面清理干净,浇水湿润,并应填实砂浆,保持灰缝平直。

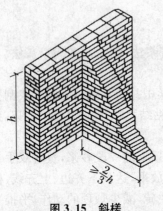

图 3.15　斜槎

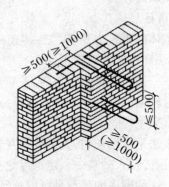

图 3.16　直槎

(6) 在墙上留置临时施工洞口,其侧边离交接处墙面不应小于 500 mm,洞口净宽度不应超过 1 m。抗震设防烈度为 9 度的地区建筑物的临时施工洞口位置,应会同设计单位确定。临时施工洞口应做好补砌。

(7) 不得在下列墙体或部位设置脚手眼:① 120 mm 厚墙、料石清水墙和独立柱。② 过梁上与过梁成 60°角的三角形范围及过梁净跨度 1/2 的高度范围内。③ 宽度小于 1m 的窗间墙。④ 砌体门窗洞口两侧 200 mm 和转角处 450 mm 范围内。⑤ 梁或梁垫下及其左右 500 mm 范围内。⑥ 设计不允许设置脚手眼的部位。

施工脚手眼补砌时,灰缝应填满砂浆,不得用干砖填塞。

(8) 尚未施工楼板或屋面的墙或柱,当可能遇到大风时,其允许自由高度不得超过规范的规定。如超过限值时,必须采用临时支撑等有效措施。

(9) 砖砌体相邻工作段的高度差,不得超过一个楼层的高度,也不宜大于 4 m。工作段的划分位置宜设在伸缩缝、沉降缝、防震缝或门窗洞口处,砌体临时间断处的高度差不得超过一步脚手架的高度。

(10) 设有钢筋混凝土构造柱的多层抗震砖混房屋,应先绑扎钢筋,而后砌砖墙,最后浇注混凝土。墙与柱应沿高度方向每 500 mm 设 2φ6 钢筋,每边伸入墙内不应少于 1 m。构造柱应与圈梁连接。构造柱与墙体的连接处应砌成马牙槎,每马牙槎沿高度方向的尺寸不超过 300 mm,从每层柱脚开始,应先退后进,预留的拉结钢筋应位置正确,施工中不得任意弯折。如图3.17所示。

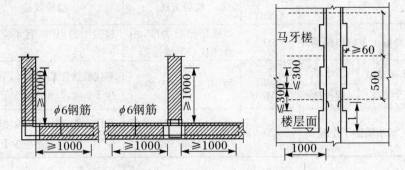

图 3.17 拉结钢筋布置及马牙槎

构造柱位置及垂直度的允许偏差应符合规范的规定。

3.3.5 砖砌体的质量要求

(1)砖砌体的总体质量要求是横平竖直、灰缝饱满、组砌得当、接槎可靠。

(2)砖砌体的位置及垂直度允许偏差应符合表的规定。见表3.1。

(3)砖砌体的一般尺寸允许偏差应符合表的规定。见表3.2。

表 3.1 位置及垂直度允许偏差

项次	项目			允许偏差(mm)	检验方法
1	轴线位置偏移			10	用经纬仪和尺检查或用其他测量仪器检查
2	垂直度	每层		5	用2 m托线板检查
		全高	≤10 m	10	用经伟仪、吊线和尺检查,或用其他测量仪器检查
			>10 m	20	

表 3.2 一般尺寸允许偏差

项次	项目		允许偏差(mm)	检验方法	抽检数量
1	基础顶面和楼面标高		±15	用水平仪和尺检查	不应少于5处
2	表面平整度	清水墙、柱	5	用2 m靠尺和楔形塞尺检查	有代表性自然间10%,但不应少于3间,每间不应少于2处
		混水墙、柱	8		
3	门窗洞口高、宽(后塞口)		±5	用尺检查	检验批洞口的10%,且不应少于5处

项次	项目		允许偏差 （mm）	检验方法	抽检数量
4	外墙上下窗口偏移		20	以底层窗口为准,用经纬仪或吊线检查	检验批的 10%,且不应少于 5 处
5	水平灰缝 平直度	清水墙	7	拉 10 m 线和尺检查	有代表性自然间 10%,但不应少于 3 间,每间不应少于 2 处
		混水墙	10		
6	清水墙游丁走缝		20	吊线和尺检查,以每层第一皮砖为准	有代表性自然间 10%,但不应少于 3 间,每间不应少于 2 处

3.3.6 砖砌体质量通病与防治

1. 砂浆强度不稳定

(1) 现象:砂浆强度低于设计强度标准值,砂浆强度波动较大,匀质性差。

(2) 主要原因:材料计量不准;砂浆中塑化材料或微沫剂掺量过多;砂浆搅拌不均;水泥分布不均;砂浆使用时间超过规定等。

(3) 预防措施:砖砌体施工中,建立材料的计量制度和计量工具校验、维修、保管制度;对塑化材料(如石灰膏)宜调成标准稠度(120 mm)进行称量计算,再折算成标准容积,以减少计量误差;砂浆尽量采用机械搅拌,分两次投料(先加入部分砂子、水和全部塑化材料,待打散、拌匀后再投入其余的砂子和全部水泥进行搅拌),以保证搅拌均匀;砂浆按需搅拌,当班用完。

2. 砖缝砂浆不饱满

(1) 现象:实心砖砌体砂浆饱满度不合格,水平灰缝的砂浆饱满度低于80%;竖缝内无砂浆;缩口缝深度大于 20 mm 以上。

(2) 主要原因:M 2.5 以下水泥砂浆和易性差;铺灰过长、挤揉困难;干砖砌筑,砂浆脱水。

(3) 预防措施:改善砂浆和易性;采用"三一"砌筑法;严禁干砖砌筑。

3. "螺丝"墙

(1) 现象:砌完一层高的墙体时,同一砖层的标高差一皮砖的厚度而不能咬圈。

(2) 主要原因:砌筑时没有按皮数杆控制砖的层数;每当砌至基础顶面和在预制混凝土楼板上接砌砖墙时,由于标高偏差大,皮数杆往往不能与砖层吻合,需要在砌筑中用灰缝厚度逐步调整;如果砌同一层砖时,误将负偏差当作正偏差,砌砖时反而压薄灰缝,在砌至层高赶上皮数时,与相邻位置的砖墙正好差一皮砖。

　　(3) 预防措施:砌筑前应先测定所砌部位基面标高误差,通过调整灰缝厚度,来调整墙体标高;标高误差宜分配在一步架的各层砖缝中,逐层调整;操作时挂线两端应相互呼应,并经常检查与皮数杆是否相符。墙体标高可用室内弹出的水平线来控制,当底层砌到一定高度(500 mm)后,用水准仪根据龙门板上的±0.000标高,在皮数杆和里墙角引测出标高控制点,两点间弹出水平线,作为楼板标高的控制线。以此线到该层墙顶的高度计算出砖的皮数,并在皮数杆上画出每皮砖和砖缝的厚度,作为砌砖的依据。此外,在建筑物四周外墙上引测±0.000标高,画上标志,当第二层墙砌到一定高度,从底层用尺往上量出第二层标高的控制点,并用水准仪以引上的第一个控制点为准,定出各墙面水平线,用以控制第二层楼板标高。

学习单元 3.4　中小型砌块施工

▌工作任务表▌

能力目标	主讲内容	学生完成任务
通过学习训练,使学生初步具有组织现场中小型砌块施工,对砌筑质量进行有效控制的能力	着重介绍了中小型砌块的组砌方式、施工工艺、施工方法以及质量要求	结合学校周边项目,完成该项目砌筑工程施工方案调查报告

　　砌块取代黏土砖做为墙体材料,是墙体改革的重要途径。近几年来各地因地制宜,就地取材,以天然材料或工业废料为原料制作各种中小型砌块。中小型砌块按材料分有混凝土空心砌块、加气混凝土砌块及轻骨料混凝土砌块等。按规格通常把高度在115~380 mm 的称为小型砌块,高度在380~980 mm 的称为中型砌块,大于980 mm 的称为大型砌块。目前在工程中多采用中小型砌块,

　　中型砌块施工,要按建筑物的平面尺寸及预先设计的砌块排列图,采用各种吊装机械及夹具将砌块安装固定到设计位置。小型砌块施工与传统的砖砌体工艺相似,但在形状、构造上有一定的差异。

　　砌块尺寸比普通砖尺寸大得多,可节省砌筑砂浆,而且减轻了手工砌砖的劳动强度,提高了劳动生产率。

3.4.1 中型砌块施工

1. 编制砌块排列图

砌块在吊装前,应先根据施工图纸的平立面尺寸,结合砌块规格,绘制砌块排列图,用来指导吊装施工和砌块准备,如图 3.18 所示。砌块排列图绘制方法是用 1∶50 或 1∶30 的比例绘制出纵横墙的立面图;然后标出楼板、过梁、大梁、楼梯、孔洞等位置;在纵横墙上按砌块高度绘出水平灰缝线;再按以主砌块为主、其他型号为辅,砌块错缝搭接的构造要求和竖缝的大小进行排列。由于砌块排列直接影响墙体的整体性,因此在施工前必须按以下原则、方法及要求进行砌块排列。具体如下:

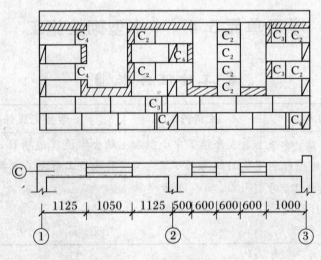

图 3.18　砌块排列图

(1) 砌块砌体在砌筑前,应根据工程设计施工图,结合砌块的品种、规格、绘制砌体砌块排列图,并经审核无误后,按图排列砌块。

(2) 砌块排列时,应尽量采用主规格和大规格的砌块,减少吊装次数,提高台班产量。

(3) 砌块排列应错缝搭接,长度一般为砌块的1/2,不得小于砌块高度的1/3,也不应小于 150 mm,同时要求上、下皮砌块应孔对孔、肋对肋,如果错缝搭接长度不足时,应在水平灰缝内设置钢筋网片予以加强,具体构造按设计规定。若设计无规定时,一般可配 2 ϕ^b 4 钢筋网片,长度不小于 600 mm。

(4) 外墙转角及纵横墙交接处,应分皮咬槎,交错搭砌;如果不能咬槎,应按设计要求采取构造措施。

（5）砌体的垂直缝应与门窗洞口的侧边线相互错开，不得同缝，错开间距应大于 150 mm。且不得采用砖镶砌。

（6）砌块排列应尽量不镶砖或少镶砖，必须镶砖时，应用整砖平砌，且尽量分散。

（7）砌体水平灰缝厚度一般为 15 mm，如果加钢筋网片，则水平灰缝厚度为 20～25 mm，垂直灰缝宽度为 20 mm。大于 30 mm 的垂直缝，应采用不低于 C20 细石混凝土灌实。

2. 砌块安装方案

（1）用台灵架安装砌块，用附设起重拔杆的井架进行砌块、楼板的垂直运输。台灵架安装砌块时的吊装路线有后退法、合拢法及循环法。

（ⅰ）后退法：吊装从工程的一端开始退至另一端，井架设在建筑物两端。台灵架回转半径为 9.5 m，房屋宽度小于 9 m。

（ⅱ）合拢法：工程情况同后退法，井架设在工程的中间，吊装线路先从工程的一端开始吊装到井架处，再将台灵架移到工程的另一端进行吊装，最后退到井架处收拢。

（ⅲ）循环法：当房屋宽度大于 9 m 时，井架设在房屋一侧中间，吊装从房屋一端转角开始，依次循环至另一端转角处，最后吊装至井架处。

（2）用台灵架安装砌块，用塔式起重机进行砌块和预制构件的水平和垂直运输及楼板安装。此时台灵架安装砌块的吊装线路与上述方案相同。

3. 砌块运输与堆放

堆置场地应平整夯实，有一定泄水坡度，必要时开挖排水沟。砌块不宜直接堆放在地面上，应堆在草袋、煤渣垫层或其他垫层上，以免砌块底面污染。砌块的规格、数量必须配套，不同类型分别堆放。

为保证施工顺利进行，现场应储备足够数量的砌块。砌块堆放应使场内运输路线最短，尽量避免二次搬运。

4. 机具准备

砌块的装卸可用桅杆式起重机、汽车式起重机、履带式起重机和塔式起重机。还要准备安装砌块的专用夹具，如图 3.19 所示。

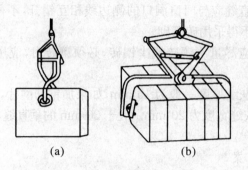

(a)　　　　　　　　　(b)

图 3.19　安装砌块的专用夹具

5. 施工工艺

(1) 铺砂浆。砌块墙所采用的砂浆应具有较好的和易性,将搅拌好的砂浆,通过吊斗、灰车运至砌筑地点,并按砌筑顺序及所需量倒运在灰槽或灰斗内,以供铺设。在砌块就位前,用大铁锹、灰勺进行分块铺灰,较小的砌块数量较多时,可通长铺设,但铺灰长度不得超过 1 500 mm。

(2) 砌块就位与校正。砌块砌筑前,应清除砌块表面的浮尘及黏土等污物后方可吊运。砌筑就位应先远后近、先下后上、先外后内;内外墙同砌筑。每层开始时,应从转角处或定位砌块处开始;每吊砌一皮、校正一皮,皮皮拉线控制砌体标高和墙面平整度及垂直度。砌块就位时,起吊砌块应避免偏心,使砌块底面保持水平下落;并防止碰撞。就位时由人手扶控制,对准位置,缓慢地下落,经小撬棒微撬,用托线板挂直、校正为止。

(3) 砌筑镶砖。用普通砖镶砌前后一皮砖,必须选用无横裂的整砖,顶砖镶砌时,不得使用半砖。

(4) 竖缝灌浆。每吊一皮砌块,就位校正后,用砂浆或细石混凝土灌垂直缝,随后进行灰缝的勾缝(原浆勾缝),勾缝深度一般为 3～5 mm。

3.4.2　混凝土小型空心砌块施工

(1) 施工时所用的产品龄期不应小于 28 天。

(2) 砌筑小砌块时,应清除表面污物和芯柱及小砌块孔洞底部的毛边,剔除外观质量不合格的小砌块。

(3) 施工时所用的砂浆,宜选用专用的小砌块砌筑砂浆。底层室内地面以下或者防潮层以下的砌体,应该采用强度等级不低于 C20 的混凝土灌实小砌块的孔洞。

(4) 在天气干燥炎热的情况下,可提前洒水湿润小砌块;对轻骨料混凝土小砌块,可提前浇水湿润。小砌块表面有浮水时,不得施工。

(5) 承重墙体严禁使用断裂的小砌块。小砌块应底面朝上反砌于墙上。需要移动砌体中的小砌块或小砌块被撞动时,应重新铺砌。

(6) 小砌块墙体应对孔错缝搭砌,搭接长度不应小于90 mm。当墙体的个别部位不能满足上述要求时,应在灰缝中设置拉结钢筋或钢筋网片,但竖向通缝仍不得超过两皮小砌块。

(7) 砌体水平灰缝的砂浆饱满度按净面积计算,不得低于90%;竖向灰缝饱满度不得小于80%,竖缝凹槽部位应用砌筑砂浆填实;不得出现瞎缝、透明缝。墙体的水平和竖向灰缝宽度宜为10 mm,但不应大于12 mm,也不应小于8 mm。

(8) 小砌块应从转角或定位处开始,内外墙同时砌筑,纵横墙交错搭接。外墙转角处应使小砌块隔皮露端面(如图3.20所示);T字交接处应使横墙小砌块隔皮露端面,当该处无芯柱时,应在纵墙上交接处砌两块一孔半的辅助规格砌块,隔皮砌在横墙露头砌块下,其半孔应位于中间(如图3.21所示);当该处有芯柱时,应在纵墙上交接处砌一块三孔的大规格砌块(如图3.22所示)。所有露端面用水泥砂浆抹平。

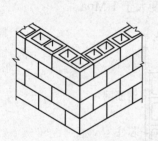

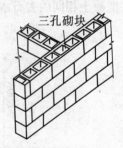

图3.20　小砌块墙转角处砌法　　图3.21　T字交接处砌法　　图3.22　T字交接处砌法
　　　　　　　　　　　　　　　　　　　　　　（无芯柱）　　　　　　　　（有芯柱）

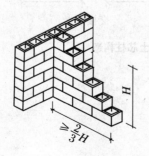
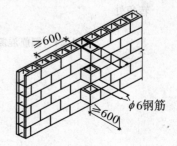

图3.23　小砌块砌体斜槎和直槎

（9）小砌块砌体临时间断处应砌成斜槎，斜槎长度不应小于高度 2/3（一般按一步脚手架高度控制）；如果留斜槎有困难，那么除外墙转角处及抗震设防地区，砌体临时间断处不应留直槎外，可以从砌体面伸出 200 mm 砌成阴阳槎，并沿砌体高每三皮砌块（600 mm），设拉结筋或钢筋网片，接槎部位宜延至门窗洞口，如图 3.23。

（10）为增加小砌块建筑的整体刚度，应在四角和外墙转角处按构造要求设置芯柱，这是提高多层砌体房屋抗震能力的一种重要措施。芯柱截面不宜小于 120 mm×120 mm，芯柱混凝土强度等级不应低于 C20；芯柱内竖向插筋应贯通墙身且与圈梁连接，插筋不应小于 $1\phi 12$；芯柱应伸入地面下 500 mm 或与埋深小于 500 mm 的基础圈梁锚固。芯柱沿墙高每隔 600 mm 设 $\phi 4$ 钢筋网片拉结，每边伸入墙体不小于 600 mm；抗震设防地区每边伸入墙体不小于 1000 mm，如图 3.24 所示。

浇灌芯柱的混凝土，宜选用专用的小砌块灌孔混凝土，当采用普通混凝土时，其坍落度不应小于 90 mm。

浇灌芯柱混凝土前先用水冲洗，清除孔洞内的砂浆等杂物，并注入适量与芯柱混凝土相同的去石水泥砂浆，同时要求砌筑砂浆强度大于 1 Mpa。

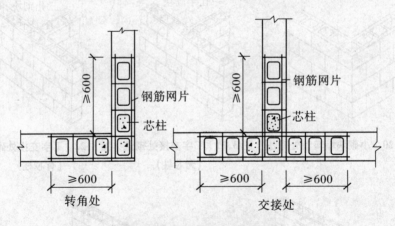

图 3.24　钢筋混凝土芯柱构造

学习单元 3.5 砌筑工程安全技术

‖ 工作任务表 ‖

能力目标	主讲内容	学生完成任务
通过学习训练,使学生初步具有对现场砌筑安全施工进行有效控制的能力	着重介绍了砌筑施工安全技术要求	结合学校周边项目,指出该项目砌筑工程施工可能存在的安全隐患并提出整改措施

砌筑操作之前必须检查操作环境是否符合安全生产要求,道路是否畅通,机具是否完好牢固,安全设施和防护用品是否安全,经检查符合要求后才可施工。

砌基础时,应检查和经常注意基坑土质的变化情况,有无崩裂现象,堆放材料应离开坑边 1 m 以上。当深坑装设挡板支撑时,操作人员应用梯子上下,不得攀跳;运料时不得碰撞支撑,也不得踩踏砌体和支撑上下。

墙身砌体高度超过地坪 1.2 m 以上时,应搭设脚手架。架上堆放材料不得超过规定荷载,砖高度不得超过 3 皮,同一块脚手架不应超过 2 人。一层以上或高度超过 4 m 时,按规定脚手架必须搭设安全网。

不准站在墙顶上进行划线、刮缝、清扫墙面或检查大角垂直等工作。不准用不稳固的工具或物体在脚手架板面上做垫高操作,脚手板不允许有空头现象。

砍砖时应面向内打,注意碎砖跳出伤人。在同一垂直面内上下交叉作业时,必须设置可靠的安全措施,下方操作人员必须带好安全帽。

砌好的山墙,应用临时联系杆(如檩条等)放置在各跨山墙上,使其联系稳定,或采取其他有效加固措施。

如遇雨天及每天下班时,要做好防雨措施,以防雨水冲走砂浆,使砌体倒塌。

冬季施工时,脚手板上若有冰雪、积雪,应先清除后才能上脚手架操作。

起重机吊砖应用砖笼,吊砂浆的料斗不能装的太满,吊件回转范围内不得有人停留。

使用垂直运输的吊笼、绳索具等,必须满足负荷要求,牢固无损,吊运时不得超载,并须经常检查,发现问题及时修理。

不准在超过胸部的墙上进行砌筑,以免将墙体碰撞倒塌,造成安全事故。禁止在刚砌好的墙体上走动,以免发生危险和质量事故。

复习思考题与习题

1. 简述脚手架的作用、分类及基本要求。

2. 扣件式钢管脚手架主要由哪些部件组成？扣件有哪几种基本形式？各起什么作用？

3. 砌筑工程中垂直运输机械主要有哪些？试述井架、龙门架的主要构造。

4. 砌筑工程对砂浆制备和使用有什么要求？

5. 砖砌体有哪几种组砌形式？各有什么优缺点？

6. 什么是皮数杆，如何使用和布置？

7. 砖墙在转角处和交接处，留设临时间断有什么构造要求？

8. 简述砖砌体施工工艺。

9. 简述影响砖砌体工程质量的因素及防止措施。

10. 简述混凝土小型空心砌块砌筑的一般要求。

11. 什么是砌块排列图？要求有哪些？

12. 简述砌筑工程施工中有哪些安全要求。

学习任务 4 钢筋混凝土结构工程

【学习目标】

本学习任务以房屋建筑工程为项目载体,学习模板工程、钢筋工程、混凝土工程施工及质量控制与安全技术。通过学习与训练,使学生:

(1)了解模板的作用与分类,钢筋的种类和性能。

(2)了解混凝土工程施工特点,模板的设计及混凝土工程的安全技术知识。

(3)熟悉钢筋的验收要求和混凝土冬期施工。

(4)掌握模板安装与拆除,钢筋加工工艺与钢筋绑扎与安装,混凝土施工工艺。

(5)初步具有现场组织钢筋混凝土结构施工,并具有控制工程质量和施工安全以及进行混凝土工程质量检查和评定的能力。

混凝土结构是以混凝土为主要材料制成的,包括素混凝土结构、钢筋混凝土结构和预应力混凝土结构等。其中,钢筋混凝土结构是指按设计要求将钢筋和混凝土两种材料复合,利用模板浇制而成的建筑结构或构件。在施工中,钢筋混凝土结构工程可分为钢筋工程、模板工程和混凝土工程 3 部分,其施工程序如图 4.1。

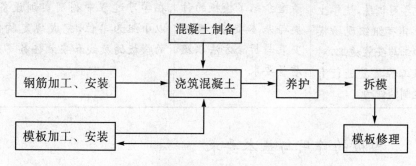

图 4.1 钢筋混凝土结构工程施工程序

钢筋混凝土结构的施工方法有整体现浇式结构、预制装配式结构和装配整体式结构三种。

整体现浇式结构是在施工现场,在结构构件的设计位置支设模板、绑扎钢筋、浇灌混凝土、振捣成型,经养护混凝土达到拆模强度时拆除模板,制成结构构件。整体现浇式结构的整体性和抗震性能好,施工时不需要大型起重机械。但要消耗大量模板,劳动强度高,施工中受气候条件影响较大。

　　预制装配式结构是预先在预制构件厂(场)生产制作结构构件,然后运至施工现场进行结构安装,或者在施工现场就地制作结构构件并进行结构构件的安装。一般大型构件在施工现场生产制作,以避免运输的困难。中小型构件均可在预制构件厂(场)生产制作。预制与整体现浇式结构相比,预制装配式结构耗钢量较大,施工时对起重设备要求高、依赖性强。结构的整体性和抗震性则不如整体现浇式结构。

　　装配整体式结构是结合上述两种施工方法的优点,结合现场施工条件和技术装备条件而形成的施工方式,它同时具有预制装配式和整体现浇式结构的优点,而且能够利用后张法进行混凝土预制构件整体拼装、梁板构件叠合浇制、节点区域整体浇注等方法来加强结构的整体性,有着良好的发展前景。

　　钢筋混凝土结构的施工方式不止一种,但在实际工程应用中以整体现浇式结构最为常见,在此重点介绍整体现浇钢筋混凝土结构工程施工。

学习单元 4.1　模板工程

▌工作任务表▐

能力目标	主讲内容	学生完成任务
通过学习训练,使学生初步具有组织现场模板加工与安装施工,对模板工程质量进行有效控制的能力	着重介绍了模板的种类与基本要求、模板安装与拆除方法以及质量要求	在学习过程中利用实训设备,以小组为单位,完成规定构件的模板的放线和安装任务

4.1.1　模板的作用与基本要求

1. 模板的作用

　　在钢筋混凝土结构施工中,混凝土拌合物需要浇注在一定形状、尺寸的模型板(模板)内,经过凝结硬化才能形成所需的结构构件。模板及其系统即是使浇注构件形成正确的形状和尺寸,承受荷载并在硬化过程中进行防护和养护的工具。模板系统不仅仅包括模板,还包括支架系统(支承件)和必要的紧固连接件。由于模板工程量大,材料和劳动力消耗多,所以正确选择模板形式、材料及合理组织施工对加速现浇钢筋混凝土结构施工和降低工程成本具有重要作用。

2. 对模板的基本要求

在现浇钢筋混凝土结构施工中,对模板系统的基本要求是:

(1) 安装质量。应保证混凝土构件成型后的形状、尺寸和相互间的位置正确,模板拼缝严密不漏浆。

(2) 安全性。模板应具有足够的承载力、刚度和稳定性。

(3) 经济性。构造简单、装拆快速,且能够多次周转使用,用料节省、成本低。

4.1.2　模板的种类

模板的种类很多,可以有多种分类方法:

(1) 按其所用材料不同分为胶合板模板、钢模板、木模板、钢木模板、塑料模板、铝合金模板、玻璃钢模板等。

(2) 按其结构类型不同分为基础模板、柱模板、墙模板、梁模板、楼板模板等。

(3) 按其形式及施工工艺不同可分为:组合式模板(如木模板、组合钢模板)、工具式模板(如大模板、滑模、爬模等)和永久性模板。

1. 胶合板模板

混凝土用的胶合板有木胶合板和竹胶合板两种。木胶合板由奇数层薄木片按相邻层木纹方向互相垂直用防水胶互相粘牢结合而成,其表板和内层板对称配置在中心层或板芯的两层。木胶合板的常用厚度为 18 mm。竹胶合板则是由一组竹片组合而成,常用厚度为 12 mm。

胶合板模板具有强度高,自重小,加工方便以及板幅大、板面平整、接缝少,导热性能低,不翘曲、不开裂等优点。尤其竹胶合板,具有收缩率、膨胀率和吸水率低、承载能力大等特点。

胶合板模板已成为模板工程的主要类型,广泛应用于现浇混凝土结构工程中。

2. 定型组合钢模板

定型组合钢模板是一种工具式定型模板,由钢模板和配件(包括连接件和支承件)组成。钢模板通过各种连接件和支承件可组合成多种尺寸结构和几何形状的模板,以适应各类型建筑物的梁、柱、板、墙、基础和设备基础等施工的需要,也可用其拼装成大模板、滑模、隧道模和台模等。

定型组合钢模板组装灵活,通用性强,装拆方便;每套钢模板可重复使用,加工精度高,浇注的混凝土质量好,成型后的混凝土尺寸准确,棱角整齐,表面光滑,可以节省装修用工用料。

1）钢模板

钢模板有通用模板和专用模板两类。通用模板包括平面模板、阳角模板、阴角模板和连接角模（图 4.2）；专用模板包括倒棱模板、梁腋模板、柔性模板、搭接模板和可调模板。通常用的平面模板由面板、边框、纵横肋构成。边框和面板常用 2.5～3.0 mm 厚钢板冷轧冲压整体成形，纵横肋用 3 mm 扁钢与面板及边框焊成。为了便于板块之间的连接，边框上设有 U 形卡连接孔，端部上设有 L 形插销孔，孔距 150 mm，边框的长度和宽度与孔距一致，以便横竖都能连接。

平面模板：用于基础、墙体、梁、板、柱等结构的平面部位，由面板和肋组成，肋上设有 U 形卡孔和插销孔，利用 U 形卡和 L 形插销等拼装成大块板，如图 4.2(a)所示。

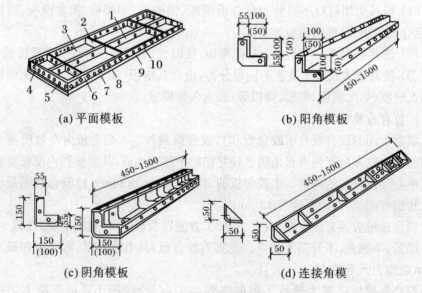

(a) 平面模板　　　　　　　　　　(b) 阳角模板

(c) 阴角模板　　　　　　　　　　(d) 连接角模

图 4.2　钢模板类型

1—中纵肋；2—中横肋；3—面板；4—横肋；5—插销孔；6—纵肋；
7—凸棱；8—凸鼓；9—U 形卡孔；10—钉子孔

阳角模板：主要用于混凝土构件阳角，如图 4.2(b)所示。

阴角模板：用于混凝土构件阴角，如内墙角、梁板交接处阴角等，如图 4.2(c)所示。

连接角模：用于平面模板作垂直连接构成阳角，如图 4.2(d)所示。

2）连接件

定型组合钢模板的连接件包括 U 形卡、L 形插销、钩头螺栓、对拉螺栓、紧固螺栓和扣件等,如图 4.3 所示。

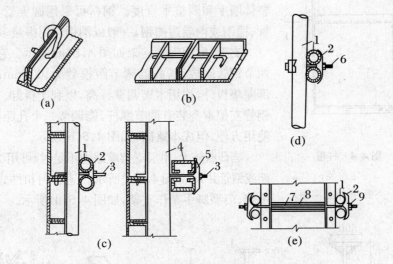

图 4.3　钢模板连接件

(a) U 形卡连接;(b) L 形插销连接;(c) 钩头螺栓连接;

(d) 紧固螺栓连接;(e) 对拉螺栓连接

1—圆钢管钢楞;2—"3"形扣件;3—钩头螺栓;4—内卷边槽钢钢楞;

5—蝶形扣件;6—紧固螺栓;7—对拉螺栓;8—塑料套管;9—螺母

U 形卡:是模板的主要连接件,用于相邻模板的拼装。

L 形插销:用于插入两块模板纵向连接处的插销孔内,以增强模板纵向接头处的刚度。

钩头螺栓:是连接模板与支撑系统的连接件。

紧固螺栓:用于内、外钢楞之间的连接件。

对拉螺栓:用于控制墙壁两侧模板位置,保持墙壁厚度,承受混凝土侧压力及水平荷载,使模板不变形,防止涨模。

扣件:用于钢楞之间或钢楞与模板之间的扣紧,按钢楞的不同形状,分别采用蝶形扣件和"3"形扣件。

3) 支承件

定型组合钢模板的支承件包括柱箍、钢楞、支架、斜撑及钢桁架等。

柱箍:为了抵抗混凝土的侧压力,在柱模板外设柱箍。柱箍可用角钢或扁钢制成,见图 4.4。

钢楞:即支承模板的横档和竖档,分内钢楞与外钢楞。内钢楞配置方向一般应与钢模板垂直,直接承受钢模板传来的荷载,其间距一般为 700~900 mm。外

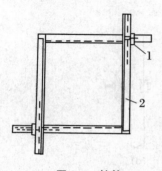

图 4.4　柱箍
1—定位器；
2—夹板（角钢或扁钢）

钢楞承受内钢楞传来的荷载，或用来加强模板结构的整体刚度和调整平直度。钢楞可采用圆钢管、矩形钢管、槽钢或内卷边槽钢，一般以圆钢管用得最多。

支架：常用钢管支架如图 4.5（a）所示。它由内外两节钢管制成，其高低调节距模数为 100 mm；支架底部除垫板外，均用木楔调整标高，以利于拆卸。另一种钢管支架本身装有调节螺杆，能调节一个孔距的高度，使用方便，但成本略高，如图 4.5（b）所示。

当荷载较大，单根支架承载力不足时，可用组合钢支架或钢管井架，如图 4.5（c）所示。还可用扣件式钢管脚手架、门型脚手架作支架，如图 4.5（d）所示。

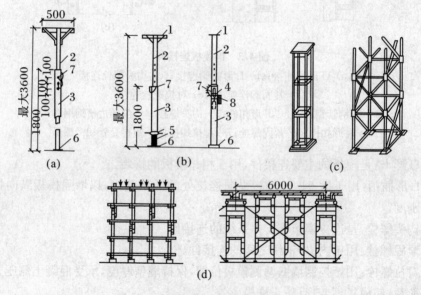

图 4.5　钢支架
（a）钢管支架；（b）调节螺杆钢管支架；（c）组合钢支架和钢管井架；
（d）扣件式钢管和门型脚手架支架
1—顶板；2—插管；3—套管；4—转盘；5—螺杆；6—底板；7—插销；8—转动手柄

斜撑：由组合钢模板拼成的整片墙模或柱模，在吊装就位后，应由斜撑调整和固定其垂直位置。如图 4.6 所示。

钢桁架：用以支承梁或板的模板，见图 4.7。其两端可支承在钢筋托具、墙、梁侧模板的横档以及柱顶梁底横档上。

梁卡具：梁卡具又称梁托架，用以固定矩形梁、圈梁等模板的侧模板，也可作为侧模板上口的卡固定位，如图 4.8 所示。

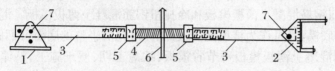

图 4.6 斜撑

1—底座；2—顶撑；3—钢管斜撑；4—花篮螺丝；5—螺母；6—旋杆；7—销钉

3.永久性模板

永久性模板在浇注混凝土时起模板作用，施工后又是结构的一部分。有压制成波形、密肋形的金属薄板，预应力钢筋混凝土薄板，玻璃纤维水泥波形板等。尤其是压型钢板，在高层钢结构或钢—混凝土结构中得到广泛应用。此法施工简便，速度快，但耗钢量较大。

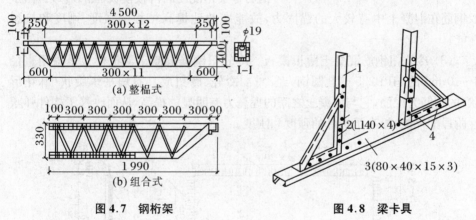

图 4.7 钢桁架

图 4.8 梁卡具

1—调节杆；2—三角架；3—底座；4—螺栓

1）压型钢板模板

压型钢板模板是采用镀锌或经防腐处理的薄钢板，经冷轧成具有波型截面的槽型钢板（图 4.9）。

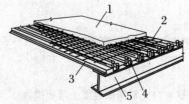

图 4.9 压型钢板组合楼板示意图

1—现浇混凝土楼板；2—钢筋；3—压型钢板；4—用栓钉与钢梁焊接；5—钢梁

2) 混凝土薄板模板

混凝土薄板模板一般在预制厂预制,根据配筋的不同,可分为预应力混凝土薄板模板、双钢筋混凝土薄板模板和冷扎扭钢筋混凝土薄板模板。混凝土薄板模板既可作为底模,又可作为楼板配筋,还能提供光滑平整的底面可不做抹灰,直接喷浆。采用混凝土薄板模板可节省模板、缩短工期、便于施工、整体性与连续性好、抗震性强。适用于抗震设防地区和非地震区,但不适用于承受动力荷载。

图 4.10　预制混凝土叠合楼板

1—预制薄板;2—现浇叠合层;

3—预应力钢丝;4—叠合面

(1) 预应力混凝土薄板模板。预应力混凝土薄板的预应力主筋即为叠合层现浇楼板的主筋,具有与现浇预应力混凝土楼板同样的功能,见图 4.10。

(2) 双钢筋混凝土薄板模板。双钢筋混凝土薄板模板是以冷拔低碳钢丝焊接成梯格钢筋骨架作配筋的薄板模板(图 4.11)。由于双钢筋在混凝土中有较大的锚固力,故能有效地提高楼板的强度、刚度和抗裂性能。

(3) 冷轧扭钢筋混凝土薄板模板。冷轧扭钢筋混凝土薄板模板是采用直径 6~10 mm 的 HPB235 热轧圆钢,经冷拉、冷轧、冷扭成具有扁平螺旋状(麻花形状)的钢筋为配筋,它与混凝土之间的握裹力有明显的提高,从而改善了构件弹塑性阶段的性能,提高了构件的强度和刚度。

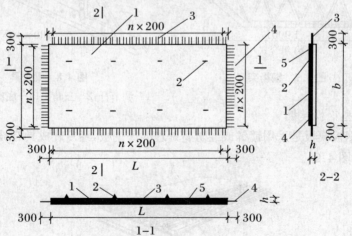

图 4.11　双钢筋混凝土薄板模板

1—混凝土薄板;2—吊环;3—双钢筋横筋;4—双钢筋纵筋;

5—板上部配置的双钢筋构造网片

4. 其他形式的模板

1）大模板

大模板是用于混凝土墙体施工的大型工具式模板，一般是一块墙面用一块大模板。大模板由面板、主次肋、操作平台和稳定机构等组成（图4.12）。面板多为钢板或胶合板，也可用小钢模组拼；主次肋多用槽钢或角钢；支撑桁架用槽钢和角钢组成。

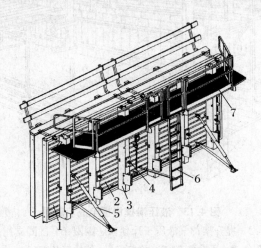

图 4.12 大模板的构造与组装

1—面板；2—次肋；3—主肋；4—穿墙螺栓；
5—稳定机构；6—爬梯；7—操作平台；8—栏杆

大模板之间的连接：内墙相对的两块平模用穿墙螺栓拉紧，预部用卡具固定；外墙的内外模板，多是在外模板的竖向加劲肋上焊一个槽钢横梁，用其将外模板悬挂在内模板上。

2）滑模

滑升模板也称滑模，滑模技术最突出的特点就是取消了固定模板，变固定死模板为滑移式活动模板，从而不需要准备大量的固定模板，仅采用拉线、激光、声纳、超声波等作为结构高程、位置和方向的参照系，一次连续施工完成竖向结构或构件。

滑模施工具有速度快，混凝土连续性好，表面光滑，无施工缝，材料消耗少，能节省大量架子钢管及模板等周转材料，施工安全等优点。适用于现场浇注高耸的建筑物和构筑物，尤其适用于烟囱、筒仓、剪力墙体系等截面变动小的混凝土结构。

滑升模板由模板、围圈、支承杆（俗称爬杆、顶杆）、千斤顶、提升架、操作平台和吊脚手等组成，见图4.13。目前使用较多的是液压滑升模板和人工提升滑动模板两种模式。

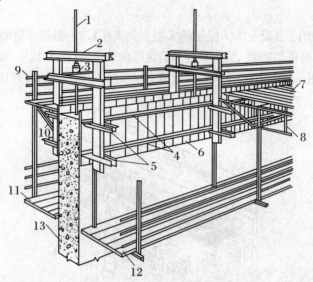

图 4.13　液压滑模模板组成示意图

1—支承杆；2—提升架；3—液压千斤顶；4—围圈；5—围圈支托；6—模板；

7—操作平台；8—平台桁架；9—栏杆；10—外挑三角架；11—外吊脚手；

12—内吊脚手；13—混凝土墙体

3）台模

台模也称飞模、桌模，主要用来浇注平板或带边梁楼板，一般以一个房间为一块台模。台模由台面和台架组成（图 4.14）。台面可由一整块模板组成，也可由组合钢模拼装而成，前者如果光滑那么在装饰时可不用抹灰。为便于拆模，台架

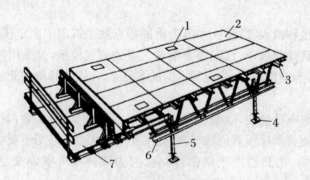

图 4.14　桁架式台模

1—吊点；2—面板；3—金属龙骨；4—底座；5—可调钢支腿；6—桁架；7—操作平台

支腿可做成伸缩式或折叠式。施工时,先施工内墙墙体,然后吊入台模,浇注楼板混凝土。脱模时,先将台架下降,再将台模推出墙面放在临时挑台上,用起重机吊至下一个工作面使用。楼板施工后再安装外墙板。

利用台模浇注楼板可省去模板的装拆时间,能节约模板材料和降低劳动消耗,但一次性投资大,且须大型起重机械配合施工。

4.1.3　模板工程施工

限于篇幅,在此仅以最为常见的木胶合板模板和定型组合钢模板为例予以介绍。

4.1.3.1　墙、柱、梁和板模板施工

通常在钢筋混凝土结构工程中,墙、柱、梁和板模板的施工工序为:施工准备→模板翻样→模板配置→抄平、放线→钉柱、墙定位框→搭设支模架→模板安装→混凝土浇注→模板拆除。

1. 施工准备

1) 技术准备

根据施工图样将施工部位的构件尺寸和相互位置逐一核对无误后,描绘到该部位构件的模板翻样图中,并根据既定的施工方案选定模板和支撑系统的种类,确定各构件的配板图、支撑系统图和材料清单,按照规范要求进行验算。

2) 作业条件准备

(1) 合理划分模板工程施工区段。

(2) 轴线、模板线、门窗洞口线、标高线放线完毕,水平控制标高引测到预留插筋或其他过渡引测点,并办好隐蔽工程验收手续。

(3) 模板板面已经清理干净,均匀满刷隔离剂,按不同规格进行分类且叠放整齐备用。

(4) 为防止模板下口跑浆,在柱或墙模板安装前,应先在模板的承垫底部垫上 20 mm 厚的海绵条。若底部严重不平,则应先沿模板内边线用 1∶3 水泥砂浆,根据给定的标高线准确找平(找平层不得伸入墙内)。外墙、外柱的外边根部根据标高线设置模板承垫木方,与找平砂浆上平交圈,以确保标高准确、不漏浆。

(5) 设置模板(混凝土保护层)定位基准,即在墙、柱主筋上距地面 50~80 mm 处,根据模板线,按保护层厚度焊接水平支杆,以防模板的水平移位。

(6) 墙、柱钢筋绑扎完毕,水电管线、预留洞、预埋件已安装完毕,绑好钢筋保护层垫块,并办好隐蔽工程验收手续。

2. 模板配置

1) 采用定型组合钢模板

采用定型组合钢模板的配板原则为：

(1) 优先选用通用规格及大规格的模板。以减少拼缝和装拆工作，且模板的整体性好。

(2) 合理排列模板。宜以其长边沿梁、板、墙的长度方向或柱的方向排列，以利于使用长度规格大的钢模，并扩大钢模的支撑跨度。如结构的宽度恰好是钢模长度的整倍数量，也可将钢模的长边沿结构的短边排列。模板端头接缝宜错开布置，以提高模板的整体性，并使模板在长度方向易保持平直。

(3) 合理使用角模。对无特殊要求的阳角，可不用阳角模，而用连接角模代替。阴角模宜用于长度大的阴角，柱头、梁口及其他短边转角(阴角)处可用方木嵌补。

(4) 便于模板支承件的布置。对面积较方整的预拼装大模板及钢模端头接缝集中在一条线上时，直接支承钢模的钢楞，其间距布置要考虑接缝位置，应使每块钢模都有两道钢楞支承。对端头错缝连接的模板，其直接支承钢模的钢楞的间距，可不受接缝位置的限制。

2) 采用胶合板模板

采用胶合板模板配板原则为：结合施工部位结构尺寸，优先选用大块模板，使其块数最少，减少模板拼缝和割锯工作。

3. 抄平、放线

模板在安装前，要做好模板的定位工作，其具体步骤如下：

1) 轴线和中心线放线

首先，引测建筑物的边柱或墙轴线，接着以该轴线为起点引出其他各条轴线。然后，根据施工图用墨线弹出模板的内边线(即构件外轮廓线)和中心线，墙模板要弹出模板的内边线和外侧控制线，以便于模板安装和校正。

2) 标高控制

用水准仪把建筑物水平标高根据实际标高的要求，直接引测到模板安装位置。如无法直接引测，可用水准仪将水平标高先引测到过渡引测点，作为上层结构构件模板的基准点，用来测量和复核其标高位置。每层顶板抄测标高控制点，测量抄出混凝土墙上水平标高控制线(一般为楼层建筑面标高上 500 mm)，根据层高及板厚，沿墙周边弹出顶板模板的底标高线。

3) 模板底口找平

柱或墙模板承垫底部应预先找平，以保证模板位置正确，防止模板底部漏浆。通常沿模板内边线用 1：3 水泥砂浆抹找平。另外，在外墙、外柱部位，继续安装模板前，要设置模板承垫条带，并校正平直。

4) 设置模板定位基准

常采用钢筋定位,其做法为:墙体模板可根据构件断面尺寸切割一定长度的钢筋焊成定位梯子支撑筋,焊在墙体两根竖筋上,起到支撑作用,间距1200 mm左右;柱模板,可在基础和柱模上口用钢筋焊成井字形套箍撑住模板并固定竖向钢筋,也可在竖向钢筋靠模板一侧焊一截短钢筋或角钢头,以保持钢筋与模板的位置。

4. 钉柱、墙定位框

以楼面柱、墙投影外边线加模板厚度作为定位木框的内边线,定位木框用水泥钉固定在楼面上,作为模板定位和柱、墙底部缝隙漏浆封闭的措施。

5. 搭设支模架

梁、板模板施工应严格按照模板施工方案进行支撑系统的搭设。搭设时一般是先立端部立杆(或支架),搭起底排横向支撑形成框架后,再把中间的立杆逐一搭起,同步将底横向支撑搭设完毕,底框搭设时应将扫地杆、剪刀撑等支撑件同步跟进。第一排全部搭设支固完毕方可搭设第二排,逐排上升。支模架顶排通常先搭设梁底横楞,再搭板底模板支架。待支架搭设完毕,并经检验合格后,再最后固定。

6. 模板安装

1) 柱模板安装

柱子的特点是断面尺寸不大但高度高,柱模板的安装主要考虑垂直度、施工时的侧向稳定及抵抗混凝土的侧压力等问题(图4.15)。同时也应考虑便于浇注混凝土、清理垃圾及绑扎钢筋等问题。

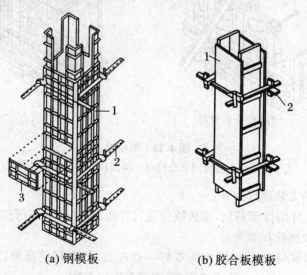

(a) 钢模板　　　　　　(b) 胶合板模板

图4.15　柱模板
1—平面钢模板;2—柱箍;3—浇注孔盖板

　　在安装柱模板前,应先绑扎好钢筋,测出标高并标在钢筋上,同时在已浇注的基础顶面或楼面上固定好柱模板底部的木框,在面板上弹出中心线,根据柱边线及木框位置竖立模板,并用斜撑临时固定,然后由顶部用锤球校正垂直,安装柱箍。柱模板安装完后,应全面复核垂直度、对角线长度差及截面尺寸等项目。检查无误后,即用斜撑固定。

　　同在一条轴线上的柱,应先校正两端的柱模板,再从柱模上口的中心线拉一铁丝来校正中间的柱模。柱模之间,要用水平撑及剪刀撑相互拉结。柱模板支撑必须牢固,预埋件、预留孔洞严禁漏设,且必须准确、稳固。柱箍的选择、安装间距应根据柱模尺寸、柱高及侧压力的大小等因素确定。

　　2) 墙体模板安装

　　墙体的特点是高度大而厚度小,墙体模板主要承受混凝土的侧压力,因此必须加强模板的刚度,设置足够的支撑,以确保模板不变形和发生位移。

　　为抵抗新浇混凝土的侧压力和保证墙体厚度,应装设对拉螺栓及临时撑木,对拉螺栓的间距由计算确定(图 4.16)。

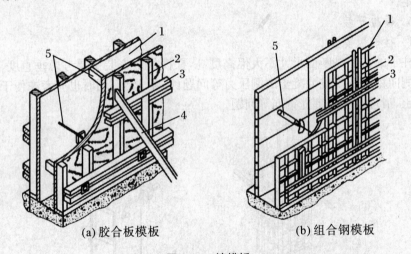

(a) 胶合板模板　　　　　　　(b) 组合钢模板

图 4.16　墙模板

1—侧膜;2—内楞;3—外楞;4—斜撑;5—对拉螺栓及撑块

　　墙模板的安装要点如下:

　　(1) 绑扎好墙体钢筋后,按放线位置钉好压脚板,然后进行模板的拼装,边安装边插入对拉螺栓和套管。

　　(2) 有门窗洞口的墙体,宜先安好一侧模板,待弹好门窗洞口位置线后再安另一侧模板,且在安另一侧模板之前,应清扫墙内杂物。

　　(3) 根据模板设计要求安装墙模的拉杆或斜撑。一般内墙可在两侧加斜撑,若为外墙时,应在内侧同时安装拉杆和斜撑,且边安装边校正其平整度和垂直度。

(4)模板安装完毕,应检查一遍扣件、螺栓、拉顶撑是否牢固,模板拼缝以及底边是否严密,特别是门窗洞口边的模板支撑是否牢固。

3)梁模板安装

梁的特点是宽度不大而跨度大。梁模板既有水平侧压力,又有垂直压力,因此梁模板及其支撑系统要能承受这些荷载而不致产生超过规范允许的过大变形(图4.17)。

梁模板的安装要点如下:

(1)按设计标高调整支柱的标高,然后安装梁底模板,并拉线找平。当梁的跨度大于等于4 m时,跨中梁底模板应按设计要求起拱,如设计无要求时,起拱高度宜为全跨长度的1‰～3‰。

(2)梁下支柱支承在基土面上时,应将基土平整夯实,满足承载力要求,并加木垫板或混凝土垫板等有效措施,确保混凝土在浇注过程中不会发生支柱下沉等现象。

(3)楼层高度在3.8 m以下时,支架应设1～2道水平拉杆和剪刀撑;若楼层高度在3.8 m以上时,要另行制定支架搭设方案。

(4)根据墨线安装梁侧模板、压脚板、斜撑等。当梁高超过700 mm时,梁侧模板宜采用穿梁螺栓加固。

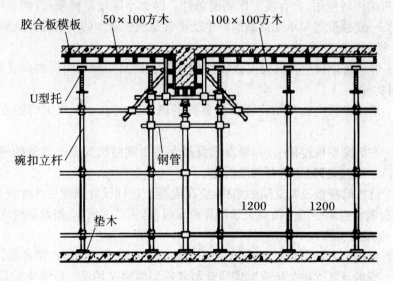

图4.17 现浇梁、板模板

4）楼板模板

楼板模板的特点是面积大而厚度比较薄，侧向压力小。为了避免在新浇混凝土压力下，由于模板及支架的压缩变形使梁、板产生挠度，支模时应起拱，起拱方法同梁模板。楼板模板的安装见图 4.17。

楼板模板的安装要点如下：

（1）根据模板的排列图架设支柱和龙骨。支柱与龙骨的间距，应根据模板的混凝土重量与施工荷载的大小，在模板设计中确定。一般支柱为 0.8～1.2 m，大龙骨间距为 0.6～1.2 m，小龙骨间距为 0.4～0.6 m。

（2）底层地面分层夯实，并铺垫板。采用多层支柱支模时，支柱应垂直，上下层支柱应在同一竖向中心线上。各层支柱间的水平拉杆和剪刀撑要加固。

（3）通线调节支柱的高度，将大龙骨拉平，架设小龙骨。

（4）铺模板时可从四周铺起，在中间收口。

（5）楼面模板铺完后，应复核模板面标高和板面平整度，预埋件和预留孔洞不得漏设并应位置准确。

（6）支模顶架必须稳定、牢固。模板梁面、板面应清扫干净。

7. 模板拆除

混凝土浇注、养护后待达到一定强度，即可拆除模板。现浇混凝土结构模板的拆除时间，取决于结构的性质、混凝土的硬化速度和模板的用途。及时拆模，可提高模板的周转使用，为后续工作创造条件。但也不应过早拆模，否则会因混凝土未达到一定强度过早承受荷载而产生变形甚至造成重大的质量或安全事故。

1）模板拆除的规定

（1）非承重模板应在混凝土强度能保证其表面及棱角不因拆模而受到损坏时，方可拆除。

（2）承重模板应在与结构同条件养护的试块达到表 4.1 规定的强度，方可拆模。

（3）在拆除模板过程中，如果发现混凝土有影响结构安全或质量的问题，应暂停拆除。经过处理后，方可继续拆除。

（4）已拆除模板及其支架的结构，应在混凝土达到设计强度后才允许承受全部计算荷载。当承受施工荷载大于计算荷载时，必须经过核算，加设临时支撑。

2）拆模注意事项

（1）拆模时不要用力过猛，拆下来的模板要及时整理、堆放，以便再用。

（2）模板及其支撑的拆除顺序通常与其安装的顺序相反。即先支的后拆，后支的先拆；先拆除非承重的，后拆除承重的。对于重大、复杂模板的拆除，应事先制定拆模方案。

表 4.1　混凝土构件拆模强度参考

构件类型	构件跨度(m)	达到设计的混凝土立方体抗压强度标准值的百分率(%)
板	≤2	≥50
	>2,≤8	≥75
	>8	≥100
梁、拱、壳	≤8	≥75
	>8	≥100
悬臂构件	—	≥100

（3）对于楼层模板及支撑的拆除,应按下列要求进行:上层楼板正在浇注混凝土时,下一层楼板的模板支撑不得拆除,再下一层楼板模板的支架仅可拆除一部分;跨度不小于 4 m 的梁均应保留支架,其间距不得大于 3 m。

（4）柱模板的拆除应先拆除斜拉杆或斜支撑,后拆除柱箍及对拉螺栓,接着拆除连接模板的 U 形卡或插销,最后用撬棍轻轻撬动模板,使模板与混凝土脱离。

（5）墙模板的拆除方法:先拆除斜拉杆或斜支撑,再拆除对拉螺栓及纵横龙骨或钢管卡,接着将 U 形卡或插销等附件拆除,然后用撬棍轻轻撬动模板,使模板脱离墙体。

（6）楼板模板、梁模板的拆除:① 先将支柱上的可调上托松下,使龙骨与模板分离,并让龙骨降至水平拉杆上,接着拆除全部 U 形卡或插销及连接模板的附件,再用钢钎撬动模板,使模板块降下由龙骨支承,取下模板和龙骨,然后拆除水平拉杆、剪刀撑、支柱。② 拆除跨度较大的梁下支柱时,应先从跨中开始,分别向两端拆除。③ 楼层较高,支撑采用双层排架时,应先拆上层排架,使龙骨和模板落在底层排架上,待上层模板全部运出后再拆下层排架。④ 拆下的模板应及时清理粘结物,涂刷脱模剂,并分类堆放整齐,拆下的扣件应及时统一管理。

（7）拆模应尽量避免混凝土表面或模板受到破坏,注意防止整块落下伤人。

4.1.3.2　基础、楼梯模板施工

1. 基础模板

1）阶梯形独立基础

阶梯形独立基础模板见图 4.18,其安装顺序为:由下至上先安装底层阶梯模板,用斜撑和水平撑钉稳撑牢。核对模板墨线及标高,配合绑扎钢筋及混凝土保护层垫块,再进行上一阶模板安装,重新核对墨线及标高,用斜撑、水平撑以及拉

杆钉紧、撑牢,最后校核基础模板尺寸、标高及轴线位置。

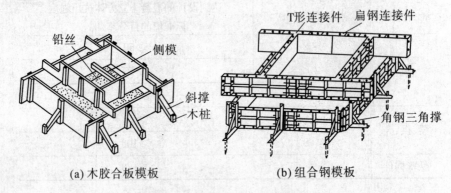

(a) 木胶合板模板　　　　　　(b) 组合钢模板

图 4.18　阶梯形独立基础模板

2) 杯形独立基础

杯形独立基础模板见图 4.19,其安装工艺与阶梯形基础相似,不同的是增加了一个杯芯模,杯口上大下小略有斜度,芯模安装前应钉成整体,轿杠钉于两侧,杯芯模完成后要全面校核杯底标高、各部分位置尺寸的准确性以及支撑的牢固性。

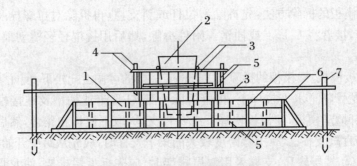

图 4.19　杯形独立基础模板(钢模)

1—钢模板;2—杯芯模;3—轿杠;4—吊杆;5—钢楞;6—斜撑;7—立桩

3) 条形基础模板

条形基础模板见图 4.20,其安装工艺为:先在基础底弹出基础边线和中心线,再把侧板和端头板对准基础边线和中心线,用水平尺较正侧板顶面水平,经检测无误差后,用斜撑、水平撑及拉撑钉牢。

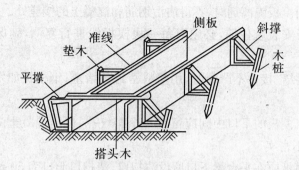

图 4.20　条形基础模板(胶合板)

2. 楼梯模板

楼梯模板支设时应先根据层高放大样,一般先支基础和平台梁模板,再安装楼梯斜梁或楼梯底模板、外帮侧板。在外帮侧板内侧弹出楼梯底板厚度线,用样板划出踏步侧板的档木,再钉侧板。如楼梯宽度大,则应沿踏步中间加立反三角木,以防止踏步发生侧板凸肚现象(图 4.21)。

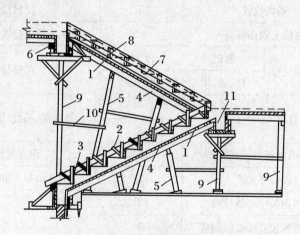

图 4.21　楼梯模板

1—楼梯底板;2—反三角木;3—踏步侧板;4—格栅;5—牵杠撑;6—夹木;7—外帮板;
8—木档;9—顶撑;10—拉杆;11—平台梁模板

4.1.4　模板工程施工质量控制与安全技术

1. 施工质量控制

(1)安装现浇结构的上层模板及其支架时,下层模板应具有承受上层荷载的承载能力,或加设支架;上下层支架的立柱应对准,并铺设垫板。

(2) 在涂刷模板隔离剂时,不得沾污钢筋和混凝土的接槎处。

(3) 在模板安装就位前,必须对每一块模板线进行复测,确保无误后,方可安装。

(4) 模板拼缝、接头不严密时,用塑料密封条堵塞;钢模板如发生变形时,及时修整。

(5) 窗洞口模板的下口中间应留置 2 个排气孔,以防混凝土浇注时窝气,造成混凝土浇注不密实。

(6) 楼梯模板应在平台梁下口留设清扫口,清扫口洞口为 50 mm×100 mm,以便用空压机清扫模内的杂物,清理干净后,用木胶合板背钉木方固定。

(7) 现浇结构模板安装和预埋件、预留孔洞的允许偏差和检验方法应符合表 4.2 的规定。

表 4.2 现浇结构模板安装和预埋件、预留孔洞的允许偏差和检验方法

项 次	项 目		允许偏差(mm)	检验方法
1	轴线位置		5	尺量检查
2	底模上表面标高		±5	用水准仪或拉线和尺量检查
3	截面内部尺寸	基础	±10	尺量检查
		柱、墙、梁	4,−5	
4	层高垂直度	≤5 m	6	经纬仪、吊线、钢直尺检查
		>5 m	8	
5	相邻两板面表面高低差		2	钢直尺检查
6	表面平整度		5	用 2 m 靠尺和塞尺检查
7	预埋钢板中心线位移		3	
8	预埋管预留孔中心线位移		3	
9	插筋	中心线位置	5	拉线和尺量检查
		外露长度	+10	
10	预埋螺栓	中心线位置	2	
		外露长度	+10	
11	预留洞	中心线位置	10	
		截面内部尺寸	+10	

2. 施工安全技术

（1）高空作业人员应经过体格检查，不合格者不得进行高空作业。

（2）拆模时操作人员必须戴好安全帽，高空作业人员必须配带并系牢安全带，工作时要思想集中。

（3）工作前应先检查使用的工具是否牢固，扳手等工具必须用绳链系挂在身上，以免掉落伤人。

（4）高空拆除模板时，应有专人指挥，并在下面标出工作区，用警戒线加以围栏，暂停人员过往。

（5）模板拆除后，严禁从高处向下扔，以免损伤板面处理层。

（6）支模过程中应遵守安全操作规程，如遇途中停歇，应将就位的支柱、模板联结稳固，不得空架浮搁。拆模间歇时应将松开的部件和模板运走，防止坠下伤人。拆模时应搭设脚手架。拆楼层外边模板时，应有防高空坠落及防止模板向外倒跌的措施。

（7）浇注混凝土前必须检查模板支撑是否可靠、扣件是否松动。浇注混凝土时，随时检查支撑是否变形、松动，并组织及时恢复。

（8）用塔式起重机吊运模板时，必须由起重工指挥，严格遵守相关安全操作规程。模板安装就位前需有缆绳牵拉，防止模板旋转撞伤人；垂直吊运必须采取两个以上的吊点，且必须使用卡环吊运。

（9）在电梯间进行模板施工作业时，必须层层搭设安全防护平台。

（10）不得用重物冲击已安装好的模板及支撑，不准在吊模上搭跳板，应保证模板搭设的牢固和严密。

（11）遇六级以上大风时，应暂停室外的高空作业，霜雪雨后应先清扫施工现场，不滑时再进行施工。

学习单元 4.2　钢 筋 工 程

▌工作任务表▐

能力目标	主讲内容	学生完成任务
通过学习训练,使学生初步具有组织钢筋进场验收,进行钢筋配料、加工与绑扎安装施工的能力	着重介绍了施工图识读,钢筋配料计算,钢筋加工与绑扎安装方法以及质量要求	在学习过程中利用实训设备,以小组为单位,按图完成规定构件的钢筋加工、绑扎任务

　　钢筋混凝土结构中常用的钢筋为热轧钢筋,按其轧制外形可分为光圆钢筋与带肋钢筋,按其强度可分为 HPB235、HPB300、HRB335、HRB335E、HRBF335E、HRB400、HRB400E、HRBF400E、RRB400、HRB500、HRB500E、HRBF500E 5 个等级 12 个类别。其中,带 E 的钢筋为用于抗震设防要求的结构,带 F 的钢筋为细晶粒钢筋。为方便运输,直径大于 12 mm 的钢筋一般轧成 6～12 m 的直条;直径不大于 12 mm 的钢筋卷成圆盘。

　　钢筋工程施工的基本要求是:保证其规格、形状、位置、尺寸和数量正确;能够有效受力;钢筋笼(网)安装牢固,符合混凝土施工的要求。

　　钢筋工程施工工序包括:图样识读,钢筋配料及代换,钢筋进场验收,钢筋调直、除锈,钢筋切断,钢筋弯曲成型以及钢筋连接与安装。

4.2.1　施工图识读

　　施工图识读的要点为:钢筋所在高程、位置及与上下、左右的衔接是否矛盾,能否施工? 钢筋的级别、直径、数量、间距、排距及相互间位置是否正确、合理? 各图样钢筋表中的根数、直径、长度是否与剖面图及节点大样一致? 钢筋排布与构造原理、受力特点、抗震设防等是否有矛盾?

　　若要掌握施工图样的识读技术,则须具备混凝土结构施工图平面整体表示方法(简称平法)的知识。关于平法的表达形式,概括来讲就是把结构构件的尺寸和配筋等,按照平面整体表示方法制图规则,整体直接表达在各类构件的结构平面布置图上,再与标准构造详图相配合,即构成一套新型完整的结构设计,改变了传统的那种将构件从结构平面布置图中索引出来,再逐个绘制配筋详图的繁琐方法。

平法图集的标准构造详图编入了目前国内常用的且较为成熟的构造做法,是施工人员必须与平法施工图配套使用的正式设计文件。下面简要介绍混凝土结构中常用构件(构件代号见表4.3)的平法施工图。

表4.3　常用构件代号

类型	序号	名称	代号	类型	序号	名称	代号
柱	1	框架柱	KZ	剪力墙	16	约束边缘端柱	YDZ
	2	框支柱	KZZ		17	约束边缘暗柱	YAZ
	3	芯柱	XZ		18	约束边缘翼墙柱	YYZ
	4	梁上柱	LZ		19	约束边缘转角墙柱	YJZ
	5	剪力墙上柱	QZ		20	构造边缘端柱	GAZ
梁	6	楼层框架梁	KL		21	构造边缘暗柱	GAZ
	7	屋面框架梁	WKL		22	构造边缘翼墙柱	GYZ
	8	框支梁	KZL		23	构造边缘转角墙柱	GJZ
	9	非框架梁	L		24	非边缘端柱	AZ
	10	悬挑梁	XL		25	剪力墙墙身	Q
	11	井字梁	JZL		26	连梁	LL
板	12	楼面板	LB		27	暗梁	AL
	13	屋面板	WB		28	边框梁	BKL
	14	延伸悬挑板	YXB		29	矩形洞口	JD
	15	纯悬挑板	XB		30	圆形洞口	YD

4.2.1.1　柱平法施工图

柱平法施工图的表达方式有列表注写方式、截面注写方式。

1. 列表注写方式

列表注写方式是在柱平面布置图上,分别在同一编号的柱中选择一个截面标注几何参数代号;在柱表中注写柱号、柱段起止标高、几何尺寸及配筋的具体数值,并配以各种柱截面形状及其箍筋类型图的方式来表达柱平法施工图,如图4.22所示。

柱表注写内容规定如下:

(1) 注写柱编号。

柱编号由类型代号和序号组成(如KZ1、LZ1),应符合表4.3的规定。

(2) 注写各段柱的起止标高。

自基础根部往上以变截面位置或截面未变但配筋改变处为界分段注写。

(3) 矩形柱截面尺寸 $b \times h$ 及与轴线关系的几何参数代号的具体数值,须对应于各段柱分别注写。对于圆柱,$b \times h$ 一栏则改用在圆柱直径数字前加 d 表示。圆柱截面与轴线的关系也用上述方法表示。

(4) 注写柱纵筋。

当柱纵筋直径相同,各边根数也相同时(包括矩形柱、圆柱和芯柱),将纵筋注写在"全部纵筋"栏中;此外,应分角筋、截面 b 边中部筋和 h 边中部筋三项分别注写(对于对称配筋的矩形截面柱,可仅注写一侧中部筋,对称边省略不注)。

(5) 注写箍筋类型号和箍筋肢数。

(6) 注写柱箍筋。

包括钢筋级别、直径与间距。用斜线"/"区分柱端箍筋加密区与柱身非加密区长度范围内箍筋的不同间距。"/"左边表示加密区间距,右边表示非加密区间距,如 ϕ 10 @100/200,表示箍筋为 Ⅰ 级钢筋,直径为 ϕ 10 mm,加密区间距为 100 mm,非加密区箍筋间距为 200 mm。加密区的长度应按标准构造详图中的规定在几种长度值中取其最大者。当箍筋沿柱全高为一种间距时,不使用"/"线。

当圆柱采用螺旋箍筋时,需在箍筋前加"L",如 L ϕ 10 @100/200。

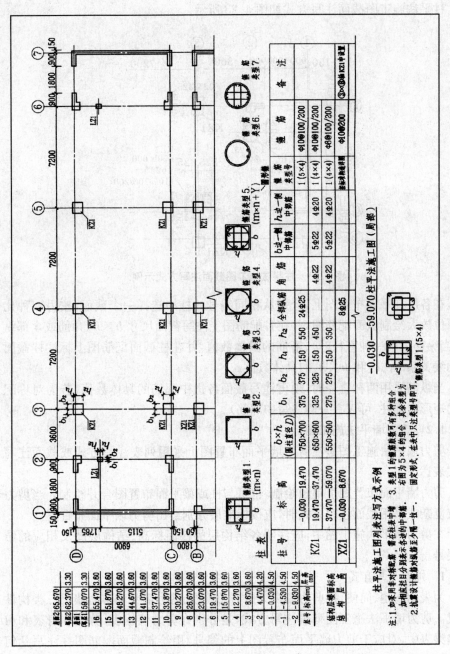

图4.22　柱平法施工图列表注写方式示例

2. 截面注写方式

柱平法施工图截面注写方式如图 4.23 所示。

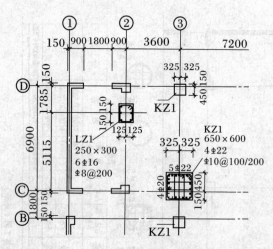

图 4.23　柱平法施工图截面注写方式示例

在各层柱平面布置图上,分别从相同编号的柱中选择一个截面,按另一种比例原位放大绘制截面配筋图,并在各配筋图上注写截面尺寸 $b \times h$、角筋或全部纵筋(当纵筋采用一种直径时)、箍筋的具体数值,并在柱截面配筋图上标注柱截面与轴线关系 b_1、b_2 和 h_1、h_2 的具体数值。

当纵筋采用两种直径时,须再注写截面各边中部筋的具体数值(若为对称配筋的矩形截面柱,可仅在一侧注写中部筋)。

4.2.1.2　剪力墙平法施工图

剪力墙平法施工图是在剪力墙平面布置图上采用列表注写方式或截面注写方式表达。

剪力墙平面布置图可单独绘制,也可与柱或梁平面布置图合并绘制。当剪力墙较复杂或采用截面注写方式时,应按标准层分别绘出剪力墙平面布置图。

在剪力墙平法施工图中,应注明各结构层的楼面标高、结构层高及相应的结构层号。

1. 列表注写方式

为表达清楚、简便,把剪力墙视为由剪力墙柱、剪力墙身和剪力墙梁三类构件构成。剪力墙平法施工图列表注写方式,是分别在剪力墙柱表、剪力墙身表和剪力墙梁表中,对应于剪力墙平面布置图上的编号,用绘制截面配筋图并注写几何尺寸与配筋具体数值的方式,来表达剪力墙的平法施工图。

1) 编号规定

将剪力墙按剪力墙柱、剪力墙身、剪力墙梁(简称为墙柱、墙身、墙梁)三类构件分别编号。

(1) 墙柱编号:由墙柱类型代号和序号组成,表达形式应符合表 4.3 的规定。

(2) 墙身编号:由墙身代号、序号以及墙身所配置的水平与竖向分布钢筋的排数组成,其中,排数注写在括号内,表达形式为:$Q\times\times(\times$为排数)。

(3) 墙梁编号:由墙梁类型代号和序号组成,表达形式应符合表 4.4 的规定。

表 4.4　墙梁编号

墙 梁 类 型	代 号	序 号
连梁(无交叉暗撑及无交叉钢筋)	LL	××
连梁(有交叉暗撑)	LL(JC)	××
连梁(有交叉钢筋)	LL(JG)	××
暗梁	AL	××
边框梁	BKL	××

2) 表达内容

(1) 剪力墙柱表。剪力墙柱表中表达的内容有:① 墙柱编号和该墙柱的截面配筋图。② 各段墙柱的起止标高。③ 各段墙柱的纵向钢筋和箍筋。钢筋和箍筋的注写值应与在表中绘制的截面配筋图对应一致。

(2) 剪力墙身表。剪力墙身表中表达的内容有:① 墙身编号。② 各段墙身起止标高。③ 水平分布钢筋、竖向分布钢筋和拉筋的具体数值。表达的数值为一排水平分布钢筋和竖向分布钢筋的规格与间距,具体设置几排在墙身编号后面表达。

(3) 剪力墙梁表。剪力墙梁表中表达的内容有:① 墙梁编号。② 墙梁所在楼层号。③ 墙梁顶面标高高差,是相对于墙梁所在结构层楼面标高的高差值,高于者为正值,低于者为负值,无高差时不注。④ 墙梁截面尺寸 $b\times h$、上部纵筋、下部纵筋和箍筋的具体数值。⑤ 当连梁设有斜向交叉暗撑时,注写一根暗撑的全部纵筋,并标注 $\times 2$ 表明有两根暗撑相互交叉,以及箍筋的具体数值。⑥ 当连梁设有斜向交叉钢筋时,注写一道斜向钢筋的配筋值,并标注 $\times 2$ 表明有两道斜向钢筋相互交叉。

墙梁侧面纵筋的配置,当墙身水平分布钢筋满足连梁、暗梁及边框梁的梁侧面纵向构造钢筋的要求时,该筋配置同墙身水平分布钢筋,表中不注,施工按标准构造详图的要求即可;当不满足要求时,应在表中注明梁侧面纵筋的具体数值。

剪力墙平法施工图列表注写方式,如图 4.24 所示。

2. 截面注写方式

剪力墙平法施工图截面注写方式即原位注写方式,是在分标准层绘制的剪力墙平面布置图上,以直接在墙柱、墙身、墙梁上注写截面尺寸和配筋具体数值的方式来表达剪力墙平法施工图,如图 4.25 所示。

截面注写方式是选用适当比例,原位放大绘制剪力墙平面布置图,对于墙柱绘制配筋截面图;对于所有墙柱、墙身、墙梁按前面的规定进行编号,并分别在相同编号的墙柱、墙身、墙梁中选择一根墙柱、一道墙身、一根墙梁按照下列规定进行注写。

1) 墙柱

从相同编号的墙柱中选择一个截面,标注全部纵筋及箍筋的具体数值。

2) 墙身

从相同编号的墙身中选择一道墙身,按顺序引注的内容为:墙身编号、墙厚尺寸、水平分布钢筋、竖向分布钢筋和拉筋的具体数值。

3) 墙梁

从相同编号的墙梁中选择一根墙梁,按顺序引注以下内容:

(1) 当连梁无斜向交叉暗撑时注写:墙梁编号、墙梁截面尺寸 $b \times h$、墙梁箍筋、上部纵筋、下部纵筋和墙梁顶面标高高差的具体数值。

(2) 当连梁设有斜向交叉暗撑时,以 JC 打头附加注写一根暗撑的全部纵筋,并标注 ×2,表明有两根暗撑相互交叉,以及箍筋的具体数值。当连梁设有斜向交叉钢筋时,以 JG 打头附加注写一道斜向钢筋的配筋值,并标注 ×2,表明有两道斜向钢筋相互交叉。当墙身水平分布钢筋不能满足连梁、暗梁及边框梁的梁侧面纵向构造钢筋的要求时,图中应补充注明梁侧面纵筋的具体数值,其注写是以大写字母 G 打头,接续注写直径与间距。

【例】 Gϕ10@150　　表示墙梁两个侧面纵筋对称配置为:Ⅰ级钢筋,直径 ϕ10,间距为 150 mm。

3. 剪力墙洞口的表示方法

无论采用列表注写方式还是截面注写方式,剪力墙上的洞口均可在剪力墙平面布置图上原位表达,如图 4.24 和图 4.25 所示。

洞口的具体表示方法是:

(1) 在剪力墙平面布置图上绘制洞口示意,并标注洞口中心的平面定位尺寸。

(2) 在洞口中心位置引注:洞口编号、洞口几何尺寸、洞口中心相对标高、洞口每边补强钢筋四项内容。具体规定如下:

（ⅰ）洞口编号　矩形洞口为JD××（××为序号），圆形洞口为YD××（×
×为序号）。

（ⅱ）洞口几何尺寸　矩形洞口为洞宽×洞高（$b \times h$），圆形洞口为洞口直
径D。

（ⅲ）洞口中心相对标高　是相对于结构层楼（地）面标高的洞口中心高度。
当其高于结构层楼面时为正值，低于结构层楼面时为负值。

（ⅳ）洞口每边补强钢筋　由于情况相对较多，请详见03G101—1图集，此处
略去。

4.2.1.3　梁平法施工图

梁平法施工图是在梁平面布置图上采用平面注写方式或截面注写方式表达。

1. 平面注写方式

梁的平面注写方式系在梁平面布置图上，分别在不同编号的梁中各选择一根
梁。在其上注写截面尺寸和配筋具体数值的方式来表达梁平法施工图。

平面注写包括集中标注与原位标注，集中标注表达梁的通用数值，原位标注
表达梁的特殊数值。当集中标注的某数值不适用于梁的某部位时，则原位标注该
数值。施工时原位标注取值优先。

1）梁集中标注的内容

（1）梁的编号：梁编号为必注值，它由类型代号、序号、跨数及有无悬挑代号
组成，见表4.5。

表 4.5 梁的编号

梁　类　型	代　号	序　号	跨度及是否带有悬挑	备　注
楼层框架梁	KL	××	(××)、(××A)或(××B)	
屋面框架梁	WKL	××	(××)、(××A)或(××B)	(××A)为一端有悬挑，
框　支　梁	KZL	××	(××)、(××A)或(××B)	(××B)为两端有悬挑，
非框架梁	L	××	(××)、(××A)或(××B)	悬挑不计入跨数
井　字　梁	JZL	××	(××)、(××A)或(××B)	
悬　挑　梁	XL	××	—	—

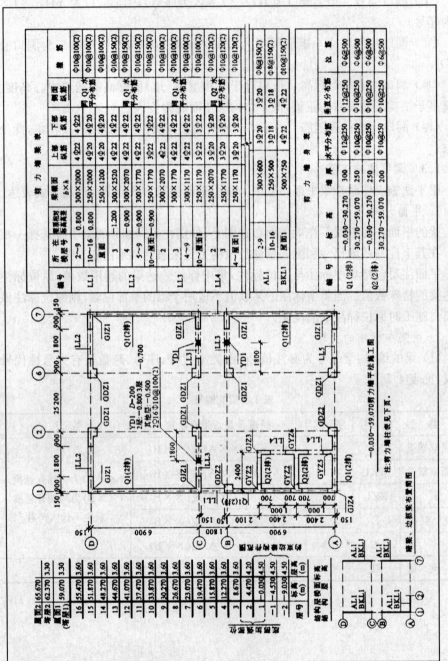

图4.24　剪力墙平法施工图(1)

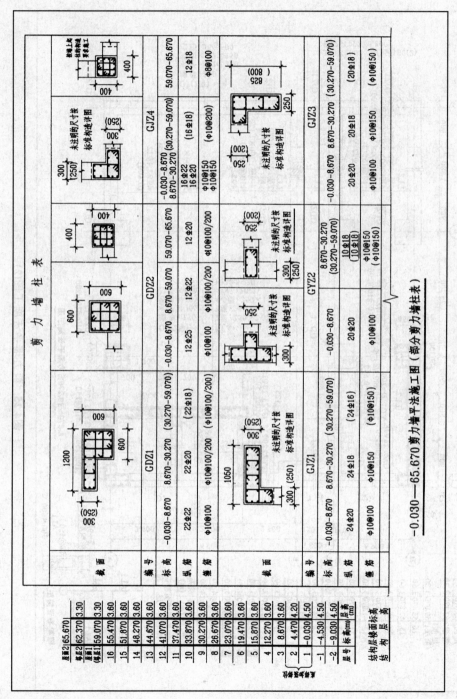

图4.24　剪力墙平法施工图

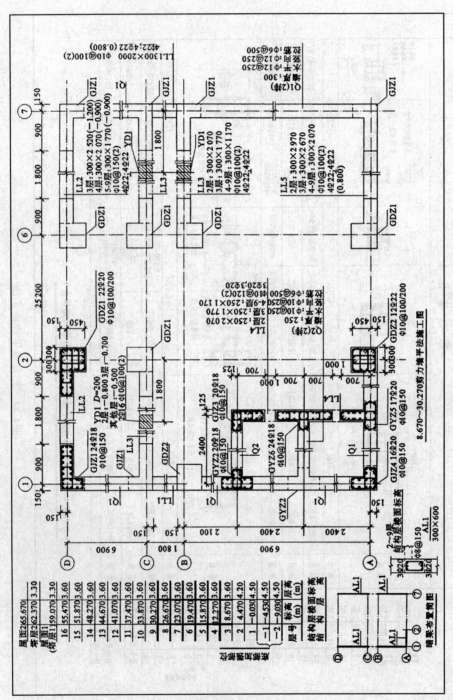

图4.25　剪力墙平法施工图(2)

　　【例】　KL4(3A)　表示第 4 号框架梁,3 跨,一端有悬挑。

　　(2) 梁截面尺寸:该项为必注值。当为等截面梁时,用 $b \times h$ 表示;当为加腋梁时,用 $b \times hYc_1 \times c_2$ 表示,其中 c_1 为腋长,c_2 为腋高(图 4.26);当有悬挑梁且根部和端部的高度不同时,用 $b \times h_1/h_2$ 表示,其中 h_1,h_2 分别为悬挑梁根部和端部高度值(图 4.27)。

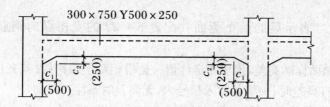

图 4.26　加腋梁截面注写示意图

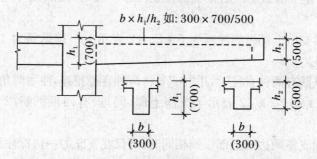

图 4.27　悬挑梁不等高截面尺寸注写示意图

　　(3) 梁箍筋:它包括钢筋级别、直径、加密区与非加密区的间距及肢数,该项为必注值。箍筋加密区与非加密区的间距及肢数不同时用斜线“/”分隔;当箍筋间距及肢数相同时,则不需用斜线;当加密区与非加密区的箍筋肢数相同时,则将肢数注写一次;箍筋肢数应写在括号内。

　　【例】　$\phi 10@100/200(2)$　表示箍筋为 I 级钢筋,直径 $\phi 10$,加密区间距为 100 mm,非加密区间距为 200 mm,两肢箍。

　　(4) 梁上部贯通筋或架立筋的配置　该项为必注值。当同排纵筋中既有贯通筋又有架立筋时,用“+”号相连,角筋写在“+”号的前面,架立筋写在“+”号后面的括号内;若都采用架立筋则将其写在括号内。

　　【例】　2B22 + (4 ϕ 12)　表示 2B22 为通长筋,4 ϕ 12 为架立筋。

　　当梁的上部纵筋和下部纵筋均为通长筋,且多数跨配筋相同时,此项可加注下部纵筋的配筋值,用“;”将上部与下部纵筋的配筋值分开,少数跨不同者作原位标注。

【例】 3Φ22;3Φ20 表示梁的上部配置 3Φ22 的通长筋,下部配置 3Φ20 的通长筋。

(5) 梁侧面纵向构造钢筋或受扭钢筋配置　该项为必注值。分别以 G 或 N 打头,接续注写设置在梁两个侧面的总配筋值,且对称配置。

【例】 G4Φ12 表示梁的两个侧面共配置 4Φ12 纵向构造钢筋,每侧各配置 2Φ12。

N6Φ22 表示梁的两个侧面共配置 6Φ22 的受扭纵向钢筋,每侧各配置3Φ22。

(6) 梁顶面标高高差,该项为选注值。是指相对于结构层(或夹层)楼面标高的高差值。有高差时,须将其写入括号内,无高差时不注。

2) 梁原位标注的内容

(1) 梁支座上部纵筋。当梁上部纵筋多于一排时,用斜线"/"将各排纵筋自上而下分开。

【例】 梁支座上部纵筋注写为 6Φ254/2 表示上一排纵筋为 4Φ25,下一排纵筋为 2Φ25。

当同排纵筋有两种直径时,用"+"号将两种直径相连,注写时角筋写在前面。

【例】 2Φ25+2Φ22 表示梁支座上部(同排)有四根纵筋,2Φ25 是角筋,2Φ22在中部。

当梁中间支座两边的上部纵筋相同时,可仅在支座的一边标注配筋值;反之,须在支座两边分别标注。

(2) 梁下部纵筋。梁下部纵筋的标注方法与梁上部纵筋的标注方法所不同之处,一是梁的下部钢筋标注在梁的下面;二是梁下部纵筋可能不全部伸入支座,此时应将梁支座下部纵筋减少的数量写在括号内。

【例】 梁下部纵筋注写为 6Φ222/4 表示上一排纵筋为 2Φ22,下一排纵筋为 4Φ22,全部伸入支座。

另外,若梁下部纵筋注写为 2Φ25+3Φ22(−3)/5Φ25 则表示梁下部纵筋有两排,上排纵筋为 2Φ25 和 3Φ22,其中 3Φ22 不伸入支座;下一排纵筋为 5Φ25,全部伸入支座。

(3) 附加箍筋或吊筋。附加箍筋或吊筋直接画在平面图中的主梁上,用线引注总配筋值(附加箍筋的肢数注在括号内),当多数附加箍筋或吊筋相同时,可在梁平法施工图上统一注明,少数与统一注明值不同时,再原位引注。附加箍筋、吊筋示例见图 4.28。

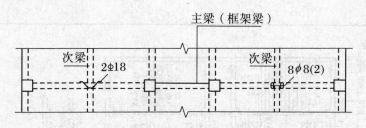

图 4.28　附加箍筋、吊筋示例

（4）当梁上集中标注的内容不适用于某跨或某悬挑部分时，则将其不同数值的原位标注在该跨或该悬挑部位，施工时应按原位标注的数值取用。

梁平法施工图平面注写方式，见图 4.29。

2. 截面注写方式

截面注写方式系在分标准层绘制的梁平面布置图上，分别在不同编号的梁中选择一根梁用剖面号引出配筋图，并在其上注写截面尺寸和配筋具体数值的方式来表达梁平法施工图，如图 4.30 所示。

对所有梁按表 4.5 的规定进行编号，从相同编号的梁中选择一根梁，用"单边截面号"引出截面配筋详图，再在配筋详图上注写截面尺寸 $b \times h$、上部筋、下部筋、侧面构造筋或受扭筋以及箍筋的具体数值，其表达形式与平面注写方式相同。当某梁的顶面标高与结构层的楼面标高不同时，则在其梁编号后注写梁顶面标高高差（注写规定与平面注写方式相同）。

4.2.2　钢筋配料及代换

4.2.2.1　钢筋配料

钢筋配料是指根据构件配筋图，先给出各种形状和规格的单根钢筋图并加以编号，然后分别计算钢筋直线的下料长度、根数和质量等，编制料单，作为备料、加工和结算的依据。

1. 下料长度计算

钢筋因弯曲或弯钩会使其长度变化，在配料时不能直接根据图样尺寸下料，须综合考虑混凝土保护层厚度（受力钢筋外缘至混凝土构件表面的距离）、钢筋弯曲、弯钩等因素进行下料长度计算。

1）弯折处的量度差值

钢筋弯折时，其外包尺寸大于轴线尺寸，此差值称为量度差值。因此在计算钢筋的下料长度时应从其外包尺寸中减去各弯折处的量度差值。

根据施工验收规范的规定，钢筋作不大于 90° 的弯折时，弯折处的弯弧内直径 D 不应小于钢筋直径 d 的 5 倍，如图 4.31 所示。

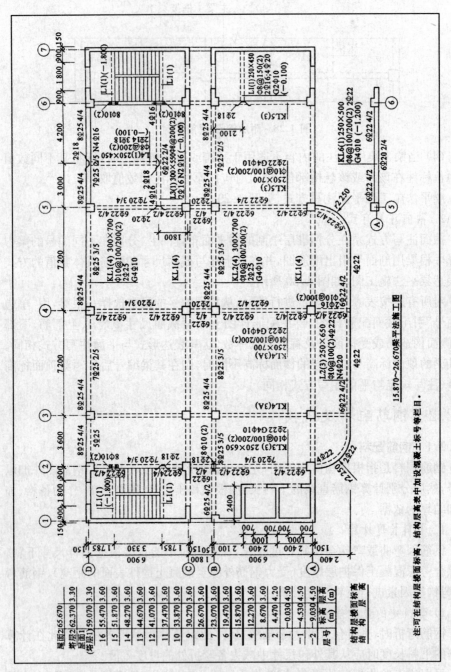

图4.29 梁平法施工图(1)

15.870～26.670梁平法施工图

注:可在结构层楼面标高、结构层高表中加设混凝土标号等栏目。

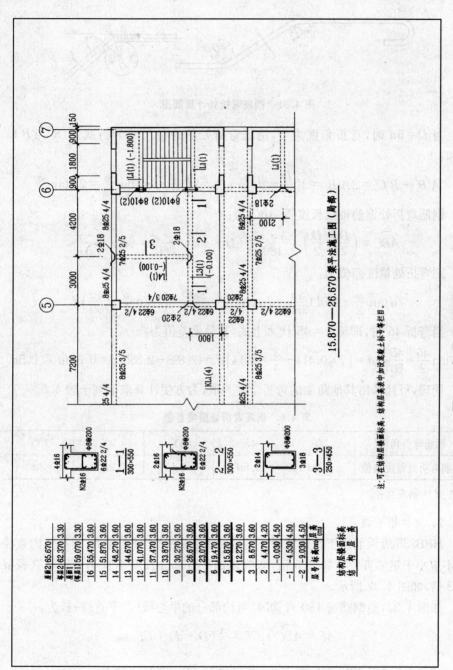

图4.30　梁平法施工图(2)

图 4.31　钢筋弯折处计算简图

当 $D = 5d$ 时，弯折角度为 α，钢筋弯折处的外包尺寸为折线 $A'B'$ 与 $B'C'$ 之和：

$$A'B' + B'C' = 2A'B' = 2\left(\frac{D}{2} + d\right)\tan\frac{\alpha}{2} = 2\left(\frac{5d}{2} + d\right)\tan\frac{\alpha}{2} = 7d\tan\frac{\alpha}{2}$$

钢筋弯折处钢筋轴线长度弧 ABC 为：

$$\widehat{ABC} = \left(\frac{D}{2} + \frac{D}{2}\right) \cdot \frac{\alpha \cdot \pi}{180} = (D + d) \cdot \frac{\alpha \cdot \pi}{360} = 6d \cdot \frac{\alpha \cdot \pi}{360}$$

则弯折处量度差值为：

$$7d\tan\frac{\alpha}{2} - (6d)\frac{\alpha\pi}{360} = 7d\tan\frac{\alpha}{2} - \frac{\alpha\pi d}{60} = \left(7\tan\frac{\alpha}{2} - \frac{\alpha\pi}{60}\right)d$$

当弯折 $45°$ 时，即将 $\alpha = 45°$ 代入上式，其量度差值为：

$$\left(7\tan\frac{45}{2} - \frac{45}{60}\pi\right)d = \left(7 \times 0.414 - \frac{3}{4} \times 3.14\right)d = (2.898 - 2.355)d = 0.543d \text{ 取 } 0.5d$$

同理，可计算出其他角度的弯折量度差值，为方便计算取值列于表 4.6。

表 4.6　钢筋弯折处量度差值

钢筋弯折角度	30°	45°	60°	90°	135°
钢筋弯折处量度差值	0.3d	0.5d	1d	2d	3d

注：d 为钢筋直径。

2）弯钩增长值

HPB235 级钢筋用于普通混凝土结构时末端需要做 $180°$ 弯钩，其弯弧内直径 D 不应小于钢筋直径 d 的 2.5 倍，弯钩末端平直部分长度不宜小于钢筋直径 d 的 3 倍，如图 4.32 所示。

如图 4.32，当钢筋弯 $180°$ 弯钩时，弯钩部分的中心线（含平直段）长为：

$$AF = \widehat{ABC} + CF = \frac{\pi}{2}(D + d) + CF$$

若 $D = 2.5d$，$CF = 3d$，则 $AF = \frac{\pi}{2}(2.5d + d) + 3d = 8.5d$

因钢筋外包尺寸量至 E 点，所以弯钩增长值为：

$$EF = AF - AE = AF - \left(\frac{D}{2} + d\right) = 8.5d - \left(\frac{2.5d}{2} + d\right) = 6.25d$$

于是，得出 180°弯钩增长值为 6.25d。

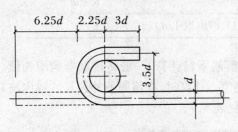

图 4.32　钢筋 180°弯钩增长值

另外，《混凝土结构工程施工质量验收规范》GB50204 - 2002 的规定：当设计要求钢筋末端需作 135°弯钩时，HRB335 级、HRB400 级钢筋的弯弧内直径不应小于钢筋直径的 4 倍，弯钩的弯后平直部分长度应符合设计要求。此时，钢筋的弯钩增长值为 2.9d + 平直长度，计算时取 3d + 平直长度。若末端为 90°弯折时，每一弯折处的增长值为 0.925d + 平直长度，计算时取 1d + 平直长度。

3）箍筋弯钩增长值

箍筋末端的弯钩形式应符合设计要求，当设计无具体要求时，用 HPB235 级钢筋制作的箍筋，其弯钩的弯弧内直径应大于受力钢筋直径，且不小于箍筋直径的 2.5 倍；弯钩平直部分的长度，对一般结构，不宜小于箍筋直径的 5 倍，对有抗震要求的结构，不应小于箍筋直径的 10 倍。

箍筋末端的弯钩形式，对有抗震要求和受扭的结构应按图 4.33(a)加工；一般形式可按图 4.33(b)、(c)加工。

箍筋弯 90°弯钩时每个弯钩增长值为：

$$\frac{\pi}{4}(D + d) - \left(\frac{D}{2} + d\right) + 平直部分长度$$

箍筋弯 180°弯钩时每个弯钩增长值为：

$$\frac{\pi}{2}(D + d) - \left(\frac{D}{2} + d\right) + 平直部分长度$$

箍筋弯 135°弯钩时每个弯钩增长值为：

$$\frac{3\pi}{8}(D + d) - \left(\frac{D}{2} + d\right) + 平直部分长度$$

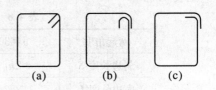

图 4.33　箍筋弯钩形式

(a) 135°/135°弯钩；(b) 90°/180°弯钩；(c) 90°/90°

若弯弧内直径取为 2.5d，弯钩平直部分的长度，对一般结构，取为 5d，对有抗震要求的结构，取为 10d。则可得箍筋弯钩增长值，见表 4.6。

表 4.6　箍筋每个弯钩增长值

弯钩形式		90°	135°	180°
弯钩增长值	一般结构	5.5d	—	8.25d
	抗震、受扭结构	—	11.87d(取 12d)	—

对于非抗震设防要求结构,为了方便箍筋下料计算,一般将箍筋弯钩增长值和弯折处量度差值合并成一项即箍筋调整值。计算时,将箍筋的外包尺寸或内皮尺寸加上箍筋调整值即为箍筋下料长度,见表 4.7。

表 4.7　箍筋下料长度调整值(非抗震箍)

箍筋量度方法	箍筋调整值			
	箍筋 $\phi = 4 \sim 5$ mm	箍筋 $\phi = 6$ mm	箍筋 $\phi = 8$ mm	箍筋 $\phi = 10 \sim 12$ mm
量外包尺寸	40	50	60	70
量内皮尺寸	80	100	120	150~170

4) 弯起钢筋增加长度

相同情况下,钢筋的弯起角度不同,其下料长度不同,这是因为弯起钢筋的增加长度(弯起钢筋的斜边长度与底边长度之差)与弯起角度有关。弯起角度一般为 45°,也可能是 60°或 30°。为了方便计算,可根据弯起角度预先算出有关数据,见表 4.8。

表 4.8　弯起钢筋斜长系数表

弯起角度	$\alpha = 30°$	$\alpha = 45°$	$\alpha = 60°$
斜边长度 S	$2h_0$	$1.414h_0$	$1.154h_0$
底边长度 L	$1.732h_0$	h_0	$0.577h_0$
增加长度 $S-L$	$0.268h_0$	$0.414h_0$	$0.577h_0$

注:h_0 为弯起高度。

5) 钢筋下料长度计算公式

钢筋下料长度 = 外包尺寸 + 弯钩增长值 - 弯折处量度差值,常见形式钢筋下料长度计算公式如下:

直钢筋下料长度 = 构件长度 - 保护层厚度 + 弯钩增长值

弯起钢筋下料长度 = 直段长度 + 斜段长度 - 弯折处量度差值 + 弯钩增长值

或弯起钢筋下料长度 = 构件长度 - 保护层厚度 + 弯起钢筋增加长度

　　　　　　　　　　　 - 弯折处量度差值 + 弯钩增长值

箍筋下料长度 = 构件周长 - 8×混凝土保护层厚度 + 8d + 弯钩增长值

　　　　　　　 - 弯折处量度差值

或箍筋下料长度 = 箍筋外包或内皮尺寸 + 箍筋调整值(非抗震箍)

对有连接接头的钢筋,还要考虑钢筋的搭接接头长度或加工时的余量。

6) 钢筋下料长度计算实例

【例 4.1】　某非抗震建筑物简支梁配筋图如图 4.34 所示,试计算钢筋下料长度。钢筋保护层厚度为 25 mm。(梁编号为 L_1 共 10 根)

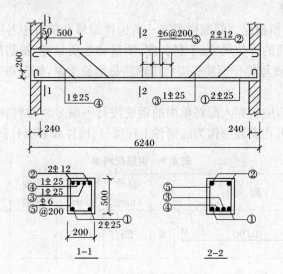

图 4.34　某简支梁配筋图

解:　各号钢筋形式见表 4.9。

(1) 号钢筋下料长度

　　$(6\ 240 - 2×25 + 2×200) - 2×2×25 + 2×6.25×25 = 6\ 803(mm)$

(2) 号钢筋下料长度

　　　　　　$6\ 240 - 2×25 + 2×6.25×12 = 6\ 340(mm)$

(3) 号钢筋下料长度

上直段钢筋长度　$240 + 50 + 500 - 25 = 765(mm)$

斜段钢筋长度　$(500 - 2×25)×1.414 = 636(mm)$

中间直段长度　$6\ 240 - 2×(240 + 50 + 500 + 450) = 3\ 760(mm)$

下料长度 $(765 + 636) \times 2 + 3\,760 - 4 \times 0.5 \times 25 +$

                           $2 \times 6.25 \times 25 = 6\,825\text{(mm)}$

(4) 号钢筋下料长度计算为 6 824(mm)

(5) 号钢筋(非抗震箍筋)下料长度

宽度 $200 - 2 \times 25 + 2 \times 6 = 162\text{(mm)}$

高度 $500 - 2 \times 25 + 2 \times 6 = 462\text{(mm)}$

下料长度为 $(162 + 462) \times 2 + 50 = 1\,298\text{(mm)}$

说明:上式中的"50"为箍筋调整值,可由表 4.7 查得。另外,箍筋的下料长度也可以由公式"箍筋下料长度 = 构件周长 − 8 × 混凝土保护层厚度 + 8d + 弯钩增长值 − 弯折处量度差值"求得,两种方法所求结果相差无几,这里不再具体求解,请读者自己动手算一算。

2. 编制料单

编制料单是指根据钢筋翻样图统一的构件编号和构件中各钢筋的编号绘制出简图,注明钢筋的外包尺寸、下料长度、质量和总质量等,钢筋配料单的形式见表 4.9。钢筋的质量等于钢筋长度乘以钢筋每米长质量,钢筋每米长质量可以查相关数据表得到。

钢筋加工前,应将列入配料单中的钢筋按每一编号制作料牌,既可作为钢筋加工的依据,又可在安装中作为区别各工程项目、构件和各编号钢筋的标志。

表 4.9 钢筋配料单

构件名称	钢筋编号	简 图	钢号	直径 (mm)	下料长度 (mm)	单根根数	合计根数	质量 (kg)
L_1梁 （ 共 10 根 ）	①	200┌─── 6190 ───┐	Φ	25	6803	2	20	523.75
	②	──── 6190 ────	Φ	12	6340	2	20	112.60
	③	765 636 3760	Φ	25	6825	1	10	262.76
	④	265 636 4760	Φ	25	6825	1	10	262.76
	⑤	162 / 462 □	φ	6	1298	32	320	92.21
合计		φ 6:92.21 kg; Φ 12:112.60 kg; Φ 25:1049.27 kg						

3．钢筋配料注意事项

（1）在设计图样中，钢筋配置的细节问题没有注明时，一般可按构造要求处理。

（2）配料计算时，应考虑钢筋的形状和尺寸，在满足设计要求的前提下应有利于加工安装。

（3）配料时，还应考虑施工需要的附加钢筋。

（4）配料时应根据钢筋连接形式增加接头长度，并考虑钢筋接头的位置及弯折点的关系，在配料单上注明接头的连接形式。

4.2.2.2　钢筋代换

钢筋的级别、种类和直径应按设计要求采用，如需代换，应办理设计变更文件。

1．钢筋代换原则

1）等强代换

当构件按强度控制时，可按代换前与代换后的钢筋强度相等的原则进行，代换公式为：

$$A_{s2}f_{y2} \geqslant A_{s1}f_{y1}$$

式中，A_{s2} 为代换后钢筋总面积，A_{s1} 为原设计钢筋总面积，f_{y2} 为代换后钢筋的设计强度，f_{y1} 为原设计钢筋的设计强度。

2）等面积代换

当构件按最小配筋率配筋时，可按钢筋面积相等的原则进行代换，代换公式为：

$$A_{s2} \geqslant A_{s1}$$

2．钢筋代换注意事项

（1）对于某些重要构件，如吊车梁、薄腹梁、桁架下弦等，不宜用 HPB235 级光圆钢筋代替 HRB335 级和 HRB400 级带肋钢筋，以免使用时裂缝宽度开展过大。

（2）钢筋代换后，应满足构造要求（如钢筋间距、最小直径、最少根数、锚固长度、对称性等）及设计中提出的特殊要求（如冲击韧度、抗腐蚀性等）。

（3）受力不同的钢筋应分别代换。

（4）同一截面内用不同直径、不同种类钢筋代换时，各钢筋间拉力差不宜过大，同品种钢筋直径差不应大于 5 mm，以防构件受力不均。

（5）当构件受裂缝宽度或抗裂性要求控制时，代换后应进行裂缝或抗裂性验算。

4.2.3 钢筋进场验收

(1) 对进场的每一批号钢筋必须检查其出场合格证、试验报告单、标牌、数量和外观质量,经检查符合要求的钢筋现场抽样送实验室检验。钢筋应分批取样试验,以同一炉(批)号、同一规格尺寸的热轧钢筋为一批,每批重不大于 60 t。

(2) 根据钢筋生产厂家附带材质证明书或试验报告单检查每批钢筋的外观质量(如裂缝、结疤、麻坑、气泡、砸碰伤痕及锈蚀情况等),并测量每批钢筋的代表直径。

(3) 在每批钢筋中,选取经表面检查和尺寸测量合格的两根钢筋,分别做拉力试验和冷弯试验。在拉力试验项目中,应包括屈服点、抗拉强度和伸长率三个指标,如有一个指标不符合规定,即为拉力试验项目不合格。钢筋冷弯试验后,不得有裂纹、剥落或断裂。钢筋经检验符合要求后方可使用。

(4) 钢筋取样时,钢筋端部要先截去 500 mm 再取试样,每组试样要分别标记,不得混淆。

4.2.4 钢筋调直、除锈

1. 钢筋调直

对局部曲折、弯曲或成盘的钢筋在使用前应加以调直。

直径较小(不大于 14 mm)的钢筋(盘圆)可采用调直机进行调直,也可采用卷扬机拉直。由于目前的大多数钢筋调直机,还同时具有除锈和自动切断功能,因此采用调直机者居多。当采用拉伸方法调直钢筋时,HPB235 级钢筋的拉伸率不宜大于 4%;HRB335、HRB400、HRB500、HRBF335、HRBF400、HRBF500 和 RRB400 钢筋不宜大于 1%。调直不应损伤带肋钢筋的横肋。

粗钢筋可采用锤直和扳直的方法调直。

2. 钢筋除锈

如果钢筋锈蚀得不是很严重,只有少量的黄色锈粉,采用麻布拭擦即可。如果钢筋表面出现锈皮则应进行除锈。钢筋除锈可用钢丝刷、砂盘和酸洗等方法,目前常用电动除锈机除锈或喷砂除锈。

经机械或冷拉调直的钢筋,一般不必再除锈;但若产生鳞片状锈斑时,则必须除锈。

4.2.5 钢筋下料切断

钢筋下料时须按照计算的下料长度予以切断。通常,钢筋的切断可采用钢筋切断机或手动切断器,也可采用砂轮机切割。钢筋切断机用于直径小于 40 mm

钢筋的切断,手动切断器用于直径小于 16 mm 钢筋的切断。若钢筋直径大于 40 mm,则应采用氧炔焰切割或砂轮切割机切割。一般情况下,提倡采用钢筋切断机,它不仅效率高、操作方便,而且适用面广。现代化的调直机已具备切断功能,但只用于小直径钢筋(一般为做箍筋用钢筋),不能适应整个钢筋工程施工需要。

钢筋下料时应将同规格钢筋根据不同长度长短搭配,统筹下料,一般是先断长料,后断短料,减少短头,减少损耗。断料时应避免用短尺量长料,应防止在量料中产生累计误差。为此,宜在工作台上标出尺寸刻度线并设置控制断料尺寸用的挡板。

4.2.6　钢筋弯曲成型

钢筋的弯曲可采用钢筋弯曲机弯曲和采用人工弯曲。常用的 GW40 型钢筋弯曲机(见图 4.35)可以弯制直径 6～40 mm 的钢筋。直径较小的钢筋还可以采用扳钩人工弯曲。

钢筋弯曲成型的工艺顺序是划线、试弯、弯曲成型。

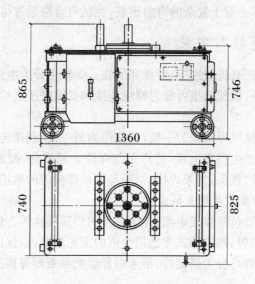

图 4.35　GW40 型钢筋弯曲机

1. 划线

钢筋弯曲前,对形状复杂的钢筋(如弯起钢筋),根据钢筋配料单上标明的尺寸,用石笔将各弯曲点位置划出。划线时应注意:

(1) 根据不同的弯曲角度扣除弯曲调整值(见表 4.7),其扣法是从相邻两段

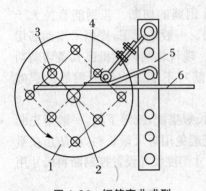

图 4.36　钢筋弯曲成型
1—工作盘;2—心轴;3—成型轴;
4—可变挡架;5—插座;6—钢筋

长度中各扣一半。

(2) 钢筋端部带半圆弯钩时,该段长度划线时增加 0.5d(d 为钢筋直径)。

(3) 划线工作宜从钢筋中线开始向两边进行;两边不对称的钢筋,也可从钢筋一端开始划线,如划到另一端有出入时,则应重新调整。

2. 弯曲成型

钢筋在弯曲机上成型时,心轴直径应是钢筋直径的 2.5~16 倍。光圆钢筋不小于 2.5 倍,335 Mpa、400 Mpa 级带肋钢筋不小于 4 倍,500 Mpa 级 28 mm 以下的不小于 6 倍,28 mm 以上的不小于 7 倍,框架结构顶层梁上部纵向钢筋和柱外侧纵向钢筋节点角部弯折处 28 mm 以下的不小于 12 倍、28 mm 以上的不小于 16 倍。成型轴宜加轴套,以便适应不同直径的钢筋弯曲需要。弯曲细钢筋时,为了使弯弧一侧的钢筋保持平直,应使用可变挡架或固定挡架(加铁板调整),如图 4.36 所示。对于复杂的弯曲钢筋,经试弯合格后方可成批弯制。

4.2.7　钢筋连接与安装

钢筋连接的方法有机械连接、焊接和绑扎。焊接可分为电弧焊、电渣压力焊、闪光对焊、气压焊等;机械连接可分为螺纹连接和套筒挤压连接。

4.2.7.1　电弧焊

钢筋的电弧焊是以焊条作为一极,钢筋作为另一极,利用送出的低压强电流,使焊条与焊件之间产生高温电弧,将焊条与焊件金属熔化,凝固后形成一焊缝或接头,它是钢筋接长、接头、骨架焊接、钢筋与钢板焊接等的常用方法。

1. 电弧焊工艺参数及接头形式

电弧焊工艺参数包括焊接电流、焊条直径和焊接层次等。焊接时应根据钢筋级别和直径、焊接位置、接头形式等选用合适的工艺参数,以保证焊接质量。

现场钢筋电弧焊可分为搭接焊、帮条焊和熔槽帮条焊等接头形式。

1) 搭接焊和帮条焊

搭接焊和帮条焊可用于 HPB235、HRB335、HRB400 级钢筋的焊接,焊接时宜采用双面焊;不能进行双面焊时,也可采用单面焊,见图 4.37。钢筋搭接(帮条)长度见表 4.10。

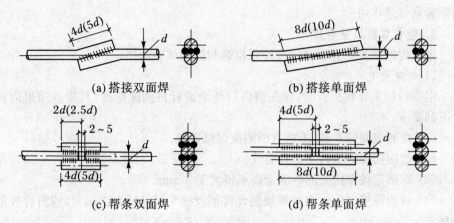

(a) 搭接双面焊   (b) 搭接单面焊

(c) 帮条双面焊   (d) 帮条单面焊

图 4.37 钢筋搭接(帮条)焊接头

钢筋搭接(帮条)接头的焊缝厚度应不小于主筋直径的 0.3 倍;焊缝宽度不小于主筋直径的 0.8 倍。

表 4.10 钢筋搭接(帮条)长度

项　次	钢筋级别	焊缝形式	搭接(帮条)长度 l
1	Ⅰ级	单面焊	≥8d
		双面焊	≥4d
2	Ⅱ、Ⅲ级	单面焊	≥10d
		双面焊	≥5d

2) 熔槽帮条焊

熔槽帮条焊适用于直径大于或等于 25 mm 的钢筋现场安装焊接。操作时把两钢筋水平放置,将一角钢作垫模,见图 4.38。熔槽帮条焊的工艺要点如下:

(1) 垫模角钢的边长约 40~60 mm,长度为 80~100 mm。

(2) 钢筋端头加工平整,两根钢筋端要的间隙为 10~16 mm。

(3) 熔槽焊接电流宜稍大,从接缝根部引弧后连续施焊,形成熔池,使钢筋端部熔合良好。

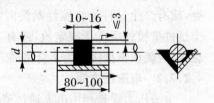

图 4.38 熔槽帮条焊接头

(4) 每焊完一根焊条后,应将焊渣清除干净,然后再焊,对焊缝高和宽加强 2~3 mm。

(5) 钢筋与角钢垫模的贴合两侧应焊 1~3 道填角焊缝,长度与角钢相同,使角钢起到帮条作用。

2. 电弧焊的质量检查

电弧焊的质量检查主要包括外观检查和拉伸试验两项。

1) 外观检查

电弧焊接头外观检查时,应在清渣后逐个进行目测或量测,其检查结果应符合下列要求:

(1) 焊缝表面应平整,不得有凹陷或焊瘤现象。

(2) 焊接接头区域内不得有裂纹。

(3) 熔槽帮条焊接头的焊缝余高不得大于 3 mm。

(4) 咬边深度、气孔、夹渣等缺陷允许值及接头尺寸的允许偏差,应符合规范的规定。

外观检查不合格的接头,经修整或补强后可提交二次验收。

2) 拉伸试验

电弧焊接头进行拉伸试验时,应按下列规定抽取试件:在一般构筑物中,从成品中每批随机切取 3 个接头进行拉伸试验;在装配式结构中,可按生产条件制作模拟试件;在工厂焊接条件下,以 300 个同接头形式、同钢筋级别的接头为一批;在现场安装条件下,每 1～2 层中以 300 个同接头形式、同钢筋级别的接头为一批,不足 300 个时,仍作为一批。

电弧焊接头拉伸试验的结果应符合下列要求:

(1) 3 个热轧钢筋接头试件的抗拉强度均不得低于该级别钢筋规定的抗拉强度;余热处理Ⅲ级钢筋接头试件的抗拉强度均不得低于热轧Ⅲ级钢筋规定的抗拉强度 570 MPa。

(2) 3 个接头试件均应断于焊缝之外,并应至少有 2 个试件呈延性断裂。

当试验试件中有 1 个试件的抗拉强度值小于规定值,或有 1 个试件断于焊缝处,或有 2 个试件发生脆性断裂时,应再取 6 个试件进行复检。复检结果当有 1 个试件抗拉强度低于规定值,或有 1 个试件断于焊缝处,或有 3 个试件呈脆性断裂时,应确认该批接头为不合格品。

4.2.7.2　电渣压力焊

电渣压力焊是利用电流通过渣池产生的电阻热将钢筋端部熔化,然后施加压力使钢筋焊合。它适用于钢筋混凝土结构中的大直径竖向或斜向(倾斜度在 4∶1 范围内)钢筋的对接。电渣压力焊如图 4.39 所示。

1. 电渣压力焊工艺

钢筋电渣压力焊工艺须经过引弧、电弧、电渣和顶压 4 个过程连续进行,具体施工工艺流程为:钢筋卡装→焊前准备→引弧→电弧过程→电渣过程→顶压→保温、降温→拆装机具→敲掉焊剂包。

1）引弧

开始时，被焊钢筋呈断路状态。一旦接通电源，上下钢筋被施加焊接电压后迅速将钢筋提起，使两端头之间的距离为 2～4 mm，此时在电压的作用下即产生局部电弧。

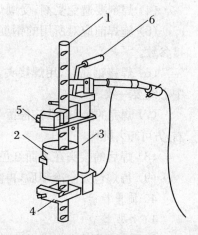

2）电弧过程

电弧过程也称电弧稳定燃烧过程。局部电弧燃烧后，保持两钢筋被施加的电压在 35～45 V 之间，使电弧稳定燃烧。这时，两钢筋端头由局部电弧逐步扩大，钢筋端头周围的焊剂也被熔化。熔化的钢水被焊剂托住，在端头形成熔池。熔化的焊剂逐渐形成渣池。

图 4.39　电渣压力焊
1—钢筋；2—焊剂盒；3—单导柱；
4—固定夹头；5—活动夹头；6—手柄

3）电渣过程

当渣池形成一定深度后，将上钢筋逐步下送，直接深入到渣池之中，这时电弧熄灭，开始进入电渣过程，由电渣熔炼钢筋端部。

4）顶压

当电渣过程到达一定时间后，钢筋端头一般熔化量已经满足要求，上、下钢筋一般各熔化 15～20 mm。这时，把上钢筋迅速下送，使上钢筋端头压入金属熔池，大部分熔化的钢水被挤出端部，在施加一定的顶压压力同时断电，被挤出的钢水包在上、下钢筋端头周围，熔池也包在周围，未熔焊剂包敷在外围形成焊包。切断电源，冷却，敲去渣壳形成接头。

2.焊接工艺参数

电渣压力焊焊接工艺参数有焊接电流、焊接电压和通电时间。采用 HJ431 焊剂时，宜符合相关规定。采用专用焊剂或自动电渣压力焊机时，应根据焊剂或焊机使用说明书中的推荐数据，由试验确定。

3.注意事项

钢筋电渣压力焊焊接注意事项主要有：

（1）焊工须经培训考核合格后方可进行规定钢筋级别和直径的电渣压力焊作业。

（2）所用钢筋要有合格证和复试报告，且符合国家标准及设计要求。

（3）钢筋端头必须清理干净，以保证良好的导电性，端头的弯曲部位应校直或切除。

（4）焊剂要避免受潮,受潮焊剂焊接前必须按规定进行烘烤。

（5）施焊前应对所用的钢筋进行试焊,并对试件做拉伸试验,确定合适的焊接参数。

（6）焊接钢筋时,用焊接夹具分别钳固上下待焊接的钢筋,上下钢筋安装时,中心线要一致。

（7）焊完的接头最少应停留 20 s 左右,方可回收剩余的焊剂;最少应停留 60 s 左右,方可卸去机具。

（8）焊后的接头在表面红色消失前,不允许碰上雨、水、雪等,以防接头脆化。

（9）待焊包完全冷却后,再敲去渣壳。

4. 质量检验

1）外观检查

钢筋电渣压力焊接头应逐个进行外观检查,结果应符合下列要求:

（1）焊包较均匀,突出部分最少高出钢筋表面 4 mm。

（2）电极与钢筋接触处,无明显烧伤缺陷。

（3）接头处的弯折角不大于 3°。

（4）接头处的轴线位移应不超过 0.1 倍钢筋直径,同时不大于 2 mm。

（5）外观检查不合格的接头应切除重焊或采取补救措施。

2）力学性能检验

钢筋电渣压力焊接头进行力学实验时,应按下列规定作为一个检验批次:

（1）在现浇钢筋混凝土结构中,应以 300 个同牌号钢筋接头作为一批。

（2）在房屋结构中,应在不超过二楼层中 300 个同牌号钢筋接头作为一批;当不足 300 个接头时,仍应作为一批。

从每批接头中随机切取 3 个试件作拉伸试验,3 个试件的抗拉强度均不得低于该级别钢筋规定的抗拉强度。当试验结果有 1 个试件的抗拉强度低于规定值,应再取双倍试件进行复验。复验结果如仍有 1 个试件的抗拉强度低于规定值,应确认该批接头为不合格。

4.2.7.3　闪光对焊

钢筋闪光对焊工艺广泛应用于钢筋混凝土结构工程中 HPB235、HRB335、HRB400、HRB500 级粗钢筋的水平对接。钢筋闪光对焊示意图见图 4.40。

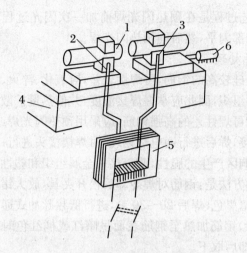

图 4.40　钢筋对焊示意图

1—钢筋；2—固定电极；3—可动电极；4—机座；5—变压器；6—平动顶压设备

1. 操作工艺

根据所用焊机容量的大小及钢筋品种、直径等不同，闪光对焊可分为连续闪光焊、预热闪光焊、闪光—预热闪光焊等不同工艺。

1）连续闪光焊

当钢筋的直径较小、牌号较低，焊机容量较大时，可采用"连续闪光焊"。施焊时，闭合电路后，使两钢筋端面轻微接触，此时钢筋端面的间隙中即喷射出火花般的熔化金属微粒即产生闪光，接着缓缓移动钢筋使两端面仍保持轻微接触，形成连续闪光。当闪光到预定的长度，使钢筋端头加热到将近熔点时，即以一定的压力迅速顶锻，稍后再断电顶锻到一定长度后焊接接头即完成。

2）预热闪光焊

当钢筋的直径较大或牌号较高时，焊机容量较小且钢筋端面较平整时，宜采用"预热闪光焊"。此方法实际上是在连续闪光焊之前，增加一个预热过程，以扩大焊接端部热影响区。当钢筋端部达到预热温度后，随即进行连续闪光和顶锻（均同连续闪光焊），完成焊接。

预热闪光焊的预热方法有连接闪光预热和电阻预热两种。连接闪光预热是使两钢筋面轻微地交替接触和分开，发出断续闪光来实现预热。电阻预热是在两钢筋端面一直紧密接触用脉冲电流或交替紧密接触与分开，产生电阻热（不闪光）来实现预热，此方法所需功率较大。

3）闪光—预热闪光焊

当钢筋的直径较大、牌号较高，可焊性差且端面不平整时，应采用"闪光—预热闪光焊"。其工艺过程是在预热闪光焊前加一次闪光过程。施焊时,应先进行连续闪光将钢筋端部闪平,然后同预热闪光焊。

4) 焊后通电热处理

对于含碳、锰、硅较高的钢筋,可焊性较差,对氧化、淬火、过热比较敏感,易产生氧化缺陷和脆性组织,因此应掌握焊接温度,并使热量扩散区加长,以防接头局部过热造成脆断。可焊性差的高强钢筋,应采用预热闪光焊或闪光—预热闪光焊工艺,用强电流焊接,焊后进行通电热处理,对焊接接头进行一次退火或高温回火处理,以消除热影响区产生的脆性,改善接头金属组织和塑性。

通电热处理的方法是:钢筋对焊冷却后松开夹具,放大钳口距离,重新夹住钢筋,待接头冷却到暗黑色(焊后 20～30 s),进行低频脉冲式通电加热处理(频率约2 次/s,通电 5～7 s)钢筋加热至钢筋表面呈暗红或橘红色时,通电结束。然后松开夹具,待钢筋冷却后取下。

2. 闪光对焊注意事项

(1) 对焊前应清除钢筋端头约 150 mm 范围的铁锈污泥及钢筋与电极表面污泥、铁锈等,防止夹具和钢筋间接触不良而引起"打火"。钢筋端头有弯曲应予调直及切除。

(2) 当调换焊工或更换焊接钢筋的规格和品种时,应先制作对焊试件(不少于 2 个)进行冷弯试验,合格后方能成批焊接。

(3) 焊接参数应根据钢筋特性、气温高低、电压、焊机性能等情况由操作焊工自行修正。

(4) 焊接完成,应保持接头红色变为黑色才能松开夹具,平稳地取出钢筋,以免引起接头弯曲。

(5) 不同直径钢筋对焊,其两截面之比不宜大于 1.5 倍。

(6) 钢筋焊接半成品按规格型号分类堆放整齐,堆放场所应有遮盖,防止日晒雨淋。

3. 质量检验

闪光对焊接头的质量检验,应分批进行外观检查和力学性能检验。其检验批划分如下:

(1) 在同一台班内,由同一焊工完成的 300 个同牌号、同直径钢筋焊接接头应作为一批。

(2) 当同一台班内焊接的接头数量较少,可在一周之内累计计算;累计仍不足 300 个接头时,应按一批计算。

1) 焊接接头外观检查的要求

闪光对焊接头外观检查结果,应符合下列要求:

（1）接头处不得有横向裂纹。

（2）与电极接触处的钢筋表面不得有明显烧伤；

（3）接头处的弯折角不得大于 3°。

（4）接头处的轴线偏移不得大于钢筋直径的 0.1 倍且不得大于 2 mm。

2）力学性能检验

力学性能检验时，应从每批成品中切取 6 个试件，3 个进行拉伸试验，3 个进行弯曲试验。如果有一根不合格，则加倍取样，重做试验，若仍有一根不合格则该批接头为不合格品。

4.2.7.4　气压焊

钢筋气压焊是采用氧气乙炔火焰或其他火焰将两钢筋对接处加热，使其达到塑性状态或熔化状态后，加压完成的一种对焊方法。该焊接工艺适用于现浇钢筋混凝土中直径为 20～40 mm 的 HPB235 级、HRB335 级和部分 HRB400 级钢筋任意方向和任意位置的焊接施工。钢筋气压焊的焊接设备如图 4.41 所示。

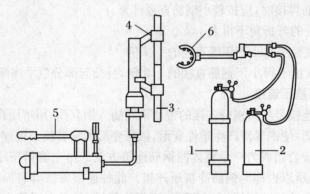

图 4.41　钢筋气压焊设备组成

1—氧气瓶；2—乙炔瓶；3—钢筋；4—焊接夹具；5—加压器；6—多嘴环形加热器

1．操　作　工　艺

（1）施焊前，应将钢筋端面附近的铁锈、油污、泥浆等附着物清刷干净，并将钢筋端面打磨平整。

（2）将所需焊接的两根钢筋用焊接夹具分别夹紧并调整对正，两钢筋的轴线要在同一直线上。

（3）施加初始轴向压力将钢筋顶紧，两钢筋间局部位置出现的缝隙不得大于 3 mm。

（4）先用碳化焰开始施焊，火焰的形状要充实，使内焰包住缝隙，防止端面产生氧化。当两根钢筋端面的缝隙完全闭合后，须将火焰调整为中性焰，以加快加热速度。

（5）当钢筋加热到所需的温度时,操作加压器使夹具对钢筋再次施加至 30～40 MPa 的轴向压力,使钢筋接头墩粗区形成合适的形状后停止加热。

（6）当钢筋接头处温度降低,即接头处红色大致消失后,可卸除压力,然后拆下夹具。

2. 质量检验

钢筋气压焊接头的质量检验,应分批进行外观检查和力学性能检验。

检验批的规定为:在现浇钢筋混凝土结构中,应以 300 个同牌号钢筋接头作为一批;在房屋结构中,应在不超过二楼层中 300 个同牌号钢筋接头作为一批;当不足 300 个接头时,仍应作为一批。

钢筋气压焊接头的力学性能检验此处从略,这里仅介绍一下外观检查。

钢筋气压焊接头的外观检查结果,应符合下列要求:

（1）接头处的轴线偏移不得大于钢筋直径的 0.15 倍,并且不得大于 4 mm。当不同直径钢筋焊接时,应按较小钢筋直径计算。

（2）接头处的弯折角不得大于 4°。

（3）墩粗直径不得小于钢筋直径的 1.4 倍。

（4）墩粗长度不得小于钢筋直径的 1.0 倍,且凸起部分应平缓圆滑。

4.7.2.5　套筒挤压连接

套筒挤压连接是将两根待连接的带肋钢筋插入钢套筒,用挤压设备沿径向或轴向挤压钢套筒,使钢套筒产生塑性变形,依靠变形的钢套筒与被连接钢筋的纵、横肋产生机械咬合而成为一个整体的钢筋连接方法。由于套筒挤压连接是在常温下挤压连接,所以也称为钢筋冷挤压连接。此种连接方法具有操作简单、容易掌握、对中度高、连接速度快、安全可靠、不污染环境、施工文明等优点,适用于钢筋混凝土结构中 HRB335 级、HRB400 级和 RRB400 级直径为 16～40 mm 钢筋的连接,如图 4.42 所示。

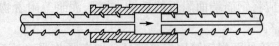

图 4.42　套筒冷挤压连接接头

套筒挤压连接的安装质量应满足一下要求:

（1）钢筋端部不得有局部弯曲,不得有严重锈蚀和附着物。

（2）钢筋端部应有检查插入套筒深度的明显标记,钢筋端头离套筒长度中点不宜超过 10 mm。

（3）挤压应从套筒中央开始，依次向两端挤压，压痕直径的波动范围应控制在允许波动范围内。

（4）挤压后的套筒不得有肉眼可见裂纹。

4.7.2.6　螺纹连接

钢筋的螺纹连接接头形式有锥螺纹连接接头和直螺纹连接接头两种，分别见图 4.43 和图 4.44。其中，直螺纹连接接头又分为镦粗直螺纹接头和滚轧直螺纹接头。钢筋螺纹连接接头适用于钢筋混凝土结构中 HRB335、HRB400 和 HRB500 级直径为 16～40 mm 钢筋的连接。

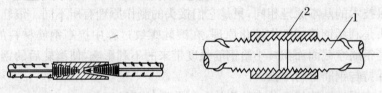

图 4.43　锥螺纹接头　　　　图 4.44　钢筋直螺纹连接接头

1—待接钢筋；2—套筒

1. 锥螺纹接头

锥螺纹接头是通过钢筋端头特制的锥形螺纹和连接件锥螺纹咬合形成的接头。

1）操作工艺

锥螺纹钢筋接头是先在施工现场或钢筋加工厂，用锥螺纹钢筋接头用滚丝机，把钢筋的连接端头加工成锥螺纹，然后通过锥螺纹连接套，用力矩扳手按规定的力矩值把钢筋和连接套拧紧在一起。

2）施工注意事项

（1）锥螺纹钢筋接头套丝及连接钢筋的操作人员必须经过培训、考核，持证上岗。

（2）连接套规格必须与钢筋一致。

（3）接连钢筋时必须将力矩扳手调到规定拧紧值，不要超过扭紧力矩值。

（4）被连接的钢筋套丝质量经检验合格后，成品用塑料保护盖保护。

2. 镦粗直螺纹接头

镦粗直螺纹接头是通过钢筋端头镦粗后制作的直螺纹和连接件螺纹咬合形成的接头。钢筋的镦粗方式可分为热镦和冷镦两种形式。热镦是通过电磁波产生 900 ℃以上高温使钢筋端头加热，再用模具镦压，从而使接头变粗；冷镦是在常温下通过机械模具的挤压而使钢筋端头变粗。由于热镦工艺需在室内环境下进行，电力消耗大、工艺复杂、加工成本高，而冷镦工艺则只需在常温下进行，工艺简单，不受环境影响，因此在国内已被广泛采用。

镦粗直螺纹接头的技术内容主要包括钢筋镦粗技术和直螺纹制作技术。钢筋的镦粗是采用专用的钢筋镦头机来实现的,镦头机为液压设备,由高压油泵作为动力源。钢筋的直螺纹制作方法有两种:切削螺纹(用专用钢筋直螺纹套丝机对钢筋镦粗段加工直螺纹)和剥肋滚轧螺纹(用专用钢筋直螺纹滚丝机对钢筋镦粗段加工直螺纹)。

3. 滚轧直螺纹接头

滚轧直螺纹接头是通过钢筋端头直接滚轧或剥肋后滚轧制作的直螺纹和连接件螺纹咬合形成的接头。滚轧直螺纹钢筋连接技术的基本原理与镦粗直螺纹钢筋连接技术的基本原理相同,只是它们接头的制作原理有所不同。滚轧直螺纹钢筋接头是利用钢筋的冷作硬化原理,在滚轧螺纹过程中提高钢筋材料的强度,用来补偿钢筋净截面面积减小给钢筋强度带来的不利影响,使滚轧后的钢筋接头能基本保持与钢筋母材等强。

滚轧直螺纹钢筋接头分直接滚轧和剥肋滚轧两种工艺:

1) 直接滚轧工艺

主要工艺包括:钢筋端部切平,专用滚丝机对端部滚丝,用连接套筒对接钢筋。

2) 剥肋滚轧工艺

主要工艺包括:钢筋端部切平,专用剥肋滚丝机对端部剥肋、滚丝,连接套筒对接钢筋。

4.2.7.7　绑扎安装

钢筋现场绑扎前应熟悉施工图纸,核对成品钢筋的级别、直径、形状、尺寸和数量,核对料单和料牌,如有错漏应予纠正或增补,同时准备好绑扎用的铁丝(20～22号镀锌铁丝或火烧丝)、绑扎工具(绑扎钩、小撬棍、起拱扳子、折尺或卷尺、白粉笔)、绑扎架、专用运输机具等。对形状复杂的结构部位,应研究好钢筋穿插就位的顺序及与模板等其他专业配合的先后次序。

1. 操作工艺

1) 基础

(1) 钢筋网靠近外围两行钢筋交叉点应每点扎牢,中间部分交叉点可间隔交错扎牢;双向受力钢筋交叉点则需全部扎牢。相邻绑扎点的铁丝扣要成八字形,以免网片歪斜变形。

(2) 钢筋绑扎接头的钢筋搭接处,应在中心和两端用铁丝扎牢。

(3) 基础底板采用双层钢筋网时,在上层钢筋网下面设置钢筋撑脚或混凝土柱(墩),间距0.8～1.0 m以保证上、下层钢筋位置的正确。

(4) 有弯钩的钢筋,弯钩应向内,不要倒向一边。

（5）独立柱基础的钢筋网双向弯曲受力，一般短向钢筋应放在长向钢筋的上边。

（6）现浇柱与基础连接的箍筋应比柱的箍筋缩小一个柱筋的直径，以便连接。

2）柱

（1）竖向钢筋的弯钩应朝向柱心，角部钢筋的弯钩平面与模板面夹角，对矩形柱应为 45°角，截面小的柱，用插入振动器时，弯钩和模板所成的角度不应小于 15°。

（2）箍筋的弯钩叠合处应交错排列垂直放置。箍筋转角与竖向钢筋交叉点均应扎牢（箍筋平直部分与竖向钢筋交叉点可间隔交错扎牢），绑扎时铁丝扣要相互成八字形绑扎。

（3）下层柱的竖向钢筋露出楼面部分，宜用工具或柱箍将其收进一个柱筋直径，以利上层柱的钢筋搭接，当上下层柱截面有变化时，其下层柱钢筋的露出部分，必须在绑扎梁钢筋之前，先行收分准确。

（4）安放保护层：用砂浆垫块时垫块应绑在竖筋外皮上，用塑料卡时应卡在外排钢筋上，间距约 1 m。

3）墙

（1）墙壁的垂直钢筋和水平钢筋每段长度不宜过长，以利绑扎。

（2）墙的钢筋网绑扎同基础，钢筋的弯钩应朝向混凝土内。

（3）采用双层钢筋网时，在两层钢筋间应设置撑铁，以固定钢筋间距。撑铁可用直径 6～10 mm 的钢筋制成，长度等于两层网片的净距，间距约为 1 m，相互错开排列。

（4）墙的钢筋，可在基础钢筋绑扎之后浇注混凝土前插入基础内。

（5）墙钢筋的绑扎，同柱一样也应在模板安装前进行。

（6）墙钢筋保护层安放也同柱。

4）梁与板

（1）纵向受力钢筋出现双层或多层排列时，两排钢筋之间应垫以直径 25 mm 的短钢筋，如纵向钢筋直径大于 25 mm 时，短钢筋直径规格与纵向钢筋相同规格。

（2）箍筋的接头应交错设置，并与两根架立筋绑扎，悬臂挑梁则箍筋接头在下，其余做法与柱相同。

（3）板的钢筋网绑扎与基础相同，但应注意板上部的负钢筋要防止被踩下；特别是雨篷、挑檐、阳台等悬臂板，要严格控制负筋位置。

（4）板、次梁与主梁交叉处，板的钢筋在上，次梁的钢筋在中层，主梁的钢筋在下,当有圈梁或垫梁时,主梁钢筋在上。

(5)楼板钢筋的弯起点,如加工厂(场)在加工没有起弯时,设计图样又无特殊注明的,可按以下规定弯起钢筋,板的边跨支座按跨度 $L/10$ 为弯起点。板的中跨及连续多跨可按支座中线 $L/6$ 为弯起点。

(6)框架梁节点处钢筋穿插十分稠密时,应注意梁顶面主筋间的净间距要留有 30 mm,以利灌注混凝土。

(7)钢筋的绑扎接头应符合下列规定:

(i)搭接长度的末端距钢筋弯折处,不得小于钢筋直径的 10 倍,接头不宜位于构件最大弯矩处。

(ii)受拉区域内,HPB235 级钢筋绑扎接头的末端应做弯钩,HRB335、HPB400 级钢筋可不做弯钩。

(iii)直径不大于 12 mm 的受压 HPB235 级钢筋的末端以及轴心受压构件中任意直径的受力钢筋的末端,可不做弯钩,但搭接长度不应小于钢筋直径的 35 倍,且钢筋搭接处应在中心和两端用铁丝扎牢。

(iv)受拉钢筋绑扎接头的搭接长度,应符合规范规定,受力钢筋绑扎接头的搭接长度,应取受拉钢筋绑扎接头搭接长度 0.7 倍。

(v)受拉焊接骨架和焊接网绑扎接头的搭接长度应符合规范规定。受力钢筋的混凝土保护层厚度,应符合设计要求。

(8)安放保护层:保护层垫块或钢筋小马凳(用于板上层钢筋),一般 1 m² 一个,垫在主筋下面。

2. 质量检验

钢筋安装完毕后,应进行质量检查和验收,包括以下内容:

(1)钢筋的钢号、直径、形状、尺寸、根数、间距和锚固长度是否与设计图纸相符,特别要注意检查负筋的位置。

(2)钢筋的接头位置及搭接长度是否符合规定。

(3)混凝土保护层是否符合要求。

(4)钢筋表面是否清洁,绑扎是否牢固,有无松动、变形现象。

(5)绑扎、安装钢筋时的允许偏差,是否符合规范规定(见表 4.11)。

表 4.11　钢筋安装位置的允许偏差和检验方法

项目		允许偏差(mm)	检验方法
绑扎钢筋网	长、宽	±10	钢尺检查
	网眼尺寸	±20	钢尺量连续三档,取最大值

项目			允许偏差（mm）	检验方法
绑扎钢筋骨架	长		±10	钢尺检查
	宽、高		±5	钢尺检查
受力钢筋	间距		±10	钢尺量两端、中间各一点，取最大值
	排距		±5	
	保护层厚度	基础	±10	钢尺检查
		柱、梁	±5	钢尺检查
		板、墙、壳	±3	钢尺检查
绑扎箍筋、横向钢筋间距			±20	钢尺量连续三档，取最大值
钢筋弯起点位置			20	钢尺检查
预埋件	中心线位置		5	钢尺检查
	水平高差		0～3	钢尺和塞尺检查

　　钢筋工程属于隐蔽工程，在浇注混凝土前应对钢筋及预埋件进行验收，并作好隐蔽工程验收记录。

4.2.8　钢筋工程施工质量控制与安全技术

4.2.8.1　钢筋工程施工质量控制

　　钢筋工程施工质量的好坏受钢筋原材料、钢筋存放情况、钢筋加工质量以及钢筋安装质量等各种因素的影响。若要做好钢筋工程施工质量控制，必须牢牢把握住以上各个环节。

　　1. 钢筋原材料质量控制

　　钢筋运至施工现场，应附有质量合格证、试验报告单，并按规定进行力学性能检验和外观检验。相关内容详见 4.2.3 节。

　　2. 钢筋存放质量控制

　　(1) 钢筋应尽量堆放在仓库或料棚内。条件不具备时，应选择地势较高、平坦坚实的场地堆放。场地或仓库周围要设排水沟，以防积水。堆放时，钢筋下面要设垫木，离开地面 200 mm 以上，以防钢筋锈蚀。

　　(2) 钢筋应避免和酸、盐、油等类物品存放在一起，同时堆放地点不要靠近产生有害气体的车间，以免受到污染和腐蚀。

　　(3) 成型钢筋、钢筋网片应按指定地点堆放，用垫木垫放整齐，防止压弯变形。成型钢筋不准踩踏,特别注意负筋部位。钢筋骨架绑扎时铁线应绑成八字形,以免歪斜变形。

3. 钢筋搬运时质量控制

搬运钢筋时,要注意避免受到碰撞。钢筋骨架吊运时,应力求平稳,钢筋骨架用"铁扁担"起吊,吊点应根据骨架外形预先确定,骨架各钢筋交点要绑扎牢固,必要时焊接牢固。

4. 钢筋加工时质量控制

钢筋加工包括调直、下料切断、弯曲、连接等。

1) 钢筋调直

钢筋调直质量好坏将直接影响其弯曲成型质量以及安装绑扎质量。因此,要把握好钢筋调直的质量。

2) 钢筋下料切断

钢筋下料过长既浪费材料,又会造成露筋等质量问题。钢筋切断时切口质量将会影响钢筋焊接或机械连接的质量。因此,钢筋下料切断质量须满足施工要求。同样,钢筋的弯曲、连接质量也须满足工程施工的要求。总之,钢筋加工质量须严格控制。

4.2.8.2 钢筋工程施工安全技术

(1) 展开盘圆钢筋时要一头卡牢,防止回弹。

(2) 调直钢筋时,在机器运转中不得调整滚筒,严禁戴手套操作,调直到末端时,人员必须躲开,以防钢筋甩动伤人。

(3) 使用除锈机除锈时应戴口罩和手套,带钩的钢筋禁止上机除锈。

(4) 绑扎墙、柱钢筋时应搭设适合的作业架,不得站在钢筋骨架上或攀钢筋骨架上下。

(5) 高大钢筋骨架应设临时支撑固定,以防倾倒。

(6) 高空安装钢筋时,不要将钢筋集中堆放,还要检查支撑是否牢固,以保安全。

(7) 上机弯曲长钢筋时,应有专人扶住并站于弯曲方向的外侧,调头弯曲时,防止碰撞人、物。

(8) 使用切断机断料时不能超过机械的负载能力,在活动刀片前进时禁止送料,手与刀口的距离不得少于 150 mm。

(9) 焊接设备应有完整的保护外壳,一、二次接线柱外应有防护罩。

(10) 在现场使用的电焊机应设有防雨、防潮、防晒的机棚,并备有消防用品。

(11) 施焊现场的 10 m 范围内,不得堆放氧气瓶、乙炔瓶、木材等易燃物。

(12) 作业后应清理场地、灭绝火种、切断电源和锁好闸箱。

学习单元 4.3　混凝土工程

▌ 工作任务表 ▐

能力目标	主讲内容	学生完成任务
通过学习训练,使学生初步具有组织现场混凝土浇注、养护施工,并进行质量控制与的能力	着重介绍了混凝土配料、运输、浇注、振捣与养护的方法以及质量要求	结合学校周边项目,完成该项目混凝土工程施工方案

混凝土工程施工的核心任务是要实现混凝土的强度、抗裂、抗渗等性能要求,确保结构的整体性。

混凝土工程施工包括混凝土的配制、搅拌、运输、浇注、振捣(密实成型)和养护等工序,各个工序之间相互联系、相互影响,无论哪一道工序若处理不当都会影响混凝土的最终质量。因此,在施工过程中必须严格按照规范要求把握好每个施工环节,以确保混凝土工程的施工质量。

4.3.1　混凝土配料

混凝土配料,应保证硬化后的混凝土制品能够达到设计要求的强度等级,满足和易性、均匀性的要求,符合节约水泥、合理使用材料的原则。有时,还应使混凝土满足耐腐蚀、防水、抗冻、快硬和缓凝等特殊要求。为此,在配制混凝土时,必须了解所需混凝土的主要性能,重视原材料的选择和使用,严格控制施工配料,正确确定搅拌机的工作参数。

1. 混凝土的原材料

水泥的品种、强度等级较多,不同品种、不同强度等级的水泥,其性能亦不相同。因此,为了充分发挥各种水泥的特点,以改善混凝土的质量和施工条件,在配制混凝土时应根据工程性质和施工需要,选用不同品种和强度的水泥。

水泥进场时应对品种、级别、包装或散装仓号、出厂日期等进行检查,并对其强度、安定性及其他必要的性能指标进行复验,其质量必须符合现行国家标准的规定。当使用中对水泥质量有怀疑或水泥出厂超过 3 个月(快硬硅酸盐水泥超过 1 个月)时,应进行复验,并依据复验结果使用。

混凝土中的粗细骨料、拌和水、外加剂、矿物掺合料的质量应符合国家标准和有关环境保护的规定。矿物掺合物的掺量应通过试验确定。

2. 混凝土的配制强度

为了保证混凝土能够达到设计要求的强度等级，又考虑到实际施工条件与实验室条件的差别，故在混凝土配合比设计时，必须使混凝土的配制强度高于设计强度等级。根据《混凝土结构工程施工规范》的规定，当设计强度低于 C60 时，配制强度 $f_{cu,o}$ 可按下式计算。

$$f_{cu,o} = f_{cu,k} + t\sigma$$

式中，$f_{cu,o}$ 为混凝土的配置强度（MPa）；$f_{cu,k}$ 为混凝土的设计强度等级（MPa）；t 为强度保证率系数，当强度保证率为 95% 时，$t=1.645$；σ 为混凝土强度标准差（MPa）。σ 可根据施工单位以往的生产质量水平进行测算，如施工单位无历史统计资料时，可按表 4.12 选用。

表 4.12　σ 取值表

混凝土强度等级	<C20	C25~C45	C50~C55
σ(MPa)	4.0	5.0	6.0

当设计强度高于 C60 时，$f_{cu,o} \geq 1.15 f_{cu,k}$。

3. 施工配合比换算

混凝土施工配制强度确定后，根据原材料的性能以及对混凝土的技术要求进行初步计算，得出初步配合比；再经实验室试拌调整，得出满足和易性、强度和耐久性要求的较经济合理的实验室配合比。实验室配合比是以干燥材料为基准的，而工地存放的砂、石骨料往往都含有一定的水分，所以，现场材料的实际称量应按工地砂、石的含水情况进行调整，调整后的配合比，称为施工配合比。

设混凝土实验室配合比为：水泥：砂子：石子 $= 1 : x : y$，测得砂子的含水率为 ω_x，石子的含水率为 ω_y，则施工配合比应为：$1 : x(1+\omega_x) : y(1+\omega_y)$。

【例 4.2】 已知某混凝土的试验室配合比为：1:2.55:5.12，水灰比为 0.6，经测定砂的含水率为 3%，石子的含水率为 1%，每 1 m³混凝土的水泥用量为 300 kg，则施工配合比为：

1 : 2.55(1+3%) : 5.12(1+1%) = 1 : 2.63 : 5.17　（水灰比仍为 0.6）

每立方米混凝土材料用量为：

水泥：300 kg

砂子：300×2.63 = 789（kg）

石子：300×5.17 = 1 551（kg）

水:$300 \times 0.6 - 300 \times 2.55 \times 3\% - 300 \times 5.12 \times 1\% = 141.69$（kg）

骨料含水率应经常测定,调整用水量,雨天施工应增加测定含水率次数,以便及时调整。

4. 施工配料

施工的过程中,如果需要现场搅拌混凝土,还必须根据工地现有搅拌机的出料容量确定每搅拌一盘(搅拌机每搅拌一次叫做一盘)混凝土的材料用量。

【例 4.3】　题意如例 4.2,若采用 JZ250 型搅拌机,出料容量为 0.25 m³,则每盘施工配料为:

水泥:$300 \times 0.25 = 75$（kg）

砂子:$789 \times 0.25 = 197.25$ kg

石子:$1551 \times 0.25 = 387.75$ kg

水:$141.69 \times 0.25 = 35.42$ kg

4.3.2　混凝土搅拌

混凝土的搅拌,是将水泥、粗细骨料和水等各组成材料进行均匀拌合,形成具有一定流动性的混凝土拌合物。混凝土的搅拌一般采用机械搅拌。采用机械搅拌混凝土,应合理选用搅拌机械,制定正确的搅拌制度。

1. 混凝土搅拌机

混凝土搅拌机按其搅拌原理分为自落式和强制式两类,详见表 4.13。

表 4.13　混凝土搅拌机类型

自　落　式			强　制　式			
鼓筒式	双　锥　式		立　轴　式			卧轴式(单轴、双轴)
	反转出料	倾翻出料	涡桨式	行星式		
				定盘式	盘转式	

1）自落式搅拌机

自落式搅拌机搅拌筒内壁装有叶片,搅拌筒旋转时叶片将物料提升一定高度后在重力作用下自由降落,使各物料相互穿插、翻拌、混合均匀。自落式混凝土搅拌机宜用于搅拌塑性混凝土和高流动性混凝土。

2）强制式搅拌机

强制式搅拌机多用于搅拌干硬性混凝土和轻骨料混凝土，也可以搅拌低流动性混凝土，其搅拌作用比自落式搅拌机强烈，但其机件磨损大。强制式搅拌机又分立轴式和卧轴式两类。卧轴式搅拌机的水平搅拌轴上装有搅拌叶片，搅拌筒内的拌和物在搅拌叶片的带动下作相互切翻运转和按螺旋形轨迹交替运动，得到强烈的搅拌。卧轴式搅拌机具有适用范围广、搅拌时间短、搅拌质量好等优点，是目前国内外大力发展的机型。立轴式强制搅拌机是通过底部的卸料口卸料，卸料迅速，但若卸料口密封不好，水泥浆易漏掉，所以不宜搅拌流动性大的混凝土。

混凝土搅拌机以其出料容量（m³）×1000 标定规格。常用的有 50 L、150 L、250 L、350 L 和 500 L 等。

选择搅拌机时，要根据工程量的大小、混凝土的坍落度和骨料尺寸等确定，既要满足技术要求，又要考虑经济效果和节约能源。

2. 搅拌制度的制定

为了获得优质的混凝土拌和物，除正确选择搅拌机外，还必须制定正确的搅拌制度，即搅拌时间、投料顺序和进料容量等。

1）搅拌时间

混凝土搅拌时间是从全部原材料投入搅拌筒内计起，至开始卸料时所经历的时间即为混凝土的搅拌时间。混凝土的搅拌时间与混凝土的搅拌质量密切相关，搅拌时间太短，混凝土不易拌合均匀，影响混凝土质量；搅拌时间过长则不经济，且混凝土和易性降低，加气混凝土还会因搅拌时间过长而使含气量下降，同样影响混凝土质量。混凝土搅拌的最短时间可按表 4.14 采用。

表 4.14　混凝土搅拌的最短时间(s)

混凝土坍落度(mm)	搅拌机机型	搅拌机出料容量(L)		
		<250	250~500	>500
≤40	自落式	90	120	150
	强制式	60	90	120
>40,且<100	自落式	90	90	120
	强制式	60	60	90
≥100	自落式		90	
	强制式		60	

注：1. 掺有外加剂时，搅拌时间应适当延长。

2. 全轻混凝土宜采用强制式搅拌机搅拌，砂轻混凝土可用自落式搅拌机搅拌，但搅拌时间延长 60~90 s。

3. 轻骨料宜在搅拌前预湿,采用强制式搅拌机搅拌的加料顺序是先加粗细骨料和水泥搅拌 60 s,再加水继续搅拌;

采用自落式搅拌机的加料顺序是先加 1/2 的用水量,然后加粗细骨料和水泥,均匀搅拌 60 s,再加剩余用水量继续搅拌。

4. 当采用其他形式的搅拌设备时,搅拌的最短时间应按设备说明书的规定或经试验确定。

2）投料顺序

投料顺序应从提高搅拌质量,减少搅拌机叶片、衬板的磨损,减少拌合物与搅拌机的粘结,减少水泥飞扬,改善工作环境,提高混凝土强度及节约水泥等方面来综合考虑确定的。常用的投料顺序有一次投料法、二次投料法和水泥裹砂法等。

（1）一次投料法。是在上料斗中先装石子,再加水泥和砂,然后一次投入搅拌筒中进行搅拌。对于自落式搅拌机要在搅拌筒内先加部分水,投料时砂压住水泥,水泥不飞扬,而且水泥和砂先进搅拌筒形成水泥砂浆,可缩短水泥包裹石子的时间。对于强制式搅拌机,由于出料口在下部,不能先加水,应在投入原材料的同时缓慢均匀、分散地加水。

（2）二次投料法。分为预拌水泥净浆法和预拌水泥砂浆法两种投料顺序。预拌水泥浆法则是先将水泥和水充分搅拌成均匀的水泥浆后,再加入砂和石子搅拌成混凝土;预拌水泥砂浆法是先将水泥、砂子和水加入搅拌筒内进行充分搅拌,成为均匀的水泥砂浆后,再加入石子搅拌成均匀的混凝土。国内外的试验表明,与一次投料相比,配合比不变时,二次投料搅拌的混凝土,其强度可提高约 15%;在强度等级相同的情况下,则可节约水泥 15%~20%。

（3）水泥裹砂法。又称 SEC 法。这种方法是在砂子表面造成一层水泥浆壳,故用这种方法拌制的混凝土称为造壳混凝土。主要采取两项工艺措施:一是对砂子的表面湿度进行处理,使其表面含水率控制在 4%~6%;二是进行两次加水搅拌。第一次搅拌加水为总用水量的 20%~26%,与经过处理的砂子和水泥进行搅拌,使砂子周围形成粘着性很高的水泥糊包裹层（称为造壳搅拌）,再加入第二次水和石子,经搅拌,部分水泥浆便均匀地分散在已被造壳的砂子及石子周围。

采用水泥裹砂法制备的混凝土与一次投料法相比,强度可提高 20%~30%,混凝土不易产生离析、泌水,工作性能好。在对造壳混凝土增强机理以及二次投料法做进一步研究的基础上,我国又开发了裹石法、裹砂石法和净浆裹石法等。

3）进料容量

进料容量为搅拌前各种材料（干料）体积之和,又称干料容量。进料容量与搅拌机搅拌筒的几何容量有一定比例关系（通常为 0.22~0.4）,若进料容量超过规定容量的 10%,就会使材料在搅拌筒内无充分空间进行掺合,影响混凝土拌合物的均匀性;反之,若装料过少,则又不能充分发挥搅拌机的效能。通常,进料容量与出料容量之比为 1.4~1.8,通常取 1.5 或 1.6。

4.3.3　混凝土的运输

1. 运输要求

混凝土自搅拌机卸出后,应及时运至浇注地点,以保证混凝土的质量。具体要求如下:

(1)混凝土在运输过程中应保持其均匀性,做到不分层、不离析、不漏浆。

(2)混凝土运到浇注地点时应具有设计要求的坍落度。

(3)混凝土应在初凝前入模并振捣密实。

(4)混凝土浇注应能连续进行。

为此,混凝土应以最少的转运次数和最短的时间,从搅拌点运至浇注点。混凝土从搅拌机中卸出后到浇注完毕的时间不宜超过表 4.15 的规定。

表 4.15　混凝土从搅拌机中卸出后到浇注完毕的延续时间

混凝土强度等级	延续时间(min)	
	气温<25 ℃	气温≥25 ℃
低于及等于 C30	120	90
高于 C30	90	60

注:1. 掺用外加剂或采用快硬水泥拌制混凝土时,应按试验确定。

　　2. 轻骨料混凝土的运输、浇注延续时间应适当缩短。

2. 运输工具

混凝土运输包含水平运输和垂直运输。

1)水平运输

短距离多用双轮手推车、机动翻斗车和皮带运输机;长距离宜用自卸汽车和混凝土搅拌运输车。皮带机可综合进行水平、垂直运输,这种运输机长 15~18 m,可升高 5~8 m,常配以能旋转的振动溜槽,运输连续,速度快,多用于灌注大体积混凝土。

2)垂直运输

垂直运输可采用各种井架、龙门架、塔式起重机及混凝土提升机。对于浇注量大、浇注速度比较稳定的大型设备所浇注的基础和高层建筑,宜采用混凝土泵,也可采用自升式塔式起重机或爬升式塔式起重机运输。而混凝土提升机则是高层建筑混凝土垂直运输的最佳提升设备。

　　3）混凝土泵

　　使用混凝土泵输送混凝土,是将混凝土在泵体的压力下,通过管路输送到浇注地点,一次完成水平运输、垂直运输及楼层作业面水平运输。混凝土泵具有输送能力强、速度快、效率高等特点,已在我国多层和高层混凝土结构工程施工中广泛使用。

　　将混凝土泵装在汽车上便成为混凝土泵车,车上还装有可以伸缩或曲折的"布料杆",末端是一软管,可将混凝土直接送至浇注地点,使用十分方便。

　　泵送混凝土要求碎石最大粒径与输送管直径之比宜为 1:3,卵石最大粒径与输送管直径之比可为 1:2.5,高层建筑其比值宜为 1:3～1:4,以免阻塞;细骨料宜用中砂,粒径在 0.315 mm 以下的细骨料用量所占比重不应少于 15%,砂率宜控制在 40%～50%;水泥最少用量 300 kg/m³。泵送混凝土的坍落度宜为 80～100 mm,对轻骨料混凝土应注意宜预先将骨料充分吸水,以免影响坍落度。为了保证混凝土的和易性可掺入适量的外加剂。

　　混凝土的供料应保证混凝土泵能连续工作,不间断。泵送前,为减少泵送阻力,应先用适量的与混凝土内成分相同的水泥浆或水泥砂浆润滑输送管内壁;泵送过程中,泵的受料斗应充满混凝土,防止吸入空气形成阻塞;防止停歇时间过长,若停歇时间超过 45 min,应立即用压力或其他方法冲洗管内残留的混凝土;泵送结束后,要及时清洗泵体和管道;用混凝土泵浇注的建筑物,要加强养护,防止表面龟裂。

4.3.4　混凝土的浇注

4.3.4.1　混凝土浇注前的准备工作

　　混凝土浇注前,应检查模板、钢筋、支架和预埋件。主要包括:模板的位置、标高、尺寸以及强度和刚度是否符合设计要求,接缝是否严密;预埋件位置和数量是否符合设计要求;钢筋的规格、位置、数量、接头是否正确;钢筋的混凝土保护层厚度能否保证;模板上的垃圾和钢筋上油污是否清理干净;木模板是否已经浇水湿润;是否做好隐蔽工程检查记录;是否做好施工组织工作和安全技术交底。

4.3.4.2　混凝土浇注的一般要求

1. 坍落度

混凝土运至现场后,浇注前的坍落度应符合表 4.16 的要求。

表 4.16　混凝土浇注时的坍落度

结构种类	坍落度(mm)
基础或地面的垫层、无配筋的大体积结构(挡土墙、基础等)或配筋稀疏的结构	10～30
板、梁和大型或中型截面的柱子	30～50
配筋密列的结构(薄壁、斗仓、筒仓、细柱等)	50～70
配筋特密的结构	70～90

　　注:1. 本表系指采用机械振捣混凝土的坍落度,采用人工捣实时可适当加大。

　　　　2. 需要配制大坍落度混凝土时,应掺用外加剂。

　　　　3. 曲面或斜面结构混凝土的坍落度,应根据实际需要另行选定。

　　　　4. 轻骨料混凝土的坍落度,宜比表中数值减少 10～20 mm。

　　2. 浇注厚度

　　混凝土的浇注厚度:当采用插入式振动器时,为振动棒长度的 1.25 倍;当采用表面振动器时,为 200 mm;当采用人工捣固时,根据配筋情况不同,一般为 150～250 mm。否则,混凝土应分层浇注。分层厚度应保证混凝土能捣固密实。

　　3. 混凝土倾落高度

　　混凝土自由倾落高度不宜超过 2 m;在竖向结构(墙、柱)中粗骨料粒径大于 25 mm 时倾落高度不宜超过 3 m,粗骨料粒径小于 25 mm 时倾落高度不宜超过 6 m。否则,应设串筒、溜槽、溜管或振动溜管等,如图 4.45。竖向结构浇注混凝土时,应先在其底部填一层不大于 30 mm 厚与混凝土成分相同的水泥砂浆结合层,以确保不"烂根"。

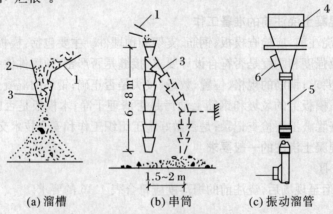

|(a) 溜槽　　　　　(b) 串筒　　　　　(c) 振动溜管|

图 4.45　溜槽与串筒

1—溜槽;2—挡板;3—串筒;4—漏斗;5—节管;6—振动器

4．浇注间歇时间

混凝土的浇注,应连续进行。如须间歇,其间歇时间不得超过表 4.17 的要求,否则,应按施工缝进行处理。

表 4.17　混凝土运输、浇注和间隙的时间(单位:min)

条件	气温(℃)	
	≤25	>25
不掺外加剂	180	150
掺外加剂	240	210

5．其他

浇注过程中应时刻注意模板、支撑、钢筋、保护层、预埋件和预留孔洞的情况,发现有变形和移位时,应及时予以校正和修复。

4.3.4.3　施工缝的留设与处理

由于技术上或施工组织上的原因,混凝土的浇注不能连续进行,或当中间的间歇时间超过混凝土的初凝时间,均应留设施工缝并予以处理。所谓施工缝是指先浇(老)的混凝土与后浇(新)的混凝土之间的接合面。

1．施工缝的留设位置

施工缝的留设位置应事先确定。因为该处新老混凝土的结合力较差,是构件中的薄弱环节。如果位置不当或处理不好,就会引起质量事故,轻则开裂、漏水、影响使用寿命;重则危及安全,不能使用。故施工缝宜留设在结构受力(剪力)较小且便于继续施工的部位。通常,施工缝的留设成与构件纵轴线垂直的平缝形式。若有防水、抗渗要求,须采取止水措施。

2．施工缝的处理

施工缝的处理应待先浇混凝土的抗压强度达到 $1.2\ N/mm^2$ 后方可进行:首先应凿毛,去除先浇混凝土表面的水泥薄膜、松动石子和软弱的混凝土层,进行打毛处理,洒水充分湿润、并冲洗干净,但不得有积水。在浇注新混凝土之前,还应在施工缝处铺一层与混凝土内砂浆成分相同的水泥浆或水泥砂浆结合层(厚度不大于 30 mm),然后浇注新混凝土,仔细振捣和养护,以保证接缝质量。

4.3.4.4　混凝土浇注

1．基础混凝土浇注

1) 柱基础混凝土浇注

在地基上浇注混凝土前,对地基应事先按设计标高和轴线进行校正,并应清除软土和杂物;同时注意排除开挖出来的水和开挖地点的流动水,以防冲刷新浇注的混凝土。

（1）台阶式基础施工时，可按台阶分层一次浇注完毕（预制柱的高杯口基础的高台部分应另行分层），不允许留设施工缝。每层混凝土要一次卸足，顺序是先边角后中间，务使砂浆充满模板。

（2）浇注台阶式柱基时，为防止垂直交角处可能出现吊脚（上层台阶与下口混凝土脱空）现象，可采取如下措施：① 在第一级混凝土捣固下沉 20～30 mm 后暂不填平，继续浇注第二级，先用铁锹沿第二级模板底圈做成内外坡，然后再分层浇注，外圈边坡的混凝土于第二级振捣过程中自动摊平，待第二级混凝土浇注后，再将第一级混凝土齐模板顶边拍实抹平，如图 4.46 所示。② 捣完第一级后拍平表面，在第二级模板外先压出 200 mm×100 mm 的压角混凝土并加以捣实后，再继续浇注第二级。待压角混凝土接近初凝时，将其铲平重新搅拌利用。

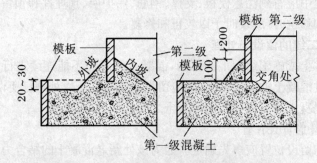

图 4.46　台阶式柱基础交角处混凝土浇注示意图

（3）为保证杯形基础杯口底标高的正确性，宜先将杯口底混凝土振实并稍停片刻，再浇注振捣杯口模四周的混凝土，振动时间尽可能缩短。同时还应特别注意杯口模板的位置，应在两侧对称浇注，以免杯口模挤向一侧或由于混凝土浮托而使芯模上升。

（4）高杯口基础，由于这一级台阶较高且配置钢筋较多，可采用后安装杯口模的方法，即当混凝土浇捣到接近杯口底时再安装杯口模板，之后继续浇捣混凝土。

（5）锥式基础，应注意斜坡部位混凝土的捣固质量，在振捣器振捣完毕后，用人工将斜坡表面拍平，使其符合设计要求。

2）条形基础混凝土浇注

（1）浇注前，应根据混凝土基础顶面的标高在两侧木模上弹出标高线；若采用原槽土模，应在基槽两侧的土壁上交错打入长 100 mm 左右的标杆，并露出 20～30 mm，使标杆面与基础顶面标高平齐，标杆之间的距离一般在 3 m 左右。

(2) 根据基础深度宜分段分层连续浇注混凝土,一般不留施工缝。各段层间应相互衔接,每段间浇注长度控制在 2～3 m,做到逐段逐层呈阶梯形向前推进。

2. 柱、梁、板混凝土浇注

(1) 浇注一排柱的顺序应从两端同时开始,向中间推进,以免因浇注混凝土后由于模板吸水膨胀、断面增大而产生横向推力,最后使柱发生弯曲变形。在每层中先浇注柱,再浇注梁、板。

柱子浇注宜在梁板模板安装后,钢筋未绑扎前进行,以便利用梁板模板稳定柱模和作为浇注柱混凝土操作平台之用。

(2) 浇注混凝土时应连续进行,浇注混凝土时,浇注层的厚度不得超过规定数值。

(3) 混凝土浇注过程中,要分批做坍落度试验,如坍落度与原规定不符时,应予调整配合比。

(4) 混凝土浇注过程中,要保证混凝土保护层厚度及钢筋位置的正确性。不得踩踏钢筋,不得移动预埋件和预留孔洞的原来位置,若发现偏差和位移,应及时校正。特别要重视竖向结构的保护层和板、雨篷结构负弯矩部分钢筋的位置。

(5) 在竖向结构中浇注混凝土时,底部应先填以 50～100 mm 厚水泥砂浆一层。

(6) 在浇注剪力墙、薄墙、立柱等狭深结构时,为避免混凝土浇注至一定高度后,由于积聚大量浆水而可能造成混凝土强度不匀的现象,宜在浇注到适当的高度时,适量减少混凝土的配合比用水量。

(7) 当浇注与柱、墙连成整体的梁和板时,应在柱和墙浇注完毕后停歇 1～1.5 h 使混凝土初步沉实后继续浇注梁和板。梁板应同时浇注,浇注方法应先将梁根据高度分层浇捣成阶梯形,当达到板底位置时即与板的混凝土一起浇捣,随着阶梯形的不断延长,则可连续向前推进,倾倒混凝土的方向应与浇注方向相反。当梁的高度大于 1 m 时,可单独浇注,施工缝可留在距板底面以下 20～30 mm处。

(8) 浇注无梁楼盖时,先在离柱帽下 50 mm 处暂停,然后分层浇注柱帽,下料必须倒在柱帽中心待混凝土接近楼板底面时,即可连同楼板一起浇注。

(9) 当浇注柱梁及主次梁交叉处的混凝土时,一般钢筋较密集,特别是上部负钢筋又粗又多,因此,既要防止混凝土下料困难,又要注意砂浆挡住石子不下去。必要时,调整粗骨料粒径,并在绑扎钢筋时,有意识地调整主筋间距,留出下料间隙。混凝土振捣时,应采用小直径振捣棒以保证混凝土密实。

3. 剪力墙混凝土浇注

(1) 剪力墙混凝土浇注应分段浇注,均匀上升。墙体浇注混凝土前在新旧混凝土结合处,浇注 50～100 mm 厚与墙体混凝土成分相同的水泥砂浆或半石混凝土。砂浆或混凝土应用铁锹入模,混凝土每层浇注厚度控制在 600 mm 左右。墙体混凝土的浇注应连续进行,若必须留设施工缝,一般宜设在门窗洞口上,接槎处混凝土应加强振捣,保证接槎严密。

(2) 洞口浇注混凝土时,应从两侧同时下料,高差不得太大,以防洞口模板移动,先浇捣窗台下部,后浇捣窗间墙,以保证窗口下振捣密实。

(3) 混凝土墙体浇注振捣完毕后,将上口的钢筋加以整理,用木抹子按标高线将墙上表面混凝土找平。

(4) 混凝土浇捣过程中,不可随意挪动钢筋,要经常检查钢筋保护层厚度及所有预埋件和预埋管的牢固程度以及位置的准确性,发现问题及时纠正。

4. 楼梯混凝土浇注

楼梯段混凝土自下而上浇注,先振实底板混凝土,达到踏步位置时再与踏步混凝土一起浇捣,不断连续向上推进,并随时用木抹子(或塑料抹子)将踏步上表面抹平。施工缝位置:楼梯混凝土宜连续浇注完,多层楼梯的施工缝应留置在楼梯段 1/3 的部位。

4.3.4.5　大体积混凝土浇注

大体积混凝土指的是混凝土结构物实体最小几何尺寸不小于 1 m 的大体量混凝土,或预计会因混凝土中胶凝材料水化引起的温度变化和收缩而导致有害裂缝产生的混凝土。

大体积混凝土结构施工,其特点是混凝土浇注面和浇注量大,浇注后水泥的水化热量大且集中在构件内部不易散发,形成较大的内外温差,产生较大的温度应力,至使构件出现温度裂缝;一般要求整体浇注,不留施工缝;混凝土浇注易产生泌水现象。为此,大体积混凝土施工,主要应解决整体性、温度应力和混凝土泌水三方面的问题。

1. 保证整体性的浇注方案

为保证结构的整体性,混凝土应连续浇注,按结构特点不同,有全面分层、分段分层、斜面分层等浇注方案,如图 4.47。

1) 全面分层

当结构平面面积不大时,可将整个结构分为若干层进行浇注,即第一层全部浇注完毕后,再浇注第二层,如此逐层浇注,直至完毕。为保证结构的整体性,要求次层混凝土在前层混凝土初凝前浇注振捣密实。若结构平面面积为 $F(m^2)$,浇注分层厚度为 $h(m)$,每小时浇注量为 $Q(m^3/h)$,混凝土从开始浇注至初凝的延续时间为 T(一般等于混凝土初凝时间减去混凝土运输时间),则应满足:

$$F \leqslant \frac{QT}{h}$$

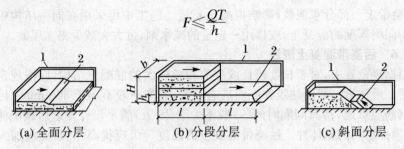

　　(a) 全面分层　　　　　　(b) 分段分层　　　　　　(c) 斜面分层

图 4.47　大体积混凝土浇注方案

1—模板；2—新浇注的混凝土

2) 分段分层

当结构平面面积较大时，可采用分段分层浇注方案。即将结构分为若干段，每段又分为若干层，先浇注第一段各层，然后浇注第二段各层，如此逐段逐层连续浇注，直至完毕。为保证结构的整体性，要求次段混凝土应在前段混凝土初凝前浇注振捣密实。若结构的厚度为 $H(\mathrm{m})$，宽度为 $b(\mathrm{m})$，分段长度为 $l(\mathrm{m})$，则应满足：

$$l \leqslant QT/b(H-h)$$

3) 斜面分层

当结构的长度超过厚度的 3 倍时，可采用斜面分层的浇注方案。这时，振捣工作应从浇注层斜面下端开始，逐渐上移，且振动器应与斜面垂直。

2. 早期温度裂缝的预防

大体积混凝土温度裂缝的成因，主要有两个方面。一是由于结构体积大，水泥水化热聚积在内部不易散发，内部温度显著升高，而外表面散热快，内外温差过大（相差 25 ℃ 以上），内部产生压应力，外表产生拉应力，混凝土表面将产生裂缝；二是当混凝土内部逐渐散热冷却，则产生收缩，由于受到基底或已硬化混凝土的约束，不能自由收缩，而产生拉应力，当拉应力超过混凝土的抗拉强度时，即产生裂缝。

为了控制大体积混凝土的裂缝，施工时可采取如下技术措施：

（1）采用水化热低的水泥（如矿渣硅酸盐水泥）。

（2）降低水泥用量（掺入适量的粉煤灰或在浇注时投入适量的毛石）。

（3）降低浇注速度和浇注厚度。

（4）采用人工降温措施（拌制时，用低温水，养护时用循环水冷却）。

（5）浇注后应及时覆盖，以控制内外温差，减缓降温速度。

（6）分块浇注（当结构厚度在 1 m 以内时，分块长度一般为 20～30 m）。

（7）加强养护。

3. 泌水处理

大体积混凝土，上、下浇注层施工间隔时间较长，各分层之间易产生泌水层，使混凝土强度降低，酥软、脱皮起砂等不良后果。采用自流方式和抽汲方法排除泌水,会带走一部分水泥浆,影响混凝土质量。施工中可采用在同一结构中使用两种不同坍落度的混凝土,或掺用一定量的减水剂,可大大减少泌水现象。

4.3.4.6　后浇带混凝土浇注

根据规范要求,对于长度较长或层数相差较大的混凝土结构,应按规定留设后浇带。后浇带一般沿建筑物剖面贯通设置,宽度一般不小于 800 mm。后浇带内的钢筋应贯通,待其间隔时间(一般不少于 28 天)满足设计要求后须浇注混凝土,以确保结构的整体性。后浇带混凝土的强度等级应提高一级,并应加入膨胀剂充分振捣务必使其密实。后浇带混凝土浇注前,可按施工缝的处理方法进行界面处理,如设计有要求时可加入界面处理剂进行处理,如图 4.48 所示。

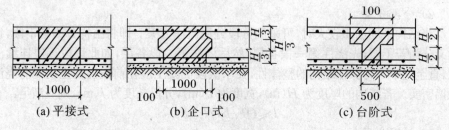

(a) 平接式　　　　　(b) 企口式　　　　　(c) 台阶式

图 4.48　后浇带构造图

4.3.5　混凝土振捣(密实成型)

混凝土浇注后应立即进行振捣,使混凝土成为含气泡或空隙较少的密实体,同时必须使混凝土浇满钢筋周围和模板的各个角落。混凝土的振捣方式分为人工振捣和机械振捣两种。人工振捣是利用捣锤或插钎等工具的冲击力使混凝土密实成型,其效率低、效果差;机械振捣是将振动器的振动力传给混凝土,使之发生强迫振动而密实成型,其效率高、质量好。一般应尽可能采用机械振捣。

混凝土振动机械按其工作方式分为内部振动器、外部振动器、表面振动器和振动台等,如图 4.49 所示。

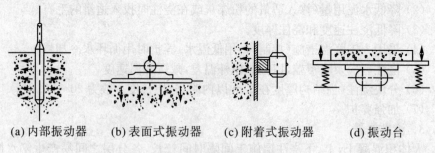

(a) 内部振动器　　(b) 表面式振动器　　(c) 附着式振动器　　(d) 振动台

图 4.49　混凝土振动器

1. 内部振动器

内部振动器又称插入式振动器、振动棒,多用于振捣基础、柱、梁、墙等构件及大体积混凝土,是目前最常用的振动机械。

插入式振动器的振捣方式有两种:一是垂直振捣,即振动棒与混凝土表面垂直;二是斜向振捣,即振动棒与混凝土表面成一定角度,一般在 40°～45°。使用插入式振动器要做到快插慢拔,插点均匀,逐点移动,顺序进行,不得遗漏,从而达到均匀振实。振动棒的移动,可采用行列式或交错式。振动棒有效作用半径一般为 300～400 mm。

混凝土分层浇注时,为了保证每一层混凝土上下振捣均匀,应将振动棒上下抽动;同时在振捣上层混凝土时,应将振动棒深入下层混凝土中 50 mm 左右。

每一振捣点的振捣时间不能太短也不能太长:太短则混凝土振捣不足,影响混凝土的密实度;太长则粗骨料下沉、砂浆上浮,造成下部混凝土脱模后出现蜂窝和孔洞。一般每一振捣点的振捣时间一般为 30 s 左右,以表面无明显下沉、有水泥浆出现、不再冒气泡时结束振捣。振捣时不允许碰撞钢筋和模板。

2. 表面振动器

表面振动器又称平板振动器,它是将带偏心块的电动机固定在平板(木或钢板)上,在混凝土表面进行振捣,适用于楼板、地面、板形构件和薄壁结构等。在无筋或单层钢筋的结构中,每次振捣的厚度不大于 200 mm;在双层钢筋结构中,每次振捣厚度不大于 120 mm。相邻两段之间应搭接振捣 50 mm 左右。

3. 外部振动器

外部振动器又称附着式振动器。这种振动器是固定在模板外侧的横档和竖档上,偏心块旋转时所产生的振动力通过模板传给混凝土,使之振动密实。适用于钢筋密集、断面尺寸较小的构件。

4. 振动台

振动台是一个支撑在弹性支座上的工作平台,在平台下面装有振动机构,当振动机构运转时,即带动工作台产生强迫振动,从而使在工作台上制作构件的混凝土得到振实。振动台是混凝土制品厂中的固定生产设备,用于振实预制构件。

4.3.6　混凝土的养护

混凝土浇捣后,随着水化反应的进行逐渐凝结硬化,而水泥发生水化反应则需要适当的湿度和温度。为保证水泥水化反应的正常进行,混凝土浇捣后应及时进行养护。

混凝土的养护对混凝土的质量影响很大。养护不良的混凝土,由于水分很快散失,水化作用停止,混凝土表面干燥产生裂纹,出现片状或粉状剥落,严重影响混凝土的强度,所以混凝土浇注后及时进行养护非常重要。在混凝土浇注完毕后,应在 12 h 内加以覆盖和浇水;干硬性混凝土应于浇注完毕后立即进行养护。

混凝土养护方法一般可采用自然养护和人工养护。

1. 自然养护

自然养护是指在平均气温高于 5 ℃的常温环境条件下,在一定时间内使混凝土保持湿润状态,使混凝土凝结硬化、强度增长的养护方法。自然养护可分为洒水养护和喷洒塑料薄膜养护两种。

洒水养护是用吸水能力较强的材料(如草帘、芦席、麻袋、锯末等)将混凝土覆盖,经常洒水使其保持湿润。养护时间的长短取决于水泥品种:一般,普通硅酸盐水泥拌制的混凝土养护时间不少于 7 天;有抗渗要求的混凝土不少于 14 天。洒水次数以能保持混凝土具有足够的湿润状态为宜。养护初期,水泥的水化反应较快,需水也较多,所以要特别注意在浇注以后头几天的养护工作,此外,在气温高,湿度低时,也应增加洒水的次数。

喷洒塑料薄膜养护适用于不易洒水养护的高耸构筑物和大面积混凝土结构及缺水地区。它是将过氯乙烯树脂塑料溶液用喷枪喷洒在混凝土表面上,在混凝土表面形成一层塑料薄膜,使混凝土与空气隔绝,阻止其中水分的蒸发,以保证水化作用的正常进行。

2. 人工养护

人工养护就是用人工来控制混凝土的养护温度和湿度,使混凝土强度增长,例如,蒸汽养护和热水养护、太阳能养护等。人工养护主要用于预制构件的养护。

蒸汽养护就是将构件放在充有饱和蒸汽或蒸汽空气混合物的养护室内,在较高的温度和相对湿度的环境中进行养护,以加速混凝土的硬化。预制构件厂生产预制构件一般多采用蒸汽养护。

对于表面积大的构件(如地坪、楼板、屋面、路面),也可用湿土、湿砂覆盖或沿构件周边用黏土等围住,在构件中间蓄水进行养护。

混凝土必须养护至其强度达到 1.2 MPa 以上,才允许在上面行人和架设支架、安装模板,但不得冲击混凝土。

4.3.7　混凝土质量检验

4.3.7.1　混凝土的质量检查

混凝土的质量检查包括施工过程中的质量检查和养护后的质量检查。应严格按照《混凝土结构工程施工及验收规范》GB50204 的要求执行。

1. 施工过程中的质量检查

即在混凝土制备、浇注过程中,对原材料的质量、配合比、坍落度等的检查,每一工作班至少检查两次,如遇特殊情况还应及时进行抽查。混凝土的搅拌时间应随时检查。

2．混凝土养护后的质量检查

混凝土养护后的质量检查主要指混凝土的外观质量检查和立方体抗压强度检查。

1）外观质量检查

现浇混凝土结构的外观质量缺陷,应由监理(建设)单位、施工单位等各方根据其对结构性能和使用功能影响的严重程度,按表 4.18 确定。

表 4.18　现浇结构外观质量缺陷

名称	现象	严 重 缺 陷	一 般 缺 陷
露筋	构件内钢筋未被混凝土包裹而外露	纵向受力钢筋有露筋	其他钢筋有少量露筋
蜂窝	混凝土表面缺少水泥砂浆而形成石子外露	构件主要受力部位有蜂窝	其他部位有少量蜂窝
孔洞	混凝土中孔穴深度和长度均超过保护层厚度	构件主要受力部位有孔洞	其他部位有少量孔洞
夹渣	混凝土中夹有杂物且深度超过保护层厚度	构件主要受力部位有夹渣	其他部位有少量夹渣
疏松	混凝土中局部不密实	构件主要受力部位有疏松	其他部位有少量疏松
裂缝	缝隙从混凝土表面延伸至混凝土内部	构件主要受力部位有影响结构性能或使用功能的裂缝	其他部位有少量不影响结构性能或使用功能的裂缝
连接部位缺陷	构件连接处混凝土缺陷及连接钢筋、连接件松动	连接部位有影响结构传力性能的缺陷	连接部位有基本不影响结构传力性能的缺陷
外形缺陷	缺棱掉角、棱角不直、翘曲不平、飞边凸肋等	清水混凝土构件有影响使用功能或装饰效果的外形缺陷	其他混凝土构件有不影响使用功能的外形缺陷、外表缺陷
外表缺陷	构件表面麻面、掉皮、起砂、沾污等	具有重要装饰效果的清水泥凝土构件有外表缺陷	其他混凝土构件有不影响使用功能的外表缺陷

2）抗压强度检查

混凝土的抗压强度应以标准立方体试件（边长 150 mm），在标准条件下（温度 20±3 ℃和相对湿度 90%以上的湿润环境）养护 28 天后测得的具有 95%保证率的抗压强度。

结构混凝土的强度等级必须符合设计要求。用于检查结构混凝土强度的试件，应在浇注地点随机抽样留设，不得挑选。取样与试件留置应符合下列规定：

每拌制 100 盘且不超过 100 m³同配合比的混凝土，取样不少于 1 次；每工作班拌制的同配合比混凝土不足 100 盘时，取样不少于 1 次；当一次连续浇注超过 1000 m³时，同配合比的混凝土每 200 m³取样不得少于 1 次；每一楼层、同配合比的混凝土，取样不得少于 1 次。每次取样应不少于留置一组标准养护试件，同条件养护试件的留置组数，应根据实际需要确定。

每组（3 块）试件应在同盘混凝土中取样制作，其强度代表值按下述规定确定：

取 3 个试件试验结果的平均值作为该组试件的代表值；当 3 个试件中的最大或最小的强度值与中间值相比超过 15%时，以中间值代表该组试件的强度；当 3 个试件中的最大和最小的强度值与中间值相比均超过 15%时，该组试件不应作为强度评定的标准。

混凝土强度检验评定应符合下列要求：

（1）混凝土的强度应分批进行验收。一个验收批的混凝土应由相同强度等级、相同龄期及生产工艺和配合比基本相同的混凝土组成。对现浇混凝土的结构构件，尚应按单位工程的验收项目划分验收批，每个验收项目应按现行国家标准《建筑安装工程质量检验评定标准》确定。同一验收批的混凝土强度，应以同批内标准试件的全部强度代表值来评定。

（2）当混凝土的生产条件在较长时间内能保持一致，且同一品种混凝土的强度变异性能保持稳定时，应由连续的三组试件代表一个验收批，其强度应同时符合下列三式的要求：

$$m_{f_{cu}} \geqslant f_{cu,k} + 0.7\sigma_0$$
$$f_{cu,min} \geqslant f_{cu,k} - 0.7\sigma_0$$
$$f_{cu,min} \geqslant \gamma f_{cu,k}$$

当混凝土强度等级不高于 C20 时 $\gamma = 0.85$，符合下式要求：

$$f_{cu,min} \geqslant 0.85 f_{cu,k}$$

当混凝土强度等级高于 C20 时，$\gamma = 0.9$，符合下式要求：

$$f_{cu,min} \geqslant 0.9 f_{cu,k}$$

式中，$m_{f_{cu}}$为同一验收批混凝土强度的平均值（MPa）；$f_{cu,k}$为设计的混凝土强度标准值（MPa）；σ_0 为验收批混凝土强度的标准差（MPa）；$f_{cu,min}$ 为同一验收批混凝土强度的最小值（MPa）。

验收批混凝土强度的标准差，应根据前一检验期（不应超过 3 个月）的同一品种混凝土试件的强度数据，按下列公式确定：

$$\sigma_0 = \frac{0.59}{m} \sum_{i=1}^{m} w_i$$

式中，w_i 为第 i 验收批混凝土试件中强度的最大值与最小值之差（MPa）；m 为用于确定 σ_0 数据总批数，不得少于 15 批。

（3）当混凝土的生产条件不能满足上述的规定，或在前一检验期内的同一品种混凝土没有足够的强度数据用以确定 σ_0，应由不少于 10 组的试件代表一个验收批，其强度应同时符合下列要求：

$$m_{f_{cu}} - \lambda_1 S_{f_{cu}} \geqslant 0.9 f_{cu,k}$$
$$f_{cu,min} \geqslant \lambda_2 f_{cu,k}$$

式中，$S_{f_{cu}}$ 为验收批混凝土强度标准差（MPa）；λ_1、λ_2 为合格判定系数，按下列采用：当试件组数 n 为 10～14 时，取 $\lambda_1 = 1.7$，$\lambda_2 = 0.9$；当试件组数为 15～24 时，取 $\lambda_1 = 1.65$，$\lambda_2 = 0.85$；当试件组数 $n \geqslant 25$ 时，取 $\lambda_1 = 1.6$，$\lambda_2 = 0.85$。

验收批混凝土强度的标准差 $S_{f_{cu}}$ 应按下式计算：

$$S_{f_{cu}} = \sqrt{\frac{\sum_{i=1}^{m} f_{cu,i}^2 - n m_{f_{cu}}^2}{n-1}}$$

式中，$f_{cu,i}$ 为验收批内第 i 组混凝土试件的强度值（MPa）；n 为该验收批混凝土试件的组数；f_{cu} 为混凝土立方体强度。

当 $S_{f_{cu}}$ 的计算值小于 $0.06 f_{cu,k}$ 时，取 $S_{f_{cu}} = f_{cu,k}$。

（4）零星生产的预制混凝土构件，其试件强度应同时符合下列公式的规定：

$$m_{f_{cu}} \geqslant 1.15 f_{cu,k}$$
$$f_{cu,min} \geqslant 0.95 f_{cu,k}$$

如果对混凝土试件的代表性有怀疑，可以从结构中钻取混凝土试样或采用非破损检验方法作为辅助手段进行检验。

4.3.7.2　混凝土常见质量问题及处理

1. 混凝土常见的质量问题及产生的主要原因

1）麻面

麻面是结构构件表面呈现无数的缺浆小凹坑而钢筋无外露。这类缺陷主要是由于模板表面粗糙或清理不干净；木模板在浇注混凝土前湿润不够；钢模板脱模剂涂刷不均匀；混凝土振捣不足，气泡未排出等。

2）露筋

露筋是钢筋暴露在混凝土外面。产生的原因主要是浇注时垫块过少，垫块位移钢筋紧贴模板；石子粒径过大，钢筋过密，水泥砂浆不能充满钢筋周围的空间；混凝土振捣不密实，拆模方法不当，以致缺棱掉角等。

3）蜂窝

蜂窝是结构构件表面混凝土由于砂浆少、石子多，石子间出现空隙，形成蜂窝状的孔洞。其原因是由于材料配合比不准确（浆少、石子多）；搅拌不均匀造成砂浆与石子分离；振捣不足或过振；模板严重漏浆等。

4）孔洞

孔洞是指混凝土结构内部存在空隙，局部地或全部地没有混凝土。这种现象主要是由于混凝土严重离析，石子成堆，砂浆分离；混凝土下料中被钢筋挡住；泥块、杂物掺入等造成。

5）缝隙及夹层

缝隙和夹层是将结构分隔成几个不相连接的部分。产生的原因主要是施工缝、温度缝和收缩缝处理不当，混凝土内有杂物等。

6）裂缝

结构构件产生的裂缝的原因比较复杂，有温度裂缝、干缩裂缝和外荷载引起的裂缝，由变形引起的裂缝和由施工操作不当引起的裂缝等。

7）混凝土强度不足

造成混凝土强度不足的原因是多方面的，主要是由混凝土配合比设计、搅拌、现场浇捣和养护等方面的原因造成。

2. 混凝土质量缺陷的处理

1）表面抹浆修补

对数量不多的小蜂窝、麻面、露筋以及混凝土表面裂缝，可用 1：2～1：2.5 的水泥砂浆抹面修补。在抹砂浆前，须用钢丝刷和压力水清洗润湿，补抹砂浆初凝后要加强养护。

2）细石混凝土修补

当蜂窝比较严重或露筋较深时，应凿去蜂窝、露筋周边松动、薄弱的混凝土和个别突出的集料颗粒，然后洗刷干净，充分润湿，再用比原混凝土强度等级高一级的细石混凝土填补，仔细捣实，加强养护。

对于影响构件安全使用的空洞和大蜂窝，应会同有关单位研究处理，有时应进行必要的结构检验。

3）灌浆修补

对于影响结构承载力或耐久性的裂缝，为恢复结构的整体性和耐久性，应根据裂缝的宽度、性质和施工条件等,采取不同的灌浆方法予以修补。对于宽度大于0.5 mm的裂缝,宜采用水泥灌浆;对于宽度小于0.5 mm的裂缝,宜采用化学灌浆。在灌浆前,对裂缝的数量、宽度、连通情况及漏水情况等作全面观测,以便作出切合实际情况的补强方案。作为补强用的灌浆材料,常用的有环氧树脂浆液(能补缝宽0.2 mm以上的干燥裂缝)和甲凝(能补修0.05 mm以上的干燥裂缝)等。作为防渗堵漏用的灌浆材料,常用的有丙凝(能灌入0.01 mm以上的裂缝)和聚氨酯树脂(能灌入0.015 mm以上的裂缝)等。

4.3.8 混凝土工程施工质量控制与安全技术

4.3.8.1 混凝土工程施工质量控制

前面已经提及,混凝土施工过程中各个工序之间相互联系、相互影响,无论哪一道工序处理不当都会影响混凝土的最终质量。因此,在施工过程中必须严格按照规范要求把握好每个施工环节的质量,方可确保混凝土工程的施工质量。此外,原材料的质量也是决定混凝土施工质量的不可忽视的一个重要因素。

1. 原材料

1) 水泥

水泥进场时应对其品种、级别、包装或散装仓号、出厂日期等进行检查,并应对其强度、安定性及其他必要的性能指标进行复验,其质量必须符合现行国家标准《硅酸盐水泥、普通硅酸盐水泥》的规定。

当在使用中对水泥质量有怀疑或水泥出厂超过三个月(快硬硅酸盐水泥超过一个月)时,应进行复验,并按复验结果使用。

钢筋混凝土结构,严禁使用含氯化物的水泥。

2) 骨料

普通混凝土所用的砂、石骨料的泥土和杂质不得超过允许含量,质量应符合国家现行标准的规定。

(1) 石子的最大颗粒粒径不得超过构件截面最小尺寸的1/4,且不得超过钢筋最小净距的3/4。

(2) 对混凝土实心板,骨料的最大粒径不宜超过板厚的1/3,且不得超过40 mm。

3) 水

拌制混凝土宜采用饮用水。当采用其他水源时,水质应符合国家现行标准《混凝土拌合用水标准》(JGJ63—2006)的规定。

4) 掺合料

混凝土中掺用矿物掺合料的质量应符合现行国家标准《用于水泥和混凝土中

的粉煤灰》等的规定。矿物掺合料的掺量应通过试验确定。

5）外加剂

混凝土中掺用外加剂的质量及应用技术应符合现行国家标准《混凝土外加剂》和《混凝土外加剂应用技术规范》等及有关环境保护的规定。

2．施工环节

1）混凝土配制

现场配制混凝土时，水泥、砂、石子等原材料用量应计量准确，混凝土搅拌时间应符合要求。

2）混凝土运输、浇注

混凝土运输、浇注及间歇的全部时间不应超过混凝土的初凝时间。同一施工段的混凝土应连续浇注，并应在底层混凝土初凝之前将上一层混凝土浇注完毕。

商品混凝土到现场后严禁加水，若因为混凝土塌落度而影响泵送时，应立即将不合格混凝土推出现场，并及时通知混凝土搅拌站进行调整。当底层混凝土初凝后，应按施工方案中施工缝的要求进行处理。

3）混凝土振捣

混凝土采用插入式振捣器振捣时，要做到"快插慢拔"，"上下抽动"，"层层搭扣"。每层混凝土厚度应不超过振动棒长的 1.25 倍，在振捣上一层时，应插入下层中 50 mm 左右。振动器插点要均匀排列，以免漏振，每点振捣时间要足够振捣器距模板的垂直距离不应大于振捣器有效半径的 1/2，并不宜紧靠模板振动，且尽量避免碰撞钢筋、吊环、预埋件。对局部钢筋密集、埋件较多的部位，改用小型软管振捣。

当采用表面振动器时，应在每一位置上连续振动足够时间。移动时应成排依次振捣前进，前后位置相互要搭接一定宽度，防止漏振。

当采用附着式振动器时，如构件尺寸较厚时，需在构件两侧安设振动器，同时进行振捣。待混凝土入模后方可开动振动器，混凝土浇注高度要高于振动器安装部位。当钢筋较密和构件断面较深较窄时，也可采取边浇注边振动的方法。振动时间和有效作用半径，随结构形状、模板坚固程度、混凝土塌落度及振动器功率大小等各项因素而定。一般每隔 1~1.5 m 距离设置一个振动器，当混凝土成一水平面不再出现气泡时，停止振动，操作前先通过试验确定。

浇注过程中，控制好混凝土上升速度，随时注意埋件、模板、钢筋、预留孔洞等情况，定期检查混凝土配合比，发现问题及时处理。每个仓面要尽可能连续浇注，如果停仓不可避免，要确保在混凝土初凝前续浇。

4）混凝土养护

混凝土浇注完毕后，应按施工技术方案及时采取有效的养护措施，同时还应符合下列要求:采用塑料布覆盖养护的混凝土,其敞露的全部表面应覆盖严密,并应保持塑料布内有凝结水;混凝土强度达到 1.2 N/ mm² 前,不得在其上踩踏或安装模板及支架;当采用其他品种水泥时,混凝土的养护时间应根据所采用水泥的技术性能确定;混凝土表面不便浇水或使用塑料布时,宜涂刷养护剂;对大体积混凝土的养护,应根据气候条件按施工技术方案采取控温措施。

4.3.8.2　混凝土工程施工安全技术

混凝土工程施工安全技术要点有:

(1)在进行混凝土施工前,应仔细检查脚手架、工作台和马道是否绑扎牢固,如果发现有空头板应及时搭好,脚手架应设保护栏杆。

(2)施工机具接电要安全可靠,绝缘接地装置良好,并应进行试运转。

(3)搅拌机应由专人操作,中途发生故障时,应立即切断电源进行修理;混凝土搅拌机在运行中,任何人不得将工具伸入筒内清料,其机械传动外露装置应加保护罩。进料斗升起时,严禁任何人在料斗下通过或停留。混凝土搅拌机停用时,升起的料斗应插上安全插销,或挂上保险链。

(4)在深基础槽中打灰土、混凝土时,不得随意去掉土壁的支撑,防止塌方砸人。在沟槽内回填土、灌注混凝土时,先要检查槽壁是否有裂缝,发现隐患要及时处理。在基槽下操作的人员,要戴好安全帽。用小车向内卸料时,小车不得撒把,在边槽应加横木板,防止小车滑落砸人。

(5)用料斗吊运混凝土时,要与信号工密切配合好,在料斗接近下料位置时,下降速度要慢,须稳住料斗,防止料斗碰人、挤人。

(6)采用井字架运输时,应设专人指挥;井字架上卸料人员不能将头或脚伸入井字架内;斗车把不得伸出吊篮外,车要放稳,运送到楼层要待吊篮停稳,人方可进入吊篮内推车。

(7)用手推车运输混凝土时,要随时注意防止撞人、挤人,平地运输时,两车距离不小于 2 m,在斜坡上不小于 10 m。向基坑或料斗倒混凝土,应有挡车措施,不得用力过猛和撒把。

(8)在高空尤其是在外墙边缘操作时,应预先检查防护栏杆是否安全可靠,发现问题处理后,再进行操作。必要时应系安全带作业。

(9)浇混凝土使用的溜槽及串筒节间必须连接牢固。操作部位应有护身栏杆,不准直接站在溜槽边上操作;浇灌框架、梁、柱混凝土应设操作台,不得直接站在模板或支撑上操作;浇捣拱形结构,应自两边拱脚对称同时进行;浇圈梁、雨篷、阳台,应采取防护措施;浇捣料仓,下口应先封闭,并铺设临时脚手架,以防人员坠落。

(10)夜间施工时应设足够的照明灯;深坑和潮湿地点施工时,应使用 36 V

以下低压电源安全照明。

复习思考题与习题

1．试述模板的作用和要求。

2．试述基础、柱、梁、楼板、墙模板的构造。

3．试述梁模板的安装。

4．试述楼板模板的安装。

5．跨度等于 4 m 及 4 m 以上的梁模板为什么要起拱？起拱多少？

6．试述定型组合钢模板的组成及各自的作用。

7．拆模的顺序如何？应注意哪些事项？

8．如何计算钢筋下料长度？如何编制钢筋配料单？

9．钢筋加工有哪些内容？钢筋绑扎接头有哪些规定？

10．混凝土的组成材料有哪些？各组成材料有什么作用？各组成材料有哪些基本要求？

11．如何根据施工现场砂、石的含水率换算混凝土施工配合比？

12．搅拌机搅拌制度指什么？对混凝土的质量有什么影响？

13．混凝土在在运输过程中可能产生哪些问题？如何防止？

14．泵送混凝土有什么优点？其配合比与普通混凝土有什么不同？

15．混凝土浇注时应注意哪些问题？

16．多层钢筋混凝土框架结构施工顺序、施工过程及柱、梁、板浇注方法是什么？

17．什么是施工缝？留设位置如何？如何处理？

18．大体积混凝土的施工特点？为了防止裂缝的发生应采取什么措施？

19．试述振动器的种类及适用范围。

20．试述插入式振动器的操作要点。

21．试述自然养护的方法与要求。

22．混凝土质量检查的内容有哪些？

23．常见混凝土的质量缺陷有哪些？其产生原因有哪些？如何防治处理？

24．后浇带有哪几种形式？后浇带与施工缝有什么区别？

25．一简支梁如下图所示，抗震设防，试计算各号钢筋的下料长度并画出钢筋的外形尺寸（保护层厚度取 25 mm）。

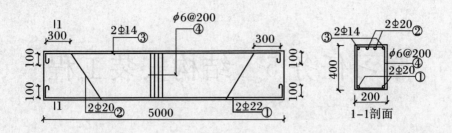

26. 已知某混凝土实验室配合比为 1∶2.56∶5.5,水灰比为 0.64,每 m³ 混凝土的水泥用量为 251.4 kg;则得砂子含水率为 4%,石子含水率为 2%。试求:(1) 该混凝土的施工配合比;(2) 若用 JZ250 型搅拌机,出料容量为 0.25 m³,则每拌制一盘混凝土,各种材料的需用量为多少?

学习任务 5　结构安装工程

【学习目标】

本学习任务以钢筋混凝土单层工业厂房结构安装工程为项目载体,学习起重机械、构件吊装工艺以及结构安装方案的编制方法。

通过学习与训练,使学生:

(1) 了解起重机械、索具设备的类型及性能;能正确地选择起重机的种类与型号。

(2) 熟悉单层工业厂房结构安装工作的程序。

(3) 掌握柱、吊车梁、屋架等主要构件的安装工艺及现场布置。

(4) 初步具有编制结构安装施工方案,现场组织单层工业厂房结构安装施工,并具有控制工程质量和施工安全的能力。

在现场或工厂预制的结构构件或构件组合,用起重机械在施工现场将它们起吊并安装至设计位置,即形成装配式结构。它具有设计标准化、构件定型化、产品工厂化、施工机械化等优点,是建筑业进行现代化施工的有效途径。它可以改善劳动条件,加快施工进度,从而提高劳动生产率。

结构安装工程是装配式结构工程的主导工种工程。其施工特点如下:

(1) 受预制构件的类型和质量影响大。预制构件的外形尺寸、预埋件位置是否正确、强度是否达到要求以及预制构件类型的多少,都会影响到吊装工作的进度和质量。

(2) 正确选用起重机具是顺利完成吊装任务的主导因素。构件的吊装方法取决于所采用的起重机械。

(3) 构件在吊装及运输时的应力状态变化较多,为避免构件破坏应加设临时支撑,必要时应对构件进行吊装验算,并采取相应措施。

(4) 高空作业多,容易发生安全事故,必须加强安全教育,并采取可靠措施予以保障。

学习单元 5.1　起 重 机 械

‖ 工作任务表 ‖

能力目标	主讲内容	学生完成任务
通过学习训练,使学生熟悉起重机械的种类、基本构造与工作特点,熟悉起重机械的工作性能	着重介绍了桅杆式起重机、自行式起重机与塔式起重机的种类与工作性能及工作特点	结合学校周边项目,调查该项目所用起重机械的种类型号、技术性能参数

结构安装工程中常用的起重机械有:桅杆式起重机、自行式起重机和塔式起重机等。

5.1.1　桅杆式起重机

桅杆式起重机具有制作简单、装拆方便、起重量大(可达 100 t 以上),受地形限制小,能够用于其他起重机无法安装的一些特殊结构与设备的安装,尤其在交通不方便的地区进行结构安装时,因大型设备无法进场,桅杆式起重机有着不可替代的作用。但因其服务半径小,移动较为困难,需要设置较多的缆风绳,故一般仅用于安装工作较为集中的工程。

桅杆式起重机按其构造不同,可分为独脚拔杆、人字拔杆、牵缆式拔杆起重机等。

1. 独脚拔杆

独脚拔杆由拔杆、起重滑轮组、卷扬机、缆风绳和锚碇等组成,如图 5.1(a)所示。使用时,拔杆应保持不大于 10°的倾角。以便吊装的构件不致碰撞拔杆,底部应设置拖子以便移动。拔杆的稳定主要靠缆风绳维持,其数量一般为 6~12 根,与地面的夹角为 30°~45°,角度过大会对拔杆产生较大的压力。拔杆的起重能力,应按实际情况加以验算,木独脚拔杆常用圆木制作,圆木梢径 20~32 cm,起重高度为 15 m 以内,起重量 10 t 以下;钢管独脚拔杆,起重高度为 30 m 以内,起重量可达 30 t,格构式独脚拔杆起重高度达 70~80 m,起重量可以达到 100 t 以上。

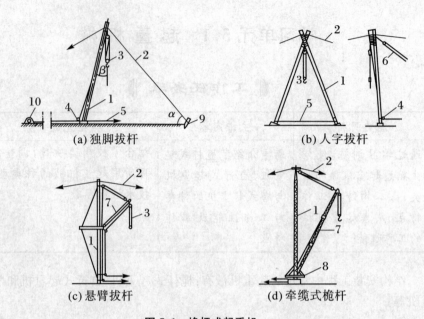

图 5.1　桅杆式起重机

1—拔杆;2—缆风绳;3—起重滑轮组;4—导向装置;5—拉索;
6—主缆风绳;7—起重臂;8—回转盘;9—锚碇;10—卷扬机

2. 人字拔杆

人字拔杆是由两根圆木或两根钢管或格构式截面的独脚拔杆在顶部相交成 20°～30°夹角,以钢丝绳绑扎或铁件铰接而成[图 5.1(b)],下悬起重滑轮组,底部设有拉杆或拉绳,以平衡拔杆本身的水平推力。拔杆下端两脚的距离为高度的 1/2～1/3。人字拔杆的优点是侧向稳定性好,缆风绳用量较少,但构件起吊后活动范围小,一般仅用于安装重型构件或作为辅助设备以吊装厂房屋盖体系上的轻型构件。

3. 悬臂拔杆

在独脚拔杆的中部或 2/3 高度处安装一根起重臂,即成悬臂拔杆[图 5.1 (c)]。起重杆可以回转和起伏,根据需要可利用撑杆或钢丝绳对起重臂铰接部位进行加固。悬臂拔杆的特点是具有较大的起重高度和相应的起重半径,起重臂左右摆动角度大(120°～370°),使用方便,但因起重量较小,多用于轻型构件的安装。

4. 牵缆式拔杆

牵缆式拔杆是在独脚拔杆的下端安装一根可以回转和起伏的起重臂而成[图 5.1(d)]。整个机身可作 360°回转,具有较大的起重量和起重半径,并有较好的灵活性。牵缆式拔杆的起重量一般为 10～60 t,起重高度可达 80 m,多用于构件数量多、重量大且集中的结构安装工程,其缺点是缆风绳用量较多。

5.1.2　自行式起重机

自行式起重机是结构安装工程施工中应用最广泛的一种起重机械。此类起重机的优点是移动方便、灵活性大,能为整个工地流动服务。起重机是一个独立整体,到现场即可投入工作,无需安装与拆卸,但稳定性相对较差。

自行式起重机主要包括履带式起重机、汽车式起重机、轮胎式起重机 3 种。

1. 履带式起重机

1) 履带式起重机的构造及特点

履带式起重机是一种自行式全回转起重机,其工作装置改造后还可作为挖土机或打桩架,是一种多功能的施工机械。履带式起重机主要是由行走机构、回转机构、机身及起重臂等部分组成,如图 5.2 所示,行走机构为两条链式履带,以减少对地面的平均压力;回转机构为装在底盘上的转盘,使机身可回转 360°;起重臂下端铰接于机身上,随机身回转,顶端设有两套滑轮组(起重及变幅滑轮组),钢丝绳通过起重臂顶端滑轮组连接到机身的卷扬机上,起重臂可分节制作并接长。

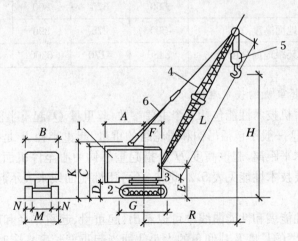

图 5.2　履带式起重机

1—机身;2—行走机构;3—回转机构;4—起重臂;5—起重滑轮组;6—变幅滑轮组

履带式起重机具有操作灵活,使用方便,有较大的起重能力及工作效率,在平整坚实的道路上还可负载行走。但履带式起重机的行走速度慢,对路面破坏性较大,且稳定性较差,不宜超负荷工作,当进行长距离转移时,多用平板拖车或铁路平板车运输。目前,履带式起重机是建筑结构安装工程中的主要起重机械,特别是在单层工业厂房的结构安装工程中应用极为广泛。常用的履带式起重机有以下几种型号：W_1—50 型、W_1—100 型、W_1—200 型和西北 78D(80D)型等几种，不同型号的履带式起重机外形尺寸见表 5.1。

表 5.1　履带式起重机外形尺寸(mm)

符号	名称	型号			
		W_1—50	W_1—100	W_1—200	西北 78D(80D)
A	机身尾部到回转中心距离	2900	3300	4500	3450
B	机身宽度	2700	3120	3200	3500
C	机身顶部到地面的距离	3220	3675	4125	—
D	机身底部到地面的高度	1000	1045	1190	1220
E	起重臂下铰中心距地面的高度	1555	1700	2100	1850
F	起重臂下铰中心至回转中心距离	1000	1300	1600	1340
G	履带长度	3420	4005	4950	4500(4450)
M	履带架宽度	2850	3200	4050	3250(3500)
N	履带板宽度	550	675	800	680(760)
J	行走底架距地面高度	300	275	390	310
K	机身上部支架距地面高度	3480	4170	6300	4720(5270)

2) 履带式起重机的技术性能

履带式起重机技术性能包括三个主要参数：起重量 Q、起重半径 R 和起重高度 H。起重量 Q 一般不包括吊钩和滑轮组的重量，起重半径 R 是指起重机回转中心至吊钩的水平距离，起重高度 H 是指起重吊钩中心至停机面的距离。履带式起重机的主要技术性能见表 5.2，此外，还可用性能曲线来表示起重机的性能，如图 5.3 所示。

从起重机性能表和性能曲线中可以看出：起重量、起重半径和起重高度的大小，取决于起重臂的长度及其仰角的大小。即当起重臂长度一定时，随着仰角的增加，起重量和起重高度增加，而起重半径减小。当起重仰角不变时，随着起重臂长度增加，则起重半径和起重高度增加，而起重量减小。

为了保证履带式起重机安全工作，在使用时应注意以下要求：在安装时需保证起重机吊钩中心与臂架顶部定滑轮之间有一定的最小安全距离，一般取 2.5～3.5 m。起重机工作时的地面允许最大坡度不应超过 3°，臂杆最大仰角一般不得超过 78°。起重机一般不宜同时进行起重和旋转操作，也不宜边起重边改变臂架幅度。起重机若需负载行驶,载荷不得超过允许起重量的 70%,且道路应坚实平整,施工场地应满足履带对地面的压强要求,当空车停置时为 80～100 kPa,空车行驶时为 100～190 kPa,起重时为 170～300 kPa。若起重机在松软土地面上工作,宜采用枕木或钢板焊成的路基箱垫好道路,以加快施工速度。起重机负载行驶时,重物应在其行走的正前方向,离地面不得超过 50 cm,并栓好拉绳。

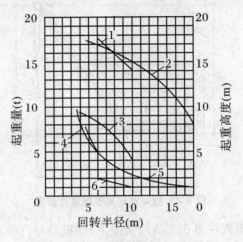

图 5.3　W1-50 型起重机性能曲线

1—起重臂长 18 m 带鸟嘴时起重高度曲线;2—起重臂长 18 m 时起重高度曲线;

3—起重臂长 10 m 时起重高度曲线;4—起重臂长 10 m 时起重量曲线;

5—起重臂长 18 m 时起重量曲线;6—起重臂长 18 m 带鸟嘴时起重量曲线

表 5.2　履带式起重机技术性能表

参数		单位	型号									
			W₁—50			W₁—100		W₁—200			西北 78D(80D)		
			10	18	18 带鸟嘴	13	23	15	30	40	24.4	30.25	37
起重臂长度		m	10	18	18 带鸟嘴	13	23	15	30	40	24.4	30.25	37
最大起重半径		m	10.0	17.0	10.0	12.5	17.0	15.5	22.5	30.0	18	17	17
最小起重半径		m	3.7	4.5	6.0	4.23	6.5	4.5	8.0	10.0	7.5	8	10
起重量	最小起重半径时	t	10.0	7.5	2.0	15	8.0	50.0	20.0	8.0	10	9	3
	最大起重半径时	t	2.6	1.0	1.0	3.5	1.7	8.2	4.3	1.5	2.9	3.5	1.0
起重高度	最小起重半径时	m	9.2	17.2	17.2	11.0	19.0	12.0	26.8	36.0	23	29.1	36.0
	最大起重半径时	m	3.7	7.6	14.0	5.8	16.0	3.0	19.0	25.0	16.4	24.3	34.0

注：上表中起重臂长度行第二行为标题的一部分。

3) 履带式起重机的稳定性验算

履带式起重机在正常条件下工作,机身可以保持稳定。当起重机进行大负荷吊装或接长臂杆时,为了保证起重机在吊装过程中不发生倾覆事故,应对起重机进行稳定性验算。

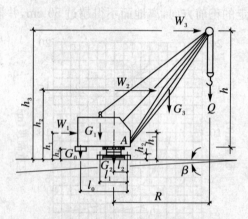

图 5.4　履带式起重机稳定性验算

履带式起重机在图 5.4 所示情况下(即机身与行驶方向垂直)稳定性最差,此时以履带中心 A 为倾覆点,分别按以下条件进行验算:

(1) 当考虑吊装荷载及附加荷载时稳定安全系数

$$K_1 = \frac{M_稳}{M_倾} \geqslant 1.15 \tag{5.1}$$

(2) 当仅考虑吊装荷载时稳定安全系数

$$K_2 = \frac{M_稳}{M_倾} \geqslant 1.4 \tag{5.2}$$

即

$$K_1 = \frac{G_1 l_1 + G_2 l_2 + G_0 l_0 - (G_1 h_2' + G_2 h_1' + G_0 h_0 + G_3 h_2)\sin\beta - G_3 d + M_F + M_G + M_L}{Q(R - l_2)}$$

$$\geqslant 1.15$$

$$K_2 = \frac{G_1 l_1 + G_2 l_2 + G_0 l_0 - G_3 d}{Q(R - l_2)} \geqslant 1.4$$

式中,G_0 为起重机的平衡重;G_1 为起重机机身可转动部分重量;G_2 为起重机机身不转动部分重量;G_3 为起重臂重量;Q 为吊装荷载(包括构件及索具重量);l_1 为 G_1 重心至 A 点距离;l_2 为 G_2 重心至 A 点距离;l_0 为 G_0 重心至 A 点距离;d 为 G_3 重心至 A 点距离;h_1' 为 G_1 重心至停机面距离;h_2' 为 G_2 重心至停机面距离;h_2 为 G_3 重心至停机面距离;h_0 为 G_0 重心至停机面距离;β 为停机面倾斜角度,

应小于 $3°$；R 为起重机最小回转半径；M_F 为风载引起的倾覆力矩。考虑 6 级以上风荷载时,不能进行高空安装作业,而 6 级以下风荷载对起重机影响较小,当起重机的臂长小于 25 m 时,可不考虑风荷载倾覆力矩。

$$M_F = W_1 h_1 + W_2 h_2 + W_3 h_3 \qquad (5.3)$$

式中,W_1 为作用在起重机机身上的荷载;W_2 为作用在臂杆上的风载,按荷载规范计算;W_3 为作用在所吊构件上的风荷载,按构件的实际受风面积计算;h_1 为机棚后面中心至停机面的距离;h_3 为臂杆顶端至停机面的距离;M_G 为重物下降时突然刹车的惯性力所引起的倾覆力矩。

$$M_G = \frac{Q \cdot v}{g \cdot t}(R - l_2) \qquad (5.4)$$

式中,V 为吊钩下降速度(m/s),取吊钩速度的 1.5 倍;g 为重力加速度(9.8 m/s²)t 为制动时间($V \to 0$),取 1 s;M_L 为起重机回转时的离心力所引起的倾覆力矩。

$$M_L = \frac{QRn^2}{900 - n^2 h}h_3 \qquad (5.5)$$

式中,n 为起重机回转速度,取 1 r/min;h 为所吊构件于最低位置时,其重心至起重臂顶端的距离。

考察验算结果,若起重机稳定安全系数不满足要求时,可采用临时增加平衡重;改变地面坡度大小或方向;在起重臂顶端拉设临时缆风绳等措施。上述措施,均应经计算确定,并在正式使用前进行试用。

4) 起重臂接长验算

当起重机的起重高度或起重半径不能满足需要时,则可采用接长臂杆的方法予以解决。此时起重量 Q' 可根据 $\sum M_A = 0$ 求得,如图 5.5 所示。

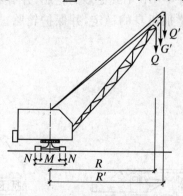

图 5.5　起重臂接长验算

$$Q'\left(R' - \frac{M}{2}\right) + G'\left(\frac{R + R'}{2} - \frac{M}{2}\right) = Q\left(R - \frac{M}{2}\right)$$

整理得：

$$Q' = \frac{1}{2R' - M}\left[Q(2R - M) - G'(R + R' - M)\right] \tag{5.6}$$

式中 R' 为接长起重臂后的最小起重半径；R' 为起重机原有最大臂长的最小回转半径；M 为起重机两履带板之间的距离；G' 为起重臂接长部分的重量。

当计算 Q' 值大于所吊构件重量时，即满足稳定安全条件；反之，则应采取相应措施，如增加平衡重，或在起重臂顶端拉设两根临时性风缆，以加强起重机的稳定。必要时，尚应考虑对起重机其他部件的验算和加固。

2. 汽车式起重机

汽车式起重机是将起重机构安装在通用或专用汽车底盘上的全回转起重机，动力是由汽车发动机提供，行驶驾驶室和起重操纵室分开设置(图5.6)，其特点是转移迅速，对路面损伤小，但吊装时需要使用支腿，不能负载行驶，也不适合在松软或泥泞的场地工作。汽车式起重机一般适用于构件运输装卸作业和结构吊装作业。

汽车式起重机按起重量大小分为轻型(20 t 以内)、中型(20~50 t)和重型(50 t 及以上)三种；按起重臂形式分为桁架臂和箱形臂两种；按传动装置分为机械传动、电动传动和液压传动三种。我国生产的小型、中型和重型汽车起重机多为液压传动，型号有 QY 系列、QAY 系列等，QY 系列最大起重量为 125 t，QAY 系列最大起重量为 200 t，能够满足吊装重型构件的需要。

3. 轮胎式起重机

轮胎式起重机在构造上与履带式起重机基本相似，但其行走装置采用轮胎。起重机构及机身装在特制的底盘上，能够全回转。随着起重量的大小不同，底盘下装有若干根轮轴，配备有 4~10 个或更多的轮胎，并有可伸缩的支腿，如图 5.7 所示。起重时，利用支腿增加机身的稳定，并保护轮胎。必要时，支腿下可加垫块，以扩大支承面。

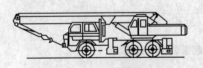

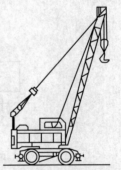

图 5.6　汽车式起重机　　　　图5.7　轮胎式起重机

轮胎式起重机的特点与汽车式起重机相同。目前,我国常用的轮胎式起重机有 QLY16 和 QLY25 两种,均用于一般工业厂房的结构吊装。

5.1.3　塔式起重机

塔式起重机的塔身直立,起重臂安装在塔身顶部且可作 360° 回转。它具有较高的起重高度、工作幅度和起重能力,工作速度快、生产效率高,机械运转安全可靠,操作和装拆方便等优点,在多层及高层民用建筑和多层工业厂房的结构安装工程中得到了广泛的应用。

塔式起重机按行走机构、变幅方式、回转机构位置及爬升方式的不同而分成若干类型。下面就轨道式、爬升式、附着式塔式起重机的性能予以介绍。

5.1.3.1　轨道式塔式起重机

轨道式起重机能够负荷行走,并同时完成水平及垂直运输,在直线和曲线轨道上均能运行,使用安全,生产效率高,起重高度可根据需要增减塔身、互换节架。由于使用时需要预先铺设轨道,装拆及转移时较为费工费时,台班费较高。常用的型号有 QT1—2、QT2—6、QT60/80、QT20 型等。

1. QT1—2 型塔式起重机

由塔身、起重臂、底盘组成,回转机构位于塔身下部,该机变幅、起重卷扬机及配重箱均设置在旋转架上,重心低、转动灵活、稳定性好。该机塔身与起重臂可折叠,能够整体运输[图 5.8(a)],它的起重量为 1～2 t,起重力矩为 160 kN·m。其性能见表 5.3。

表 5.3　QT1—2 型塔式起重机起重性能

幅度(m)	起重量(t)	起重高度(m)
8	2	28.3
10	1.6	26.9
12	1.33	25.2
14	1.14	22.5
16	1	17.2

2. QT2—6 型塔式起重机

该起重机由塔身、起重臂、平衡臂、塔顶及底盘组成,为上回转动臂塔式起重机[图 5.8(b)],它的起重量为 2～6 t,起重半径为 8～20 m,最大起重高度 40 m,起重力矩 400 kN·m。其性能见表 5.4。

表 5.4　QT2—6 型塔式起重机起重性能

起重半径(m)	起重量(t)	起重绳数 (根)	起升速度 (m/min)	起升高度		
				无延接架	带一节延接架	带两节延接架
8.5	6.0	3	11.4	30.4	35.5	40.6
10	4.9	3	11.4	29.7	34.8	39.9
12.5	3.7	2	17.0	28.2	33.6	38.4
15	3	25	17.0	26.0	31.1	36.2
17.5	2.5	2	17.0	22.7	27.8	32.9
20	2.0	1	34.0	16.2	21.3	26.4

3. QT60/80 型塔式起重机

为上回转动臂变幅式起重机[图 5.8(c)],起重量为 10 t,起重力矩 600~800 kN·m。起重高度可达 70 m 左右。其性能见表 5.5。

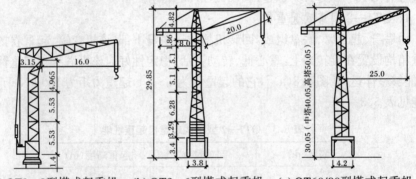

(a) QT1—2型塔式起重机　(b) QT2—6型塔式起重机　(c) QT60/80型塔式起重机

图 5.8　轨道式塔式起重机

轨道式塔式起重机在使用时,应注意以下几点:

(1) 塔式起重机的轨道位置,其边线应与建筑物有适当距离,以免发生碰撞事故等。轨道两端必须设置车挡。

(2) 起重机工作时必须严格按额定起重量起吊,不得超载,更不准吊运人员、斜拉重物、拔除地下埋设物。

(3) 操作人员必须得到指挥信号后才可进行操作。吊物上升时,吊钩距起重臂不得小于1 m。工作休息和下班时,不得将重物悬吊在空中。

(4) 运转完毕,起重机应开至轨道中部位置停放,并用夹轨钳夹紧。吊钩上升至距起重臂端 2～3 m 处,起重臂应转至平行于轨道方向。

（5）所有控制器工作完毕后,必须扳到停止点,断开电源总开关。

（6）六级风以上及雷雨天,禁止操作。

表 5.5　QT60/80 型塔式起重机起重性能

塔级 kN·m	臂长(m)	幅度(m)	起重量(t)	起升高度(m)	塔级 kN·m	臂长(m)	幅度(m)	起重量(t)	起升高度(m)	塔级 kN·m	臂长(m)	幅度(m)	起重量(t)	起升高度(m)
高塔 600	30	30	2	50	中塔 700	30①	30	2	40	低塔 800	30②	30	2	30
		14.6	4.1	68			14.6	4.1	58			14.6	4.1	48
	25	25	2.4	49		25	25	2.8	39		25	25	3.2	29
		12.3	4.9	65			12.3	5.7	55			12.3	6.5	45
	20	20	3	48		20	20	3.5	38		20	20	4	28
		10	6	60			10	7	50			10	8	40
	15	15	4	47		15	15	4.7	37		15	15	5.3	27
		7.7	7.8	56			7.7	9	46			7.7	10.4	36

注:1. 30 m 臂杆为加长臂,只作 600 kN·m 使用。

2. 该机是以北京地区情况设计的,工作风压 250 Pa,非工作风压 450 Pa,对其他地区,如沿海风大地区,使用时应作稳定验算。

5.1.3.2　爬升式塔式起重机

爬升式塔式起重机是安装在建筑物内部电梯井或特设开间的结构上,借助于爬升机构随建筑物的升高而向上爬升的起重机械,如图 5.9 所示。一般每隔 1～2 层楼便爬升一次。其特点是塔身短,不需轨道和附着装置,用钢量省,造价低,不占施工现场用地;但其全部荷载均由建筑物承受,拆卸时需在屋面架设辅助起重设备。

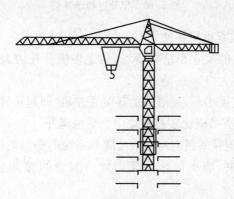

图 5.9　爬升式塔式起重机

爬升式塔式起重机由底座、套架、塔身、塔顶、起重臂和平衡重等组成。其主要型号有：QT5－4/40 型、QT5－4/60 型和 QT3－4 型,其性能见表 5.6。

表 5.6　爬升式塔式起重机起重性能

型号	起重量(t)	幅度(m)	起重高度(m)	一次爬升高度(m)
QT5－4/40	4	2～11	110	8.6
	4～2	11～20		
QT3－4	4	2.2～15	80	8.87
	3	15～20		

爬升式塔式起重机的爬升过程如图 5.10 所示,先用起重钩将套架提升到上一个塔位处予以固定,然后松开塔身底座梁与建筑物骨架的联接螺栓,收回支腿,将塔身提至需要位置,最后旋出支腿,扭紧联接螺栓,即可再次进行安装作业。

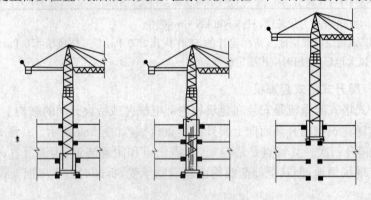

图 5.10　爬升过程示意图

爬升式塔式起重机在使用时,必须注意以下几点:

(1) 根据爬升孔的尺寸和结构特点,确定楼板开孔的大小,并准备合适的爬升套架。

(2) 通过行驶起重小车,使塔吊上部前后方向(即起重臂方向和平衡臂方向)处于平衡状态,以便塔吊能比较容易地向上平稳爬升。

(3) 爬升时,起重臂的指向应与液压爬升系统的扁担梁相垂直。

(4) 爬升过程中,禁止回转臂架。导向装置间隙调整完毕后,禁止转动起重臂。

(5) 当内爬塔式起重机爬升到指定楼层后,应立即拔出塔身基础的支承梁,并通过爬升套架传递垂直荷载。

(6) 当风速超过 5 级时,不得进行爬升作业。

5.1.3.3　附着式塔式起重机

　　附着式塔式起重机是固定在建筑物旁边混凝土基础上的起重机械,塔身可借助顶升系统自行向上接高,从而满足施工进度的需求,如图 5.11 所示。随着建筑物和塔身的升高,每隔 20 m 左右采用附着支架装置,将塔身固定在建筑物上,以保持稳定。附着式塔式起重机根据需要可安装在建筑物内部作为爬升式塔式起重机使用,也可作为轨道式塔式起重机使用。QT4－10 型附着式塔式起重机的起重力矩可达 1 600 kN·m,最大起重量 5～10 t,起重半径 3～35 m,起重高度160 m,每次接高 2.5 m,其主要技术性能见表 5.7。

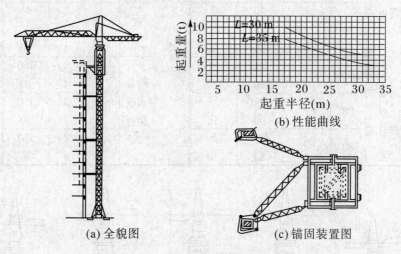

(a) 全貌图　　　(b) 性能曲线　　　(c) 锚固装置图

图 5.11　QT4－10 型塔式起重机

　　QT4－10 型附着式塔式起重机的自升系统包括顶升套架、长行程液压千斤顶、承座、顶升横梁及定位销等。液压千斤顶的缸体安装在塔顶底端的承座上,其顶升过程可分为五个步骤(图 5.12)。

　　(1)将标准节吊到摆渡小车上,并将过渡节与塔身标准节相连的螺栓松开,准备开始顶升。

　　(2)开动液压千斤顶,将塔式起重机上部结构包括顶升套架向上升高至超过一个标准节的高度,然后用定位销将套架固定,这时,塔式起重机的重量便通过定位销传给塔身。

　　(3)将液压千斤顶回缩,形成引进空间,接着便将装有标准节的摆渡小车推入。

　　(4)用千斤顶顶起接高的标准节,退出摆渡小车,然后将待接的标准节平稳落至下面的塔身上,并用螺栓加以连接。

（5）拔出定位销，下降过渡节，使之与已接高的塔身联成整体。

表 5.7　QT4—10 型自升式塔式起重机起重性能

臂长(m)	安装形式	幅度(m)	滑轮组倍率	起重高度(m)	起重量(t)	臂长(m)	安装形式	幅度(m)	滑轮组倍率	起重高度(m)	起重量(t)
30	固定式或行走式	3～16	2	40	5	35	固定式或行走式	3～16	2	40	4
			4	40	10				4	40	8
		20	2	40	5			25	2	40	5
			4	40	8				4	40	5
		30	2	40	5			35	2	40	3
			4	45	5				4	45	4
			4	50	4				4	50	3.4
	附着式或爬升式	3～16	2	160	5		附着式或爬行式	3～16	2	160	4
			4	80	10				4	80	8
		20	2	160	5			25	2	160	4
			4	60	10				4	80	4
		30	2	160	5			35	2	160	3
			4	80	10				4	80	4

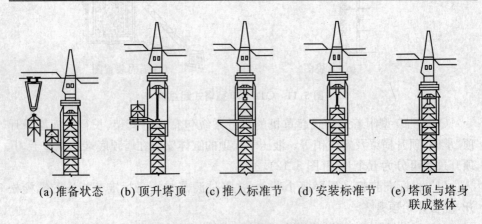

(a) 准备状态　(b) 顶升塔顶　(c) 推入标准节　(d) 安装标准节　(e) 塔顶与塔身联成整体

图 5.12　附着式塔式起重机自升过程

近年来，国内外新型塔式起重机不断涌现。国内研制的有 QT16、QT25、QT45、QT60、QT80、QT100、QTZ200 和 QT250 型塔式起重机。QT250 型附着式塔式起重机的起重臂长 60 m，最大起重量可达 16 t，附着时的最大起重高度 160 m，均适用于高层建筑施工。国外发展的重点是轻型快速安装塔式起重机，如 311A/A 体系、TK 体系的 TK2008 以及 VK 体系的 VK20A—1 等均为小车变幅轻型塔式起重机，起重量为 0.55～1.4 t，起升速度可达到 40 m/min。

学习单元 5.2　索具设备

工作任务表

能力目标	主讲内容	学生完成任务
通过学习训练,使学生熟悉起重机械配套使用的索具设备的种类、性能	着重介绍了钢丝绳、滑轮组、卷扬机及各种吊具的种类与工作性能及工作特点	结合学校周边项目,调查该项目所用起重机械配套使用的索具设备的种类、技术参数

在结构安装工程中,需要使用的索具设备主要有钢丝绳、滑轮组、卷扬机、吊钩、卡环、横吊梁等。下面将主要的设备性能作简要的介绍。

5.2.1　卷扬机

在建筑施工中常用的卷扬机有快速和慢速两种。快速卷扬机(JJK 型)又分单筒和双筒两种,其牵引力为 4.0～50 kN,主要用于垂直、水平运输和打桩作业;慢速卷扬机(JJM 型)多为单筒式,其牵引力为 30～200 kN,主要用于结构吊装、钢筋冷拉和预应力钢筋的张拉作业。其主要技术参数见表 5.8。

表 5.8　卷扬机技术规格

种类	型号	牵引力 (10 kN)	卷筒				钢丝绳			电动机		
			直径 (mm)	长度 (mm)	转速 (r/min)	绳容量 (m)	规格	直径 (mm)	绳速 (m/min)	型号	功率 (kW)	转速 (r/min)
单筒快速卷扬机	JJK-0.5	500	236	441	27	100	6×19+1-170	9.3	20	JQ42-4	2.8	1430
	JJK-1	1000	190	370	46	110	6×19+1-170	11	35.4	JQ51-4	7.5	1450
	JJK-2	2000	325	710	24	180	6×19+1-170	15.5	28.8	JQ71-6	14	950
	JJK-3	3000	350	500	30	300	6×19+1-170	17	42.3	JQ81-8	28	720
	JJK-5	5000	410	700	22	300	6×19+1-170	23.5	43.6	JQ83-6	40	960
双筒快速卷扬机	JJ2K-2	2000	300	450	20	250	6×19+1-170	14	25	JR71-6	14	950
	JJ2K-3	3000	350	520	20	300	6×19+1-170	17	27.5	JR81-6	28	960
	JJ2K-5	5000	420	600	20	500	6×19+1-170	22	32	JR82-AK8	40	960

种类	型号	牵引力 (10 kN)	卷筒				钢丝绳			电动机		
			直径 (mm)	长度 (mm)	转速 (r/min)	绳容量 (m)	规格	直径 (mm)	绳速 (m/min)	型号	功率 (kW)	转速 (r/min)
单筒慢速卷扬机	JJM-3	3000	340	500	7	100	6×19+1-170	15.5	8	JZR31-8	7.5	702
	JJM-5	5000	400	800	6.3	190	6×19+1-170	23.5	8	JZR41-8	11	715
	JJM-8	8000	550	1000	4.6	300	6×19+1-170	28	9.9	JZR51-8	22	718
	JJM-10	10000	550	968	7.3	350	6×19+1-170	34	8.1	JZR51-8	22	723
	JJM-12	12000	650	1200	3.5	600	6×19+1-170	37	9.5	JZR52-8	30	725
	JJM-20	15000	850	1324	3	1000	6×19+1-170	40.5	9.6	JZR92-8	55	720

　　卷扬机在使用时必须用地锚予以固定,以防止工作时产生滑移或倾覆。在使用时应注意以下几点:① 电气线路要勤检查,电动机要良好,电磁抱闸要有效,全机接地无漏电现象;② 传动机要啮合正确,无杂音,润滑良好;③ 卷扬机使用的钢丝绳应与卷筒卡牢。放松钢丝绳时,卷筒上至少保留四周。

5.2.2　滑轮组

　　滑轮组是由一定数量的定滑轮和动滑轮以及缠绕的钢丝绳所组成。滑轮组具有省力和改变力的方向的功能,是起重机械的重要组成部分。滑轮组共同负担构件重量的钢丝绳的根数,称为工作线数。滑轮组的名称一般以组成滑轮组的定滑轮与动滑轮的数目来表示。例如,由四个定滑轮和四个动滑轮组成的滑轮组称为四四滑轮组。

　　滑轮组钢丝绳跑头的拉力 S,可按下式计算:

$$S = KQ \tag{5.7}$$

式中,S 为跑头拉力(kN);Q 为计算荷载;K 为滑轮组省力系数。

　　当钢丝绳从定滑轮绕出:

$$K = \frac{f^n(f-1)}{f^n-1} \tag{5.8}$$

　　当钢丝绳从动滑轮绕出:

$$K = \frac{f^{n-1}(f-1)}{f^n-1} \tag{5.9}$$

式中,f 为单个滑轮的阻力系数,对青铜轴套轴承 $f=1.04$;对滚珠轴承 $f=1.02$;对无轴套轴承 $f=1.06$;n 为工作线数。

　　起重机械通所用滑轮组通常都是青铜轴套,其滑轮组的省力系数 K 值见表 5.9。

表 5.9　青铜轴套滑轮组省力系数

工作线数 n	1	2	3	4	5	6	7	8	9	10
省力系数 K	1.04	0.529	0.360	0.275	0.224	0.190	0.166	0.148	0.134	0.123
工作线数 n	11	12	13	14	15	16	17	18	19	20
省力系数 K	0.114	0.106	0.100	0.095	0.090	0.086	0.082	0.079	0.076	0.074

5.2.3　钢丝绳

结构吊装中常用的钢丝绳是先由若干根钢丝捻成股;再由若干股围绕绳芯捻成绳,其规格有 6×19 和 6×37 等(6 股,每股分别由 19、37 根钢丝绳捻成)。前者钢丝粗,较硬,不易弯曲,多用作缆风绳;后者钢丝细,较柔软,多用作起重吊索,其主要数据见表 5.10。

表 5.10　钢丝绳主要数据表

结构形式	直径(mm)		钢丝总断面积 (mm^2)	参考重量 (kg/100 m)	钢丝绳公称抗拉强度(10 MPa)				
	钢丝绳	钢丝			140	155	170	185	200
					钢丝绳破断拉力总和(R)不小于(kN)				
钢丝绳 6×37 (GB1102 -74)	11.0	0.5	43.57	40.96	6090	6750	7400	8060	8710
	13.0	0.6	62.74	58.98	8780	9720	10650	11600	12500
	15.0	0.7	85.39	80.27	11950	13200	14500	15750	17050
	17.5	0.8	111.53	104.8	15600	17250	18950	20600	22300
	19.5	0.9	141.16	132.7	19750	21850	23950	26100	28200
	21.5	1.0	174.27	163.8	24350	27000	29600	32200	34850
	24.0	1.1	210.87	198.2	29500	32650	35800	39000	42150
	26.0	1.2	250.95	235.9	35100	38850	42650	46400	50150
	28.0	1.3	294.52	276.8	41200	45650	50050	54450	58900
	30.0	1.4	341.57	321.1	47800	52900	58050	63150	68300
	32.5	1.5	392.11	368.6	54850	60750	66650	72500	78400
	34.5	1.6	446.13	419.4	62450	69150	75800	82500	89200
	36.5	1.7	503.64	473.4	70500	78050	85600	93150	100500
	39.0	1.8	564.63	530.8	7900	87500	95950	104000	112500
	43.0	2.0	697.08	655.3	97550	108000	118500	128500	139000

钢丝绳的容许拉力应满足下式要求:

$$S_g \leqslant \frac{\alpha R}{K}$$

(5.10)

式中，S_g 为钢丝绳容许拉力（N）；α 为钢丝绳破断拉力换算系数（或受力不均匀系数）。钢丝绳为 6×19 取 0.85；钢丝绳为 6×37 取 0.82；钢丝绳为 6×61 取 0.80；R 为钢丝绳的破断拉力总和，按表 5.10 取值；K 为钢丝绳安全系数，钢丝绳作缆风绳取 3.5；用手动起重取 4.5；用于机械机重设备取 5～6；作吊索，无弯曲时取 6～7；作绑扎吊索取 8～10；用于载人升降机取 14。

5.2.4　横吊梁

横吊梁又称为铁扁担，在吊装工作中可减小起吊高度，满足吊索水平夹角的要求，使构件保持垂直、平衡，便于安装。横吊梁的形式有滑轮横吊梁[图 5.13(a)]，一般用于吊装小于 8 t 的柱；钢板横吊梁[图 5.13(b)]，用于吊装 10 t 以下的柱；钢管横吊梁长 6～12 m[图 5.13(c)]，一般用于吊装屋架。

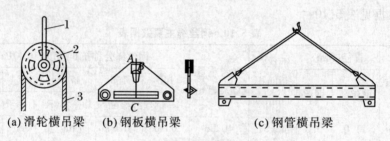

(a) 滑轮横吊梁　　(b) 钢板横吊梁　　　　　　(c) 钢管横吊梁

图 5.13　横吊梁
1—吊环　2—滑轮　3—吊索

学习单元 5.3　单层工业厂房结构安装

工作任务表

能力目标	主讲内容	学生完成任务
通过学习训练，使学生初步具有编制结构安装施工方案，现场组织单层工业厂房结构安装施工的能力	着重介绍了单层工业厂房构件吊装工艺以及结构安装方案的内容与编制方法	结合学校周边项目，调查收集该项目结构吊装施工方案，分小组汇报讨论

单层工业厂房由于面积大，构件类型少，数量多，因此一般多采用装配式结

构,以促进建筑工业化,加快建设速度。结构安装工程是装配式单层工业厂房施工的主导工程,它直接影响整个工程的施工进度、劳动生产率、工程质量、施工安全和工程成本,必须予以高度重视。

混凝土构件的制作分为工厂预制和现场制作。中小型构件多采用工厂预制,如屋面板、墙板、吊车梁等;大型构件或尺寸较大不便于运输的构件多采用现场制作,如屋架、柱等。

构件运输过程,通常经过起吊、装车、运输和卸车等。目前构件运输的主要方式为汽车运输,多采用载重汽车和平板拖车,当条件具备时也可采用铁路和水路运输。在运输过程中为防止构件变形、倾倒、损坏,应采取适当措施进行加固和支撑。

在拟定单层工业厂房结构安装方案时,首先应根据厂房平面尺寸、跨度大小、结构特点、构件类型、重量、安装位置标高、设备基础施工方案(封闭式、敞开式施工)、现有起重机械性能、现场条件等,来合理选择起重机械,使其能够满足起重重量、高度、半径的要求。然后根据所选用的起重机械性能,确定构件吊装工艺、结构安装方法、起重机开行路线和停机位置,最后据此进行构件现场预制的平面布置和就位布置。

5.3.1　构件吊装工艺

单层工业厂房的结构安装,一般要安装柱、吊车梁、连系梁、托架、屋架、天窗架、屋面板、墙板、基础梁及支撑系统等。

构件的吊装工艺有绑扎、吊升、对位、临时固定、校正、最后固定等工序。

在吊装前要做好准备工作,包括有:场地清理、道路修筑、基础准备、构件运输、就位、堆放、拼装加固、检查清理、弹线编号,以及吊装机具的准备等。

5.3.1.1　柱的吊装

1. 基础的准备

柱基施工时,杯底标高一般比设计标高低(通常低 5 cm),柱在吊装前需对基础杯底标高进行一次调整(或称找平)。调整方法是测出杯底原有标高,再量出柱脚底面至牛腿面的实际长度,计算出杯低标高调整值,并在杯口内标出,用 1∶2 的水泥砂浆或细石混凝土将杯底找平至标志处。例如,测出杯底标高为 −1.2 m,牛腿面设计标高为 +7.80 m,而柱脚至牛腿面的实际长度为 8.95 m,则杯底标高调整值 $h = (7.80 + 1.20) - 8.95 = 0.05$ m。

此外,还要在基础杯口面上弹出建筑的纵、横定位轴线和柱的吊装准线,作为柱对位、校正的依据(图 5.14),另外,还要在柱身三个侧面上弹出吊装准线(图 5.15)。柱的吊装准线应和基础面上所弹的吊装准线位置相对应。对矩形截面柱可按几何中线弹出吊装准线;对工字形截面柱,为便于观测及避免视差,则应靠柱边弹出吊装准线。

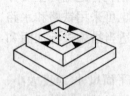
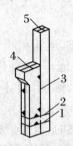
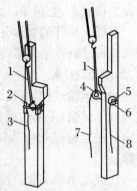

图 5.14　基础的准线　　　图 5.15　柱的准线　　图 5.16　柱的斜吊绑扎法

1—基础顶面线;2—地坪标高线;　　1—吊索;2—卡环;3—卡环

3—柱中心线;4—吊车梁对位线;　　插销拉绳;4—柱销;5—垫圈

5—柱顶中心线　　　　　　　　6—插销;7—柱销拉绳;

　　　　　　　　　　　　　　　8—插销拉绳

2. 柱的绑扎

柱的绑扎方法、绑扎位置和绑扎点数,应根据柱的形状、长度、截面、配筋、起吊方法和起重机性能等因素确定。由于柱在起吊时吊离地面的瞬间由自重产生的弯矩最大,其最合理的绑扎点位置,应按柱子产生的正负弯矩绝对值相等的原则来确定。一般中小型柱(自重 13 t 以下)大多采用一点绑扎;重型柱或配筋少而细长的柱(如抗风柱)为了防止起吊过程中柱身断裂,常采用两点甚至是三点绑扎。对于有牛腿的柱,其绑扎点应选在牛腿以下 200 mm 处;工字形截面柱和双肢柱,应选在矩形断面处,否则应在绑扎位置用方木加固翼缘,以防止翼缘在起吊时损坏。

根据柱起吊后柱身是否垂直,分为斜吊法和直吊法,相应的绑扎方法有如下两种:

1) 斜吊绑扎法

当柱子的抗弯能力能满足吊装要求时,可采用斜吊绑扎法,如图 5.16 所示。此法的特点是不需翻动柱身,起重钩可低于柱顶,当柱身较长,起重机臂长不够时,此法较为方便,但因柱身倾斜,就位对中比较困难。

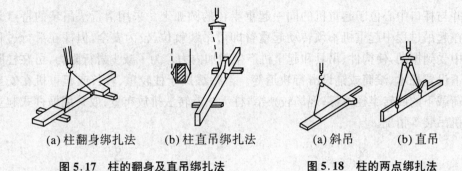

(a) 柱翻身绑扎法　　　(b) 柱直吊绑扎法　　　(a) 斜吊　　　　(b) 直吊

图 5.17　柱的翻身及直吊绑扎法　　　图 5.18　柱的两点绑扎法

2) 直吊绑扎法

当柱平卧起吊的抗弯强度不足时,吊装前需先将柱翻身后再绑扎起吊,这时就采用直吊绑扎法(图 5.17)。此法吊索从柱子两侧引出,上端通过卡环或滑轮挂在铁扁担上,柱身成垂直状态,便于插入杯口,就位校正。但铁扁担高于柱顶,需用较长的起重臂。

3) 两点绑扎法

当柱身较长较重时,若采用一点绑扎法,则柱的抗弯能力不足,需采用两点绑扎起吊(图 5.18)。绑扎点的位置,应选在使下绑扎点距柱重心的距离小于上绑扎点至柱重心的距离,以保证将柱起吊后可自行旋转直立。

3. 柱的起吊

根据柱在吊升过程中柱身运动的特点分为旋转法和滑行法;按采用的起重机械的数量可分为单机起吊和双机抬吊。

1) 旋转法

此法是起重机边起钩,边回转起重臂,使柱子绕柱脚旋转而成直立状态,然后将其插入杯口(图 5.19)。采用此法时,要使绑扎点、柱脚中心与基础杯口中心三点同弧,该弧所在的圆心即为起重机的回转中心,半径为圆心到绑扎点的距离。起吊柱子时,柱脚应尽量靠近杯口,以提高生产率。旋转法的特点是在吊升过程中柱所受振动较小,但对起重机的机动性要求高。此法多用于中小型柱的吊装。

另外,采用旋转法吊柱,若受施工现场的限制,使柱的布置不能满足三点同弧时,则可采用绑扎点与基础杯口中心或柱脚与基础杯口中心两点共弧布置,但在吊升过程中需改变回转半径和起重臂仰角,工效低且安全性较差。

2) 滑行法

起吊时,起重机只升钩,起重臂不转动,使柱脚沿地面滑升逐渐直立,然后吊离地面插入基础杯口(图 5.20)。采用此法吊柱时,柱的绑扎点布置在杯口附近,并与杯口中心位于起重机的同一起重半径的圆弧上。采用滑行法吊装的特点是在起吊过程中起重机不须转动起重臂即可吊装就位,较为安全,但柱在滑行过程中受到振动,使构件、吊具和起重机产生附加内力。为了减少滑行阻力,可在柱脚下设置托木、滚筒或铺设滑行轨道等。滑行法用于柱较重、较长或起重机在安全荷载下的回转半径不够;现场较狭窄,柱无法旋转法排放布置;或采用桅杆式起重机吊装等情况。

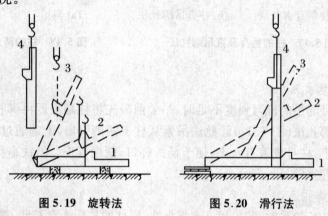

图 5.19　旋转法　　　　　图 5.20　滑行法

3) 双机抬吊

当柱的断面尺寸、重量较大,使用一台起重机无法满足吊装工作时,可以采用双机抬吊。其起吊方法可采用旋转法(两点抬吊)和滑行法(一点抬吊)。

双机抬吊旋转法,是采用两台起重机分别抬柱的上、下吊点,柱的布置应使两个吊点与基础中心分别处于起重半径的圆弧上,两台起重机并列于柱的一侧,如图 5.21 所示。起吊时,两机同时同速升钩,将柱吊离地面+0.3m,然后两起重臂同时向杯口旋转,此时,从动起重机 A 只旋转不提升,主动起重机 B 则边旋转边提升吊钩直至柱身直立,双机以等速缓慢落钩,将柱插入基础杯口中。

双机抬吊滑行法时柱的平面布置与单机起吊滑行法基本相同。两台起重机在柱基两侧相对而立,吊钩均位于基础上方,如图 5.22 所示。起吊时采用同一点绑扎抬吊,两起重机以相同的升钩、降钩、旋转速度工作。故宜选择型号相同的起重机。

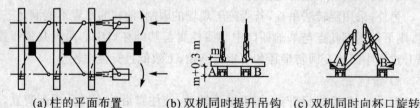

　　(a) 柱的平面布置　　　(b) 双机同时提升吊钩　(c) 双机同时向杯口旋转

图 5.21　双机抬吊旋转法

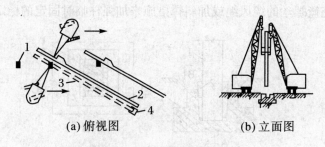

(a) 俯视图　　　　　　　　　(b) 立面图

图 5.22　双机抬吊滑行法

1—基础；2—柱预制位置；3—柱翻身后位置；4—滚动支座

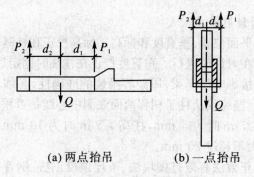

(a) 两点抬吊　　　　　　　　(b) 一点抬吊

图 5.23　负荷分配计算简图

采用双机抬吊，为使各机的负荷均不超过该机的起重能力，应进行负荷分配，其计算方法，如图 5.23 所示为：

$$P_1 = 1.25Q\,\frac{d_1}{d_1+d_2} \tag{5.11}$$

$$P_2 = 1.25Q\,\frac{d_2}{d_1+d_2} \tag{5.12}$$

式中，Q 为柱的重量(t)；P_1 为第一台起重机的负荷(t)；P_2 为第二台起重机的负荷(t)；d_1、d_2 为分别为起重机吊点至柱重心的距离(m)；1.25 为双机抬吊可能引起的超负荷系数，若有保证不超载的措施，可不乘此系数。

4. 柱的对位与临时固定

先在基础杯底铺 20～30 mm 水泥砂浆，将柱脚插入杯口后，悬离 30～50 mm 处进行对位，应注意保持柱身基本垂直。对位时，由两人在柱的两个对面各放入两个楔块，并用撬棍撬动柱脚，使柱子安装中心线对准杯口准线，即可放下柱子至杯底，对中心线进行复查对准，符合要求后，由两人对称地将四周八个楔块打紧（图 5.24）。当柱基杯口深度与柱长之比小于 1/20，或具有较大牛腿的重型柱，还应增设带花篮螺丝的缆风绳或加斜撑措施来加强柱临时固定的稳定。

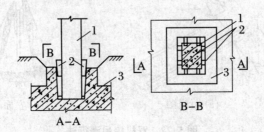

图 5.24　柱的临时固定
1—柱子;2—楔子;3—杯形基础

5. 柱的校正与最后固定

柱的校正包括平面位置、垂直度和标高。标高校正在柱基杯底找平时已经进行。平面位置校正在对位时进行。垂直度校正在柱临时固定后进行。

垂直度校正直接影响吊车梁、屋架等吊装的准确性,必须认真对待。柱子垂直度校正,先用两台经纬仪从柱子相邻两面观测中心线是否垂直。垂直偏差要在允许范围内,柱高≤5 m 时为 5 mm,柱高>5 m 时为 10 mm,柱高≥10 m 时为 1/1000柱高,但最大不超过 20 mm。

柱垂直度的校正方法有敲打楔块法、千斤顶校正法、钢管撑杆斜顶法及缆风绳校正法等,如图 5.25 所示。若发现柱在平面位置上有走动,可在一侧打紧楔块另一侧放松楔块予以校正。

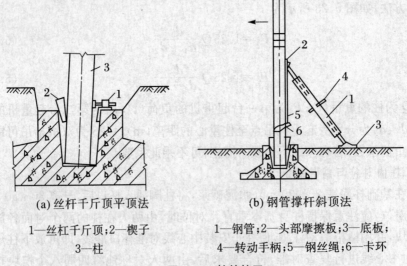

(a) 丝杆千斤顶平顶法　　　　(b) 钢管撑杆斜顶法

1—丝杠千斤顶;2—楔子　　　1—钢管;2—头部摩擦板;3—底板;
3—柱　　　　　　　　　　　4—转动手柄;5—钢丝绳;6—卡环

图 5.25　柱的校正

柱校正后,应将楔块以每两个一组对称、均匀、分次地打紧,并立即进行最后固定。其方法是在柱子与杯口的空隙中用细石混凝土浇注密实。之前要清扫杯口,并用水湿润柱脚和杯壁,分两次浇注强度高一级的细石混凝土,第一次浇至楔块底面,待混凝土达到设计强度的 25% 后,拔去楔块,再浇注第二次混凝土至杯口顶面,并进行养护,待第二次浇注的混凝土达到设计强度的 70% 后,方能进行上部构件的安装。

5.3.1.2 吊车梁的安装

吊车梁的类型通常有矩形、T 形和鱼腹形等几种。安装时应采用两点绑扎,对称起吊,吊钩对准重心,使其起吊后保持水平。对位时,不宜用撬棍顺纵轴方向撬动吊车梁。

对吊车梁的校正有标高、平面位置、垂直度等。可在屋盖安装前进行校正,也可在屋盖安装后进行;对于重型吊车梁宜在屋盖安装前进行,且边吊边校。

吊车梁标高主要取决于柱子牛腿标高,一般不会有较大误差,因在柱基杯底已经校正过,如有微小误差,可在安装轨道前在吊车梁顶面抹水泥砂浆予以调整。

吊车梁垂直度和平面位置的校正可同时进行。

吊车梁垂直度校正,常用挂线锤的方法,偏差值应在 5 mm 以内。若有偏差,可在两端的支座面上加斜垫铁纠正,每叠垫铁不得超过三块。

吊车梁的平面位置校正,主要是检查吊车梁纵轴线以及两列吊车梁间的跨度是否符合要求。按施工规范要求,轴线偏差不得大于 5 mm,在屋架安装前校正时,跨距不得有正偏差,以防屋架安装后柱顶向外偏移。吊车梁平面位置的校正方法通常有通线法和平移轴线法。通线法是根据柱的定位轴线用经纬仪和钢尺准确地校好一跨内两端的四根吊车梁的纵轴线和轨距,再依据校正好的端部吊车梁,沿其轴线拉上钢丝通线,两端垫高 200 mm 左右,并悬挂重物拉紧,逐根校正吊车梁(图 5.26)。平移轴线法是根据柱和吊车梁的定位轴线间的距离(一般为 750 mm),逐根校正吊车梁的安装中心线(图 5.27)。

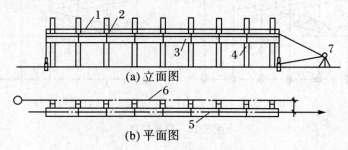

(a) 立面图

(b) 平面图

图 5.26 通线法校正吊车梁

1—通线;2—圆钢;3—吊车梁;4—柱;5—吊车梁纵轴线;6—柱轴线;7—经纬仪

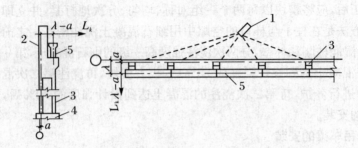

图 5.27 平移轴线法校正吊车梁
1—经纬仪；2—标记；3—柱；4—柱基础；5—吊车梁

吊车梁校正后，应立即焊接牢固，并在吊车梁与柱接头的空隙处浇注细石混凝土进行最后固定。

5.3.1.3 屋架的吊装

1. 屋架的扶直与就位

预制钢筋混凝土屋架，一般都是在施工现场平卧重叠浇注，起吊前需将其扶直就位。因屋架的侧向刚度差，扶直时由于自重影响，改变了杆件受力性质，容易造成屋架损伤，所以，要先进行吊装验算，以便采取有效措施，保证施工安全。在扶直就位过程中，需在屋架两端设临时支撑，以防突然下滑而损坏。按起重机与屋架的相对位置不同，屋架扶直分正向扶直与反向扶直。

（1）正向扶直：起重机位于屋架下弦一侧，先以吊钩对准屋架上弦中心，收紧吊钩，然后略抬高起重臂，使屋架脱模，然后起重机升钩升臂，使屋架以下弦为轴缓慢转为直立状态［图 5.28(a)］。

（2）反向扶直：起重机位于屋架上弦一侧，先以吊钩对准屋架上弦中心，接着升钩并降臂，使屋架以下弦为轴缓慢转为直立状态［图 5.28(b)］。

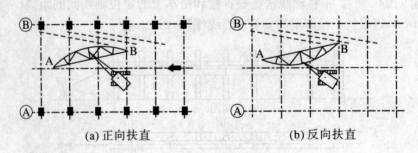

（a）正向扶直   （b）反向扶直

图 5.28 屋架扶直

正向扶直与反向扶直最大的区别在于扶直过程中，一个升臂，一个降臂，升臂较降臂更易于操作且比较安全，应尽可能采用正向扶直。

屋架扶直后,应立即就位,即将屋架移往吊装前的规定位置。就位的位置与屋架的安装方法、起重机的性能有关,应考虑好屋架的安装顺序、两端朝向等问题且应少占场地,便于吊装作业。一般靠柱边斜放 3~5 榀为一组平行柱边纵向就位,就位后用 8 号铁丝或支撑等与已安装的柱或已就位的屋架相互拉牢,以保持稳定。

2. 屋架的绑扎

屋架的绑扎点应选在上弦节点处,左右对称,并高于屋架重心,使屋架起吊后基本保持水平,不晃动、不倾翻,吊索与水平面的夹角不宜小于 45°,以免屋架承受过大横向压力,必要时可采用横吊梁以减小绑扎高度及减少横向压力。吊点的数目及位置与屋架的形式和跨度有关,一般应经吊装验算确定。另外,在屋架两端应加溜索,以控制屋架的转动。

当屋架的跨度小于或等于 18 m 时,采用两点绑扎[图 5.29(a)];屋架跨度为 18~24 m 时,采用四点绑扎[图 5.29(b)];屋架跨度为 30~36 m 时,采用四点绑扎并加 9 m 的横吊梁,又叫做铁扁担[图 5.29(c)];侧向刚度较差的屋架,必要时应进行临时加固[图 5.29(d)];对于组合屋架,因其刚度差、下弦不能承受压力,故绑扎时也应用横吊梁。

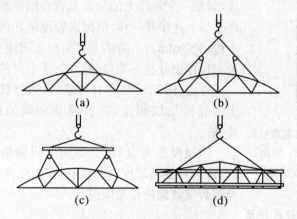

(a)   (b)

(c)   (d)

图 5.29   屋架的绑扎方法

3. 屋架的起吊、对位与临时固定

屋架的起吊一般采用单机起吊,当屋架跨度大、重量大时采用双机抬吊。

屋架的起吊是先将其吊离地面约 500 mm,然后将屋架转至吊装位置下方,再将屋架吊升超过柱顶约 300 mm,随即缓慢放至柱顶,进行对位。屋架的对位应以建筑物定位轴线为准,规范规定,屋架下弦中心线定位轴线的允许偏差为 5 mm。

屋架对位后,应立即进行临时固定,第一榀就位后,用四根缆风绳在屋架两侧拉牢固定,或将屋架与抗风柱连接;第二榀以后的屋架就位后,用两根工具式支撑撑牢在前一榀上(图5.30)。临时固定稳妥后,起重机才可以脱钩。屋架经过校正、最后固定,并安装了若干块大型屋面板后,才可将支撑取下。

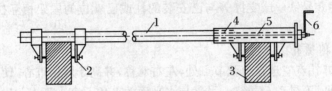

图5.30　工具式支撑(屋架校正器)

1—钢管;2—撑脚;3—屋架上弦;4—螺母;5—螺杆;6—摇把

4.屋架的校正与固定

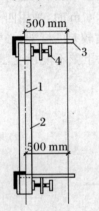

图5.31　屋架垂直度校正

1—屋架轴线;2—屋架;
3—标尺;4—固定螺杆

对屋架的校正主要是垂直度,一般用经纬仪或锤球检查,用屋架校正器进行校正。用经纬仪检查是在屋架上安装三个卡尺,一个安在上弦中点附近,另两个分别安在屋架两端。自屋架几何中心向外量出一定距离(500 mm)在卡尺上做出标志,然后在距离屋架中心线同样距离的地面上安置经纬仪,观察三个卡尺上的标志是否在同一垂直面。用垂球检查与上述步骤一样,但标志距屋架几何中心的距离可小些(300 mm),在两端卡尺的标志间连一通线,从屋架顶卡尺标志处挂一垂球,检查三个卡尺的标志是否在同一垂直面(图5.31)。若有偏差,可通过转动工具式支撑上的螺栓加以纠正,并在屋架两端的柱顶上嵌入斜垫铁。

屋架校正垂直后,立即用电焊做最后固定。焊接时,应在屋架两端同时对角施焊,避免两端同侧施焊,以免因焊缝收缩使屋架倾斜。

5.屋架的双机抬吊

当屋架的重量较大,一台起重机的起重量不能满足要求时,则可用两台起重机抬吊屋架,其方法有一机回转,一机跑吊;双机跑吊两种。

1)一机回转,一机跑吊

该方法是屋架布置在跨中,两台起重机分别停在屋架的两侧(图5.32),1号机在吊装过程中只回转不移动,因此,其停机位置距屋架起吊前的吊点与屋架安装至柱顶后的吊点应相同。2号机在吊装过程中需回转及移动,其行走中心线为屋架安装后各屋架吊点的连线。开始吊装时,两台起重机同时提升屋架至一定高度(超过履带高),2号机将屋架由起重机一侧转至机前,然后两机同时提升屋架至超过柱顶,2号机带屋架前进至屋架安装就位的停机点,1号机则作回转动作以相配合,最后两机同时缓慢将屋架下降至柱顶就位。

2) 双机跑吊

屋架在跨内一侧就位,两台起重机在屋架同侧(图 5.33)。开始时,两台起重机同时提升吊钩,将屋架提升至一定高度,使屋架回转时不至碰撞其他屋架或柱;然后1号机带屋架后退至停机点,2号机前进,使屋架达到安装就位的位置。两机再同时升高屋架超过柱顶,最后同时缓慢下降至柱顶就位。

由于双机跑吊时两台起重机均要进行长距离的负荷行驶,较不安全,所以屋架双机抬吊时宜采用一机回转,一机跑吊。

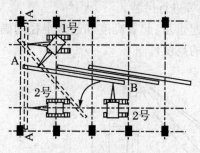 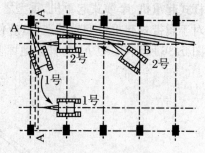

图 5.32　一机回转,一机跑吊　　　　图 5.33　双机跑吊

5.3.1.4　天窗架及屋面板的吊装

天窗架常采用单独吊装,也可与屋架拼装成整体后,同时进行吊装,但对起重机的起重量和起重高度要求高。天窗架单独吊装时,应在两侧屋面板安装后进行。天窗架一般采用两点或四点绑扎(图 5.34),其校正、临时固定可用缆风绳、木撑或校正器进行。

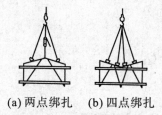 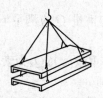

(a) 两点绑扎　　(b) 四点绑扎

图 5.34　天窗架的绑扎　　　　图 5.35　板的叠吊

屋面板的吊装,一般多采用一钩多块叠吊(图 5.35),以发挥起重机的效能,提高生产率。吊装顺序,应由两边檐口左右对称逐块吊向屋脊,避免屋架承受半

跨荷载。屋面板应焊接牢固,并保证有三个角点焊接。

5.3.2　结构吊装方案

在拟定单层工业厂房结构吊装方案时,应重点解决起重机的选择、结构吊装方法、起重机开行路线与构件的平面布置等问题。

5.3.2.1　起重机的选择

起重机的选择直接影响构件的吊装方法、起重机开行路线与停机点位置、构件平面布置等问题。首先应根据厂房跨度、构件重量、吊装高度以及施工现场条件、当地现有设备等确定起重机类型。一般中小型厂房的结构吊装多采用自行杆式起重机;厂房的高度和跨度较大时,可用塔式起重机吊装屋盖结构。场地受限制或起重机难以到达的地方可用拔杆吊装。对大跨度的重型工业厂房则可选用自行杆式起重机、牵缆式起重机、重型塔吊等进行吊装。

对于履带式起重机型号的选择,应使起重量、起重高度和起重半径均满足要求如图 5.36 所示(图中 h_1 为其在地坪上的高度)。

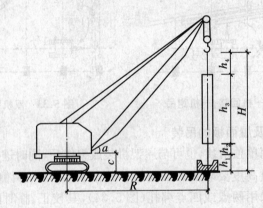

图 5.36　起重机参数选择

1. 起重量

起重机的起重量 Q 应满足下式要求:

$$Q \geqslant Q_1 + Q_2 \tag{5.13}$$

式中,Q_1 为构件重量(t);Q_2 为索具重量(t)。

2. 起重高度

起重机的起重高度,必须要满足所吊构件的高度要求。

$$H \geqslant h_1 + h_2 + h_3 + h_4 \tag{5.14}$$

式中,H 为起重机的起重高度(m),从停机面至吊钩的垂直距离;h_1 为安装支座表面高度(m),从停机面算起;h_2 为安装间隙,不小于 0.3 m;h_3 为绑扎点至构件吊起后底面的距离；

　　h_4 为索具高度(m)，自绑扎点至吊钩面，不小于 1 m。

3.起重半径

　　一般情况下，起重机不受限制能开到构件附近吊装时，对起重半径没有要求，可在计算起重量及起重高度后，查阅起重机的起重性能表或性能曲线来选择起重机的型号及起重臂长度，并可查得在此起重量和起重高度下相应的起重半径，作为确定起重机开行路线及停机位置的依据。

　　当起重机不能直接开到构件吊装位置附近时，要根据起重量、起重高度和起重半径三个参数，查阅起重机的起重性能表或性能曲线来选择起重机型号及臂长。

　　当起重机要跨过已安装的结构构件去吊装构件时，为避免起重臂与已安装的构件碰撞，则要求出起重机的最小臂长及相应的起重半径。其计算方法有数解法和图解法。

　　1) 数解法求最小起重臂长

　　图 5.37 示出了用数解法求最小起重臂长的各参数，其最小起重臂长按(5.15)式计算。

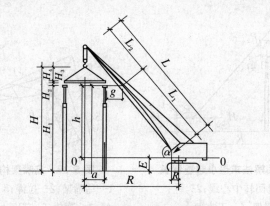

图 5.37　数解法求最小起重臂长

$$L \geqslant L_1 + L_2 = \frac{h}{\sin\alpha} + \frac{f+g}{\cos\alpha} \qquad (5.15)$$

式中，L 为起重臂长度(m)；h 为起重臂底铰到屋面板吊装支座的高度(m)，$h=h_1-E$；h_1 为停机面至屋面板吊装支座的高度(m)；f 为起重钩需跨过已安装好构件的距离(m)；g 为起重臂轴线与已安装好的构件间水平间隙(不小于 1 m)；α 为起重臂的仰角；E 为起重臂底铰到停机面的距离(m)。

为使臂长 L 为最小,要对公式(5.15)进行微分,令$\dfrac{\mathrm{d}L}{\mathrm{d}\alpha}=0$,即:

$$\frac{\mathrm{d}L}{\mathrm{d}\alpha}=\frac{-h\cos\alpha}{\sin^2\alpha}+\frac{(f+g)\sin\alpha}{\cos^2\alpha}=0 \tag{5.16}$$

解得

$$\alpha=\arctan\sqrt[3]{\frac{h}{f+g}} \tag{5.17}$$

将角度值 α 代入(5.15),即可求得最小臂长 L,根据选用的起重臂长,计算起重半径 R,这样即可确定起重机在吊装屋面板时的停机位置。

2)图解法

作图方法及步骤如下(图5.38):

(1)按比例(不小于1∶200)绘出构件安装标高,柱距中心线和停机面线。

(2)根据$(0.3+n+h+b)$在柱距中心线上定出 P_1 的位置。

(3)根据 $g=1$ m 定出 P_2 点的位置。

(4)根据起重机 E 值绘制平行于停机面的水平线 GH。

(5)连接 P_1P_2,延长到与 GH 相交于 P_3(此点为重臂下端铰点)。

(6)量出 P_1P_3 的长度,即为所求的最小起重臂长。

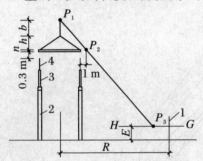

图 5.38　图解法求最小起重臂长
1—起重机回转中心线;2—柱;
3—屋架;4—天窗架

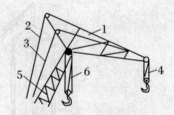

图 5.39　鸟嘴架构造示意
1—鸟嘴架;2—拉绳;3—起重钢丝
绳;4—副钩;5—起重臂;6—主钩

屋面板的吊装,也可不增加起重臂,而采用在起重臂顶端安装一个鸟嘴架来解决。一般设在鸟嘴架的副吊钩与起重臂顶端中心线的水平距离为 3 m,如图5.39所示。

5.3.2.2　结构吊装方法

单层工业厂房的结构吊装方法,有分件吊装法和综合吊装法两种。

1. 分件吊装法

分件吊装法,又称大流水法。是指起重机每开行一次,仅吊装一种或两种构件,如图 5.40 所示。

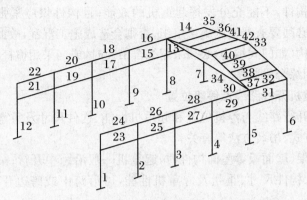

图 5.40　分件吊装法

第一次开行,吊装完全部柱子,并对柱子进行校正和最后固定;

第二次开行,吊装吊车梁、连系梁及柱间支撑等;

第三次开行,按节间吊装屋架、天窗架、屋面板及屋面支撑等。

分件吊装的优点是:构件便于校正;构件可以分批进场,供应也较单一,吊装现场不致拥挤;吊具不需经常更换,操作程序基本相同,吊装速度快;可根据不同的构件选用不同性能的起重机,能充分发挥机械的效能。其缺点是不能为后续工作及早提供工作面,起重机的开行路线长,对起重机机动性能要求高。

1. 综合吊装法

综合吊装法,又称节间安装。是起重机在车间内一次开行中,分节间吊装完所有各种类型构件。即先吊装 4~6 根柱子,校正固定后,随即吊装吊车梁、连系梁、屋面板等构件,待吊装完一个节间的全部构件后,起重机再移至下一节间进行安装,如图 5.41 所示。

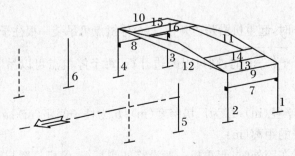

图 5.41　综合吊装法

综合吊装法的优点是:起重机开行路线短,停机点位置少,可为后续工作创造工作面,有利于组织立体交叉平行流水作业,以加快工程进度。其缺点是:要同时吊装各种类型构件,不能充分发挥起重机的效能;且构件供应紧张,平面布置复杂,校正困难;必须要有严密的施工组织,否则会造成施工混乱,故此法很少采用。只有在某些结构(如门式结构)必须采用综合吊装时,或当采用桅杆式起重机进行吊装时,才采用综合吊装法。

5.3.2.3　起重机开行路线及停机位置

起重机的开行路线与停机位置和起重机性能、构件尺寸及重量、构件平面布置、构件供应方式、吊装方法等有关。

当吊装屋架、屋面板等屋面构件时,起重机一般沿跨中开行;吊装柱子时,则根据跨度大小、构件尺寸、重量及起重机性能,可沿跨中或跨边开行,如图 5.42 所示。

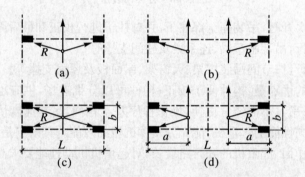

图 5.42　起重机吊装柱时的开行路线及停机位置

当 $R \geqslant L/2$ 时,起重机可沿跨中开行,每个停机点可吊两根柱子[图 5.42(a)]。

当 $R \geqslant \sqrt{\left(\dfrac{L}{2}\right)^2 + \left(\dfrac{b}{2}\right)^2}$,起重机可沿跨中开行,每个停机点可吊装 4 根柱子[图 5.42(b)]。

当 $R < L/2$ 时,起重机沿跨边开行,每个停机点可吊装一根柱子[图 5.42(c)]。

当 $R \geqslant \sqrt{a^2 + \left(\dfrac{b}{2}\right)^2}$ 时,则可以跨边开行,每个停机点可以吊装两根柱子[图 5.42(d)]。

其中,R 为起重半径(m);L 为厂房跨度(m);b 为柱子间距(m);a 为起重机开行路线到跨边轴线的距离(m)。

当柱子布置在跨外时,起重机一般沿跨外侧开行,停机位置与跨边开行相似。

例如某单跨车间采用分件吊装时,起重机的开行路线及停机位置图如图5.43所示。起重机从 A 轴进场,沿跨外开行吊装 A 列柱子(跨外布置);再沿 B 轴跨内开行吊装 B 列柱子(跨内布置);再转到 A 轴扶直屋架及将屋架就位;再转到 B 轴吊装 B 列连系梁、吊车梁等;再转到 A 轴吊装 A 列吊车梁等;再转到跨中吊装屋盖系统。

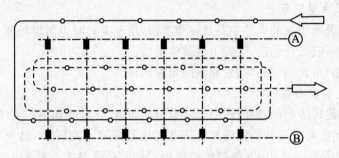

图 5.43　起重机开行路线及停机位置

当单层工业厂房面积大,或有多跨结构时,为加速进度,可划分若干段,用多台起重机同时进行施工,可每台独立作业负责一个区段的全部吊装工作,也可选用不同性能的起重机配合作业。

当厂房有多跨并列和纵横跨时,可先吊装各纵向跨,保证吊装各纵跨时,起重机械、运输车畅通,有高低跨时,先吊装高跨,再逐步向两侧吊装。

5.3.2.4　构件平面布置与运输堆放

单层工业厂房构件的平面布置,是吊装工程中一项重要的工作。构件布置的合理,可以避免构件在场内二次搬运,充分发挥起重机械的效率。

构件的平面布置与吊装方法、起重机性能、构件制作方法等有关。故应在确定吊装方法、选择起重机械之后,根据施工现场的实际情况,会同有关土建、吊装施工人员共同研究确定。

1. 构件布置要求

构件布置时应注意以下问题:

(1)每跨构件尽可能布置在本跨内,如确有困难时,才考虑布置在跨外而利于吊装的地方。

(2)构件布置方式应满足吊装工艺要求,尽可能布置在起重机的起重半径内,尽量减少起重机负重行驶的距离及起重臂的起伏次数。

(3)应首先考虑重型构件的布置。

(4)构件布置的方式应便于支模及混凝土的浇注工作,预应力构件尚应考虑有足够的抽管、穿筋和张拉的操作场地。

(5)构件布置应力求占地最少,保证道路畅通,当起重机械回转时不致和构件相碰。

（6）所有构件应布置在坚实的地基上。

（7）构件的平面布置分预制阶段构件平面布置和吊装阶段构件就位布置，但两者之间有密切关系，需同时加以考虑，做到相互协调，利于吊装。

2. 柱子预制的布置

需要在现场预制的构件主要是柱和屋架，吊车梁有时也需现场制作。其他构件均在构件厂或场外制作，运到工地就位吊装。

柱的预制布置，有斜向布置和纵向布置两种。

1）柱的斜向布置

如果用旋转法起吊，则应按三点共弧斜向布置，其步骤如图 5.44 所示。

首先，确定起重机开行路线到柱子基础中线距离 a，其值不得大于起重半径 R，也不宜太靠近基坑边，以免起重机失稳，另外，还应注意回转时起重机的尾部不与周围构件发生碰撞。综合考虑上述条件后，即可绘制出起重机的开行路线。

其次，确定起重机停机位置。以柱基中心 M 为圆心，吊装该柱的起重半径 R 为半径画弧与开行路线交于 O 点，此点即为吊装该柱的停机点，再以 O 为圆心，R 为半径画弧，在靠近柱基的弧上选一点 K 为柱脚中心位置，再以 K 为圆心，以柱脚到吊点的距离为半径画弧，两弧交于 S 点，以 KS 为中心画出柱子模板图，即柱子的预制位置图。再标出柱顶、柱脚与柱到纵横轴线的距离（A、B、C、D），作为预制时支模依据。

布置柱子还要考虑牛腿朝向的问题，柱布置在跨内时，牛腿应朝向起重机，布置在跨外时，牛腿则应背向起重机。

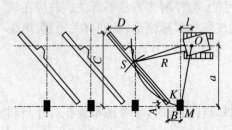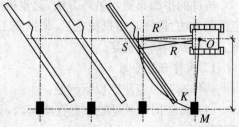

图 5.44　柱子斜向布置（三点共弧）　　图 5.45　柱子斜向布置（柱脚、基础两点共弧）

如因场地、柱长的限制，柱的布置难以做到三点共弧，则可采用两点共弧布置。其方法有两种：

一种是将柱脚与柱基安排在起重半径 R 的圆弧上，而将吊点放在起重半径 R 之外（图 5.45）。吊装时先用较大的起重半径 R' 吊起柱子，并升起重臂。当起重臂由 R' 变为 R 后，停升起重臂，再按旋转法吊装柱子。

另一种是将吊点与柱基安排在起重半径 R 的同一圆弧上，柱脚可斜向任意方向(图5.46)。吊装时,柱可用旋转法或滑行法吊升。

2)柱的纵向布置

采用滑行法吊装时,可纵向布置如图5.47所示,吊点靠近基础,吊点与柱基两点同弧。若柱长小于12 m,为节约模板和场地,两柱可以叠浇,排成一行,若柱长大于12 m,则可排成两行叠浇。起重机宜停在两柱基中间,每停机一次可吊两根柱子。

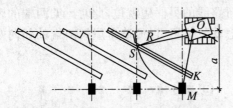

图5.46 柱子斜向布置(吊点、柱基共弧)

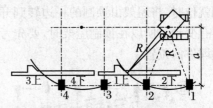

图5.47 柱的纵向布置

3. 屋架的预制布置

屋架一般在跨内平卧叠浇预制,每叠3~4榀,布置方式可采用斜向布置、正反斜向布置、正反纵向布置如图5.48所示。应优先考虑斜向布置,因其便于屋架的扶直。在屋架布置时,还要考虑屋架扶直就位要求及扶直的先后顺序,应将先扶直后吊装的放在上层。另外,还要考虑朝向问题,要符合吊装时对朝向的要求。

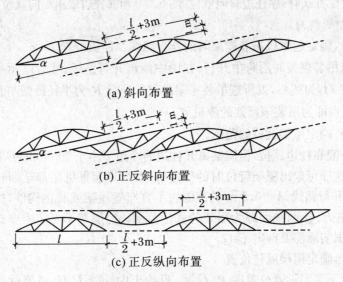

(a) 斜向布置

(b) 正反斜向布置

(c) 正反纵向布置

图5.48 屋架预制布置

4.吊车梁的预制布置

当吊车梁在现场预制时,可靠近柱基顺纵向轴线或略倾斜布置,也可插在柱子空当中预制。如具有运输条件时,也可在场外预制。

5.屋架的扶直与就位

屋架扶直后应立即就位,按就位的位置不同,分同侧就位、异侧就位(图5.49)。同侧就位时,屋架预制位置与就位位置均在起重机开行路线同一边。异侧就位时,将屋架由预制的一边转到开行路线的另一边就位,此时屋架两端的朝向有变动。所以在预制屋架时,要先考虑就位位置,以便确定屋架两端的朝向及预埋件的位置。

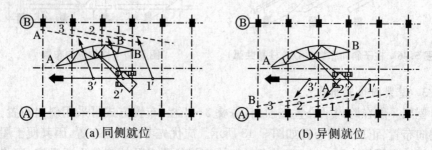

(a)同侧就位　　　　　　　　　(b)异侧就位

图5.49　屋架就位示意图

屋架就位方式有:靠柱边斜向就位(图5.50)和靠柱边成组纵向就位(图5.51)。

1)屋架的斜向就位

第一步,确定起重机吊装屋架时的开行路线及停机位置。

起重机吊装屋架时沿跨中开行,在图中画出开行路线,然后以预吊装的某轴线屋架中点 M_2 为圆心,以所选吊装屋架的起重半径 R 为半径画弧与开行路线交与 O_2 点,此点即为吊装该屋架的停机点。

第二步,确定屋架就位的范围。

屋架一般靠柱边就位,但屋架离开柱边的净距不小于200 mm,并利用柱子为临时支撑,这样可定出屋架就位时的外边线 P-P,当起重机尾部至回转中心距离为 A,则在开行路线 $A+0.5$ m 的范围内不宜布置屋架或其他构件,按此绘出虚线 Q-Q。在 P、Q 两线间即为屋架的就位范围。但屋架不一定需要这样大的就位范围,可据实际需要确定 Q-Q。

第三步,确定屋架就位位置。

当确定屋架实际就位范围 P、Q 后,可绘出中心线 H-H,屋架就位后中点均在此线上。以吊装②轴线屋架的停机点 O_2 为圆心,以吊装屋架的起重半径 R 为半径画弧交 H-H 线于 G 点,则该点即②轴线屋架就位的中点,再以 G 为圆心,以屋架跨度的一半为半径画弧交 P、Q 两线于 E、F 两点,连接 E、F 即为②轴线屋架的就位位置,其他屋架就位位置均平行于此屋架,端点相距 6 m。由于①轴线屋架已事先安装了抗风柱,需后退至②轴线屋架就位位置附近就位。

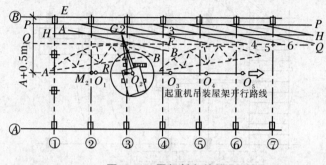

图 5.50　屋架斜向就位

2) 屋架的成组纵向就位

一般以 4～5 榀屋架为一组靠柱边顺轴线纵向就位。屋架与柱之间、屋架与屋架之间净距离不小于 200 mm,相互间用铁丝及支撑拉紧撑牢。每组屋架之间应留 3 m 左右的间距作为横向通道。为避免在已吊装好的屋架下绑扎吊装屋架,且屋架不与吊装好的屋架碰撞,要求每组屋架就位中心线位于该组屋架倒数第二榀吊装轴线之后 2 m。

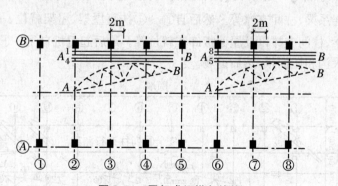

图 5.51　屋架成组纵向就位

6. 吊车梁、连系梁、屋面板的就位

这些属于小型构件,可在预制厂生产,运至现场后,按设计位置,按构件吊装顺序及编号,进行就位和集中堆放,梁式构件叠放不可过高(一般 2～3 层),大型屋面板不超过 6～8 层。

吊车梁、连系梁的就位位置一般在其吊装位置的柱列附近,跨内跨外均可,屋面板就位位置可在跨内或跨外(图 5.52),如在跨内就位,应后退 3～4 个节间开始堆放,若在跨外就位,应后退 1~2 个节间开始堆放。也可根据具体条件采取随吊随运的方法。

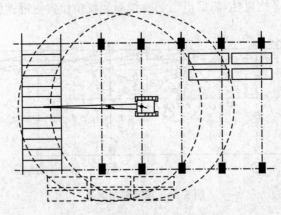

图 5.52 屋面板吊装就位布置

图 5.53 为某车间预制构件布置图。柱和屋架均采用叠屋预制,Ⓐ列柱跨外预制,Ⓑ列柱跨内预制,屋架在跨内靠Ⓐ轴线一侧预制,采用分件吊装的方式,柱子吊升采用旋转法。起重机自Ⓐ轴线跨外进场,自①~⑩先吊Ⓐ列柱,然后转至Ⓑ轴线,自⑩~①吊装Ⓑ列柱,再吊装两根抗风柱。然后自①~⑩吊装Ⓐ列吊车梁、连系梁、柱间支撑等。然后自⑩~①扶直屋架、屋架就位、吊装Ⓑ列吊车梁、连系梁、柱间支撑以及屋面板卸车就位等。最后起重机自①~⑩吊装屋架、屋面支撑、天沟和屋面板,然后退场。

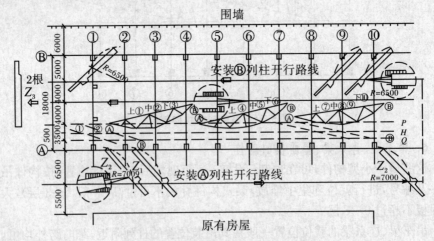

图 5.53 某车间预制构件平面布置图

复习思考题与习题

1. 起重机有哪几种类型？各自的适用范围如何？

2. 什么是滑轮组的工作线数和省力系数？如何计算滑轮组的跑头拉力？

3. 常用的吊具有哪几种？它们各有什么用途？

4. 构件运输时有哪些注意事项？

5. 构件吊装前的检查内容包括哪些？

6. 杯形基础准备工作包括哪些内容？

7. 简述构件吊装前应如何进行弹线。

8. 简述构件吊装工艺。

9. 简述柱子绑扎方法及其适用范围。

10. 单机吊装柱子时,旋转法和滑行法各有什么特点？对柱的平面布置有什么要求？

11. 柱子是如何进行对位和临时固定、最后固定的？

12. 如何检查和校正柱子的垂直度？

13. 简述吊车梁轴线的校正方法。

14. 屋架扶直和吊装时,绑扎点如何确定？

15. 什么是屋架的正向扶直和反向扶直？它们各有何特点？

16. 简述屋架的临时固定和校正方法。

17. 单层工业厂房结构安装方法有哪几种？各有何特点？

18. 单层工业厂房结构安装如何选择起重机？

19. 简述柱子和屋架在预制阶段和吊装阶段布置方式。

20. 跨度 18 m 的钢筋混凝土屋架,重 45 kN,安装到标高+14.50 处的柱顶,地面标高为−0.7,屋架采用两点绑扎,绑扎点距屋架底部 2.0 m,索具高 3.0 m,试确定起重机的起重量和起重高度？

学习任务 6 屋面与防水工程

【学习目标】

(1) 了解防水材料的种类和性能。

(2) 熟悉防水工程施工的质量要求及施工安全措施。

(3) 掌握卷材防水屋面、涂膜防水屋面、刚性防水屋面的施工工艺、施工要点及质量标准。

(4) 掌握地下防水施工的防水方案,地下防水施工的工艺要求及施工要点。

(5) 掌握卫生间防水施工的工艺要求及质量问题的处理。

(6) 初步具有编制防水工程施工方案,现场组织防水工程施工,并具有控制工程质量和施工安全的能力。

学习单元 6.1 屋面防水施工

工作任务表

能力目标	主讲内容	学生完成任务
通过学习训练,使学生熟悉防水屋面的基本构造、施工工艺与施工方法,熟悉基本类型防水屋面施工的质量要求	着重介绍了防水屋面的基本构造与施工工艺	在学习过程中利用学院建筑实训中心,以小组为单位,编制防水屋面施工方案

屋面防水根据建筑物的类别、重要程度、使用功能要求,将其等级分为Ⅰ级和Ⅱ级,设防要求分别为两道防水设防和一道防水设防,见表6.1。防水屋面的种类大体上可分为卷材防水屋面、涂膜防水屋面、刚性防水屋面等种类,其施工质量标准应符合《屋面工程技术规范》(GB50345—2012)的要求。

表 6.1　屋面防水等级和设防要求

防水等级	建筑类别	设防要求
Ⅰ级	重要建筑和高层建筑	二道防水设防
Ⅱ级	一般建筑	一道防水设防

6.1.1　卷材防水屋面

卷材防水屋面是目前屋面防水采用的一种主要方法,它是用胶粘剂将卷材逐层粘结铺设而成的防水屋面,卷材防水屋面是卷材防水屋面属柔性防水屋面,其构造如图 6.1 所示。

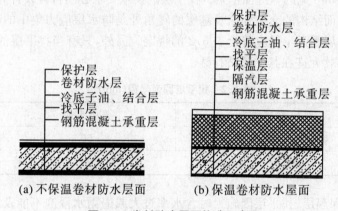

(a) 不保温卷材防水层面　　　　(b) 保温卷材防水屋面

图 6.1　卷材防水屋面构造示意图

卷材防水层适用于防水等级为Ⅰ级和Ⅱ级的屋面防水工程。卷材防水屋面常用的材料有高聚物改性沥青防水卷材、合成高分子防水卷材。胶结材料的选用取决于卷材的种类,若采用高聚物改性沥青防水卷材或合成高分子防水卷材,一般为冷铺,采用胶粘剂做结合层。

卷材防水屋面的优点是重量轻、防水性能较好、柔韧性良好、能够适应一定程度的结构变形。缺点是易老化、起鼓、耐久性较差、施工工序多、维修工作量大,且在发生渗漏时修补和找漏困难。

6.1.1.1　施工条件

1. 基层条件

基层质量好坏将直接影响防水层的质量,是防水层质量的基础,要求基层应有足够的整体性和刚度,承受荷载时不产生显著变形,一般采用水泥砂浆(体积比为 1∶3)、沥青砂浆(质量比为 1∶8)和细石混凝土找平层作为基层。基层的质量包括结构层和找平层的刚度、平整度、强度、表面完整程度及基层含水率等。

结构刚度对屋面防水层的影响很大,因此屋面结构宜采用现浇板。如采用装配式混凝土板时,应采用细石混凝土灌缝,其强度等级不得小于 C20。当屋面板板缝宽度大于 40 mm 或上宽下窄时,板缝内应设置构造钢筋,以提高结构板的刚度,减少结构变形对防水层的不利影响。

找平层是防水层的依附层,其质量好坏将直接影响到防水层的质量,所以要求找平层必须做到坡度准确、排水流畅,表面平整、不起皮、不起砂、不酥松、不开裂,要坚固、干净、干燥。找平层厚度一般为 15~35 mm,为防止由于温差及干缩造成卷材防水层开裂,找平层宜留设分格缝,并嵌填密封材料。采用水泥砂浆找平层时,间距一般不大于 6 m;采用沥青砂浆找平层时,间距不大于 4 m,并单边点贴 200~300 mm 宽的盖缝油毡条。找平层的技术要求必须符合设计和规范的规定,与突出屋面结构的交接处以及基层的转角处是防水层应力集中的部位,应做成圆弧,找平层圆弧半径应符合表 6.2 的规定。另外,只有当找平层的强度达到 5 MPa 以上,才允许在其上铺贴卷材。

表 6.2　找平层圆弧半径(mm)

卷材种类	圆弧半径
高聚物改性沥青防水卷材	50
合成高分子防水卷材	20

当屋面保温层、找平层因施工时含水率过大或遇雨水浸泡不能及时干燥,而又要立即铺设柔性防水层时,必须将屋面做成排汽屋面,以避免因防水层下部水分汽化造成防水层起鼓破坏和因保温层含水率过高造成保温性能降低。如果采用低吸水率(小于 6%)的保温材料时,就可以不必做排汽屋面。

2. 专业施工队伍及作业人员要求

承接屋面工程防水层施工的专业队伍应有防水工程施工的专项资质,具有防水工程施工的专业技术、设备和人员等能力。作业人员应事先进行培训,持证上岗,未经培训合格取得上岗证的人员不得随意操作。施工人员若遇新材料、新工艺和新技术时,还必须事先进行培训学习,大面积操作前由有经验的技工进行操作示范,掌握施工方法和要领,绝不可任意施工。防水工程施工前,应根据施工方案要求确定并配齐施工操作人员。

3. 屋面工程施工前应进行图样会审,编制屋面工程施工方案

图样会审是施工人员学习图样、领会设计意图的重要环节。通过图样会审要达到以下几个目的:

（1）掌握设计构造、设防要求、层次和节点的处理方法，防水层的类别、采用的防水材料及性能指标要求。

（2）领会设计意图，结合防水工程的实际情况，进行分析研究，提出对策，对防水设计中不明确的地方提出问题，与设计人员共同协商解决的方法。

（3）根据防水构造设计和节点处理方法，确定施工程序和施工方法，为编制施工方案提供条件。

施工人员在掌握了设计意图和设防构造后，应编制详细的施工方案来指导防水工程的施工活动，施工方案应包括以下内容：

（1）工程概况。包括整个工程简况、屋面防水等级、防水层构造层次、设防要求、建筑类型和结构特点等。

（2）质量目标。屋面防水工程施工的具体质量目标、质量保证体系、工序质量的预控标准、质量验收的方法与记录、施工记录和归档资料的内容和要求等。

（3）施工组织与管理。确定屋面防水工程施工的组织者和负责人，负责施工操作的班组人员，屋面防水工程施工技术交底的内容、工序检验的步骤和要求，现场材料堆放和运输等的要求。

（4）防水材料的使用。防水材料的类型、名称、品种、特点和性能指标，要符合质量要求和抽样复验要求、施工注意事项以及运输储存的有关规定等。

（5）施工操作技术。包括屋面工程的施工顺序、施工准备工作内容、基层要求、节点增强处理方法、防水材料施工工艺、操作方法和技术要求，防水层施工的环境和气候条件、成品保护的方法等。

（6）安全注意事项。根据工程特点明确防水工程施工中的各种安全注意事项，例如防火要求、高空作业要求、劳动保护和防护措施等。

4. 材料要求

材料是保证工程质量的基础。屋面工程所采用的防水和保温隔热材料应有产品合格证书和性能检测报告，所用材料的品种、规格和性能等应符合现行国家产品标准和设计要求。材料进场后，应检查材料的品种、规格是否正确，材料的包装和商标是否完整，产品质量保证书是否齐全，并按规范规定的项目和性能指标要求抽样复验，并提出试验报告；不合格的材料不得在屋面工程中使用。

材料进场后应有专门的房间存放，应保证通风、干燥，防止日光直接照射，避免碰撞、受潮，远离火源，储存温度不应低于 0 ℃。材料的包装上应有明显的标志，标明材料名称、规格、生产厂家、生产日期和产品有效期，不同品种、规格的防水材料应分别堆放，以免混淆。当材料存放时间超过储存期时，应将材料重新进行检验，合格后方可用于屋面工程。

5. 环境和气候条件

屋面工程施工基本上是露天进行,因此受气候影响极大。施工期的雨、雪、霜、雾以及高温、低温、大风等天气情况,对防水层的质量都会造成不同程度的影响,所以屋面工程施工期间,必须掌握天气情况,以保证施工的顺利进行和屋面工程的施工质量。规范规定屋面的保温层和防水层严禁在雨天、雪天或5级风及其以上时施工。施工的环境气温宜符合的要求见表6.3。

表 6.3 屋面保温层和防水层施工环境气温

项 目	施工环境气温
粘结保温层	热沥青不低于 -10 ℃;水泥砂浆不低于5 ℃
沥青防水卷材	不低于5 ℃
高聚物改性沥青防水卷材	冷粘法不低于5 ℃;热熔法不低于 -10 ℃
合成高分子防水卷材	冷粘法不低于5℃;热风焊接法不低于 -10 ℃
高聚物改性沥青防水涂料	溶剂型不低于 -5 ℃;水溶型不低于5 ℃
合成高分子防水涂料	溶剂型不低于 -5 ℃;水溶型不低于5 ℃
刚性防水层	不低于5 ℃

雨雪天气或预计在防水层施工期间有雨雪时,则不应进行防水层施工,以免雨、雪破坏已施工的防水层,失去防水效果。若施工时遇雨、雪,则必须立即做好保护措施,将已完成的防水层周边用密封材料封固,防止雨水侵入。

霜雾天或空气湿度过大时,会使基层的含水率增大,必须待霜雾退去和基层干燥后施工,否则会造成防水层与基层粘结不良或产生起鼓现象。

当5级风及以上时,防水层均不得施工,因为大风易将尘土或砂粒刮到基层上面,不但影响粘结,而且还容易刺破防水层。

大气温度对防水层施工质量影响也很大,由于防水材料种类多,性能差异大,工艺不同,对气温要求略有不同。气温过低,会影响卷材与基层的粘结力,挥发固化型涂料会延长固化时间,同时易遭冻结而失去防水作用。气温太高,施工操作不便,防水涂料的溶剂或水分蒸发过快,易产生收缩而出现裂缝,故气温太高时也不宜施工。

6.1.1.2 防水层施工工艺

屋面防水卷材施工应根据设计要求、工程条件和材料选择相应的施工方法。常用的施工方法有热熔法、热风焊接法、冷粘法、自粘法、机械钉压法和压埋法等,详见表6.4。

表 6.4　防水卷材施工工艺和适用范围

工艺类别	名称	做法	适应范围
热施工工艺	热熔法	将防水卷材底层加热溶化后,进行卷材与基层或卷材之间粘结的施工方法	底层涂有热熔胶的高聚物改性沥青防水卷材,如 SBS、APP 改性沥青防水卷材
	热风焊接法	采用热风焊接进行热塑性卷材铺贴的施工方法	合成高分子防水卷材搭接缝焊接、如 PVC 高分子防水卷材
冷施工工艺	冷粘法	在常温下采用胶粘剂将卷材与基层或卷材之间粘结的施工方法	高分子防水卷材、高聚物改性沥青防水卷材,如三元乙丙、氯化聚乙烯、SBS 改性沥青卷材
	自粘法	直接粘贴基面采用带有自粘胶的防水卷材进行粘贴的施工方法	自粘高分子防水卷材、自粘高聚物改性沥青防水卷材
机械固定工艺	机械钉压法	采用镀锌钢钉或铜钉固定防水卷材的施工方法	用于木质基层上铺设高聚物改性沥青防水卷材等
	压埋法	卷材与基层大部分不粘连,上面采用卵石压埋,搭接缝及周边全粘	用于空铺法、倒置式屋面

　　在屋面卷材防水施工中的各种工艺施工流程除了在铺贴卷材阶段不同,其他过程基本相同。屋面防水卷材施工工艺流程为:基层清理→雨水口等细部密封处理→涂刷基层处理剂→细部附加层铺设→定位、弹线试铺→从天沟或雨水口开始铺贴→收头固定密封→检查修理→蓄水试验→做保护层。

　　天沟、檐沟、檐口、雨水口、泛水、变形缝和突出屋面的管道等处,是当前屋面防水工程中渗漏较为严重的部位。施工中应严格按设计和规范要求的细部构造进行处理。为保证卷材搭接尺寸和避免搭接头位于薄弱部位,一般事先在找平层上以卷材幅宽进行弹线作为标准。

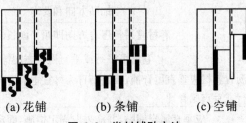

　　(a) 花铺　　　　　　(b) 条铺　　　　　　(c) 空铺

图 6.2　卷材铺贴方法

防水卷材的铺贴方法有满粘法、空铺法、条粘法和点粘法，如图6.2所示。具体做法及适用条件详见表6.5。

表6.5　防水卷材铺粘方法和适用范围

铺贴方法	具体做法	适用范围
满粘法	又称全粘法，即在铺贴卷材时，卷材与基层全部粘结牢固的施工方法。通常热熔法、冷粘法、自粘法使用此方法铺贴卷材，找平层分格缝处宜空铺，空铺宽度宜为100 mm。	屋面防水面积较小，结构变形不大，找平层干燥，立面或大坡面铺贴的屋面。
空铺法	铺贴防水卷材时，卷材与基层仅在四周一定宽度内粘结的施工方法。注意在檐口、屋脊、转角、出气孔等部位，应采用满粘。粘结宽度不小于800 mm。	适用于基层潮湿、找平层水汽难以排除，结构变形较大的屋面。
条粘法	铺贴防水卷材时，卷材与屋面采用条状粘结的施工方法。每幅卷材粘结面不少于2条，每条粘结宽度不小于150 mm。檐口和屋脊等处的做法同空铺法。	适用于结构变形较大、基面潮湿、排汽困难的屋面。
点粘法	铺贴防水卷材时，卷材与基面采用点状粘结的施工方法。要求每平方米范围内至少有5个粘结点，每点面积不小于100 mm×100 mm。檐口和屋脊等处的做法同空铺法。	适用于结构变形较大，基面潮湿、排汽有一定困难的屋面。

1. 卷材的搭接方向与搭接宽度

1）卷材的搭接方向

卷材铺贴坡度较大或受震动时卷材易下滑，尤其是含沥青的卷材，高温时软化下滑常有发生。对于高分子卷材铺贴方向要求不严格，为便于施工，一般顺屋脊方向铺贴，搭接方向应顺流水方向，不得逆流水方向，避免流水冲刷接缝，使接缝损坏。垂直屋脊方向铺卷材时，应顺大风方向。当卷材叠层铺设时，上下层不得相互垂直铺贴，以免在搭接缝垂直交叉处形成挡水条。卷材铺贴搭接方向见表6.6。

表6.6　卷材铺贴搭接方向

屋面坡度	铺贴方向和要求
大于3%	卷材宜平行屋脊方向即顺平面长向为宜
3%～15%	卷材可平行或垂直屋脊方向铺贴
大于15%或受震动	沥青卷材应垂直屋脊铺，改性沥青卷材宜垂直屋脊铺，高分子卷材可平行或垂直屋脊铺
大于25%	应垂直屋脊铺贴，并应采取固定措施，固定点还应密封

-2) 卷材的搭接宽度

应综合考虑长边、短边和不同的铺贴工艺以及不同的卷材类别,同时根据习惯做法和参考国外的规范而定,这里当然考虑了较大的保险系数,使接缝防水质量得到保证,不允许开裂渗漏,卷材搭接宽度见表 6.7。

表 6.7　卷材搭接宽度　　　　　　　　　　单位:mm

铺贴方法 卷材种类		短边搭接		长边搭接	
		满粘法	空铺、点粘、条粘法	满粘法	空铺、点粘、条粘法
沥青防水卷材		100	150	70	100
高聚物改性沥青防水卷材		80	100	80	100
合成高分子 防水卷材	胶粘剂	80	100	100	100
	胶粘带	50	60	60	60
	单焊缝	60(有效焊接宽度不小于 25)			
	双焊缝	80(有效焊接宽度 $10 \times 2 +$ 空腔宽)			

2. 卷材冷粘法施工工艺

冷粘法施工是指在常温下采用胶粘剂等材料进行卷材与基层、卷材与卷材间粘结的施工方法。一般合成高分子卷材采用胶粘剂、胶粘带粘贴施工,聚合物改性沥青采用冷玛蹄脂粘贴施工。卷材采用自粘胶铺贴施工也属该施工工艺。该工艺在常温下作业,不需要加热或明火,施工方便、安全,但要求基层干燥,胶粘剂的溶剂(或水分)充分挥发,否则不能保证粘结质量。

冷粘贴施工,选择的胶粘剂应与卷材配套、相容且粘结性能满足设计要求。

1) 涂刷胶粘剂

底面和基层表面均应涂胶粘剂。卷材表面涂刷基层胶粘剂时,先将卷材展开摊铺在旁边平整干净的基层上,用长柄滚刷蘸胶粘剂,均匀涂刷在卷材的背面,不得涂刷得太薄而露底,也不能涂刷过多而产生聚胶。还应注意在搭接缝部位不得涂刷胶粘剂,此部位留作涂刷接缝胶粘剂,留置宽度即卷材搭接宽度。

涂刷基层胶粘剂的重点和难点与基层处理剂相同,即阴阳角、平立面转角处、卷材收头处、排水口、伸出屋面管道根部等节点部位。这些部位有增强层时应用接缝胶粘剂,涂刷工具宜用油漆刷。涂刷时,切忌在一处来回涂滚,以免将底胶"咬起",形成凝胶而影响质量。应按规定的位置和面积涂刷胶粘剂。

2) 卷材的铺贴

各种胶粘剂的性能和施工环境不同,有的可以在涂刷后立即粘贴卷材,有的得待溶剂挥发一部分后才能粘贴卷材,尤以后者居多,因此要控制好胶粘剂涂刷与卷材铺贴的间隔时间。一般要求基层及卷材上涂刷的胶粘剂达到表干程度,其间隔时间与胶粘剂性能及气温、湿度、风力等因素有关,通常为 10～30 min,施工时可凭经验确定,用指触不粘手时即可开始粘贴卷材。间隔时间的控制是冷粘贴施工的难点,这对粘结力和粘结的可靠性影响很大。

卷材铺贴时应对准已弹好的粉线,并且在铺贴好的卷材上弹出搭接宽度线,以便第二幅卷材铺贴时,能以此为准进行铺贴。

平面上铺贴卷材时,一般可采用两种方法进行。一种是抬铺法,在涂布好胶粘剂的卷材两端各安排一个工人,拉直卷材,中间根据卷材的长度安排 1 人或 4 人,同时将卷材沿长向对折,使涂布胶粘剂的一面向外,抬起卷材,将一边对准搭接缝处的粉线,再翻开上半部卷材铺在基层上,同时拉开卷材使之平服。操作过程中,对折、抬起卷材、对粉线、翻平卷材等工序,几人均应同时进行。

另一种是滚铺法,将涂完胶粘剂并达到要求干燥度的卷材用 $\Phi50$ mm～100 mm 的塑料管或用装运卷材的纸筒芯重新成卷,使涂布胶粘剂的一面朝外,成卷时两端要平整,不应出现笋状,以保证铺贴时能对齐粉线,并要注意防止砂子、灰尘等杂物粘在卷材表面。成卷后用一根长为 1 500 mm,直径为 $\Phi30$ mm 的钢管穿入中心的塑料管或纸筒芯内,由两人分别持钢管两端,抬起卷材的端头,对准粉线,固定在已铺好的卷材顶端搭接部位或基层面上,抬卷材两人同时匀速向前展开卷材,并随时注意将卷材边缘对准粉线,并应使卷材铺贴平整,直到铺完一幅卷材。

每铺完一幅卷材,应立即用干净而松软的长柄压辊滚压(一般重 30～40 kg),使其粘贴牢固。滚压应从中间向两侧边移动,做到排气彻底。

平面立面交接处应先粘贴好平面,经过转角,由下向上粘贴卷材,粘贴时切勿拉紧,要轻轻沿转角压紧压实,再往上粘贴,同时排出空气,最后用手持压辊滚压密实,滚压时要从上往下进行。

3) 搭接缝的粘贴

卷材铺好压粘后,应将搭接部位的结合面清除干净,可用棉纱沾少量汽油擦洗。然后采用油漆刷均匀涂刷接缝胶粘剂,不得出现露底、堆积现象。涂胶量可按产品说明控制,待胶粘剂表面干燥后(指触不粘)即可进行粘合。粘合时应从一端开始,边压合边排除空气,不许有气泡和皱折现象,然后用手持压辊顺边认真仔细辊压一遍,使其粘结牢固。三层重叠处最不易压严,要用密封材料预先加以填封,否则将会成为渗水通道。

搭接缝全部粘贴后,缝口要用密封材料封严,密封时用刮刀沿缝刮涂,不能留有缺口,密封宽度不应小于 10 mm。

3. 卷材热粘贴施工工艺

热粘贴是指采用热玛碲脂或者采用火焰加热熔化热熔防水卷材底层的热熔胶进行粘结的施工方法。常用的有 SBS 或 APP(APAO)改性沥青热熔卷材,热玛碲脂或热熔改性沥青粘结胶粘贴的沥青卷材或改性沥青卷材。这种工艺主要针对以沥青为主要成分的卷材和胶粘剂,它采取科学有效的加热方法,对热源作了有效的控制,为以沥青为主的防水材料的应用创造了广阔的天地。同时取得良好的防水效果。

厚度小于 3 mm 的卷材严禁采用热熔法施工,因为小于 3 mm 的卷材在加热热熔底胶时极易烧坏胎体或烧穿卷材。大于 3 mm 的卷材在采用火焰加热器加热卷材时既不得过分加热,以免烧穿卷材或使底胶焦化,也不能加热不充分,以免卷材不能很好地与基层粘牢。所以必须加热均匀,来回摆动火焰,使沥青呈光亮即止。热熔卷材铺贴常采取滚铺法,即边加热卷材边立即滚推卷材铺贴于基层,并用刮板用力推刮排出卷材下的空气,使卷材铺平,不皱折、不起泡,与基层粘贴牢固。推刮或辊压时,以卷材两边接缝处溢出沥青热熔胶为最适宜,并将溢出的热熔胶回刮封边。铺贴卷材亦应弹好标线,铺贴应顺直,搭接尺寸准确。

热玛碲脂或热熔改性沥青粘结胶加热的温度应符合规定,沥青玛碲脂加热温度不应高于 240 ℃,使用温度不低于 190 ℃,而热熔改性沥青粘结胶只要加热熔化就可以施工,温度不超过 90 ℃。粘结层厚度,沥青玛碲脂为 1～1.5 mm,作为面层时可以厚些,可达 1.5～2 mm。而改性沥青粘结胶常作为涂膜层兼做胶粘剂,厚度由设计决定。施工时涂刮必须均匀,不得因过厚而堆积。热熔卷材可采用满粘法或条粘法铺贴。

1) 滚铺法

滚铺法是一种不展开卷材而边加热烘烤边滚动卷材铺贴的方法。滚铺法的步骤如下:

(1) 起始端卷材的铺贴。将卷材置于起始位置,对好长、短方向搭接缝,滚展卷材 1000 mm 左右,掀开已展开的部分,开启喷枪点火,喷枪头与卷材保持 50～100 mm 距离,与基层呈 30°～45°,将火焰对准卷材与基层交接处,同时加热卷材底面热熔胶面和基层,至热熔胶层出现黑色光泽、发亮至稍有微泡出现,慢慢放下卷材平铺于基层,然后进行排气辊压,使卷材与基层粘结牢固。当起始端铺贴至剩下 300 mm 左右长度时,将其翻放在隔热板上,用火焰加热余下起始端基层后,再加热卷材起始端的余下部分,然后将其粘贴于基层。

(2) 滚铺。卷材起始端铺贴完成后即可进行大面积滚铺。持枪人位于卷材滚铺的前方,按上述方法同时加热卷材和基层,条粘时只需加热两侧边,加热宽度各为 150 mm 左右。推滚卷材人蹲在已铺好的卷材起始端上面,等卷材充分加热后缓缓推压卷材,并随时注意卷材的平整顺直和搭接缝宽度。其后紧跟一人用棉纱团等从中间向两边抹压卷材,赶出气泡,并用刮刀将溢出的热熔胶刮压接边缝。另一个用压辊压实卷材,使之与基层粘贴密实。

2) 展铺法

展铺法是先将卷材平铺于基层,再沿边掀起卷材予以加热粘贴。此方法主要适用于条粘法铺贴卷材,其施工方法如下:

(1) 先将卷材展铺在基层上,对好搭接缝,按滚铺法的要求先铺贴好起始端卷材。

(2) 拉直整幅卷材,使其无皱折、无波纹,能平坦地与基层相贴,并对准长边搭接缝,然后对末端做临时固定,防止卷材回缩,可采用站人等方法。

(3) 由起始端开始熔贴卷材,掀起卷材边缘约 200 mm 高,将喷枪头伸入侧边卷材底下,加热卷材边宽约 200 mm 的底面热熔胶和基层,边加热边向后退。然后另一人用棉纱团等由卷材中间向两边赶出气泡,并抹压平整。再由紧随的操作人员持辊压实两侧边卷材,并用刮刀将溢出的热熔胶刮压平整。

(4) 铺贴到距末端 1000 mm 左右长度时,撤去临时固定,按前述滚压法铺贴末端卷材。

3) 搭接缝施工

热熔卷材表面一般有一层防粘隔离纸,因此在热熔粘结接缝之前,应先将下层卷材表面的隔离纸烧掉,以利搭接牢固严密。

操作时,由持枪人手持烫板(隔火板)柄,将烫板沿搭接粉线后退,喷枪火焰随烫板移动,喷枪应离开卷材 50~100 mm,贴近烫板。移动速度要控制合适,以刚好熔去隔离纸为宜。烫板和喷枪要密切配合,以免烧损卷材。排气和辊压方法与前述相同。

当整个防水层熔贴完毕后,所有搭接缝应用密封材料涂封严密。

4. 铺贴自粘卷材施工工艺

自粘贴卷材施工是指自粘型卷材的铺贴方法。自粘型卷材在工厂生产时,在其底面涂有一层压敏胶,胶粘剂表面敷有一层隔离纸。施工时只要剥去隔离纸,即可直接铺贴。自粘型卷材通常为高聚物改性沥青卷材,施工一般可采用满粘法和条粘法进行铺贴,采用条粘法时,需与基层脱离的部位可在基层上刷一层石灰水或加铺一层撕下的隔离纸。铺贴时为增加粘结强度,基层表面也应涂刷基层处理剂;干燥后应及时铺贴卷材,可采用滚铺法或抬铺法进行。

1) 滚铺法

当铺贴面积大、隔离纸容易掀剥时,采用滚铺法,即掀剥隔离纸与铺贴卷材同时进行。施工时不需打开整卷卷材,用一根钢管插入成筒卷材中心的纸芯筒,然后由两人各持钢管一端抬至待铺位置的起始端,并将卷材向前展出 500 mm,由另一人掀剥此部分卷材的隔离纸,并将其卷到已用过的包装纸芯筒上。将已剥去隔离纸的卷材对准已弹好的粉线轻轻摆铺,再加以压实。起始端铺贴完成后,一人缓缓掀剥隔离纸卷入上述纸芯筒上,并向前移动,抬着卷材的两人同时沿基准粉线向前滚铺卷材。注意抬卷材两人的移动速度要相同、协调。滚铺时,对高聚物改性沥青卷材要稍紧一些,不能太松弛;而对合成高分子卷材则要尽量保持其自然松弛状态,但不能有皱折。

铺完一幅卷材后,用长柄滚刷,由起始端开始,彻底排除卷材下面的空气。然后再用大压辊或手持式轻便压辊将卷材压实,粘贴牢固。

2）抬铺法

抬铺法是先将待铺卷材剪好,反铺于基层上,并剥去卷材全部隔离纸后再铺贴卷材的方法。适合于较复杂的铺贴部位,或隔离纸不易掀剥的场合。施工时按下述方法进行:

根据基层形状裁剪卷材。裁剪时,将卷材铺展在待铺部位,实测基层尺寸(考虑搭接宽度)裁剪卷材。然后将剪好的卷材认真仔细地剥除隔离纸,用力要适度,已剥开的隔离纸与卷材宜成锐角,这样不易拉断隔离纸。如出现小片隔离纸粘连在卷材上时,可用小刀仔细挑出,实在无法剥离时,应用密封材料加以涂盖。全部隔离纸剥离完毕后,将卷材带胶面朝外,沿长向对折卷材。然后抬起并翻转卷材,使搭接边转向搭接粉线。当卷材较长时,在中间安排数人配合,一起将卷材抬到待铺位置,使搭接边对准粉线,从短边搭接缝开始沿长向铺放好搭接缝侧的半幅卷材,然后再铺放另外半幅。在铺放过程中,各操作人员要默契配合,铺贴的松紧与滚铺法相同。铺放完毕后再进行排气、辊压。

3）立面和大坡面的铺贴

由于自粘型卷材与基层的粘结力相对较低,在立面或大坡面上,卷材容易产生下滑现象,因此在立面或大坡面上粘贴施工时,宜用手持式汽油喷灯将卷材底面的胶粘剂适当加热后再进行粘贴、排气和辊压。

4）搭接缝粘贴

自粘型卷材上表面常带有防粘层(聚乙烯膜或其他材料),在铺贴卷材前,应将相邻卷材待搭接部位上表面的防粘层先熔化掉,使搭接缝能粘结牢固。操作时,用手持汽油喷灯沿搭接粉线进行。

粘结搭接缝时,应掀开搭接部位卷材,宜用扁头热风枪加热卷材底面胶粘剂,加热后随即粘贴、排气、辊压,用溢出的自粘胶随即刮平封口。

搭接缝粘贴密实后,所有接缝口均用密封材料封严。接缝密封宽度不应小于10 mm。

5. 卷材热风焊接施工工艺

热风焊接施工是指采用热空气加热热塑性卷材的粘合面进行卷材与卷材接缝粘结的施工方法,卷材与基层间可采用空铺、机械固定、胶粘剂粘结等方法。热风焊接主要适用于树脂型(塑料)卷材。焊接工艺结合机械固定使防水设防更有效。目前采用焊接工艺的材料有 PVC 卷材、高密度和低密度聚乙烯卷材。这类卷材热收缩值较高,最适宜有埋置的防水层,宜采用机械固定、点粘或条粘工艺。它强度大,耐穿刺好,焊接后整体性好。

热风焊接卷材在施工时,首先应将卷材在基层上铺平顺直,切忌扭曲、皱折,并保持卷材清洁,尤其在搭接处,要求干燥、干净,更不能有油污和泥浆等,否则会严重影响焊接效果,造成接缝渗漏。如果采取机械固定的,应先行用射钉固定,若用胶粘结的,也需要先行粘结,留准搭接宽度。焊接时应先焊长边,后焊短边,否则一旦有微小偏差,长边很难调整。

热风焊接卷材防水施工工艺的关键是接缝焊接,焊接的参数是加热温度和时间,而加热的温度和时间与施工时的气候(如温度、湿度、风力等)有关。优良的焊接质量依赖于经培训而真正熟练掌握加热温度、时间的工人。否则,温度低或加热时间过短,会形成假焊,焊接不牢。而温度过高或加热时间过长时,会烧焦或损害卷材本身。当然,漏焊、跳焊更是不允许的。

6.1.1.3　保护层施工

施工完的防水层应进行雨后观察、淋水或蓄水试验,并应在合格后再进行保护层和隔离层的施工。因为防水层不但要起到防水作用,而且还要抵御大自然的雨水冲刷、紫外线、臭氧、酸雨的损害,温差变化的影响以及外力的损坏。这些都会对防水层造成损害,致使缩短防水层的使用寿命,使防水层提前老化或失去防水功能。因此防水层应加保护层,以延缓防水层的使用寿命。这在功能上是合理的,在经济上是合算的。一般地,增加保护层后,防水层的寿命至少延长一倍。目前,常见的屋面防水保护层类型有块体材料保护层、水泥砂浆或细石混凝土保护层、浅色涂料保护层等,应根据防水材料和屋面功能选取保护层类型。块体材料、水泥砂浆或细石混凝土保护层表面的坡度应符合设计要求,不得有积水。

1. 块体材料保护层施工

块体材料多为各式各样的混凝土制品,如方砖、六角形、多边形,在铺设前应先点粘铺贴一层聚酯毡。对于上人屋面,则要求用座砂、座浆铺砌,块体施工时,应铺平垫稳,缝隙均匀一致,并符合下列规定:

(1) 在砂结合层上铺设块体时,砂结合层应平整,块体间应预留 10 mm 的缝隙,缝内填砂,并应用 1∶2 水泥砂浆勾缝;

(2) 在水泥砂浆结合层上铺设块体时,应先在防水层上做隔离层,块体间应

预留 10 mm 的缝隙,缝内应用 1∶2 水泥砂浆勾缝;

(3) 块体表面应洁净、色泽一致,应无裂纹、缺棱掉角等缺陷。

2. 水泥砂浆或细石混凝土保护层施工

水泥砂浆铺抹时应符合设计要求。如需隔离层,则应先铺一层无纺布,再按设计要求铺抹砂浆,抹平压光;并按设计分格,也可以在硬化后用锯切割,但必须注意不可伤及防水层,锯割深度为砂浆厚度的 1/3～1/2。

细石混凝土保护层施工前应在防水层上作隔离层,隔离层可采用低标号砂浆(石灰黏土砂浆)、油毡、聚酯毡、无纺布等;隔离层应铺平,然后铺放绑扎配筋,支好分格缝模板,浇注细石混凝土,也可以全部浇注硬化后用锯切割混凝土缝,但缝中应填嵌密封材料。

3. 浅色涂料保护层施工

浅色涂料可在防水层上涂刷,涂刷面除干净外,还应干燥,涂膜应完全固化,刚性层应硬化干燥。涂刷时应均匀,不露底,不堆积,一般应涂刷两遍以上。

浅色涂料保护层施工应符合下列规定:

(1) 浅色涂料应与卷材、涂膜相容,材料用量应根据产品说明书的规定使用。

(2) 浅色涂料应多遍涂刷,当防水层为涂膜时,应在涂膜固化后进行。

(3) 涂层应与防水层粘结牢固,厚薄应均匀,不得漏涂。

(4) 涂层表面应平整,不得流淌和堆积。

6.1.1.4　质量要求

1. 找平层的质量要求

保证找平层施工质量的基础是材料本身的质量和排水坡度。施工过程要保证找平层表面的二次压光质量,并充分进行养护,检查它的表面平整度、有无起皮、起砂现象、转角圆弧是否正确、分格缝设置是否按设计要求等,具体见表 6.8。

2. 保温层质量要求

对保温层的质量要求首先是保温材料质量要合格,应符合设计要求,尤其是含水率要符合设计要求,这是主控项目。低吸水率的保温材料只要检查原材料是否合格就可以;吸水率高的保温材料施工后,还应检查完工后保温层的含水率,目前尚无现场直接测量含水率的仪器,所以必须挖取现场施工完成的保温层烘干检测。除此之外,还应检验保温层厚度是否符合设计要求和规范的要求。倒置式屋面采用卵石保护层时还要检验卵石铺摊均匀程度,见表 6.9。

表 6.8　找平层施工质量检验项目、要求和检验方法

	检验项目	要 求	检验方法
主控项目	找平层的材料质量及配合比	必须符合设计要求	检查出厂合格证、质量检验报告和计量措施
	屋面(含天沟、檐沟)找平层的排水坡度	必须符合设计要求	用水平仪(水平尺)、拉线和尺量检查
一般项目	水泥砂浆、细石混凝土找平层,沥青砂浆找平层	不得有酥松、起砂、起皮现象	观察检查
		不得有拌和不匀、蜂窝现象	观察检查
	找平层与突出屋面结构的连接处和基层的转角处	均应做成圆弧形且整齐平顺	观察和尺量检查
	找平层分格缝的位置和间距	必须符合设计要求和规范要求	观察和尺量检查
	找平层的表面平整度	允许偏差 5 mm	用 2 m 靠尺和楔形塞尺检查

表 6.9　保温层质量检验

	检验项目	要求	检验方法
主控项目	保温材料的堆积密度或表观密度以及导热系数、板材的强度、厚度、吸水率	必须符合设计要求	检查出厂合格证、质量检验报告和现场抽样复验报告
	保温层的含水率	必须符合设计要求	检验现场抽样报告
一般项目	保温层的铺设	松散保温材料:分层铺设、压实适当、表面平整、找坡正确; 板状保温材料:铺平垫稳、拼缝严密、找坡正确; 整体现浇保温层:拌和均匀、分层铺设、压实适当、表面平整、找坡正确	观察检查
	保温层的厚度容许偏差	松散保温材料和整体现浇保温层为 −5%~ +10% 板状保温材料为 ±5%,且不大于 4 mm	用钢针插入和尺量检查
	倒置式屋面保温层采用卵石铺压	卵石应均匀分布,卵石的质(重)量应符合设计要求	观察检查和按堆积密度计算其质(重)量

3. 卷材防水层质量要求

卷材防水层的质量要求主要是施工质量和耐用年限内不得渗漏。所以材料质量必须符合设计要求,施工后不渗漏、不积水,极易产生渗漏的节点防水设防应严密,所以将它们列为主控项目。

此外,搭接、密封、基层粘结、铺设方向、搭接宽度,以及保护层需设置排汽通道等项目也应列为检验项目,见表 6.10。

表 6.10　卷材防水层质量检验

	检验项目	要求	检验方法
主控项目	卷材防水层所用卷材及其配套材料	必须符合设计要求	检查出厂合格证,质量检验报告和现场抽样复验报告
	卷材防水层	不得有渗漏或积水现象	雨后或淋水、蓄水试验
	卷材防水层在天沟、檐沟、泛水、变形缝和水落口等处细部做法	必须符合设计要求	观察检查和检查隐蔽工程验收记录
一般项目	卷材防水层的搭接缝	应粘(焊)结牢固、密封严密,并不得有皱折、翘边和鼓泡	观察检查
	防水层的收头	应与基层粘结并固定牢固、缝口封严,不得翘边	观察检查
	卷材防水层撒布材料和浅色涂料保护层	应铺撒或涂刷均匀,粘结牢固	观察检查
	卷材防水层的水泥砂浆或细石混凝土保护层与卷材防水层间	应设置隔离层	观察检查
	保护层的分格缝留置	应符合设计要求	观察检查
	卷材的铺设方向,卷材的搭接宽度容许偏差	铺设方向应正确;搭接宽度的容许偏差为 −10 mm	观察和尺量检查
	排汽屋面的排汽道、排汽孔	应纵横贯通,不得堵塞;排汽管应安装牢固,位置正确,封闭严密	观察和尺量检查

6.1.2　涂膜防水屋面

涂膜防水是指将以高分子合成材料为主体的防水涂料,涂刷在结构物表面,经常温交联固化形成具有一定厚度和弹性的整体涂膜,从而达到防水目的的一种防水层。这种防水层具有施工操作简便,无污染,冷操作,无接缝,可适应各种复杂形状的基层,防水性能好,容易修补等特点。

6.1.2.1　材料要求

1. 防水涂料

防水涂料是指以液体高分子合成材料为主体,在常温下呈无定型状态,涂刷在结构物表面能够形成一定弹性的防水涂膜材料。

防水涂料品种很多,技术性能不尽相同,质量相差悬殊,在使用时应选择耐久性、延伸性、粘结性、不透水性和耐热度较高的且便于施工的优质防水涂料,以确保防水效果。常用的防水涂料主要有:高聚物改性沥青防水涂料和合成高分子防水涂料等。

防水涂料技术性能和涂膜层的厚度是影响涂膜防水效果的决定性因素。设计时要明确涂膜防水层的厚度,最小厚度不得小于设计厚度的80%。涂膜防水层的厚度也包括加设的胎体厚度,采用针测法或取样检测厚度。

防水涂料和胎体增强材料质量必须满足设计和规范要求。在检查出厂合格证、质量检验报告的基础上,进行现场抽样复验。

高聚物改性沥青防水涂料:又称橡胶沥青类防水涂料,其成膜物质中的胶粘材料是沥青和橡胶。该类涂料有水乳型和溶剂型两种。目前,我国使用较多的溶剂型橡胶沥青防水涂料有:氯丁橡胶沥青防水涂料、再生橡胶沥青防水涂料、丁基橡胶沥青防水涂料等。溶剂型防水涂料具有以下特点:能在各种复杂表面形成无接缝的防水涂膜,具有较好的韧性和耐久性,成膜较快,耐水性和抗腐蚀性较好,能在常温和低温下冷施工,但价格较贵,生产成本较高。水乳型橡胶沥青防水涂料有:水乳型再生橡胶沥青防水涂料、水乳型氯丁橡胶沥青防水涂料等,其特点主要有:能在复杂表面形成无接缝的防水膜,具有一定柔韧性和耐久性,无毒、无味、不燃,安全可靠,可在常温下冷施工,不污染环境,操作简单,维修方便,但需多次涂刷才能达到厚度要求,气温低于5 ℃时不宜施工。

合成高分子防水涂料是以合成橡胶或合成树脂为主要成膜物质配制而成的防水涂料。较为常用的有聚氨酯防水涂料和丙烯酸酯防水涂料等。聚氨酯防水涂料涂刷到基层后,可形成一层橡胶状的整体弹性涂膜,具有较好的弹性,延伸能力强,对基层的变形适应能力较强,温度适应性好,施工方便,应用广泛。丙烯酸酯防水涂料所形成的涂膜呈橡胶状,有较好的柔韧性和弹性,能够抵抗基层变形时的应力,可以在常温下冷施工(涂刷、刮涂、喷涂),该防水涂料以水为稀释剂,无污染、不燃、无毒,施工安全,还可调制成各种色彩,具有装饰效果。

2. 密封材料

建筑工程所用的密封材料指填充于建筑物及构筑物的接缝、门窗框四周、玻璃镶嵌部位以及裂缝处,能够起到水密、气密性作用的材料。我国常用的主要有改性沥青密封材料和合成高分子密封材料两大类。

改性沥青密封材料:以沥青为基料,用合成高分子聚合物进行改性,加入填充料和其他化学助剂配制的膏状密封材料,主要有改性沥青基嵌缝油膏等,它适用于钢筋混凝土屋面板的板缝嵌填,具有高温不流淌,低温不脆裂,粘结力强,延伸性、耐久性、弹塑性好及常温下可冷施工等特点。

合成高分子密封材料:以合成高分子材料为主体,加入适量的化学助剂、填充料、着色剂,经过特定工艺加工而成的膏状密封材料。主要有聚氯乙烯胶泥、水乳型丙烯酸酯密封膏、聚氨酯弹性密封膏等。聚氯乙烯胶泥具有良好的耐热性、粘结性、弹塑性、防水性以及良好的耐低温、耐腐蚀性和抗老化能力,它适用于各种坡度的屋面防水工程,以及有腐蚀介质的屋面工程。水乳型丙烯酸酯密封膏的特点是:无污染、无毒、不燃,使用安全并具有良好的粘结性、延伸性、耐低温性、耐热性、抗老化性能,并且可以在潮湿的基层上施工,操作方便。聚氨酯弹性密封膏比其他溶剂型、水乳型密封膏的性能更加优良,具有模量低、延伸率大、弹性高、粘结性好、耐低温、耐酸碱、抗疲劳及使用年限较长等特点,应用较为广泛。

6.1.2.2　涂膜防水层施工

1. 防水涂料涂刷方向

涂膜防水施工应根据防水材料的品种分层、分遍涂刷,不得一次涂成。防水涂膜在满足厚度要求的前提下,涂刷遍数越多对成膜的密实度越好。无论厚质涂料还是薄质涂料均不得一次成膜,每遍涂刷厚度要均匀,不可露底、漏涂,应待涂层干燥成膜后再涂刷下一层涂料。且前后两遍涂料的涂刷方向应相互垂直。

涂膜防水施工应按“先高后低,先远后近”的原则进行。高低跨屋面一般先涂刷高跨屋面,后涂刷低跨屋面;同一屋面时,要合理安排施工段;先涂刷雨水口、檐口等薄弱环节,再进行大面积涂刷。

当需铺设胎体增强材料时,屋面坡度小于 15% 时,胎体增强材料平行或垂直屋脊铺设可视施工方便而定;屋面坡度大于 15% 时,为防止胎体增强材料下滑应垂直于屋脊铺设。平行于屋脊铺设时,必须由最低处向上铺设,且顺水流方向搭接;胎体长边搭接宽度不小于 50 mm,短边搭接宽度不小于 70 mm。

2. 操作方法

涂膜防水施工操作方法有抹压法、涂刷法、涂刮法、机械喷涂法等。各种施工方法及其适用范围见表 6.11 所示。

表 6.11　涂膜防水施工操作方法和适用范围

操作方法	具体做法	适用范围
抹压法	涂料用刮板刮平,待平面收水将要结膜时用铁抹子压实抹光	适用于固体含量高,流动性能较差的涂料
涂刷法	用扁油刷、圆滚刷蘸防水涂料进行涂刷	适用于立面防水层及节点细部处理
涂刮法	先将防水涂料倒在基层,用刮板往复涂刮,使其厚度均匀	适用于粘度较大的高聚物改性沥青防水涂料和合成高分子防水涂料的大面积施工
机械喷涂法	将防水涂料倒在喷涂设备内,通过压力喷枪将涂料均匀喷出	适用于各种防水涂料及各部位施工

3. 工艺流程

目前,在防水工程施工中聚氨酯防水涂膜是较为常用的一种涂膜防水层,其施工工艺主要有:

1) 施工准备

主要机具设备有搅拌器、吹尘器、铺布机具、棕毛刷、长把滚刷、油刷、橡皮刮板、磅秤等。

2) 工作条件

基层施工完毕,检查验收,表面干燥;伸出屋面的管道、落水口等必须安装牢固,不得有松动、变形、移位等现象;施工环境及温度合适;材料齐备;已经进行技术交底。

3) 工艺流程

基层清理→配料→细部密封处理→涂刷基层处理剂→细部附加层铺设→涂刷下层→铺设胎体增强材料→涂刷中间层→涂刷上层→检查修理→蓄水试验→保护层。

4) 操作要求

基层处理:清理基层表面的尘土、砂粒、硬块等杂物,并去除浮尘,修补凹凸不平的部位。细部密封处理和附加层的铺设是必须的,要严格按照设计和规范要求处理,经验收后方可大面积施工。基层处理剂的选用见表 6.12。

表 6.12　涂膜基层处理剂的选用

涂料	基层处理剂
高聚物改性沥青涂料	石油沥青冷底子油
水乳型涂料	掺 0.2%～0.3%乳化剂的水溶液或软水稀释,质量比为 1:0.5～1:1,切忌用天然水或自来水
溶剂型涂料	直接用相应的溶剂稀释后的涂料薄涂
聚合物水泥涂料	由聚合物乳液与水泥在施工现场随配随用

(1) 配料要求:将聚氨酯甲、乙组分和二甲苯按产品说明书比例及投料顺序进行配合并搅拌均匀,配制量视需要确定,用多少配制多少。

(2) 防水涂膜的涂布:在基层处理剂基本干燥固化后,用塑料刮板或橡皮刮板均匀涂刷第一遍涂膜,厚度 0.8～1.0 mm,涂量约为 1 kg/m²。待第一遍涂膜干燥固化后(一般约为 24 h),涂刷第二遍涂膜。两遍涂层间隔时间不宜过长,否则容易出现分层的现象。两遍的涂刷方向应相互垂直,涂刷量略少于第一遍,厚度为 0.5～1.0 mm,涂量约为 0.7 kg/m²。待第二遍涂膜干燥后,涂刷第三遍涂膜,直至达到设计规定厚度。需注意的是,在涂刷时保持厚度均匀一致,不允许出现漏刷和起泡等缺陷,若发现起泡应及时处理。

(3) 胎体增强材料的铺设:屋面细部节点,如天沟、檐沟、檐口、泛水、出屋面管道根部、阴阳角和防水层收头等部位均应加铺有胎体增强材料的附加层。一般先涂刷 1～2 遍涂料,铺贴裁剪好的胎体增强材料,使其贴实、平整,干燥后再涂刷一遍涂料。胎体增强材料可采用湿铺法或干铺法。湿铺法即是边倒料、边涂刷、边铺贴的方法,在干燥的底层涂膜上,将涂料刷匀后铺放胎体材料,用滚刷进行滚压,确保上下层涂膜结合良好。干铺法是在干燥涂层上干铺胎体材料,再满刮涂料一道,使涂料进入网格并渗透到已固化的涂膜上。铺贴好的胎体材料不允许出现皱折、翘边、空鼓和露白等现象。

6.1.2.3　涂膜防水层的质量要求

涂膜防水层的质量包括防水施工质量和涂膜防水层的成品质量,其质量检验应包括原辅材料、施工过程和成品等几个方面,其中原材料质量、防水层有无渗漏及涂膜防水层的细部做法是保证涂膜防水工程质量的重点,作为主控项目。涂膜防水层厚度、表观质量和保护层质量对涂膜防水层质量也有较大影响,作为一般项目。涂膜防水层质量检验的项目、要求和检验方法见表 6.13。

表 6.13　涂膜防水层质量检验的项目、要求和检验方法

	检验项目	要　求	检验方法
主控项目	防水涂料和胎体增强材料的质量	符合设计要求	检查出厂合格证、质量检验报告和进场检验报告
	涂膜防水层	不得有渗漏和积水现象	雨后观察或淋水，蓄水试验
	涂膜防水层在檐口、檐沟、天沟、水落口、泛水、变形缝和伸出屋面管道的防水构造	符合设计要求	观察检查
	涂膜防水层的平均厚度	符合设计要求，且最小厚度不得小于设计厚度的80%	针测法或取样量测
一般项目	涂膜防水层与基层结合	涂膜防水层与基层应粘结牢固，表面应平整，涂布应均匀，不得有流滴、皱折、起泡和露胎体等缺陷	观察检查
	涂膜防水层的收头	应用防水涂料多遍涂刷	观察检查
	铺贴胎体增强材料	应平整顺直，搭接尺寸应准确，应排除气泡，并应与涂料粘结牢固。胎体增强材料搭接宽度的容许偏差为 10 mm	观察和尺量检查

　　进入施工现场的防水涂料和胎体增强材料应按规定进行抽样检验，见表 6.14，不合格的防水涂料严禁在建筑工程中使用。

表 6.14　防水涂料现场抽样复验项目

材料名称	现场抽样数量	外观质量检验	物理性能检验
高聚物改性沥青防水涂料	每 10 t 为一批，不足 10 t 按一批抽样	包装完好无损，且标明涂料名称、生产日期、厂名、产品有效期，无沉淀、凝胶、分层	固体含量、耐热度、低温柔性、不透水性、延性、延伸率或抗裂性
合成高分子防水涂料、聚合物水泥防水涂料	每 10 t 为一批，不足 10 t 按一批抽样	包装完好无损，且标明涂料名称、生产日期、生产厂名、产品有效期	固体含量、拉伸强度、断裂延伸率、低温柔性、不透水性

材料名称	现场抽样数量	外观质量检验	物理性能检验
胎体增强材料	每 3 000 m² 为一批。不足 3 000 m² 按一批抽样	均匀、无团状、平整、无皱折	拉力、延伸率

6.1.3　刚性防水屋面

刚性防水层是指利用刚性防水材料作为防水层,根据防水层所用的材料不同,刚性防水屋面可分为普通细石混凝土防水屋面、补偿收缩混凝土防水屋面及块体刚性防水屋面。刚性防水屋面的结构层宜为整体现浇的钢筋混凝土或装配式钢筋混凝土板。现重点介绍细石混凝土刚性防水屋面。

1. 材料要求

细石混凝土不得使用火山灰质水泥;砂用粒径 0.3~0.5 mm 的中粗砂,粗骨料最大粒径不得大于 15 mm,其含泥量不应大于 1%;细骨料含泥量不应大于 2%;水用自来水或可饮用的天然水;混凝土强度不应低于 C20,每立方米混凝土水泥用量不少于 330 kg,水泥强度等级不低于 32.5 级,水灰比不应大于 0.55;含砂率宜为 35%~40%;灰砂比宜为 1:2~1:2.5。

细石混凝土防水层的原材料质量、各组成材料的配合比是确保混凝土抗渗性能的基本条件。应严格检查各种材料的出厂合格证、质量检验报告、计量措施和现场抽样复验报告。

2. 构造要求

细石混凝土刚性防水屋面,一般是在屋面板上浇注一层厚度不小于 40 mm 的细石混凝土,作为屋面防水层。刚性防水屋面的坡度一般宜为 2%~3%,并采用结构找坡。在浇注防水层细石混凝土之前,为减少结构变形对防水层的不利影响,宜在防水层与基层间设置隔离层,隔离层宜采用低强度的砂浆、卷材、塑料薄膜等材料。如图 6.5 所示。

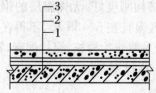

图 6.5　细石混凝土刚性防水屋面构造

1—结构层;2—隔离层;3—细石混凝土防水层

3. 施工工艺

1) 分格缝设置

为了防止大面积的细石混凝土屋面防水层由于温度变化等的影响而产生裂缝,防水层必须设置分格缝。分格缝又称分仓缝,应按设计要求进行设置,一般应留在结构应力变化较大的部位,若设计无明确规定,分格缝的留设原则为:分格缝应设在屋面板的支承端、屋面转折处、防水层与突出层面结构的交接处,其纵横间距不宜大于 6 m,一般情况下,屋面板支承端每个开间应留设横向缝,屋脊处应留设纵向缝,分格面积不超过 20 m²;分格缝上口宽为 30 mm,下口宽为 20 mm,并应嵌填密封材料。

2) 细石混凝土防水层施工

细石混凝土防水层施工工艺流程:隔离层施工→绑扎钢筋→安装分格缝板条和边模→浇注防水层混凝土→混凝土表面压光→混凝土养护→分格缝清理→涂刷基层处理剂→嵌填密封材料→密封材料保护层施工。

在混凝土浇捣之前,应及时清除隔离层表面浮渣和杂物,先在隔离层上刷水泥浆一道,使防水层与隔离层紧密结合,随即浇注防水层细石混凝土。混凝土的浇捣应按先远后近、先高后低的原则进行。

浇注前先在隔离层上确定分格缝的位置并固定分格条,一个分格缝范围内的混凝土必须一次浇注完毕,不得留施工缝;为保证浇注混凝土时双向钢筋网片位于防水层中部,可在钢筋网片下放置 15～20 mm 厚的垫块。混凝土浇注后应采用机械振捣以保证其密实度,待表面泛浆后抹平,收水后再次压光,在混凝土初凝后取出分格条,并在分格缝处采取防水措施,工程中通常采用油膏嵌缝的方法,或再增设覆盖保护层予以保护。

细石混凝土防水层施工时,屋面泛水与屋面防水层应一次做成,否则会因混凝土或砂浆收缩不同和结合不良造成渗漏水,泛水高度一般不低于 120 mm,以防发生雨水倒灌引起渗漏水的问题。

细石混凝土防水层,由于其收缩弹性很小,对地基不均匀沉降、外荷载等引起的位移和变形,对温差和混凝土收缩、徐变引起的应力变形等敏感性大,容易产生开裂,因此,这种屋面常用于结构刚度好,无保温层的钢筋混凝土屋盖上。另外,要注意混凝土防水层的施工气温宜在 5～35 ℃,不得在负温和烈日暴晒下施工;防水层混凝土浇注后,应及时采取养护措施,保持湿润,补偿收缩混凝土防水层宜采用蓄水养护,养护时间不少于 14 昼夜。

4. 刚性防水层质量要求

(1) 除防水混凝土和防水砂浆的材料应符合标准规定外,外加剂及预埋件等均应符合有关标准和设计要求。

（2）防水混凝土必须密实，其强度和抗震等级必须符合设计要求和有关标准规定。

（3）刚性防水层的厚度应符合设计要求，其表面应平整，不起砂，不出现裂缝；细石混凝土防水层内的钢筋位置应准确。分格缝做到平直，位置正确。

（4）防水层的平整度，用 2 m 直尺检查，面层与直尺间的最大空隙不超过5 mm，空隙应平缓变化，每米长度内不多于一处。

防水工程完工后由质量监督部门进行核定，检验合格后验收。工程验收时应提供如下归档资料：① 防水工程设计图、设计变更及工程洽商记录。② 防水工程施工方案及技术交底书。③ 材料出厂质检证明及现场复测检验报告、政府主管部门的防水材料准用证等。④ 施工检验记录、淋水或蓄水记录、隐蔽工程验收记录、验评报告等。

学习单元 6.2　屉面保温工程施工

‖ 工作任务表 ‖

能力目标	主讲内容	学生完成任务
通过学习训练，使学生熟悉屋面保温工程的施工工艺，熟悉屋面保温的构造做法	着重介绍了普通保温屋面以及倒置保温屋面的基本构造与施工工艺	在学习过程中利用学院建筑实训中心，以小组为单位，编制屋面保温工程施工方案

6.2.1　普通保温工程施工

6.2.1.1　保温材料及要求

保温材料既起到阻止冬季室内热量通过屋面散发到室外，同时也防止夏季室外热量（高温）传到室内，它起到保温和隔热的双重作用。

1. 材料分类

我国目前屋面保温层按形式可分为松散材料保温层、板状材料保温层和整体现浇保温层三种；按材料性质可分为有机保温材料和无机保温材料；按吸水率可分为高吸水率和低吸水率保温材料，见表6.15。

表 6.15　保温材料分类

分类方法	类型	品种类例
按形状划分	松散材料	炉渣、膨胀珍珠岩、膨胀蛭石、岩棉
	板状材料	加气混凝土、泡沫混凝土、微孔硅酸钙、憎水珍珠岩、聚苯泡沫板、泡沫玻璃
	整体现浇材料	泡沫混凝土、水泥蛭石、水泥珍珠岩、硬泡聚氨酯
按材性划分	有机材料	聚苯乙烯泡沫板、硬泡聚氨酯
	无机材料	泡沫玻璃、加气混凝土、泡沫混凝土、蛭石、珍珠岩
按吸水率划分	高吸水率(>20%)	泡沫混凝土、加气混凝土、珍珠岩、憎水珍珠岩、微孔硅酸钙
	低吸水率(<6%)	泡沫玻璃、聚苯乙烯泡沫板、硬泡聚氨酯

2. 材料要求

材料的密度、导热系数等技术性能,必须符合设计要求和施工及验收规范的规定,应有试验资料。松散的保温材料应使用无机材料,选用有机材料时,应先做好材料的防腐处理。

3. 作业条件

(1) 铺设保温材料的基层(结构层)施工完以后,将预制构件的吊钩等进行处理,处理点应抹水泥砂浆,经检查验收合格,方可铺设保温材料。

(2) 铺设隔汽层的屋面应先将表面清扫干净,且要求干燥、平整,不得有松散、开裂、空鼓等缺陷;隔汽层的构造做法必须符合设计要求和施工及验收规范的规定。

(3) 穿过结构的管根部位,应用细石混凝土填塞密实,以使管子固定。

(4) 板状保温材料运输、存放应注意保护,防止损坏和受潮。

6.2.1.2　操作工艺

工艺流程为:基层清理→弹线找坡→管根固定→隔汽层施工→保温层铺设→抹找平层。

1. 基层清理

预制或现浇混凝土结构层表面,应将杂物、灰尘清理干净。

2. 弹线找坡

按设计坡度及流水方向找出屋面坡度走向,确定保温层的厚度范围。

3．管根固定

在保温层施工前穿出结构的管根,应用细石混凝土塞堵密实。

4．隔汽层施工

上述工序完成后,设计有隔汽要求的屋面应按设计做隔汽层。隔汽层涂料应涂刷均匀、无漏刷。

5．保温层铺设

1) 松散保温层铺设

松散保温层采用干做法施工,材料多数使用炉渣膨胀珍珠岩或蛭石,粒径为 5～40 mm。使用时必须过筛,控制含水率。铺设松散材料的结构表面应干燥、洁净,松散保温材料应分层铺设,适当压实。压实程度应根据设计要求的密度经试验确定。每层铺设厚度不宜大于 150 mm,压实后的屋面保温层不得直接推车行走和堆积重物。松散膨胀蛭石保温层铺设时应使膨胀蛭石的层理平面与热流垂直。

2) 板块状保温层铺设

(1) 干铺板块状保温层。直接铺设在结构层或隔气层上,分层铺设时上下两层板缝应错开,表面两块相邻的板边厚度应一致。一般在块状保温层上用松散料做找坡。

(2) 粘结铺设板块状保温层。板块状保温材料用粘结材料平粘在屋面基层上,一般用低标号水泥、石灰混合砂浆;聚苯板材料应用沥青胶结料粘贴。

一般在施工板状保温层时,应立即做保护层。如遇两层铺设,上下板缝应错开,不重缝。

3) 整体保温层

(1) 水泥石灰炉渣保温层。施工前用石灰水将炉渣闷透,不得少于 3 天,闷制前应将炉渣过筛,粒径控制在 5～40 mm。最好用机械搅拌,配合比一般为水泥∶石灰∶炉渣=1∶1∶8,铺设时分层、滚压,控制虚铺厚度和设计要求的密度,保证保温性能。

(2) 沥青蛭石、沥青珍珠岩、现浇硬泡聚氨酯等整体现浇保温层。沥青蛭石和沥青珍珠岩要搅拌均匀一致,虚铺厚度和压实厚度均要先行试验。施工时表面要平整,压实程度要一致。硬泡聚氨酯现浇喷涂施工时,气温应在 15～35 ℃,风速不要超过 5 m/s,相对湿度应小于 85%,否则会影响硬泡聚氨酯质量。施工时还应注意配比准确,一般应作配比试验,使发泡均匀,表观密度保持在 30～45 kg/m³。喷涂时,工人应进行培训,掌握喷枪的工人应使喷枪运行均匀,使发泡后表面平整,在完全发泡前应避免上人踩踏。发泡厚度容许误差在+10%～-5%之间。

硬泡聚氨酯保温层施工完成经检查合格后,应立即进行保护层施工,如为刚性砂浆或混凝土做保护层,则应在保温层上铺聚酯毡等材料作为隔离层。

6.2.1.3　排汽屋面

当保温层材料采用吸水率低($\omega < 6\%$)的材料时,它们不会再吸水,保温性能就能得到保证。如果保温层采用吸水率大的材料,施工时如遇雨水或施工用水侵入,含水率较大时,则应使之干燥,但许多工程已施工找平层,一时无法干燥。为了避免因保温层含水率高而导致防水层起鼓,在屋面使用过程中应逐渐将水分蒸发,采取称为"排汽屋面"的技术措施,也有人称呼吸屋面(见图 6.6、图 6.7)。就是在保温层中设置纵横排汽道,在交叉处安放向上的排汽管,目的是当温度升高,水分蒸发,汽体沿排汽道、排汽管与大气连通,不会产生压力,潮气还可以从孔中排出。排汽屋面要求排汽道不得堵塞,取得了一定效果。所以在建筑工程规范中规定,如果保温层含水率过高(超过 15%)时,不管设计时有否规定,施工时都必须作排汽屋面处理。当然如果采用低吸水率保温材料,就可以不采取这种做法了。

6.2.2　倒置保温工程施工

倒置式屋面是把原屋面"防水层在上,保温层在下"的构造设置倒置过来,将憎水性或吸水率较低的保温材料放在防水层上,使防水层不易损伤,提高耐久性,并可防止屋面结构内部结露。具有节能保温隔热、延长防水层使用寿命、施工方便、劳动效率高、综合造价经济等特点。

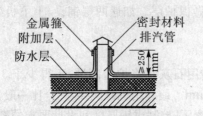

图 6.6　直立排汽出口构造

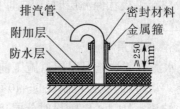

图 6.7　弯形排汽出口构造

6.2.2.1　材料

1. 保温材料

保温材料应选用高热绝缘系数、低吸水率的新型材料,如聚苯乙烯泡沫塑料、聚乙烯泡沫塑料、聚氨酯泡沫塑料、泡沫玻璃等,也可选用蓄热系数和热绝缘系数都较大的水泥聚苯乙烯复合板等保温材料。

2. 防水材料

倒置式保温防水屋面主防水层(保温层之下的防水层)应选用合成高分子防水材料和中高档高聚物改性沥青防水卷材,也可选用改性沥青涂料与卷材复合防水。不宜选用刚性防水材料和松散憎水性材料,如防水宝、拒水粉等。也不宜选用胎基易腐烂的防水材料和易腐烂的涂料加筋布等。

屋面工程所采用的防水材料应有材料质量证明文件,优先选用省部级推广和认可产品,确保其质量符合技术要求。材料进场后,施工单位应按规定取样复试,提交试验报告,严禁在工程使用不合格的材料。

6.2.2.2　施工工艺

1. 工艺流程

工艺流程为:基层清理检查、工具准备、材料检验→节点增强处理→防水层施工、检验→保温层铺设、检验→现场清理→保护层施工→验收。

2. 防水层施工

根据不同的材料,采用相应的施工工法和工艺进行施工及检验。

3. 保温层施工

保温材料可以直接干铺或用专用粘结剂粘贴,聚苯板不得选用溶剂型胶粘剂粘贴。保温材料接缝处可以是平缝也可以是齐口缝;接缝处可以灌入密封材料以连成整体。块状保温材料的施工应采用斜缝排列,以利于排水。

当采用现喷硬泡聚氨酯保温材料时,要在成型的保温层面进行分格处理,以减少收缩开裂。大风天气和雨天不得施工,同时注意喷施人员的劳动保护。

4. 面层施工

1) 上人屋面

(1) 采用 40~50 mm 厚钢筋细石混凝土作面层时,应按刚性防水层的设计要求进行分格缝的节点处理。

(2) 采用混凝土块材上人屋面保护层时,应用水泥砂浆座浆平铺,板缝用砂浆勾缝处理。

2) 不上人屋面

(1) 当屋面是非功能性上人屋面时,可采用平铺预制混凝土板的方法进行压埋,预制板要有一定强度,厚度也应小于 30 mm。

(2) 选用卵石或砂砾作保护层时,其直径应在 20~60 mm,铺埋前,应先铺设 250 g/m² 的聚酯纤维无纺布或油毡等隔离,再铺埋卵石,并要注意雨水口的畅通。压置物的质量应保证最大风力时保温板不被刮起和保证保温层在积水状态下不浮起。

(3) 聚苯乙烯保温层不能直接接受太阳照射,以防紫外线照射导致老化,还应避免与溶剂接触和在高温环境下(<80 ℃以上)使用。

学习单元 6.3　地下防水施工

║ 工作任务表 ║

能力目标	主讲内容	学生完成任务
通过学习训练,使学生掌握地下工程的防水方案、设计要求、施工方法、施工工艺以及堵漏技术	着重介绍了地下工程卷材防水、防水砂浆防水、混凝土结构自防水的构造要求、施工工艺以及堵漏技术	结合学校及周边在建项目,调查该项目地下工程的防水构造要求以及地下工程的防水施工方案

　　地下工程由于埋设在地下,常年遭受地下水的侵蚀。一方面地下水对地下工程有着渗透作用,而且地下工程埋置越深,渗透水压就越大;另一方面地下水中的化学成分复杂,可能会对地下工程造成一定的腐蚀和破坏作用。因此,地下工程应选择合理且有效的防水措施,以确保地下工程的安全耐久和正常使用。在设计和施工中,要贯彻质量第一的思想,将确保工程质量放在首位,严格遵守《地下防水工程质量验收规范》。

6.3.1　地下工程防水方案与防水等级

　　地下防水工程的防水方案主要有以下三类:

1. 防水混凝土结构

　　此种方案是利用提高混凝土本身的密实度和抗渗性来达到防水的目的。它既是防水层,又是承重和围护结构,具有施工简便、成本较低、工期较短、防水可靠等优点,是解决地下工程防水问题的有效途径,因而应用广泛。

2. 附加防水层

　　此种方案是在地下结构物表面附加一道防水层,使地下水和地下结构隔离开,以达到防水的目的。在附加防水层防水方案中,常用的材料主要有水泥砂浆防水层、卷材防水层、涂料防水层和金属板防水层等。可根据不同的工程对象、工程特点、防水要求及施工条件选用。

3. 渗排水措施

　　此种方案是"以防为主,防排结合"。通常利用盲沟、渗排水层等方法将地下水排走,以达到防水目的。该方案多用于较重要的、面积较大的地下防水工程。

根据防水工程的重要性、使用功能和建筑物类别的不同,按围护结构允许渗漏水的程度,将地下工程防水等级分为 4 级,各级标准应符合的要求见表 6.16。

表 6.16 地下工程防水等级标准

防水等级	防水标准
一级	不允许渗水,结构表面无湿渍
二级	不允许漏水,结构表面可有少量湿渍 房屋建筑地下工程:总湿渍面积不应大于总防水面积(包括顶板、墙面、地面)的 1/1000;任意 100 m² 防水面积上的湿渍不超过 2 处,单个湿渍的最大面积不大于 0.1 m²; 其他地下工程:总湿渍面积不应大于总防水面积的 2/1000;任意 100 m² 防水面积上的湿渍不超过 3 处,单个湿渍的最大面积不大于 0.1 m²;其中,隧道工程平均渗水量不大于 0.05 L/(m²·d),任意 100 m² 防水面积上的渗水量不大于 0.15 L/(m²·d)
三级	有少量漏水点,不得有线流和漏泥砂 任意 100 m² 防水面积上的漏水或湿渍点数不超过 7 处,单个漏水点的最大漏水量不大于 2.5 L/d,单个湿渍的最大面积不大于 0.3 m²
四级	有漏水点,不得有线流和漏泥砂 整个工程平均漏水量不大于 2 L/(m²·d);任意 100 m² 防水面积上的平均漏水量不大于 4L/(m²·d)

6.3.2 一般要求

1.设计要求

地下工程必须进行防水设计,施工单位必须按照工程设计图纸和施工技术标准施工,不得擅自修改工程设计,不得偷工减料。

施工前,施工单位应进行图纸会审,掌握工程主体及细部构造的防水技术要求,编制防水工程施工方案。地下工程防水设计图纸会审应注意以下几点:

(1)根据建筑物的重要程度确定的防水等级和设防要求是否符合规范要求。

(2)地下工程的钢筋混凝土结构,应采用防水混凝土,并明确防水混凝土的抗渗等级和其他技术指标,以及质量保证措施。

(3)其他防水层选用的材料及其技术指标、质量保证措施。

(4)地下工程的变形缝、施工缝、后浇带、穿墙管、预埋件、预留通道接头、桩头等细部构造,应有加强防水措施,有构造详图,明确选用的材料及其技术指标、质量保证措施。

（5）工程的防排水系统、地面挡水、截水系统及工程各种洞口（排水管沟、地漏、出入口、窗井、风井）的防倒灌措施齐全,寒冷地区的排水沟应有防冻措施。

地下工程结构的防水应包括两个部分内容,一是主体防水,二是细部构造防水。防水等级为一、二级的工程,大多是比较重要、使用年限较长的工程,单依靠防水混凝土来抵抗地下水的侵蚀其效果是有限的,应按要求选用附加防水层。

2. 材料要求

地下防水工程所使用的防水材料,应有产品合格证书和性能检测报告,材料的品种、规格、性能等应符合现行的国家产品标准和设计要求。

对进场的防水材料应按规范的规定进行抽样复验,并提交实验报告。

3. 施工要求

防水作业是保证地下防水工程质量的关键。地下防水工程必须由具备相应资质的专业防水施工企业进行施工。

进行防水结构或防水层施工,现场应做到无水、无泥浆,这是保证地下防水工程施工质量的一个重要条件。地下防水工程的防水层,严禁在雨天、雪天和五级及其以上风力时施工。

4. 质量检验

地下防水工程的施工,应建立各道工序的自检、交接检和专职人员检查的"三检"制度,并有完整的检查记录。未经建设（监理）单位对上道工序的检查确认,不得进行下道工序的施工。

地下防水工程验收的文件和记录体现了施工全过程控制,必须做到真实、准确,不得有涂改和伪造,各级技术负责人签字后方可有效。

6.3.3　卷材防水层施工

地下卷材防水层是一种柔性防水层,是用沥青胶将多层卷材粘贴在地下结构基层的表面上而形成的多层防水层,它具有较好的防水性和良好的韧性,能够适应结构振动和微小变形,并能够抵抗酸、碱、盐溶液的侵蚀,但卷材的吸水率较大,机械强度低,耐久性差,发生渗漏后难以修补。因此,卷材防水层只适用于简单的整体钢筋混凝土结构基层和以水泥砂浆、沥青砂浆、沥青混凝土为找平层的基层。

1. 材料要求

地下防水工程使用的卷材要求机械强度高、延伸率大,具有良好的韧性和不透水性,膨胀率小且具有良好的耐腐蚀性。沥青胶结材料的软化点应比基层及防水层周围介质的可能最高温度高出 20~25 ℃,软化点最低不得低于 40 ℃。

2. 施工工艺

地下卷材防水施工一般是将卷材防水层铺贴在地下需防水结构的外表面,称为外防水。它与卷材防水层设置在地下结构内表面的内防水相比较,具有以下优点:外防水的防水层设置在迎水面,受压力水的作用紧压在地下结构上,不宜脱落和空鼓,防水效果好;而内防水的卷材防水层在背水面,受压力水作用时,容易出现局部空鼓和脱离,从而导致渗漏水的现象。

外防水的卷材防水层铺贴方式,按其与防水结构施工的先后顺序,可分为外防外贴法和外防内贴法两种。由于外防外贴法的防水效果优于外防内贴法,所以在施工场地和条件不受限制时,一般均采用外防外贴法。

1) 外防外贴法

外防外贴法是在基础垫层上先铺好底板卷材防水层,进行需防水结构的混凝土底板与墙体施工,待墙体侧模拆除后,再将卷材防水层直接铺贴在墙面上,然后砌筑保护墙,如图 6.8 所示。外防外贴法的施工顺序是先在混凝土底板垫层上做1:3 的水泥砂浆找平层,然后在垫层四周砌筑永久性保护墙并抹上水泥砂浆找平层(注意在保护墙底部干铺卷材一层),待其干燥后,涂刷基层处理剂,然后铺贴卷材防水层,并在四周伸出卷材与保护墙身临时搭接并采取保护措施。保护墙分为两部分,下部为永久性保护墙,其高度不小于 $B + 200$ mm(B 为底板厚度);上部为临时保护墙,高度一般为 450~600 mm,用石灰砂浆砌筑,以便拆除,保护墙砌筑完毕后,再将伸出的卷材搭接头临时铺贴在保护墙上。然后进行混凝土底板与墙体施工,待墙体拆除模板后,在墙面上抹水泥砂浆找平层并涂刷冷底子油,再将临时保护墙拆除,找出各层卷材搭接接头并清理干净,依次逐层铺贴,最后砌筑永久性保护墙。应注意的是在此处的卷材应错槎接缝,如图 6.9 所示。

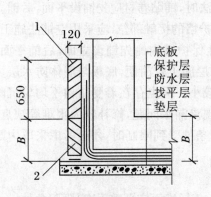

图 6.8 外防外贴法(单位:mm)
1—临时保护墙;2—永久保护墙

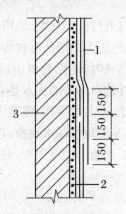

图 6.9 防水层错槎接缝(单位:mm)
1—卷材防水层;2—找平层;3—墙体结构

2) 外防内贴法

外防内贴法是在垫层四周先砌筑保护墙,然后将卷材防水层铺贴在垫层与保护墙上,最后进行地下需防水结构的混凝土底板与墙体施工,如图 6.10 所示。外防内贴法的施工是先在混凝土底板垫层四周砌筑永久性保护墙,在垫层表面上及保护墙内表面上抹 1:3 水泥砂浆找平层,待其基本干燥并满涂冷底子油后,沿保护墙及底板铺贴防水卷材。铺贴完毕后,注意要对防水层采取保护措施,一般是在涂刷最后一道沥青胶时,粘上一层干净的热砂或散麻丝,待其冷却后,立即抹一层 10～20 mm 厚的 1:3 水泥砂浆保护层;在平面上铺设一层 30～50 mm 厚的1:3水泥砂浆或是细石混凝土保护层,最后再进行需防水结构的混凝土底板和墙体的施工。

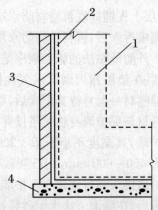

图 6.10　外防内贴法
1—需防水结构;2—防水层;3—永久保护墙;4—底板垫层

内贴法与外贴法相比较,采用外防外贴法时,铺贴卷材应先铺设平面,后铺立面,在由平面转折为立面的卷材与永久性保护墙的接触部位,应采用空铺法施工。采用外防内贴法时,铺贴卷材应沿着永久性保护墙内侧先铺设立面,后铺平面。由此可看出外防内贴法的优点是:卷材防水层施工较简便,底板与墙体防水层可一次铺贴完毕,不必留接槎,施工占地面积较小。但也存在着受结构不均匀沉降的影响较大,易出现渗漏水现象;竣工后出现渗漏水问题,修补较为困难等缺点。目前在实际工程施工的应用中,只有在施工条件受到限制时,才会考虑采取内贴法施工。

3) 卷材防水层的施工

铺贴卷材的基层必须牢固,无松动现象,基层表面应平整干净,阴阳角处做成圆弧形或钝角。卷材铺贴前,宜先刷冷底子油,墙面铺贴时由下而上进行。长边搭接 100 mm,短边搭接 150 mm。上下层和相邻两幅卷材错开 1/3 幅宽,不得相互垂直铺贴。在所有转角处应铺贴附加层。待全面铺贴完毕后,在卷材表面涂刷一层 1~1.5 mm 厚的热沥青胶保护层。

卷材防水层粘贴工艺主要有冷粘法铺贴卷材和热熔法铺贴卷材两种。

6.3.4　水泥砂浆防水层施工

水泥砂浆防水层可分为刚性多层防水层(或称普通水泥砂浆防水层)和刚性外加剂防水层(掺氯化铁防水剂、铝粉膨胀剂、减水剂等)两种,其构造做法如图 6.11 所示。

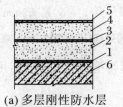

(a) 多层刚性防水层　　　　　　(b) 刚性外加剂防水层

1、3—素灰层 2 mm;2、4—砂浆层　　1、3—水泥浆一道;2—外加剂防水砂浆
45 mm;5—水泥浆;6—结构基层　　垫层;4—防水砂浆面层;5—结构基层

图 6.11　水泥砂浆防水层构造做法

水泥砂浆防水层是一种刚性防水层,是在需防水结构的表面分层涂抹一定厚度的水泥砂浆,利用砂浆本身的密实性来达到抗渗防水的效果。但是这种防水层抵抗变形的能力较差,不适用于受振动荷载影响的工程或结构上易产生不均匀沉降的工程,亦不适用于受腐蚀、高温及反复冻融的砖砌体工程。水泥砂浆防水层应在基础垫层、围护结构验收合格后方可施工。

防水层做法分为外抹面防水(迎水面)和内抹面防水(背水面)。防水层的施工程序一般是先抹顶板,再抹墙面,最后抹地面。

1. 基层处理

基层处理十分重要,是保证防水层与基层表面结合牢固,不空鼓和密实不透水的关键。基层处理包括清理、浇水、刷洗、补平等工序,使基层表面保持湿润、清洁、平整、坚实、粗糙。

1) 混凝土基层的处理

(1) 新建混凝土工程处理。拆除模板后,立即用钢丝刷将混凝土表面刷毛,并在抹面前浇水冲刷干净。

(2) 旧混凝土工程处理。补做防水层时需用钻子、剁斧、钢丝刷将表面凿毛,清理平整后再冲水,用棕刷刷洗干净。

（3）混凝土基层表面凹凸不平、蜂窝孔洞的处理。超过 1 cm 的棱角及凹凸不平处,应剔成缓坡形,并浇水清洗干净,用素灰和水泥砂浆分层找平,如图 6.12 所示。混凝土表面的蜂窝孔洞,应先将松散不牢的石子除掉,浇水冲洗干净,用素灰和水泥砂浆交替抹至与基层面相平,如图 6.13 所示。混凝土表面的蜂窝麻面不深,石子粘结较牢固,只需用水冲洗干净后,用素灰打底.水泥砂浆压实找平,如图 6.14 所示。

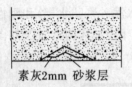

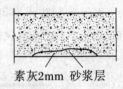

图 6.12　基层凹凸不平的处理　　图 6.13　蜂窝孔洞的处理　　图 6.14　麻面的处理图

（4）混凝土结构的施工缝要沿缝剔成八字形沟槽,用水冲洗后,用素灰打底,水泥砂浆压实抹平,如图 6.15 所示。

2）砖砌体基层的处理

对于新砌体,应将其表面残留的砂浆等污物清除干净,并浇水冲洗。对于旧砌体,要将其表面酥松表皮及砂浆等污物清理干净,至露出坚硬的砖面,并浇水冲洗。对于石灰砂浆或混合砂浆砌的砖砌体,应将缝剔深 1 cm,缝内呈直角如图6.16 所示。

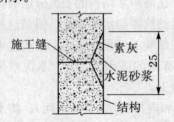

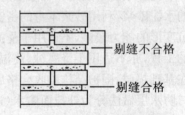

图 6.15　混凝土结构施工缝的处理(mm)　　图 6.16　砖砌体的剔缝

2.施工方法

1）混凝土顶板与墙面防水层的施工操作

第一层:素灰层,厚 2 mm。先抹一道 1 mm 厚素灰,用铁抹子往返用力刮抹,使素灰填实基层表面的孔隙。随即在已刮抹过素灰的基层表面再抹一道厚 1 mm 的素灰找平层,抹完后,用湿毛刷在素灰层表面按顺序涂刷一遍。

第二层:水泥砂浆层,厚 4～5 mm。在素灰层初凝时抹第二层水泥砂浆层,要防止素灰层过软或过硬,过软将破坏素灰层;过硬则粘结不良,要使水泥砂浆层薄薄压入素灰层厚度的 1/4 左右,抹完后,在水泥砂浆初凝时用扫帚按顺序向一个方向扫出横向条纹。

第三层:素灰层,厚 2 mm。在第二层水泥砂浆凝固并具有一定强度(常温下间隔一昼夜),适当浇水湿润,方可进行第三层操作,其方法同第一层操作。

第四层:水泥砂浆层,厚 4~5 mm。按照第二层的操作方法将水泥砂浆抹在第三层上,抹后在水泥砂浆凝固前的水分蒸发过程中,分次用铁抹子压实,一般以抹压 3~4 次为宜,最后再压光。

第五层:第五层是在第四层水泥砂浆抹压两遍后,用毛刷均匀地将水泥浆刷在第四层表面,随第四层抹实压光。

2) 砖墙面和拱形防水层的施工操作

第一层是刷水泥浆一道,厚度约为 1 mm,用毛刷往返涂刷均匀,涂刷后,可抹第二、三、四层等,其操作方法与混凝土基层防水相同。

3) 地面防水层的施工操作

地面防水层施工操作与墙面、顶板操作不同的地方是:素灰层(一、三层)不采用刮抹的方法,而是把拌和好的素灰倒在地面上,用棕刷往返用力涂刷均匀、第二层和第四层是在素灰层初凝前后把拌和好的水泥砂浆层按厚度要求均匀铺在素灰层上,按墙面、顶板操作要求抹压,各层厚度也均与墙面、顶板防水层相同。地面防水层施工时要防止践踏,应由里向外顺序进行。

4) 特殊部位的施工操作

结构阴阳角处的防水层均需抹成圆角,阴角直径 5 cm,阳角直径 1 cm。防水层的施工缝需留斜坡阶梯形槎,槎口的搭接要依照层次操作顺序层层搭接。留槎的位置一般留在地面上,也可留在墙面上,所留的槎子均需离阴阳角 20 cm 以上,如图 6.17 所示。

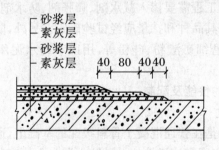

图 6.17　水泥砂浆防水层留槎方法(单位:mm)

水泥砂浆防水层在施工时,气温一般不低于 5 ℃,也不宜在 35 ℃ 以上高温条件下施工。防水层做好后应立即浇水养护并保持防水层湿润。

6.3.5　防水混凝土的施工

　　防水混凝土是依靠混凝土材料本身的密实性从而具有防水能力的整体式混凝土或钢筋混凝土结构。它既是承重结构、围护结构,又满足抗渗和耐腐蚀的要求。防水混凝土具有取材容易、施工简便、工期较短、耐久性好、工程造价低等优点,因此,在地下工程中防水混凝土得到了广泛应用。

　　防水混凝土主要是以调整混凝土的配合比或加入外加剂等方法,来提高混凝土本身的密实性和抗渗性,目前在实际工程中主要采用的防水混凝土有普通防水混凝土和外加剂防水混凝土等。

6.3.5.1　基本要求

　　防水混凝土结构底板的混凝土垫层,强度等级不应小于 C20,厚度不应小于 100 mm,在软弱土层中不应小于 150 mm。防水混凝土结构厚度不应小于 250 mm。迎水面钢筋保护层厚度不应小于 50 mm。

　　地下工程防水混凝土结构裂缝宽度不得大于 0.2 mm,并且不得贯通。防水混凝土结构表面应坚实、平整,不得有露筋、蜂窝等缺陷。

　　防水混凝土结构所用的水泥品种应按设计要求选用,强度等级不得低于 32.5 级,宜采用普通硅酸盐水泥、硅酸盐水泥、粉煤灰硅酸盐水泥、矿渣硅酸盐水泥,使用矿渣硅酸盐水泥时必须掺用高效减水剂。

　　防水混凝土结构所用的粗集料宜采用碎石或卵石,粒径宜为 5～40 mm,细集料宜采用中粗砂,粗细集料含泥量不得超过规定。

　　防水混凝土结构的拌制用水必须进行检测并加以控制,不得使用含有有害物质的水来拌制防水混凝土。

　　防水混凝土可根据工程需要掺入减水剂、膨胀剂、防水剂、引气剂和复合型外加剂等,需要注意的是,其品种和掺量应经试验确定。另外,防水混凝土也可以掺入一定数量的粉煤灰、磨细矿渣粉、硅粉等,用以节约水泥用量以及改善混凝土性能。

6.3.5.2　防水混凝土的性能及配制

1. 普通防水混凝土

　　普通防水混凝土即是在普通混凝土骨料级配的基础上,通过调整和控制配合比的方法,提高自身密实度和抗渗性的一种防水混凝土。配制普通防水混凝土通常以控制水灰比,适当增加砂率和水泥用量的方法,来提高混凝土的密实度和抗渗性。水胶比一般不大于 0.50,每立方米混凝土的胶凝材料总量不少于 320 kg,砂率以 35%～45% 为宜,灰砂比为 1∶1.5～1∶2.5,混凝土入泵坍落度宜控制在 120～160 mm。在最后确定施工配合比时既要满足地下防水工程抗渗标号等各项技术的要求,又要符合经济的原则。

2．外加剂防水混凝土

外加剂防水混凝土是在混凝土中加入一定量的有机或无机物外加剂来改善混凝土的和易性,提高密实度和抗渗性,以适应工程需要的防水混凝土。外加剂防水混凝土的种类很多,在此仅对常用的减水剂防水混凝土、加气剂防水混凝土、三乙醇胺防水混凝土做简单介绍。

1) 减水剂防水混凝土

减水剂防水混凝土是在混凝土中掺入适量的减水剂配制而成。减水剂具有强烈的分散作用,能够使水泥成为细小的单个粒子,均匀分散于水中。同时,还能使水泥微粒表面形成一层稳定的水膜,借助于水的润滑作用,水泥颗粒之间,只要有少量的水即可将其拌合均匀,使混凝土的和易性显著增加。因此,混凝土掺入减水剂后,在满足施工和易性的条件下,可大大降低拌合用水量,使混凝土硬化后的毛细孔减少,从而提高混凝土的密实度和抗渗性。在大体积防水混凝土中,减水剂可使水泥水化热峰值推迟出现,也就减少或避免了在混凝土取得一定强度前因温度应力而开裂,从而提高了混凝土的防水效果。

减水剂防水混凝土的配制除应满足普通防水混凝土的一般规定外,还应注意在选择不同品种的减水剂时,要根据工程要求、施工工艺和温度及混凝土原材料的特性等情况来选择,对选用的减水剂,必须经过试验来确定其准确的掺量。在配制减水剂防水混凝土时要根据工程需要来调整水灰比,如工程需要混凝土坍落度为 80~100 mm 时,可不减少或稍减少拌合用水量,当要求坍落度为 30~50 mm时,可大大减少拌合用水量。另外,由于减水剂能够增大混凝土的流动性,故对掺有减水剂的防水混凝土,其最小施工坍落度可不受 50 mm 的限制,但是也不宜过大,以 50~100 mm 为宜。

2) 加气剂防水混凝土

加气剂防水混凝土是在混凝土中掺入微量的加气剂配制而成的防水混凝土。目前常用的加气剂有松香酸钠、松香热聚物,此外还有烷基磺酸钠和烷基苯磺酸钠等,前者采用较多。在混凝土中加入加气剂后,会产生大量微小而均匀的密闭气泡,由于大量气泡的存在,使毛细管性质改变,提高了混凝土的抗渗性和耐久性。加气剂防水混凝土的早期强度增长较慢,7 天后强度增长比较正常,但其抗压强度随含气量的增加而降低,一般含气量增加 1%,28 天后强度约下降 3%~5%,但加气剂使混凝土的粘滞性增大,不易松散离析,显著地改善了混凝土的和易性,在保持和易性不变的情况下,可以减少拌合用水量,从而可补偿部分的强度损失。因此,加气剂防水混凝土适用于抗渗、抗冻要求较高的防水混凝土工程,特别适用于恶劣的自然环境工程。

由于加气剂防水混凝土的质量与含气量密切相关。从改善混凝土内部结构、提高抗渗性及保持应有的混凝土强度出发,加气剂防水混凝土含气量以 3%～6% 为宜,松香酸钠掺量为水泥量的 0.1%～0.3%,松香热聚物掺量为水泥量的 0.1%。加气剂防水混凝土的水灰比宜控制在 0.5～0.6 之间,每方混凝土的水泥用量约为 250～300 kg。

加气剂防水混凝土宜采用机械搅拌。加气剂应预先和拌合水搅拌均匀后再加入到拌合料中,以免使气泡集中而影响到混凝土的质量。在振捣时应采用高频振动器,以排除大气泡,保证混凝土的抗冻性。对于防水混凝土的养护措施,应注意温度的影响,另外,在养护阶段还应注意保持湿度,以利于提高其抗渗性。

3) 三乙醇胺防水混凝土

三乙醇胺防水混凝土是在混凝土拌合物中随拌合水加入适量的三乙醇胺配制而成的混凝土。三乙醇胺加入混凝土后,能够增强水泥颗粒的吸附分散与化学分散作用,加速水泥的水化,使水化生成物增多,水泥石结晶变细,结构密实,因此提高了混凝土的抗渗性。在冬季施工时,除了掺入占水泥量 0.05% 的三乙醇胺以外,再加入 0.5% 的氯化钠及 1% 的亚硝酸钠,其防水效果会更好。当三乙醇胺防水混凝土的设计抗渗压力为 0.8～1.2 N/ mm^2 时,水泥用量以 300 kg/m^3 为宜。

三乙醇胺防水混凝土的抗渗性好、施工简便、质量稳定,特别适用于工期紧,要求早强及抗渗的地下防水工程。

3. 膨胀剂防水混凝土

补偿收缩防水混凝土是加入膨胀水泥使混凝土适度膨胀,以补偿混凝土的收缩。补偿收缩防水混凝土可增加混凝土的密实度且具有较高的抗渗功能,其抗渗能力比同强度等级的普通混凝土提高 2～3 倍。补偿收缩混凝土可抑制混凝土裂缝的出现,因其在硬化初期产生体积膨胀,在约束条件下,它通过水泥石与钢筋的粘结,使钢筋张拉,被张拉的钢筋对混凝土产生压应力,可抵消由于混凝土干缩和徐变产生的拉应力,从而达到补偿收缩和抗裂防渗的双重效果。补偿收缩防水混凝土具有膨胀可逆性和良好的自密作用,必须加强其早期的养护,养护时间过迟会造成因强度增长较快而抑制了膨胀。一般常温条件下,补偿收缩防水混凝土浇注 8～12 h 即应开始浇水养护,待模板拆除后则应大量浇水,且养护时间不宜少于 14 天。需要注意的是,补偿收缩防水混凝土对温度比较敏感,一般不宜在低于 5 ℃和高于 35 ℃的条件下进行施工。

6.3.5.3 防水混凝土施工

防水混凝土工程质量的好坏不仅取决于混凝土材料质量本身及其配合比,而且在施工过程中的搅拌、运输、浇注、振捣以及养护等工序都对防水混凝土的质量有着很大的影响。因此,在施工中必须对以上各环节严格控制。

1. 施工要点

防水混凝土施工应严格按照现行《混凝土结构工程施工规范》的要求进行施工作业。

在施工期间,应做好基坑的降、排水工作,使地下水位低于基坑底面一定安全距离,严防地下水或地表水流入基坑造成积水,影响混凝土的施工和正常硬化,导致防水混凝土的强度及抗渗性能降低。

模板应表面平整,拼缝严密,吸水性小,结构坚固。浇注混凝土之前,应将模板内部清理干净。固定墙体模板时尽量不采用对拉螺栓,以免在混凝土内部造成引水通路,若必须采用对拉螺栓时,应采取有效的止水措施,例如加设止水环等方法,如图 6.18 所示。

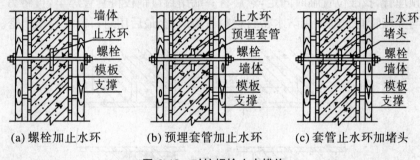

(a) 螺栓加止水环   (b) 预埋套管加止水环   (c) 套管止水环加堵头

图 6.18 对拉螺栓止水措施

绑扎钢筋时,应按设计要求留设足够的钢筋保护层,不得有负误差。留设保护层应以相同强度等级的细石混凝土或砂浆块作为垫块,且严禁用钢筋、铁钉、铅丝直接进行固定,以防地下水沿着金属物侵入。

防水混凝土不宜拆模过早,拆模时混凝土表面温度与周围气温之差不得超过 15～20 ℃,以防止混凝土表面出现裂缝。防水混凝土浇注后严禁打洞,所有的预埋件、预留孔都应事先埋设准确。地下室结构部分在拆模后应及时回填土,也可在填土之前加设一道附加防水层,以增强整体防水效果。

2. 局部构造处理

防水混凝土结构内的预埋铁件、穿墙管道以及结构的后浇缝部位,均为防水薄弱环节,应采取有效措施予以加强。

预埋铁件的防水做法:用加焊止水钢板的方法或加套遇水膨胀橡胶止水环的方法,既简便又可获得一定的防水效果,如图 6.19 所示。施工时,注意将铁件及止水钢板或遇水膨胀橡胶止水环周围的混凝土浇捣密实。

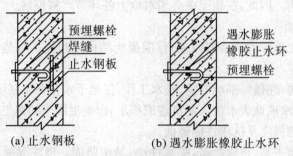

(a) 止水钢板　　　　　　　(b) 遇水膨胀橡胶止水环

图 6.19　预埋铁件部位防水措施

穿墙管道的防水处理:在管道穿过防水混凝土结构时,预埋套管上应加套遇水膨胀橡胶止水环或加焊钢板止水环,如图 6.20 所示。安装穿墙管时,先将管道穿过预埋管,找准位置临时固定,然后将一端用封口钢板将套管焊牢,再将另一端套管与穿墙管间的缝隙用防水密封材料嵌填严密,最后用封口钢板封堵严密。

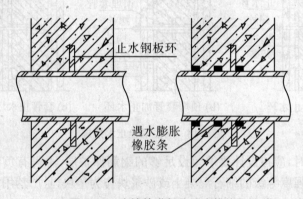

图 6.20　穿墙管道部位防水措施

施工缝防水处理:防水混凝土应连续浇注,尽量不留设施工缝。墙体一般只允许留设水平施工缝,其位置不可留置在剪力与弯矩最大处或底板与侧壁的交接处,一般宜留设在高出底板上表面不小于 200 mm 的墙身上。传统的处理措施是将施工缝处做成凸缝、阶梯缝等形式。目前在实际工程中的施工缝处理措施中,已大量推广应用遇水膨胀橡胶止水条,如图 6.21 所示。施工时如果难以避免须留设垂直施工缝时,应尽量与变形缝相结合,按变形缝进行防水处理。

变形缝防水处理:地下结构变形缝部位是地下防水的薄弱环节,经常会因处理不当而引起一些渗漏现象,所以在变形缝部位选用材料、做法和形式时,应考虑其可变性,并要保证密闭性。为适应结构沉降、温度变化等因素产生的变形,在地下结构的变形缝、地下通道连接口等部位,除了在构造设计中考虑防水能力,通常还会采用止水带防水。目前,常见的变形缝止水材料有橡胶止水带、塑料止水带、氯丁橡胶止水带和金属止水带,如图 6.22 所示。其中橡胶及塑料止水带均为柔性材料,抗渗和适应变形能力较强,在实际工程中的应用较多,金属止水带一般仅用于高温环境的条件下。止水带的构造形式有粘贴式、可卸式、埋入式等,目前较为常用的是埋入式橡胶止水带。根据防水设计要求,有时也可采用多层或多种止水带的构造形式,比如可同时采用埋入式和可卸式,或同时采用埋入式和粘贴式,以增强防水效果。

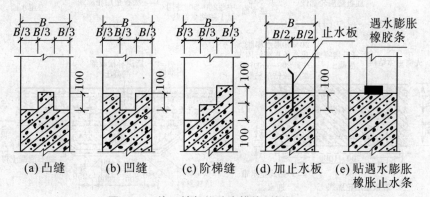

(a) 凸缝　　(b) 凹缝　　(c) 阶梯缝　　(d) 加止水板　　(e) 贴遇水膨胀橡胀止水条

图 6.21　施工缝部位防水措施(单位:mm)

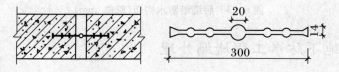

图 6.22　橡胶止水带(单位:mm)

后浇带防水处理:随着高层建筑的兴起,大体积混凝土结构越来越多,为减少早起混凝土裂缝和地基不均匀沉降的影响,需留设后浇带。后浇带部位在结构中实际形成了两条施工缝,对结构在该部位受力有一定影响。所以,后浇带应留设在受力较小的部位。后浇带属柔性接缝,故而也应留设在变形较小的部位,间距宜为 700~1000 mm。

后浇带可做成平缝,结构立筋不宜在缝中断开,如需断开,则主筋搭接长度大于 45 倍主筋直径,并应按设计要求加设附加钢筋。后浇带应在其两侧混凝土龄期达六周后再施工,但高层建筑的后浇带应在结构顶板浇注钢筋混凝土两周后进行,施工缝表面需按上述办法处理,混凝土的养护期不应少于四周。

后浇带应采用补偿收缩混凝土浇注,其强度等级应比两侧混凝土提高一个等级,混凝土养护应不少于 28 天。后浇带构造详图如图 6.23 所示。

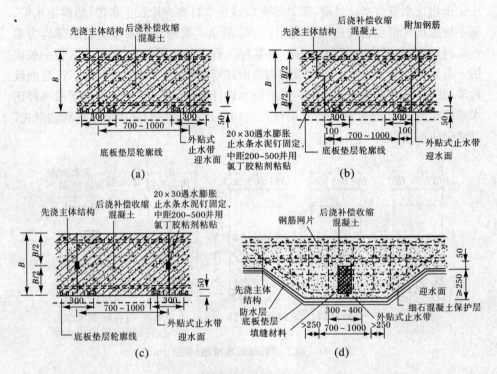

图 6.23　后浇带防水构造(单位:mm)

6.3.6　地下防水工程堵漏处理

6.3.6.1　堵漏技术

根据地下防水工程特点,针对不同程度的渗漏水情况,应选择相应的防水材料和堵漏方法,进行防水结构渗漏水处理。在拟定处理渗漏水措施时,应本着将大漏变小漏、片漏变孔漏、线漏变点漏,使漏水部位汇集于一点或数点,最后堵塞的方法进行。

对防水混凝土工程的修补,通常采用的方法是用促凝剂和水泥拌制而成的快凝水泥胶浆进行快速堵漏或大面积修补。近年来,采用膨胀水泥(或加膨胀剂)作为防水修补材料,其抗渗堵漏效果更好。对混凝土的微小裂缝,则采用化学注浆堵漏技术。

1. 快硬性水泥胶浆堵漏法

堵漏材料包括促凝剂和快凝水泥胶浆。促凝剂是以水玻璃为主,并与硫酸铜、重铬酸钾及水配制而成。配制时按配合比把定量的水加热至 100 ℃,然后将硫酸铜和重铬酸钾倒入水中,继续加热并不断搅拌至完全溶解,冷却至 30 ℃~40 ℃,再将此溶液倒入称量好的水玻璃液体中,搅拌均匀,静置30 min后就可使用。

快凝水泥浆胶的配合比是水泥:促凝剂为1:0.5~1:0.6,由于这种胶浆凝固快(一般1 min左右就凝固),使用时应随拌随用。

地下防水工程的渗漏水情况比较复杂,常用的堵漏方法有堵塞法和抹面法。

1) 堵塞法

适用于孔洞漏水或裂缝漏水时的修补处理。孔洞漏水常用直接堵塞法和下管堵漏法。直接堵塞法适用于水压不大,漏水孔洞较小情况。操作时先将漏水孔洞处剔槽,槽壁必须与基面垂直,并用水刷洗干净,随即将配制好的快凝水泥胶浆捻成与槽尺寸相近的锥形团,在胶浆开始凝固时,迅速压入槽内,并挤压密实,保持30 s左右即可。当水压力较大,漏水孔洞较大时,可采用下管堵漏法。孔洞堵塞好后,在胶浆表面抹素灰一层,砂浆一层,以作保护。待砂浆有一定强度后,将胶管拔出,按直接堵塞法将管孔堵塞。最后拆除挡水墙,再做防水层。裂缝漏水的处理方法有裂缝直接堵塞法和下绳堵漏法。裂缝直接堵塞法适用于水压较小的裂缝漏水。操作时,沿裂缝剔成八字形坡的槽,刷洗干净后,用快凝水泥胶浆直接堵塞,经检验无渗水,再做保护层和防水层。当水压较大,裂缝较长时,可采用下绳堵漏法。

2) 抹面法

适用于较大面积的渗水面。一般先降低水压或降低地下水,将基层处理好,然后用抹面法做刚性防水层修补处理。先在漏水严重处用凿子剔出半贯穿性孔眼,插入胶管将水导出。这样就使"片渗"变位"点渗",在渗水面做好刚性防水层修补处理。待修补的防水层砂浆凝固后,拔出胶管,再按"孔洞直接堵塞法"将管孔填好。

2. 化学注浆堵塞法

化学注浆的注浆材料有氰凝和丙凝两种。

(1) 氰凝的主要成分为多异氰酸酯与含羟基的化合物(聚酚、聚醚)制成的预聚体。使用前,在预聚体内掺入一定量的副剂(表面活性剂、乳化剂、增塑剂、溶剂与催化剂等),搅拌均匀即配制成氰凝浆液。氰凝浆液不遇水不发生化学反应,稳定性好;当浆液灌入漏水部位后,立即与水发生化学反应,生成不溶于水的凝胶体;同时释放 CO_2 气体,使浆液发泡膨胀,向四周渗透扩散直至反应结束。

(2) 丙凝由双组分(甲溶液和乙溶液)组成。甲、乙溶液混合后很快形成不溶于水的高分子硬性凝胶,这种凝胶可以封密结构裂缝,从而达到堵漏的目的。

注浆堵漏施工,可分为对混凝土表面处理、布置注浆孔、埋设注浆嘴、封闭漏水部位、压水试验、注浆、封孔等工序。注浆孔的间距一般为1 m左右,并要交错布置,注浆结束,待浆液固结后,拔出注浆嘴并用水泥砂浆封固注浆孔。

3. 孔洞堵漏

1）直接堵漏法

孔洞较小，水压不太大时，可用直接堵漏法。将孔洞凿成凹槽并冲洗干净，用配合比为 1∶0.6 的快凝水泥胶浆塞入孔洞，迅速用力向槽壁四周挤压密实。堵塞后，检查是否漏水，确定无渗漏后，做防水层。

2）下管堵漏法

孔洞较大、水压较大时，可采用下管堵漏法。该办法分两步完成，首先凿洞、冲洗干净，插入一根胶管，用促凝剂水泥胶浆堵塞胶管外空隙，使水通过胶管排出；当胶浆开始凝固时，立即用力在孔洞四周压实，检查无渗水时，抹上防水层的第一、二层；待防水层有一定强度后将管拔出，按直接堵塞法将管孔堵塞，最后抹防水层的第三、四层。

3）木楔子堵塞法

用于孔洞不大，水压很大的情况。用胶浆把一铁管稳固于漏水处剔成的孔洞内，铁管顶端比基层面低 20 mm，管四周空隙用砂浆、素灰抹好；待砂浆有一定强度后，将浸过沥青的木楔打入管内，管顶处再抹素灰、砂浆等，24 h 后经检查无渗漏时，随同其他部位一起做好防水层，如图 6.24 所示。

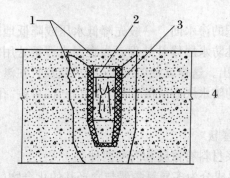

图 8.24　木楔堵漏

1—素灰和砂浆；2—干硬性砂浆；3—木楔；4—铁管

4. 裂缝堵漏

1）下线法

水压较大，缝隙不大时，采用下线法施工。操作时，在缝内先放一线，缝长时分段下线，线间中断 20～30 mm，然后用胶浆压紧，从分段处抽线，形成小孔排水；待胶浆有强度后，用胶浆包住钉子塞住抽线时留下的小孔，再抽出钉子，由钉子孔排水，最后将钉子孔堵住做防水层。

2) 半圆铁片堵漏法

水压较大,裂缝较大时,可将渗漏处剔成八字槽,用半圆铁片放于槽底;铁片上有小孔插入胶管,铁片用胶浆压住,水由胶管排出。当胶浆有一定强度时,转动胶管并抽出,再将胶管形成的孔堵住。

6.3.6.2　地下防水工程渗漏及治理方法

1．混凝土墙裂缝漏水

混凝土墙面出现以垂直方向裂缝为主的裂缝,有的裂缝因贯穿而漏水。治理和预防方法如下:

(1) 清除墙外回填土,沿裂缝切槽嵌缝并用氰凝浆液或其他化学浆液灌注缝隙,封闭裂缝。

(2) 严格控制原材料质量,优化配合比设计,改善混凝土的和易性,减少水泥用量。

(3) 设计时应按设计规范要求控制地下墙体的长度,对特殊形状的地下结构和必须连续的地下结构,应在设计上采取有效措施。

(4) 加强养护,一般均应采用覆盖后的浇水养护方法,养护时间不少于规范规定。同时还应防止气温陡降可能造成的温度裂缝。

2．施工缝漏水

(1) 处理好接缝。拆模后随即用钢丝板刷将接缝刷毛,清除浮浆,扫刷干净,冲洗湿润。在混凝土浇注前,在水平接缝上铺设 1:2.5 水泥砂浆 2 mm 左右。浇注混凝土须细致振捣密实。

(2) 平缝表面洗刷干净,将橡胶止水条的隔离纸撕掉,居中粘贴在接缝上。搭接长度不少于 50 mm。随后即可继续浇注混凝土。

(3) 沿漏水部位可用氰凝、丙凝等灌注堵塞一切漏水的通道,再用氰凝浆涂刷施工缝内面,宽度不少于 600 mm。

3．变形缝漏水

(1) 采用埋入式橡胶止水带,质量必须合格,搭接接头要挫成斜坡毛面,用XY-401 胶粘压牢固。止水带在转角处要做成圆角,且不得在拐角处接槎。

(2) 表面附贴橡胶止水带,缝内嵌入沥青杉木板,表面嵌两条 BW 橡胶止水条。上面粘贴橡胶止水带,再用压板、螺栓固定。

(3) 后埋式止水带须全部剔除,用 BW 橡胶止水条嵌入变形缝底,然后重新铺贴好止水带,再浇混凝土压牢。

4．穿墙管漏水

将管下漏水的混凝土凿深 250 mm。如果水的压力不大,用快硬水泥胶浆堵塞;或用水玻璃水泥胶堵漏法处理。水玻璃和水泥的配合比为 1:0.6。从搅拌到操作完毕不宜超过 2 min,操作时应迅速压在漏水处;也可用水泥快燥精胶浆堵漏法。水泥和快燥精的配合比为 2:1,凝固时间约 1 min。将拌好的浆液直接压堵在漏水处,待硬化后再松手。

　　经堵塞不漏水后,随即涂刷一层纯水泥浆,抹一层 1:2 水泥砂浆,厚度控制在 5 mm 左右。养护 22 天后,涂水泥浆一层,然后抹第二层 1:2.5 水泥砂浆,与周边要抹实、抹平。

学习单元 6.4　卫生间防水施工

工作任务表

能力目标	主讲内容	学生完成任务
通过学习训练,使学生熟悉卫生间防水的特点与防水施工方法、施工工艺	着重介绍了卫生间防水施工工艺及要求、卫生间渗漏及处理	在学习过程中利用学院建筑实训中心,以小组为单位,编制卫生间防水施工方案

　　卫生间一般会有较多的穿过楼地面或墙体的管道,平面形状较为复杂且面积较小,阴阳转角复杂,且房间长期处于潮湿受水状态,如果采用防水卷材施工处理,则因卷材在施工时剪口和接缝多,很难粘结牢固和封闭严密,难以形成一个有弹性的整体防水层,比较容易发生渗漏水的质量事故,影响了卫生间装饰质量及其使用功能。为了确保卫生间防水工程质量,目前在实际工程应用中,多采用涂膜防水或抹聚合物水泥砂浆防水,尤其选用高弹性的聚氨酯涂膜、弹塑性的高聚物改性沥青涂膜或刚柔结合的聚合物水泥砂浆等新材料和新工艺,使卫生间的地面和墙面形成一个连续、无缝、严密的整体防水层,从而保证其防水工程质量。

6.4.1　卫生间防水施工的一般要求

1. 总要求

(1) 以排为主,以防为辅。

(2) 防水层须做在楼地面面层下面。

(3) 卫生间地面标高应低于门外地面标高,地漏标高则更低,如图 6.24 所示。

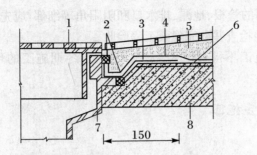

图6.24　室内地漏防水构造(单位:mm)

1—地漏盖板;2—密封材料;3—附加层;4—防水层;
5—地面砖及结合层;6—水泥砂浆找平层;7—地漏;8—混凝土楼板

2. 排水坡度要求

(1) 1∶3 水泥砂浆找坡层,最薄处 20 mm 厚,坡向地漏,坡度一般为 1∶50,一次抹平。

(2) 地漏处排水坡度以地漏边缘向外 50 mm,排水坡度为 3∶100～5∶100。

(3) 地漏标高应根据门口至地漏的坡度确定。必要时设门槛。

(4) 卫生间如设有浴盆,浴盆地面排水至地漏坡度为 3∶100～5∶100。

3. 找平层要求

(1) 涂刷防水层的基层表面时,必须将尘土、杂物等清扫干净,表面残留的灰浆硬块和突出部分应铲平、扫净,阴阳角处应抹成圆弧或钝角。

(2) 30 mm 厚 1∶3 干硬性水泥砂浆(内掺建筑胶)抹平,套管根部抹成"八"字角,宽 10 mm,高,15 mm。在找平层接地漏、管根、出水口、卫生洁具根部(边沿),要收头圆滑。坡度符合设计要求,部件必须安装牢固,嵌封严密,且经过验收。

(3) 对高低不平部位或凹坑处,用 1∶2.5 的水泥砂浆抹平。

4. 其他条件

(1) 卫生间楼面混凝土振捣必须密实,随振随抹、压实抹光,形成一道自身防水层。

(2) 所有楼板的管洞、套管洞周围的缝隙均用掺加膨胀剂的细石混凝土浇灌严实抹平,孔洞较大的,吊模后浇注膨胀混凝土。待全部处理完后进行灌水实验,24h 无渗漏,方可进行下道工序。

(3) 涂刷防水层的基层表面应保持干燥,含水率一般不大于 9%,并要平整、牢固,不得有空鼓、开裂及起砂等缺陷。防水层施工前,应将基层表面的尘土等杂物清除干净,并用干净的湿布擦一次。

(4) 突出地面的管根、地漏、排水口和阴阳角等细部,应先做好附加层增补处理,刷完底胶后,经检查并办完隐蔽工程验收。

(5) 防水层施工不得在雨天、大风天进行,冬期施工的环境温度应不低于5℃。

6.4.2 防水层施工

1. 工艺流程

清理基层表面→细部处理→配制底胶→涂刷底胶(相当于冷底子油)→第一遍涂膜→第二遍涂膜→第三遍涂膜防水层施工→防水层一次试水→保护层饰面层施工→防水层二次试水→防水层验收。

2. 涂刷底胶(相当于冷底子油)

(1) 配制底胶,先将聚氨酯甲料、聚氨酯乙料加入二甲苯,比例为1∶1.5∶2(重量比)配合搅拌均匀,配制量应视具体情况而定,不宜过多。

(2) 涂刷底胶,用长把滚刷将按上法配制好的底胶混合料,均匀涂刷在基层表面,涂刷量为 0.15～0.2 kg/m²,涂后常温季节 4 h 以后,当手感不粘时,可做下道工序。

3. 涂膜防水层施工

聚氨酯防水材料为聚氨酯甲料、聚氨酯乙料和二甲苯,配比为 1∶1.5∶0.2(重量比)。

(1) 在施工中涂膜防水材料,其配合比计量要准确,并必须用电动搅拌机进行强力搅拌。

(2) 附加层施工。应在大面积涂刷前对地面的地漏、管根、出水口,卫生洁具等根部(边沿),阴、阳角等部位先做一布二油附加防水层,两侧各压交界缝200 mm。涂刷防水材料的具体要求是:常温 4 h 表干后,再刷第二道涂膜防水材料,24 h 实干后,即可进行大面积涂膜防水层施工。

(3) 涂膜防水层。第一道涂膜防水层,用塑料或橡皮刮板将已配好的聚氨酯涂膜防水材料均匀涂刮在已涂好底胶的基层表面,用量为 0.8 kg/m²,不得有漏刷和鼓泡等缺陷,24 h 固化后,可进行第二道涂层。第二道涂层的涂刷方向与第一道涂层相互垂直,涂刮量与第一道相同,不得有漏刷和鼓泡等缺陷。24 h 固化后,再按上述配方和方法涂刮第三道涂膜,涂刮量以 0.4～0.5 kg/m² 为宜。三道涂膜厚度为 1.5 mm。进行第一次试水,遇有渗漏,应进行补修,至不出现渗漏为止。

除上述涂刷方法外,也可采用长把滚刷分层进行相互垂直的方向分四次涂刷。若条件允许,也可采用喷涂的方法,但要掌握好厚度和均匀度。细部不易喷涂的部位,应在实干后进行补刷。

(4) 在涂膜防水层施工前,应组织有关人员认真进行技术和使用材料的交底。防水层施工完成后,经过 24 h 以上的蓄水试验,未发现渗水漏水为合格,然后进行隐蔽工程检查验收,交下一道施工。

4. 成品保护

(1) 对已涂刷好的涂膜防水层应及时采取保护措施,在未做好保护层以前,不得穿带钉鞋出入室内,以免破坏防水层。

(2) 突出地面管根、地漏、排水口、卫生洁具等处的周边防水层不得碰损,部件不得变位。

(3) 地漏、排水口等处应保持畅通,施工中要防止杂物掉入,试水后应进行认真清理。

(4) 涂膜防水层施工过程中,未固化前不得上人走动,以免破坏防水层,造成渗漏。

(5) 涂膜防水层施工过程中,应注意保护有关门口、墙面等部位,防止污染成品。

5. 保护层施工

涂膜防水层施工完后,蓄水 24 h 试验观察渗漏与否,合格后在涂膜防水层上抹一层 20 mm 厚的水泥砂浆保护层,然后再铺设陶瓷面砖或马赛克等饰面层。

6.4.3 质量要求

1. 保证项目

(1) 涂膜防水材料及无纺布技术性能必须符合设计要求和有关标准的规定,产品应附有出厂合格证、防水材料质量认证,现场取样送检进行试验,未经认证的或检测不合格的防水材料不得使用。

(2) 涂膜防水层及其细部等做法必须符合设计要求和施工规范的规定,并不得有渗水漏水现象。

2. 基本项目

(1) 涂膜防水层的基层应牢固、表面洁净、平整,阴、阳角处呈圆弧形或钝角。

(2) 底胶、聚氨酯涂膜附加层的涂刷方法、搭接、收头应符合规定,并应粘结牢固、紧密,接缝封严,无损伤、空鼓等缺陷。

(3) 涂膜防水层应涂刷均匀,保护层和防水层粘结牢固,不得有损伤、厚度不匀等缺陷。

6.4.4　注意事项

（1）在交叉作业时，要配合好，穿墙管道或凹眼打孔，应在防水施工前，并抹平压光做收头处理。

（2）防水施工前，严禁管道、水嘴、接头漏水和滴水。

（3）防水高度正确、合理。例如，在卫生间洗浴时，水会溅到邻近的墙上，若没有防水层的处理，隔壁墙和对顶角墙容易潮湿发生霉变。所以一定要在铺地面瓷砖之前，做好墙面防水。家居装饰工程验收办法中规定的一般墙面的防水处理需要达到 0.9 m 的高度，内墙隔壁有柜的则要做到 1.2 m 高，但如果是非承重的轻体墙，整面墙最好都做防水，最少也要做到 1.8 m 高。

（4）刷防水涂料的时候一定要细心。墙和地面的接缝处，上下水管道和地面之间，以及一些边角都要非常注意，多刷几次，才能保证不放过"漏网之鱼"。

（5）卫生间木门底部的防水容易被忽略。其实木门的底部可以多刷几层油料，或者装上一层不锈钢，就可以很好地解决水对木门底部的侵蚀。

（6）装修完后，堵住下水口，并在卫生间门口设一道临时"堤坝"，往里面放水，直到水高 10 cm，让水在卫生间停留 24 h 左右，再仔细查看四周地面以及楼下邻居的天花板是否有潮湿痕迹，没有则说明是合格的防水工程。至于墙面防水的检测，可以把花洒对着墙面浇水 3～4 min，在 4 h 后观察墙的另一面有没有渗水迹象，没有则说明工程是合格的。

（7）应注意的质量问题：① 空鼓。防水层空鼓一般发生在找平层与涂膜防水层之间和接缝处，原因是基层含水过大，使涂膜空鼓，形成气泡。施工中应控制含水率，并认真操作。② 渗漏。防水层渗漏水，多发生在穿过楼板的管根、地漏、卫生洁具及阴阳角等部位，原因是管根、地漏等部件松动、粘结不牢、涂刷不严密或防水层局部损坏，部件接槎封口处搭接长度不够所造成。在涂膜防水层施工前，应认真检查并加以修补。

（8）地面瓷砖铺贴尽量采用湿铺工艺。

（9）禁止在地面开槽走管，破坏原有防水层

（10）特别注意烟道、地漏、立管等周边要精心施工。

（11）防水涂料要涂刷多遍，每遍要干燥后才能涂刷下一道；相临两次的涂刷方向要相互垂直。

（12）防水涂料涂刷后注意保护，避免被破坏。

（13）填缝剂勾缝要密实、均匀，严禁漏勾缝。

（14）卫生间、厨房墙地砖收口正确合理。如卫生间的瓷砖铺贴应该是墙砖压住地砖，在铺完地砖之后再铺与地砖相邻的墙砖。

(15) 水泥砂浆配比合理,并掺防水剂。

(16) 做好试压、泼水、闭水试验。

(17) 及时标记管线走向,并绘制管线走向图。

6.4.5　卫生间渗漏及处理措施

1. 楼板及墙面渗水

原因:混凝土、砂浆施工质量不良,存在微孔渗漏;楼板及墙面存在细微裂缝;涂膜防水层施工质量不良或受到损伤。

处理措施:拆除卫生间渗漏部位的饰面材料,涂刷防水材料;如发现结构开裂现象,应先对裂缝进行防水增强处理(贴缝法和填缝法等),再涂刷防水涂料。

2. 卫生洁具及穿楼板管道部位渗漏

原因:细部处理方法欠妥,洁具及管道周边填塞不严密;由于砂浆、混凝土养护不良发生收缩导致裂缝;洁具及管口周边未用弹性材料封闭处理或未结合牢固;嵌缝材料及防水涂层被拉裂或脱离基层。

处理措施:将漏水部位彻底清理,刮填弹性嵌缝材料;渗漏部位重新涂刷防水涂料,并粘贴纤维材料增强整体效果。

学习单元 6.5　防水工程施工质量要求及安全措施

‖ 工作任务表 ‖

能力目标	主讲内容	学生完成任务
通过学习训练,使学生熟悉防水工程的质量要求及安全措施	着重介绍了防水工程质量控制方针与质量要求、安全措施	结合学校及周边在建项目,调查该项目防水工程质量控制方案与安全技术措施

6.5.1　防水工程质量要求

为了加强防水工程施工质量控制,按照住建部提出的"验评分离、强化验收、完善手段、过程控制"十六字方针采取相应措施。施工单位必须按照工程设计图纸和施工技术标准施工,不得擅自修改工程设计,不得偷工减料。按工程设计图纸施工,是保证工程实现设计意图的前提。防水工程施工应符合《屋面工程技术规范》(GB50345—2012)和《地下防水工程质量验收规范》(GB50208—2011)的相关规定。

屋面防水工程施工中,在屋面的天沟、檐沟、泛水、落水口、檐口、变形缝、伸出屋面管道等部位,是最容易出现渗漏的薄弱环节。所以,对这些部位均应进行防水增强处理,细部防水构造施工必须符合设计要求,并应全部进行重点检查,以确保屋面工程的质量。另外,完整的施工资料是屋面工程验收的重要依据,也是整个施工过程的记录。

地下防水工程的施工,应建立各道工序的自检、交接检和专职人员检查的"三检"制度,并有完整的检查记录。未经建设(监理)单位对上道工序的检查确认,不得进行下道工序的施工。与屋面工程不同,地下防水工程是地基与基础分部工程中的一个子分部工程,应按工序或分项进行验收,构成分项工程的检验批应符合本规范相应质量标准的规定。

屋面及地下防水工程验收的文件和记录体现了施工全过程控制,必须做到真实、准确且不得有涂改和伪造,各级技术负责人签字后生效。

6.5.2 防水工程安全措施

屋面防水工程施工是在高空、高温环境下进行的,大部分材料易燃并含有一定的毒性,必须采取必要的措施,防止发生火灾、中毒、烫伤、坠落等工伤事故。

(1) 施工前应进行安全技术交底工作,施工操作过程应符合安全技术规定。

(2) 皮肤病、支气管炎病、结核病、眼病以及对沥青、橡胶刺激过敏的人员,不得参加操作。

(3) 按有关规定配备劳保用品,合理使用。接触有毒材料时,需配戴口罩并加强通风。在通风不良的部位进行含有挥发性溶剂的涂料施工时,宜采用人工通风措施。

(4) 操作时注意风向,防止下风操作人员中毒或受伤。熬制涂料或配制胶粘剂时,应注意控制其加热温度,防止烫伤。

(5) 防水卷材、防水涂料和粘结剂多为易燃易爆产品,在仓库或现场存放和运输过程中应严禁烟火、高温和暴晒。现场应配有禁烟火标志,并配备足够的灭火器具。

(6) 高空作业人员不得过分集中,必要时应系安全带。

(7) 施工时,不允许穿带钉鞋的人员进入,施工人员不得踩踏未固化的防水涂膜。

(8) 地下防水应注意检查基坑护坡和支护是否可靠。

(9) 材料堆放应离开基坑边 1 m 以外,重物应放置在边坡安全距离以外。

复习思考题与习题

1. 试述屋面防水的构造做法。
2. 试述卷材防水屋面的组成及材料要求。
3. 试述涂膜防水屋面的施工方法。
4. 何谓冷底子油？其作用是什么？
5. 如何进行屋面卷材的铺贴？有哪些铺贴方法？
6. 卷材防水屋面易发生哪些质量问题？如何处理？
7. 试述改性沥青卷材、合成高分子卷材防水屋面施工及对基层处理的要求。
8. 常用的防水涂料有哪些？它们各自的特点是什么？
9. 密封材料有哪些？各有哪些特点？
10. 试述细石混凝土刚性防水层施工工艺要求？
11. 地下工程防水方案有哪些？
12. 试述防水混凝土的种类、防水原理、配制要求及适用范围。
13. 地下防水工程在施工缝、变形缝部位应采取的措施有哪些？
14. 卫生间防水有哪些特点？
15. 试述卫生间防水的施工工艺及要求。

学习任务 7 装 饰 工 程

【学习目标】

本项目以房屋建筑工程为项目载体,学习装饰工程对材料的质量要求,抹灰工程、饰面板(砖)工程、铝合金及玻璃幕墙、涂料、刷浆和裱糊工程施工作业条件、施工工艺流程、施工操作要点及建筑装饰工程的质量标准和检验方法等。

通过本项目的教学,使学生:

(1) 掌握抹灰工程分类、组成,掌握抹灰的施工工艺和质量标准;

(2) 掌握石材面板的铺贴、安装方法、施工工艺,面砖的镶贴方法;

(3) 熟悉铝合金及玻璃幕墙工程施工方法;

(4) 掌握建筑涂料的施工方法。

学习单元 7.1 抹 灰 工 程

‖ 工作任务表 ‖

能力目标	主讲内容	学生完成任务
通过学习训练,使学生熟悉抹灰的分类,理解抹灰的功能要求,掌握抹灰的施工工艺及操作要点	着重介绍了一般抹灰的施工工艺以及各类装饰抹灰的施工方法	结合课程内容,在学习过程中对学校内建筑物的抹灰工程进行分类、并进行抽样检查并提交书面调查报告

7.1.1 抹灰工程的分类和组成

7.1.1.1 抹灰工程的分类

抹灰工程,就是用砂浆涂抹在建筑物(或构筑物)的墙面、顶棚、楼和地面等部位的一种装修工程。抹灰工程按使用材料的装饰效果不同分为一般抹灰和装饰抹灰。

1. 一般抹灰

一般抹灰其面层材料有石灰砂浆、水泥砂浆、混合砂浆、麻刀灰、纸筋灰和石膏灰等。一般抹灰按其质量要求和主要操作工序的不同,分为普通抹灰和高级抹灰两种。

(1)普通抹灰。普通抹灰适用于一般居住、公共和工业建筑(如住宅、宿舍、办公楼、教学楼)、高级建筑物中的附属用房以及简易住宅、大型设施和非居住的房屋(如汽车库、仓库、锅炉房,以及建筑物的地下室、贮藏室等)。普通抹灰要求做一层底层、一层中层、一层面层,必要时加做高级。其主要工序是阴阳角找方、设置标筋、分层赶平、修整和表面压光。

(2)高级抹灰。高级抹灰适用于大型公共建筑、纪念性建筑物(如剧院、礼堂、展览馆和高级住宅)以及有特殊要求的高级建筑物等。高级抹灰要求做一层底层、数层中层和一层面层。其主要工序是阴阳角找方、设置标筋、分层赶平、修整和表面压光。

2. 装饰抹灰

装饰抹灰的种类较多,其底层的做法基本相同,根据其面层不同可分为水刷石、水磨石、斩假石、干粘石、假面砖、拉条灰、喷涂、滚涂、弹涂、仿石和彩色抹灰等。

7.1.1.2　抹灰的组成

抹灰由底层、中层(或几遍中层)和面层组成。

为了保证抹灰层黏结牢固,表面平整,避免裂缝,抹灰施工一般应分层操作。底层灰的作用是增强与基层的黏结,所用材料应与基层结构材料相适应;中层灰主要起找平作用;面层灰主要起装饰和光洁作用。

不同抹灰基层的部位要求不同的抹灰厚度。抹灰层的平均总厚度见表 7.1,抹灰层中每层灰的控制厚度见表 7.2。

表 7.1　抹灰层的平均总厚度

种类	基层	抹灰层总厚度不得大于(mm)
内墙抹灰	普通抹灰	20
	高级抹灰	25
	砖墙面	20
外墙抹灰	勒脚及突出墙面部分	25
	石材墙面	35
	板条、空心砖、现浇混凝土	15
顶棚抹灰	预制混凝土	18
	金属网	20

表 7.2　抹灰层中每层灰的控制厚度

抹灰材料	每层厚度（mm）
水泥砂浆	5～7
石灰砂浆、混合砂浆	7～9
麻刀灰	＜3
纸筋灰、石膏灰	＜2

7.1.2　一般抹灰施工

7.1.2.1　基层处理

1. 基本处理

抹灰工程的基层一般有砖、石、混凝土及木等。为了保证抹灰层与基层之间能黏结牢固，不致出现裂缝、空鼓和脱落等现象，在抹灰之前，基层表面上的尘土、污垢、油渍及碱膜等均应清除干净。基层表面凹凸明显的部位，应事先剔平或用 1∶3 的水泥砂浆补平。表面太光要凿毛，或用 1∶1 的水泥砂浆掺 10%107 胶薄薄抹一层，或刷一道水泥浆（水灰比为 0.37～0.4）。

2. 细部构造处理

（1）门窗口与立墙交接处应用水泥砂浆或混合砂浆（加少量麻刀）嵌缝密实，外墙窗台、窗楣、雨篷、阳台、压顶和突出腰线等，上面应做成流水坡度，下面应做滴水线或滴水槽，滴水槽的深度和宽度均不应小于 10 mm，并整齐一致。

（2）墙面的脚手孔洞应堵塞严密，水暖、通风管道通过的墙洞和楼板洞，凿剔墙后安装的管道必须用比值为 1∶3 的水泥砂浆堵严。不同基层材料（如砖面与木、混凝土结构）相接处应铺设金属网，搭缝宽度从缝边起每边不得小于 100 mm。

（3）室内墙面、柱面的阳角和门洞口的阳角，宜用 1∶2 水泥砂浆做护角，其高度不应低于 2 m，每侧宽度不小于 50 mm。

7.1.2.2　施工要点

1. 墙面抹灰

墙面抹灰的主要工艺流程：基层处理→弹准线→抹灰饼→冲筋→抹底层灰→抹中层灰→抹罩面灰。其要点如下：

1）弹准线

将房间用曲尺规方，小房间可用一面墙做基线；大房间或有柱网时，应在地面上弹出十字线。在距墙阴角 100 mm 处用线锤吊直，弹出竖线后再按规方地线及抹面层厚度向里反弹出墙角抹灰准线,并在准线上下两端钉上铁钉,挂上白线,作为抹灰饼、冲筋的标准。

2)抹灰饼、冲筋(标筋、灰筋)

首先在距顶棚约 200 mm 处先做两个上灰饼,然后以上灰饼为基准,吊线做下灰饼。下灰饼的位置一般在踢脚线上方 200～250 mm 处。第三步是根据上、下灰饼,上下左右拉通线做中间灰饼,灰饼间距 1.2～1.5 m,应做在脚手板面位置,不超过脚手板面 200 mm,灰饼大小一般为 40 mm×40 mm,应用抹灰层相同的砂浆。最后,待灰饼砂浆收水后,在竖向灰饼之间填充灰浆做成冲筋。做冲筋时,以垂直方向的上下两个灰饼之间的厚度为准,用与灰饼相同的砂浆冲筋,抹好冲筋砂浆后,用硬尺把冲筋通平,一次通不平,可补灰,直至通平为止。冲筋宽 50 mm 左右,墙面积不大时,可只做两条竖向冲筋。冲筋后应检查冲筋的垂直平整度,误差应保证在 0.5 mm 以内。

3)抹底层灰

冲筋达到一定强度,刮尺操作不致损坏时即可抹底层灰。抹灰前应提前一天浇水湿润基层表面。底层砂浆的厚度为冲筋厚度的 2/3,用铁抹子将砂浆抹上墙面并进行压实,并用木抹修补、压实、搓平、搓糙。

4)抹中层灰

待已抹底层灰凝结后(石灰砂浆抹灰层,应待前一层达七八成干后,用手指按压已不软,但有指印和潮湿感)抹中层灰。抹中层灰时,依冲筋厚以装满砂浆为准,然后用大刮扛紧贴冲筋,将中层灰刮平,最后用木抹子搓平。搓平后用 2 m 长的靠尺检查,检查的点数要充足,凡有超过质量标准者,必须修整,直至符合标准为止。

5)抹罩面灰

当中层灰凝结后(或至七八成干后),普通抹灰可用麻刀灰罩面,高级抹灰应用纸筋灰罩面,用铁抹子抹平,并分两遍连续适时压实收光。若中层灰已干透发白,应先适度洒水湿润后,再抹罩面灰。不刷浆的普通抹灰面层,宜用漂白细麻刀石灰膏或纸筋石灰膏涂抹,并压实收光,表面达到光滑、色泽一致、不显接槎为好。

6)墙面阳角抹灰

墙面阳角抹灰时,先将靠尺在墙角的一面用线锤找直,然后在墙角的另一面顺靠尺抹上砂浆。室内墙裙、踢脚板一般要比罩面灰墙面凸出 3～5 mm。因此,应根据高度尺寸弹线,把八字靠尺靠在线上用铁抹子切齐,修边清理,然后再抹墙裙和踢脚板。

2. 顶棚抹灰

混凝土顶棚抹灰的主要工艺流程:基层处理→弹线→湿润→抹底层灰→抹中

层灰→抹罩面灰。顶棚抹灰应注意以下规定:

(1)抹底层灰前一天,用水湿润基层,抹底层灰的当天,根据顶棚湿润情况,洒水再湿润,接着满刷一遍107胶水泥浆,随刷随抹底层灰,底层灰使用水泥砂浆,抹时用力挤入缝隙中,厚度3~5 mm,并随手带成粗糙毛面。

(2)抹底层灰后(在常温下),采用水泥混合砂浆抹中层灰,在砂浆中可掺入石灰膏重1.5%的纸筋,厚度5~7 mm,分层压实。抹完后先用软刮尺顺平,然后用木抹子搓平,低洼处当即找平,使整个中层灰表面顺平。待中层灰凝结后,即可用纸筋灰罩面,用铁抹子抹平、压实、收光。如中层灰表面已发白(太干燥),应先洒水湿润后再抹罩面灰。面层抹灰经抹平压实后的厚度不得大于2 mm。

(3)对于混凝土板和大模板建筑的内墙面和楼板底面,宜用腻子分遍刮平,各遍应黏结牢固,总厚度为2~3 mm。腻子配合比为乳胶:滑石粉(或大白粉):2%甲基纤维素溶液=1∶5∶3.50。如用聚合物水泥砂浆、水泥混合砂浆喷毛打底、纸筋石灰罩面,总厚度为3~5 mm。

7.1.3　装饰抹灰施工

装饰抹灰与一般抹灰的区别在于两者具有不同的装饰面层,其底层和中层的做法基本相同。装饰抹灰面层的厚度、颜色、图案应符合设计要求。装饰抹灰根据所选用的面层材料及操作方法的不同有水刷石、水磨石、干粘石、斩假石、拉毛和假瓷砖等。下面介绍几种主要装饰面层的施工工艺。

1. 水刷石施工

水刷石墙面施工工艺流程:清理基层→湿润墙面→设置标筋→抹底层砂浆→抹中层砂浆→弹线和粘贴分格条→抹水泥石子浆→洗刷→检查质量→养护。其施工要点如下:

(1)分格弹线,贴分格条。大面积水刷石,为防止开裂,应按设计要求在中层砂浆表面弹线分格,贴分格条。分格条应选用优秀木材,粘贴前应在水中浸透,以保证起条时灰缝整齐,不掉石子。用以固定分格条的两侧的八字形纯水泥浆,应抹成45°角,否则抹水泥石子浆时,石子颗粒不易挤到边,将来分格缝处易出现石子稀少现象,分格条也固定不牢,抹水泥石子浆时易使分格条走动,从而影响分格缝平直。分格条应保持横平、竖直,大面平整和多角严密。

(2)抹水泥石子浆。施工时,先将已硬化的1∶3水泥砂浆中层(一般12 mm厚)表面浇水湿润,再薄刮一层素水泥浆(水灰比宜为0.37~0.4),厚约1 mm,以便面层与中层结合牢固,随即抹水泥石子浆罩面。

水泥石子浆的配合比一般有1∶1,1∶1.25、1∶1.5等几种,视石子粒径大小而定;水泥石子浆的稠度以5~7 cm为宜;面层厚度一般为石子粒径的2.5倍,若需掺颜料，则掺量应按设计要求做样板，最后决定比例。水泥石子浆宜分部位统一配料，力争饰面层颜色一致。

抹水泥石子浆时，应随抹随用铁抹子用力压实、压平，约稍收水后，再用铁抹子将露出的石棱轻轻拍平，使表面平整密实。然后用刷子蘸水刷去表面浮浆，再拍平压光，重复 2～3 遍，使石子颗粒在灰浆中转动翻身，以使石子大面朝外，表面排列紧密均匀。

（3）刷洗。当水泥石子浆开始凝固时（大致是以手指捺上去无指痕，用刷子刷石子，石子不掉下为准），便可进行刷洗。用刷子从上而下蘸水刷掉或用喷雾器喷水冲掉面层水泥浆，使石子露出灰浆面 1～2 mm 为度。刷洗时间要严格掌握，刷洗过早或过度，则石子颗粒露出灰浆面过多，容易脱落；刷洗过晚，则灰浆洗不净，石子不显露，饰面浑浊不清晰，影响美观。为了使表面洁净，紧接着可用喷雾器自上而下喷水冲洗。刷洗时应注意排水，防止浆水沾污墙面。如果表面水泥浆已结硬，可使用 5%稀盐酸溶液洗刷。

2. 干粘石施工

干粘石是将干石子直接黏附在砂浆上的一种饰面，具有与水刷石相类似的装饰效果，但其操作简单，工效较高，并可节约水泥和石子。其中节约水泥为 30%～40%，节约石子约 50%。干粘石墙面的施工工艺流程：清理基层→湿润墙体→设置标筋→抹底层砂浆→抹中层砂浆→弹线和粘贴分格条→抹面层砂浆→撒石子→修整拍平。其施工要点如下：

（1）抹面层砂浆。在已硬化的 1∶3 中层水泥砂浆上浇水湿润后，粘分格条，并刷素水泥浆一道，其水灰比为 0.4～0.50，再抹上一层 6 mm 厚 1∶2～1∶2.5 的水泥砂浆，砂浆稠度不大于 80 mm。为增加黏结层的黏度，在砂浆中可掺入107 胶及少量石灰膏。

（2）撒石子。黏结砂浆抹平后，应立即甩石子。先甩四周易干部位，然后甩中间，要做到大面均匀，边角和分格条两侧不漏粘。石子规格一般用 4～6 mm，如石子粒径较小时，用木拍子甩到黏结砂浆上易于排列密实，露出的黏结砂浆少。如发现饰面上的石子有不匀或过稀现象时，一般不宜补甩，应将石子用抹子或手直接补粘，否则，易使面层出现坑孔或裂缝。干粘石也可以用机械喷石代替手工甩石，利用压缩空气和喷枪将石子均匀有力地喷射到黏结层上。

（3）修整拍平。当黏结砂浆表面均匀粘满一层石子后，即用抹子轻轻拍平压实，使石粒嵌入砂浆深度不小于石子粒径的 1/2。为了避免留有抹子拍痕，可用橡胶辊代替抹子轻轻滚压石子，使其粘牢。待黏结砂浆有一定强度后应进行洒水养护。

3. 斩假石施工

斩假石又称剁斧石,是仿制天然石料的一种饰面。用不同的骨料或掺入不同的颜料,可以制成仿花岗石、玄武石、青条石等斩假石。斩假石饰面的施工工艺流程:清理基层→湿润墙面→设置标筋→抹底层砂浆→弹线和粘贴分格条→抹水泥石子浆面层→斩剁→清理。其施工要点如下:

(1) 抹水泥石子浆面层。在中层砂浆凝结并适时浇水 2～3 天后即可进行抹水泥石子浆面层。必须先在已浇水湿润的中层砂浆面上均匀施刮水泥浆一遍,水泥浆的水灰比为 0.37～0.4,以使面层与中层结合牢固,随即抹厚度 12 mm 左右1:1.25 的水泥石子浆罩面层。罩面层用的石子一般为米粒石子,也可以用小八厘石子,内掺 10%～30% 的同种石粉。抹完后用软毛刷蘸清水把表面水泥浆刷掉,使露出的石子均匀一致。

(2) 养护。罩面层应在完工 24 h 后(可根据气温情况适当调整)进行浇水养护。施工环境温度为 15～30 ℃时,应养护 2～3 天;施工环境温度为 5～15 ℃时,应养护 4～5 天。对罩面层必须采用防晒保护措施。

(3) 斩剁。待罩面层经养护达一定强度(终凝后强度的 60%～70%,试斩时,容易斩得动而石子又不易斩掉为宜)后即可斩剁。斩剁前弹出顺线,间距约100 mm,以防斩纹跑斜。斩纹应深浅均匀一致。在墙角、柱子的边棱处宜留出边条或留 15～20 mm 的光边不斩,如必须斩时,应用较轻的锋利小斧斩成横纹,以免损坏边角。一般斩两遍,即可做出近似石料的墙面效果。斩剁完毕后,用干净的扫帚将斩假石墙面清扫干净。

4. 拉毛

拉毛是用 1:3 水泥砂浆或用 1:1:6 水泥石灰砂浆打底,再用 1:(0.05～0.3):(0.5～1)水泥石灰砂浆罩面。罩面前应先将底层润湿,抹面层后随即用硬棕刷或铁抹子进行拉毛。棕刷拉毛是用硬毛棕刷蘸罩面砂浆由上而下往墙上连续垂直拍拉。铁抹子拉毛则不蘸砂浆,只用抹子贴在墙面随即抽回,形成毛面。

拉毛墙面要求表面花纹、斑点分布均匀,毛头大小匀称,颜色一致,同一平面上不显接槎。施工前应根据设计要求配料、做试样,然后进行大面积施工,中途不应间断,做到色泽一致,不露底。

5. 假瓷砖

假瓷砖是在水泥砂浆垫层上抹带色的饰面砂浆,然后将饰面砂浆层做成假瓷砖。这种工艺操作简单,用工少,美观大方,造价低,效果好,特别适用于装配式壁板外墙饰面。

饰面砂浆所用材料配合比(重量比)为水泥:白灰:氧化铁黄:氧化铁红=5:1:(0.4～0.45):0.06,再以上述材料为1,与砂子的配合比为 1:1.5。抹灰前必须干料一次拌好,避免颜色不一致。

施工时,先在 1∶3 水泥砂浆底层上抹 1∶0.3∶3 水泥石灰砂浆垫层后,再抹饰面砂浆 3～4 mm 厚。抹好后先用靠尺板逼着铁梳子由上向下划纹,然后根据瓷砖的宽度用铁钩子沿靠尺板横向划沟,深度达 3～4 mm,露出垫层灰即成假瓷砖,最后清扫墙面。

6. 质量要求

装饰抹灰面层的外观质量,应符合下列相应的规定:

(1) 水刷石:石粒清晰,分布均匀,紧密平整,色泽一致,没有掉粒和接槎痕迹。

(2) 干粘石:石粒黏结牢固,分布均匀,颜色一致,不露浆,不漏粘,阳角处不得有明显黑边。

(3) 斩假石:剁纹均匀顺直,深浅一致,不得有漏剁处。阳角处横剁和留出不剁的边条应宽窄一致,棱角不得有损坏。

(4) 装饰抹灰在涂抹面层前,应检查其中层砂浆表面平整度。

(5) 检查标准按装饰抹灰的相应规定执行。

7.1.4　喷涂、滚涂和弹涂面层施工

聚合物水泥砂浆喷涂、滚涂及聚合物水泥砂浆弹涂饰面工程具有机械化程度高、劳动强度低、工期短和造价低等特点,适用于外装饰工程。喷涂、滚涂及弹涂一般要求颜色一致,花纹大小均匀,不显接槎。

1. 喷涂

喷涂外墙饰面,是用压缩空气将聚合物水泥砂浆喷涂在墙面中层砂浆(或表面平整的混凝土墙面刷 107 胶)上形成饰面层。喷涂用的聚合物砂浆是在普通的水泥砂浆中掺入适量的有机聚合物而成。用于聚合物水泥砂浆的有机聚合物有聚乙烯醇缩甲醛(107 胶)、聚醋酸乙烯乳液等。其中以掺 107 胶配制的聚合物水泥砂浆价格最低,性能最好,故在墙体喷涂饰面中得到广泛应用。

喷涂前须在 10～13 mm 厚的 1∶3 水泥砂浆中层面上喷或者刷 1∶2～1∶3 (胶∶水)的 107 胶溶液一遍,使基层吸水率趋近一致且喷涂层黏结牢固。喷涂饰面层总厚度 3～4 mm,粒状喷涂应连续喷三遍完成,坡面喷涂必须连续操作,喷至全部泛出水泥浆但又不致流淌为好;干燥后喷甲基硅醇钠憎水剂,以减少挂灰和污染,提高饰面层的耐久性。喷涂施工主要机具有空气压缩机、砂浆泵、喷枪或喷斗等。

2. 滚涂

滚涂是将聚合物水泥砂浆抹在墙体表面,再使用辊子滚出花纹,然后喷罩甲基硅醇钠憎水剂形成的装饰面层。

滚涂所用材料的配合比为水泥∶石屑(或中粗砂)∶107 胶∶木质素磺酸钙

1∶(0.5~1)∶0.2∶0.003,稠度以 11~12 cm 为宜。

滚压花纹的辊子可用不同材料制成,如橡胶油印辊子、多孔聚氨酯辊子,辊子长度一般为 180~250 mm;直径为 40~50 mm,辊子的花纹根据设计要求而定。

滚涂一般为手工操作,分干滚、湿滚两种。干滚时辊子不蘸水,滚出的花纹较大,工效较高;湿滚时辊子反复蘸水,滚出的花纹较小。滚涂的工效比喷涂低,便于小面积局部应用。滚涂是一次成活,滚涂遍数过多易产生翻砂现象。

3. 弹涂

聚和物水泥砂浆弹涂饰面是在墙体中层表面刷一道聚合物水泥色浆后,用电动(或手动)弹涂器分几遍将不同色彩的聚合物水泥色浆弹到已涂刷底色的墙面上,形成直径为 2~4 mm 大小的圆粒状色点;这些不同颜色的色点互相交错,相互衬托,其立面直观效果类似于干粘石饰面。这种饰面黏结性能好,对基层适应性广泛,可以直接弹涂在底子灰上和基底较平整的混凝土墙板、加气板、石膏板等墙面上。

色浆以白水泥为主,刷底色浆的配合比(重量比)为水泥∶水∶107 胶 = 1∶0.8∶0.13,另加适量颜料。弹色点浆的配合比为水泥∶水∶107 胶 = 1∶0.4∶0.10,再加适量颜料。色浆的稠度以 13~14 cm 为宜。

弹色点面层时,按色浆分工,每人操作一种色浆,按流水作业逐一紧跟弹涂。几种色点要弹得分布均匀,相互衬托一致。弹出的色浆应为近似圆粒状。若出现色浆流坠,应适当增加水泥,以调整色浆的稠度;若色浆中水分较少,胶液过多,则会造成拉丝现象,此时,应往色浆中加入适量的水和相应量的水泥调解。

学习单元 7.2 饰面板(砖)工程

‖ 工作任务表 ‖

能力目标	主讲内容	学生完成任务
通过学习训练,使学生熟悉饰面工程的种类,掌握各类饰面工程的施工工艺及操作要点	着重介绍各类饰面工程的施工工艺及施工方法以及质量要求	结合课程内容,在学习过程中对学校内建筑物的饰面工程进行分类、并进行抽样检查并提交书面调查报告

饰面工程是指把块料面层镶贴(或安装)于墙柱表面以形成装饰层。块料面层的种类可分为饰面砖和饰面板两大类。饰面砖有釉面瓷砖、外墙面砖、陶瓷锦

砖、玻璃锦砖等,饰面板有天然石饰面板(如大理石、花岗石、青石板等)、人造石饰面板(预制水磨石板、大理石板等)、金属饰面板(如不锈钢板、涂层钢板、铝合金饰面板等)、木质饰面板(如皈、木条板)、塑料饰面板和玻璃饰面板等。饰面工程其底层的施工与一般抹灰基本相同,下面介绍几种主要块料面层的施工。

7.2.1　石材饰面板的安装

花岗石、青石板、预制水刷石板等安装工艺基本相同。以大理石为例,其安装工艺流程为:材料准备与验收→基体处理→板材钻孔→饰面板固定→灌浆→清理→嵌缝。

1. 材料准备与验收

(1) 大理石拆包后,应按设计要求挑选规格、品种、颜色一致,无裂纹,无缺边、掉角及污染变色的块料,分别堆放。

(2) 按设计尺寸要求在平地上进行试拼,校正尺寸,使宽度符合要求,缝子平直均匀,并调整颜色、花纹,力求色调一致,上下左右纹理通顺,不得有花纹横、竖突变现象。试拼后逐块按安装顺序予以编号,以便安装时对号入座。对轻微破裂的石材,可用环氧树脂黏结。

(3) 表面有洼坑、麻点或缺棱掉角的石材,可用环氧树脂腻子修补。

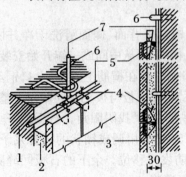

图 7.1　饰面板绑扎固定钢筋网片
1—墙体;2—水泥砂浆;3—大理石板;
4—钢丝或铅丝;5—横筋;6—铁环;7—立筋

2. 基层处理及弹线

(1) 安装前检查基层的实际偏差,墙面还应检查其垂直、平整情况,偏差较大者应剔凿、修补。对表面光滑的基层进行凿毛处理。

(2) 将基层表面清理干净,并浇水湿润,抹水泥砂浆找平层。

(3) 找平层干燥后,在基层上分块弹出水平线和垂直线,并在地面上顺墙(柱)弹大理石外廓尺寸线,在外廓尺寸线上再弹出每块大理石板的就位线。

3. 饰面板固定及安装

1) 绑扎固定灌浆法

饰面板绑扎固定灌浆法的施工顺序:绑扎钢筋网片→对石板修边、钻孔、剔槽→安装→灌浆,其主要工艺如下:

(1) 绑扎钢筋网片。绑扎用于固定饰面板的钢筋网片采用 $\phi 6$ 双向钢筋网,依据弹好的控制线与基层的预埋件绑扎或焊牢,钢筋网竖向钢筋间距不大于 500 mm,横向钢筋与块材连接孔网的位置一致。第一道横向钢筋绑在第一层板材下口上面约 100 mm处,以后每一道横筋皆绑在比该层板材口低 10～20 mm 处,如图 7.1 所示。钢筋网必须绑扎牢固,不得有颤动和弯曲现象。预埋铁件在结

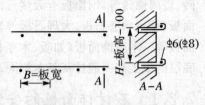

图 7.2　水平钢筋固定

构施工时,也可用冲击电钻在基层上打 $\phi 6.5\sim 8.5$ mm、深 $\geqslant 60$ mm 的孔,将 $\phi 6\sim 8$ mm 短钢筋埋入,外露 50 mm 以上,并做弯钩,用绑扎或焊接固定水平钢筋,如图 7.2 所示。

(2) 对大理石进行修边、钻孔、剔槽。要对大理石进行修边、钻孔、剔槽,以便穿绑铜丝(或铅丝)与墙面钢筋网片绑牢,固定饰面板。每块板的上、下边钻孔数量均不得少于 2 个,如板宽超过 500 mm,应不少于 3 个。打眼的位置应与基层上钢筋网的横向钢筋相适应,一般在板材断面上由背面算起 2/3 处,用笔画好钻孔位置,相应的背面也画出钻孔位置,距边沿不小于 30 mm,然后钻孔,使竖孔、横孔相连通,孔径为 5 mm,能满足穿线即可。为使铜丝通过处不占水平缝位置,在石板侧面的孔壁再轻轻剔一道槽,深约 5 mm,以便埋卧铜丝。板材钻孔后,穿入 20号铜丝备用。

(3) 饰面板安装。饰面板安装前,先将饰面板背面、侧面清洗干净并阴干。从最下一层开始,两端用块材找平找直,拉上横线,再从中间或一端开始安装。安装时,按部位编号取大理石板就位,先将下口铜丝绑在横筋上,再绑上口铜丝,用托线板靠直靠平,并用木楔垫稳,再将铜丝系紧,保证板与板交接处四角平整。安装完一层后,再用托线板找垂直、水平尺找平整、方尺找阴阳角。石板找好垂直、平整、方正后,在石板表面横竖接缝处每隔 150 mm 用调成糊状的石膏浆予以粘贴,临时固定石板,使该层石板成一整体,以防发生移位。余下的石板间缝隙,应用纸或石膏灰封严。待石膏凝结、硬化后进行灌浆。

2) 钉固定灌浆法

饰面板钉固定灌浆法的施工顺序:石板钻孔→基体钻孔→石板安放就位→分层灌浆。施工工艺如下:

(1) 进行石板钻孔。将大理石饰面板起立固定于木架上,用手电钻在距离板两端 1/4 处的板厚中心钻孔,孔径 6 mm,深 35～40 mm。板宽 $\leqslant 500$ mm 的打直孔 2 个;板宽 >500 mm 的打直孔 3 个;板宽 >800 mm 的打直孔 4 个。将板旋转 $90°$固定于木架上,在板两侧分别各打直孔 1 个,孔位距下端 100 mm 处,孔径 6 mm,孔深 35～40 mm,上下直孔都用合金錾子在板侧面方向剔槽,槽深 7 mm,

以便安卧 U 形钉。

（2）对基体钻孔。按基体放线分块位置临时就位板材,对应于板材上直孔的基体位置上,用冲击钻钻成与板材孔数相等的斜孔,斜孔成 45°角,孔径 6 mm,孔深 40~50 mm。如图 7.3 所示。

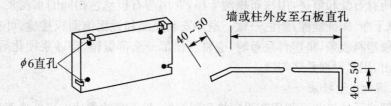

图 7.3 大理石钻直孔和 U 形钉

（3）安装。基体钻孔后,将大理石板安放就位。根据板材与基体相距的孔距,用克丝钳现制直径 5 mm 的不锈钢 U 形钉,一端勾进大理石直孔内,随即用硬木小楔楔紧;另一端勾进基体斜孔内,拉小线或用靠尺板和水平尺,校正板的上下口及板面的垂直度和平整度,并检查与相邻板材接合是否严密,随后将基体斜孔内不锈钢 U 形钉楔紧。接着用大头木楔紧固于板材与基体之间,以紧固 U 形钉,如图 7.4 所示。大理石饰面板位置校正准确、临时固定后,即可分层灌浆。

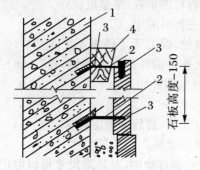

图 7.4 石板就位、固定示意图

1—基体;2—U 形钉;

3—硬木小楔;4—大头木楔

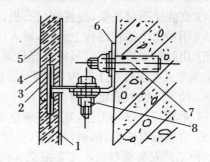

图 7.5 干挂安装示意图

1—纤维布增强层;2—嵌缝;

3—钢针;4—长孔(充环氧树脂胶粘剂);

5—石材薄板;6—L 形不锈钢固定件;

7—膨胀螺栓;8—紧固螺栓

（4）灌浆。灌浆工作在安装好一层饰面板后即可进行。可用 1∶1.5~1∶2.5 水泥砂浆(稠度一般为 80~120 mm)分层灌入石板内侧缝隙中,每层灌注高度为 150~200 mm,并不得超过石板高度的 1/3。灌注后应插捣密实。只有待下层砂浆初凝后,才能灌注上层砂浆。最后一层砂浆应只灌至石板上口水平接缝以下

50～100 mm 处,所留余量作为安装上层石板时灌浆的结合层。最后一层砂浆初凝后,可清理擦净石板上口余浆,砂浆终凝后,可将上口木楔轻轻移动抽出,打掉上口有碍安装上层石板的石膏。然后按同样方法依次逐层安装上层石板。

(5) 嵌缝。全部石板安装完毕,灌注砂浆达到设计强度标准值的 50% 后,即可清除所有石膏和痕迹,用抹布擦洗干净,并用与石板颜色相同的水泥浆填抹接缝,抹擦干净,保证缝隙,颜色一致。室外安装光面和镜面饰面板接缝,可在水平缝中垫硬塑料板条,垫塑料板条时,应将压出部分全部保留,待砂浆硬化后,将塑料条剔出,用水泥细砂浆勾缝。

3) 钢针式干挂法

钢针式干挂工艺是利用高强螺栓和耐腐蚀、强度高的柔性连接件将薄型石材饰面挂在建筑物结构的外表面,石材与结构表面之间留出 40～50 mm 空腔。此工艺多用于 30 m 以下的钢筋混凝土结构,不宜用于砖墙、加气混凝土墙。由于连接件具有三维空间可调性,增强了石材安装的灵活性,易于使饰面平整,如图 7.5 所示。

干挂法工艺流程如下:

(1) 根据设计尺寸,进行石材钻孔,孔径 4 mm,孔深 20 mm。

(2) 石材背面刷胶粘剂,贴玻璃纤维网格布。

(3) 在墙面上挂水平、竖直位置线,以控制石材的垂直、平整度。

(4) 支底层石材托架,放置底层石板,调节并暂时固定。

(5) 用冲击电钻在结构上钻孔,插入膨胀螺栓,镶 L 形不锈钢固定件。

(6) 用胶粘剂灌入下层板材上部孔眼,插入连接钢针(ϕ4 不锈钢,长 8 mm),将胶粘剂灌入上层板材下孔内,再把上层板材对准钢针插入。

(7) 校正并临时固定板材。

(8) 重复(5)～(7)工序,直至完成全部板材安装,最后镶顶层板材。

(9) 清理板材饰面,贴防污胶条,嵌缝,刷罩面涂料。

这种工艺安装板材后不需要灌浆。饰面板安装过程中,对异形尺寸板材可用切割机切割。

除上述安装工艺外,对安装高度不大的花岗石薄板、厚度为 10～12 mm 的镜面大理石、人造饰面板以及小规格的饰面板,也可采用胶粘剂或水泥浆粘贴。

7.2.2　金属饰面板安装

金属饰面板主要有彩色涂层钢板、铝合金条形板、铝合金方形板和不锈钢板等。

1. 混凝土框架结构墙面金属板安装

金属板一般采用彩色压型钢板与聚苯乙烯泡沫塑料板垫压而成的隔热夹芯

墙板;也可采用两层金属板间填充保温材料,并与金属框架组成整体;也可采用单层金属板加保温材料组成。混凝土框架结构墙面金属板安装工艺如下:

(1)按照设计图纸和现场实测尺寸,确定墙板的尺寸及组拼位置。

(2)查核和清理混凝土结构表面的预埋件。

(3)根据控制轴线、水平标高线,弹出金属板安装基准线(包括纵横线和水准线)。

(4)安装连接件。在预埋件上先设连接件螺栓,其位置应以基准线为准,确保螺栓的横平竖直。连接件上的螺栓槽孔均应呈长圆形,以便于金属板安装后进行前后、上下调整校正。

(5)安装金属板,安装顺序应自下而上逐层进行。安装就位后用螺栓将连接槽形钢与连接件固定,并用水平和前后调节螺栓进行校正后固定。

(6)金属板的安装关键要控制好每块板安装的高度、板面平整度和板的垂直度,然后将连接件与结构预埋件进行焊接。

(7)墙板的外、内包角及窗周围的泛水板等以及须在现场加工的异形件,应参考图纸对装好的墙进行实测,并确定其形状尺寸,使其加工准确,便于安装。

混凝土框架结构墙面金属板安装示意如图7.6所示。

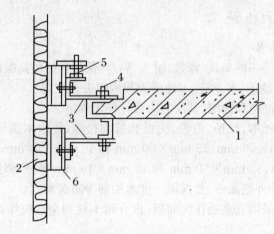

图7.6　金属板安装示意图

1—楼板;2—金属板;3—连接件;
4—前后调节螺栓;5—水平调节螺栓;6—连接槽钢

2. 剪力墙结构的铝合金安装工艺

1)放线

铝合金板墙面主要由铝合金板和骨架组成。骨架由横竖杆件拼成,其材质为铝合金型材或型钢。因型钢较便宜,强度高,安装方便,故多采用角钢或槽钢。固定骨架前,先要将骨架的位置弹到基层上,通过放线来保证骨架施工的准确性。

2）固定骨架的连接件

骨架的横竖杆件通过连接件与结构固定,连接件与结构固定的方法可以是与结构的预埋件焊接,也可以在墙上打膨胀螺栓连接。因后一种方法灵活,尺寸误差较小,容易保证位置的准确性,因而较多采用。

3）固定骨架

骨架应预先进行防腐处理。安装骨架位置要准确,结合要牢固。安装后,应全面检查中心线、表面标高等。高层建筑外墙,为保证板的安装精度,宜用经纬仪对横竖杆进行贯通。对变形缝、沉降缝等要妥善处理。

4）铝合金板安装

固定铝合金板的方法,常用的有两种。一种是将板条或方板用螺丝或铆钉固定到角钢上,铆钉间距以 100~150 mm 为宜,这种方法耐久性较好,多用于外墙。另一种方法是将条板钉在特制的龙骨上,板与板之间的间隙为 10~20 mm,用橡胶条或密封胶等弹性材料处理。此法多用于室内。铝合金板安装完毕,在易于被污染的部位,用橡胶或密封胶等弹性材料处理,或用塑料薄膜覆盖保护。对易被划、碰的部位,应设安全栏杆保护。

7.2.3　木质饰面板施工

1. 构造及质量要求

（1）木质饰面板是一种美观、雅致、耐久、隔声、保温性好的高级内墙饰面。木质饰面板由防潮层、木龙筋、木饰面板和木帽头等组成。

（2）防潮层常用油毡和油纸,其层数由设计作出规定。

（3）木龙筋常用杉木、红松、白松、美松和智利松等,要求木质干燥,变形小。竖筋断面常用 40 mm×50 mm,35 mm×50 mm 和 40 mm×40 mm 等,横筋断面常用 40 mm×50 mm、35 mm×50 mm 和 40 mm×40 mm 等,外侧面要抛光。

（4）竖、横龙筋除外侧面外,要满刷一度水柏油等防腐剂。

（5）木饰面板常采用五夹板作饰面板,也有用木板和企口板作饰面板。木材不能腐,颜色要一致。

（6）木帽头和护角应用与饰面板相同的材料,必须充分干燥,不能有裂缝及 20 mm 上的活节疤,不允许有死节。

2. 施工工艺

1）木龙筋的固定

（1）施工时根据设计图纸的要求和饰面的规格尺寸,在墙面上弹出水平标高控制线,再弹出竖筋和横筋中心位置线。

（2）按所弹出墨线上的钉子位置,先在墙上埋木榫(或在砌墙和捣混凝土时,预埋木砖)。

(3) 根据控制线和木榫钉上木龙筋。木龙筋要横平竖直,接头平齐,外侧面要在同一个平面上。

2) 饰面板安装

木龙筋固定好后,即可安装饰面板。

(1) 当用胶合板时,根据设计图纸分块尺寸,弹出筋面中心线,并在胶合板上划好线,用细齿板锯锯开,用细长刨将侧边刨光,再用 25～35 mm 钉子将胶合板钉在木龙筋上。胶合板饰面板如设横缝时,亦常为离缝做法,做法同竖缝。钉子距离为 80～150 mm,钉帽要敲扁,并顺木纹冲送进饰面板 1.0 mm 左右。另外,门框或筒子板与饰面板相接处要平齐,且用饰面板覆盖,大小一致。

(2) 当用企口木板作饰面时,安装方法与胶合板基本相同,只是小块企口木板相拼时,拼缝要紧密,钉子钉在企口凸榫处,并斜着钉暗钉。遇有异形,应根据图纸制作。

(3) 当用木板作饰面板时,有打槽、拼缝和拼槽的做法,应根据图纸先做出实样,预制好后,再进行安装。

3) 帽头、护角

钉上帽头时,要钉通,断面大小和出线规格要一致,表面光滑,不得有刨丝和歪扭现象,接头做暗榫,要平直。钉阳角护角时,用统长和相同断面料,要起榫割角。先要弹好墨线,后用 35 mm 钉子钉牢,钉距 300 mm 左右。

4) 油漆

木饰面板施工完后,要涂刷涂料,胶合板表面常刷泡力司漆,木板和企口木板常刷混色油漆。

7.2.4　饰面砖镶贴

釉面砖正面挂釉,又叫瓷砖和釉面瓷砖,是用瓷土或优质陶土烧成的,正面有白色和彩色颜色,可带有各种花纹和图案。

1. 材料要求

(1) 釉面砖应先在清水中浸泡 2～3 h,取出晾干(或擦干),表面无水迹(即使其处于面干饱和状态)后,方可使用。因未浸水的釉面砖会迅速吸收浆中的水分而影响粘贴质量。

(2) 镶贴用砂浆,可采用 1∶2(体积比)水泥砂浆。为改善砂浆和易性,便于操作,常用掺加少量石灰膏(或纸筋灰)的水泥混合砂浆,其配合比为水泥∶石灰膏∶砂=1∶0.3∶3。近年来,改用掺有 107 胶的水泥浆粘贴,其配合比(重量比)为水泥∶107 胶∶水=10∶0.5∶2.6,可大大提高釉面砖与中层的黏结力。也可采用胶粘剂镶贴。

2. 施工工艺

釉面砖镶贴的施工工艺流程:基层处理→弹线、找方→镶贴釉面砖→检查清理。釉面砖镶贴工艺及技术要求如下:

1. 基层处理

釉面砖应镶贴在湿润、干净的基层上;并应根据不同的基体进行如下处理:

(1) 纸面石膏板基体:将板缝用嵌缝腻子填密实,并在其上粘贴玻璃丝网格布(或穿孔纸带)使之形成整体。

(2) 砖墙基体:将基体用水湿透后,用 1∶3 水泥砂浆打底,木抹子搓平,隔天浇水养护。

(3) 混凝土基体(可酌情选用下列三种方法中的一种):① 将混凝土表面凿毛后用水湿刷一道聚合物水泥砂浆,抹 1∶3 水泥砂浆打底,木抹子搓平,隔天浇水养护。② 将 1∶1 水泥细砂浆(内掺 20% 的 107 胶)喷或甩到混凝土基体上,作"毛化处理",待其凝固后,用 1∶3 水泥砂浆打底,木抹子搓平,隔天浇水养护。③ 用界面处理剂处理基体表面,待其凝固后,用 1∶3 水泥砂浆打底,木抹子搓平,隔天浇水养护。

2) 弹线、找方

(1) 镶贴前应在 1∶3 水泥砂浆中层上弹线找方,按设计的镶贴形式和接缝宽度,纵横皮数,弹出釉面砖的水平和垂直控制线。

(2) 在分尺寸、定皮数时,应注意在同一墙面上的横竖方向不得出现一排以上的非整砖,且须将其放在次要部位或墙阴角处。

(3) 用废釉面砖抹上厚约 8 mm 的混合砂浆作标志块,间距 1.5 m 左右,用托线板、靠尺等挂直、校正平整度。

3) 镶贴釉面砖

(1) 镶贴时先浇水湿润中层,沿最下层一皮釉面砖的下口放好垫尺,并用水平尺找平,贴第一行釉面砖时,釉面砖下口即坐在垫尺上,这样可防止釉面砖因自重而向下滑移,确保其横平竖直。并从下往上逐行进行镶贴,每行的镶贴宜从阳角开始,把非整砖留在阴角处。

(2) 镶贴时先在釉面砖背面满刮砂浆,按所弹尺寸线将釉面砖贴于墙面,用小铲轻敲击,用力按压,使其与中层黏结密实、牢固,并用靠尺按标志块将其表面移正平整,理直灰缝,使暗缝宽度控制在设计要求范围,且保持宽度一致。水泥混合砂浆的黏结层宜为 6~10 mm,水泥浆黏结层厚度宜为 2~3 mm。

4) 检查清理

(1) 整行铺贴完后,应再用长靠尺横向校正一次,对于高于标志块的釉面砖,可轻击,使其平齐;对于低于标志块的釉面砖,应取下重贴,不得在砖口处塞灰,以免造成空鼓。

（2）全部铺贴完毕后，用清水或棉丝将釉面砖表面擦洗干净，室外接缝应用水泥砂浆勾缝，室内接缝宜用与釉面砖颜色相同的石灰膏或水泥浆嵌缝。若表面有水泥污染，先用稀盐酸刷洗，再用清水冲刷。对非规格釉面砖切割，可用切割机。

劈离砖等无釉面砖的镶贴方法基本上与釉面砖相同。

7.2.5 陶瓷锦砖和玻璃锦砖镶贴

玻璃锦砖又名玻璃马赛克。小块锦砖为铺贴方便，出厂前已将陶瓷锦砖反贴305.4 mm 见方的护面纸上。玻璃锦砖一般反贴在 327 mm 见方的护面纸上。

施工工艺流程：基层处理→弹线分格→粘贴→压实、揭底→擦缝。主要施工要求如下：

1．基层处理

施工时，基层处理同釉面砖，中层抹 1∶3 的水泥砂浆，厚 12～15 mm。中层必须平整，阴阳角要垂直方正。否则，由于粘结层砂浆厚度小（一般仅 2～3 mm），粘贴陶瓷锦砖时不易调整找平。中层灰抹完后要划毛并浇水养护。

2．弹线分格

粘贴陶瓷锦砖前，应根据陶瓷锦砖的规格及墙面高度弹若干水平线及垂直线。水平线按每张陶瓷锦砖弹一道，垂直线按 1～2 张陶瓷锦砖一道。水平线要和楼面保持平行，垂直线要与角垛的中心线保持平行。若有分格缝，则应按墙的总高均分，根据设计要求与锦砖的规格定出缝宽，再加工分格条。

3．粘贴

粘贴时，先根据已弹好的水平线垫好垫尺，然后在已润湿的中层灰上抹一道素水泥浆（可掺水泥量 7%～10% 的 107 胶）作黏结层，厚 1～2 mm。同时将陶瓷锦砖放在木垫板上，面向下，底面朝上，用湿布将底面擦净，再用白水泥浆（如嵌缝要求有颜色时，则应用带色水泥砂浆）刮满陶瓷锦砖的缝隙（砖面不留浆）后，即可将陶瓷锦砖沿线粘贴在墙上。另一种方法是在湿润的中层灰上刷素水泥浆一道，再抹 2～3 mm 厚的纸筋灰素水泥浆（配合比为纸筋∶石灰膏∶水泥浆＝1∶1∶8）作黏结层，用靠尺刮平。同时将陶瓷锦砖铺在木垫板上，底面朝上，缝隙里撒灌 1∶2 干水泥砂，并用软毛刷子刷净底面上的浮砂，再薄薄抹上一层黏结灰浆，然后将陶瓷锦砖贴到墙面上。粘贴时应沿垫尺上口按弹好的横竖线。铺贴顺序应自上而下进行，每段施工应自下而上进行。每张之间接槎缝的间距应与陶瓷锦砖间的砖缝宽度一致，接槎缝要对齐，应随时注意调整缝的平直度和间距。贴完一组后，若有分格缝，则将分格条放在陶瓷锦砖上口，继续贴第二组。整间或独立部位宜一次完成。

4. 压实、揭底

陶瓷锦砖粘贴后,应随即用拍板靠放在已贴好的陶瓷锦砖表面,用小锤敲击拍板,均匀地由边到中间满敲一遍,将陶瓷锦砖拍平压实,使其与中层灰黏结牢固,表面平整。然后将护面纸润透,待护面纸吸水泡开后(约半小时)即可揭纸。揭纸后检查陶瓷锦砖砖缝大小、平直情况,将弯扭的砖缝拨正调直,宽度一致,然后再用小锤敲击拍板拍平一遍,以增强与墙面的黏结。拨缝工作必须在水泥浆初凝前完成,否则易产生面层空敲和脱落现象。若缝内灌有水泥砂,则在拨缝后,应用刷子带水将缝内砂子刷出,再用小壶由上往下冲洗,用棉丝擦净。

5. 擦缝

最后一道工序是擦缝,用抹子将素水泥浆抹在已铺好的陶瓷锦砖表面,将所有缝隙抹齐,待稍收水后,用棉丝将砖表面擦干净。分格缝的缝隙,应在起出分格条后,用1∶1水泥砂浆勾嵌。

玻璃马赛克的镶贴工艺与陶瓷锦砖基本相同,但抹黏结灰浆时要注意使黏结灰浆填满玻璃马赛克之间的缝隙。铺贴玻璃马赛克时,先在中层上涂抹黏结灰浆一层,厚 2~3 mm,再在玻璃马赛克底面薄薄地涂抹一层黏结灰浆,厚度为 1~2 mm,涂抹时要确保缝隙中(即粒与粒之间)灰浆饱满,否则用水洗刷玻璃马赛克表面时,易产生砂眼洞。

学习单元 7.3　铝合金门窗与玻璃幕墙工程

▌工作任务表▐

能力目标	主讲内容	学生完成任务
通过学习训练,使学生熟悉门窗与幕墙工程的材料要求,掌握铝合金门窗与玻璃幕墙工程的制作与安装工艺	着重介绍铝合金门窗与玻璃幕墙工程的制作与安装工艺及施工方法以及质量要求	结合课程内容,在学习过程中对学校内建筑物的门窗与幕墙工程进行分类统计、进行抽样检查并提交书面调查报告

7.3.1　铝合金门窗制作及安装施工

1. 铝合金门窗材料

铝合金门窗所选用的材料应符合下列要求:

（1）型材表面应清洁、无裂纹、无起皮和腐蚀存在。装饰面不允许有气泡。

（2）普通精度型材装饰面上碰伤和擦伤，其深度不得超过 0.2 mm；由模具造成的纵向挤压痕深度不得超过 0.1 mm。对于高精度型材的表面缺陷深度，装饰面应不大于 0.1 mm，非装饰面应不大于 0.25 mm。

（3）型材经表面处理后，其阳极氧化膜厚度应不少于 $10\mu m$，着银白、浅古铜、深古铜和黑等颜色，色泽应均匀一致。其面层不允许有腐蚀斑点和氧化膜脱落等缺陷。

（4）铝型材厚度一般以 1.2～1.5 mm 为宜。板壁太薄，刚度不足，表面易受损或变形；板壁过厚，则不经济。

（5）按门窗的框料截面的宽度尺寸确定铝合金门窗系列。常用的有 38 系列、42 系列、50 系列、70 系列和 80 系列等。

2. 铝合金门窗构造

推拉铝合金门构造如图 7.7 所示。平开铝合金窗构造如图 7.8 所示。

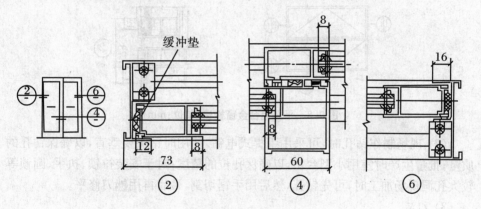

图 7.7　推拉铝合金门构造(单位:mm)

3. 铝合金门窗制作施工工艺

1）断料

（1）加工所采用的设备、机具、应能力达到门窗加工精度的要求。

（2）断料前应按照门、窗各杆件需要的长度划线，按线用切割设备进行断料。门窗按"先竖后横"下料，竖梃长度等于门窗扇高度尺寸；上、下梃长度等于门窗的宽度去两个竖梃料宽度。

（3）切割可用小型台锯、手提式电锯以及普通钢锯进行切割。截料端头不应有加工变形，毛刺除净。

2）钻孔

（1）铝合金门和窗在连接部位都要钻孔，再采用螺钉、铝拉钉连接固定。钻孔前,应先在铝型材上划好线,量准孔眼的位置,经核对无误后再进行钻孔。

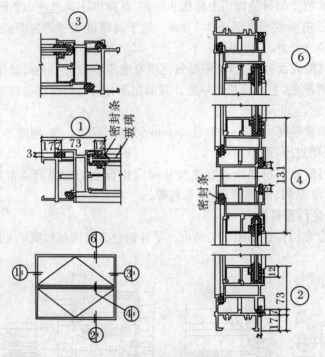

图 7.8　平开铝合金窗构造(单位:mm)

(2) 现场制作钻孔时,可采用手提式电钻,使用时钻头要垂直,以确保钻孔的质量;批量生产时宜用小型台钻,以确保孔位的精度;对于安装拉锁、执手、圆锁等较大孔洞现场加工时,可先钻孔,然后用手锯切割,最后再用锉刀修平。

3) 组装

(1) 横竖杆件的连接,一般采用专用的连接件或铝角,再用螺钉、螺栓或铝拉钉固定。

(2) 在两边梃上、下挺(冒头)连接部位,将铝角用自攻螺钉固定在竖挺上,上、下梃套入铝角,用自攻螺钉固紧。组装用的螺钉,宜用不锈钢螺钉,以免表面锈蚀破坏。

(3) 铝合金门和窗的配件均是成品,安装时安正确的位置固定即可。门、窗上的各种密封条,如推拉益智上的尼龙毛条、平开窗上的橡胶压条,可按照需要将其插入或压入。

(4) 门窗框和扇应配合严密,间隙均匀,构件的连接应牢固,各构件连接处的缝隙应进行密封处理。

（5）框与主体结构连接的固定支座材料,应用建筑不锈钢或表面热镀锌处理的碳素结构。

4. 铝合金门窗安装施工要点

1）预埋件安装

门窗洞口预埋件,一般在土建结构施工时安装。但很多情况下为改造工程,根本没有预埋件,只能直接用射钉固定。

2）弹安装线

根据图样和土建提供的坐标基准线和水平标高基准线,在门窗洞口墙体和地面上弹出安装位置线。

3）门窗框就位

（1）铝框上保护胶膜安装前后不应撕掉或损坏。

（2）框子安装在洞口安装线上,调整正、侧面垂直度、水平度和对角线合格后,用对拔楔临时固定。木楔应垫在边、横框能受力的部位,以防框子被挤压变形。

（3）组合门窗框应先按设计要求进行预拼装,然后按先装通长拼樘料,后安装分段拼樘料,最后安装基本门窗框的顺序进行。

4）门窗框固定

（1）门窗装入洞口应横平竖直,外框与洞口应弹性连接牢固,不得将外框直接埋入墙中。铝合金门、窗框上的锚固板与墙体的固定方法有射钉固定法和燕尾铁脚固定法等。

（2）横向及竖向组合时,应采取套插、搭接形成曲面组合,搭接长度宜为 10 mm,并用密封膏密封。

（3）安装密封条时应留有伸缩余量,一般比门窗的装配边长 20～30 mm,在转角处应斜面断开,并用胶粘剂粘贴牢固,以免产生收缩缝。

（4）若门窗为明螺钉连接时,应用与门窗颜色相同的密封材料将其掩埋封盖。

（5）安装后的门窗必须有可靠的刚性,必要时可增设加固件,并应作防腐蚀处理。

（6）门窗外框与墙体的缝隙填塞,应按设计要求处理。若设计无要求时,应采用矿渣棉条或玻璃棉毡分层填塞,缝隙外表留 5～8 mm 深的槽口,填嵌密封材料。

5）门窗扇安装

（1）铝合金门、窗扇安装。应在室内外装修基本完成后进行。

（2）平开门、窗扇安装。先把合页按要求位置固定在铝合金门、窗框上,然后将门、窗扇嵌入框内临时固定,调整合适后,再将门、窗扇固定在合页上,保证上、下两个转动部分在同一个轴线上。

(3) 推拉门、窗扇的安装。将配好的门、窗扇分内扇和外扇,先将外扇插入上滑道的外槽内,自然下落于对应的下滑道的外滑道内,然后再用同样的方法安装内扇。在门、窗扇安装之后调整导向轮,调整门、窗扇在滑道上的高度,并使门、窗扇与边框平行。

(4) 地弹簧门扇安装。先将地弹簧主机埋设在地面上,并浇注混凝土使其固定。主机轴应与中横档上的顶轴在同一垂线上,主机表面与地面齐平。待混凝土达到设计强度后,调节上门顶轴将门扇装上,最后调整门扇间隙及门扇开启速度。

6) 玻璃安装

玻璃安装是铝合金门、窗安装的最后一道工序,其内容包括玻璃裁割、就位和密封固定。

7) 清理

(1) 铝合金门、窗交工前,将型材表面的塑料胶纸撕掉,如果塑料胶纸在型材表面留有胶痕,宜用香蕉水清洗干净。

(2) 玻璃应用清水擦洗干净。

7.3.2　玻璃幕墙工程施工

7.3.2.1　材料

玻璃幕墙一般由固定玻璃的骨架、连接件、嵌缝密封材料、填衬材料和幕墙玻璃等组成,玻璃幕墙按照其构造和组合形式的不同可以分为全隐框玻璃幕墙、半隐框玻璃幕墙(包括竖隐横不隐和横隐竖不隐)、普通玻璃幕墙(全显框)。无框玻璃幕墙分为底座式全玻璃幕墙、吊挂式玻璃幕墙和点式连接式玻璃幕墙等多种。

从施工方法上,玻璃幕墙又分为在现场安装组合的元件式(分件式)玻璃幕墙和先在工厂组装再在现场安装的单元式(板块式)玻璃幕墙。

1. 幕墙骨架

幕墙骨架是玻璃幕墙的支承体系,它承受玻璃传来的荷载,然后将荷载传给主体结构。建筑幕墙的骨架材料有铝合金挤出型材和金属板轧制型材两种。断面有工字形、槽形、方管形等(图 7.9)。型材规格及断面尺寸是根据骨架所处位置、受力特点和大小决定的。

2. 玻璃

玻璃幕墙饰面玻璃的选择,主要考虑玻璃的外观质量及强度等力学性能的要求。目前,用于玻璃幕墙的玻璃主要有浮法透明玻璃、热反射玻璃(镜面玻璃)、吸热玻璃、夹层玻璃、中空玻璃以及钢化玻璃、夹丝玻璃等。

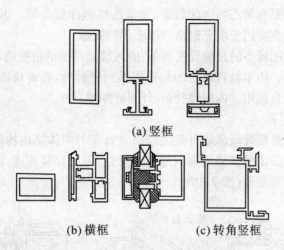

(a) 竖框

(b) 横框   (c) 转角竖框

图 7.9 玻璃幕墙骨架断面形式

(1) 浮法玻璃。浮法玻璃是根据玻璃的生产工艺命名。玻璃液体流入锡槽内,在干净的锡面上自由摊平,逐渐降温退火加工而成。该种玻璃具有两面平整、光洁的特点,具有机械磨光玻璃的光学性能,比一般平板玻璃光学性能优良。

(2) 热反射玻璃。热反射玻璃是在普通玻璃(常用浮法玻璃)的表面覆盖了一层具有反射光线性能的金属氧化膜。从光亮的一侧向较暗的一侧观看时,热反射玻璃具有类似于镜子的映象功能,故又称镜面玻璃,在建筑装饰工程中应用很广泛。

(3) 吸热玻璃。吸热玻璃是由普通透明玻璃原料中加入金属氧化物后形成的。加入不同的金属氧化物,可以将玻璃染成不同的颜色,如古铜色、蓝灰色、蓝绿色等,因而又称染色玻璃。该玻璃可起到一定的吸热作用,同时也可以避免眩光和过度的紫外线辐射。

(4) 中空玻璃。中空玻璃是中间具有干燥空气层的双层或三层玻璃。由于其特殊的选材与结构,中空玻璃的保温、隔热、隔声、防霜露等性能均较好,节能效果显著,因而应用也非常广泛。

玻璃幕墙常用玻璃厚度为 6 mm、10 mm、12 mm、15 mm、19 mm 等,中空玻璃夹层厚度有 6 mm、9 mm、12 mm、24 mm 等,玻璃分块的大小随厚度及风压大小而定,国内自行研制生产的中空玻璃分块最小尺寸为 180 mm×250 mm,最大尺寸为 2 500 mm×3 000 mm 等。

3. 封缝材料

封缝材料是用于处理玻璃幕墙玻璃与框格,或框格相互之间缝隙的材料,如填充材料、密封材料和防水材料等。

　　填充材料主要有聚乙烯泡沫胶条、聚苯乙烯泡沫胶条等。形式有片状、圆柱状等。填充材料主要用于填充框格凹槽底部的间隙。

　　密封材料采用较多的是橡胶密封条,嵌入玻璃两侧的边框内,起密封、缓冲和固定压紧的作用。防水材料常用的是硅酮系列密封胶,在玻璃装配中,硅酮胶常与橡胶密封条配合使用。内嵌橡胶条,外封硅酮胶。

　　4. 连接固定件

　　连接固定件是指玻璃幕墙骨架之间以及骨架与主体结构构件(如楼板)之间的结合件。连接固定件多采用角钢垫板和螺栓,不用焊接连接,这是因为采用螺栓连接可以调节幕变形(图 7.10)。

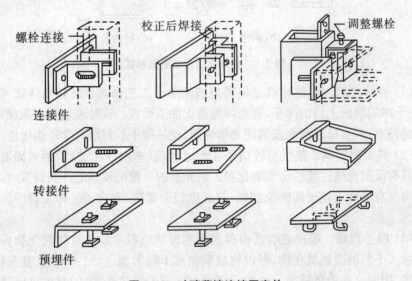

图 7.10　玻璃幕墙连接固定件

　　5. 装饰件

　　装饰件主要包括后衬墙(板)、扣盖件以及窗台、楼地面、踢脚、顶棚等与幕墙相接触的结构部件,起装饰、密封与防护的作用。后衬墙(板)内可填充保温材料,提高整个玻璃幕墙的保温性能。

　　7.3.2.2　构造做法

　　1. 全隐框玻璃幕墙

　　其构造是将玻璃用结构胶预先粘贴在玻璃框上,玻璃框固定在铝合金构件组成的骨架上,即玻璃框的上框挂在铝合金骨架体系的横框上,其余三边用不同的方法固定在骨架的竖框及横框上。由于玻璃框及铝合金骨架体系均隐在玻璃后面,形成一个大面积的有色玻璃镜面反射屏幕墙,故而称其为全隐框玻璃幕墙。

2．半隐框玻璃幕墙

有竖隐横明和竖明横隐玻璃幕墙两种。前者只是铝合金竖框隐在玻璃后面，玻璃安放在横框的玻璃镶嵌槽内，槽外加盖铝合金压板，盖在玻璃外面；后者是竖向采用玻璃嵌槽内固定，横向采用结构胶粘贴。

3．明框玻璃幕墙

这种构造形式无论是用型钢为骨架，还是用特殊的铝合金型材作为玻璃框和骨架的兼用材料，竖横骨架在整个幕墙立面上都能显示出来。

4．点爪式玻璃幕墙（点连接玻璃幕墙）

这是采用四爪式不锈钢挂件与立柱焊接，设置在上下左右四块玻璃的交角处，挂件的四个爪分别与四块玻璃的一个孔相连接，即一个挂件同时与四块玻璃相连接，或者说一块玻璃固定在四个挂件上。玻璃的四角各钻一孔，孔径 20 mm。

5．无骨架玻璃幕墙

又称结构玻璃，通常是以间隔一定距离设置的吊钩或以特殊的型材从上部将玻璃悬吊起来。吊钩或特殊型材固定在槽钢主框架上，再将槽钢悬吊于梁或板底下。同时，在上下部各加设支撑框架和支撑横档，以增强玻璃墙的刚度。这种幕墙多用于建筑物首层，类似落地窗。

7.3.2.3　施工机具

玻璃幕墙施工机具主要有：手提吸盘器、吸盘机、起吊环、牛皮带、电动吊篮、吊车、嵌缝胶枪、滚轮、电焊机、焊钉枪、电动改锥、手枪钻、梅花扳手、活动扳手、经纬仪（或激光经纬仪）、水准仪、钢卷尺、铁水平、钢板尺和钢角尺等。

7.3.2.4　施工工艺与方法

1．全隐框玻璃幕墙

1）全隐框玻璃幕墙的组成

有框玻璃幕墙由幕墙立柱、横梁、玻璃、主体结构、预埋件、连接件以及连接螺栓、垫杆和胶缝、开启扇等组成，如图 7.11 所示。竖直玻璃幕墙立柱应悬挂连接在主体结构上，并使其处于受拉工作状态。

2）幕墙的构造

（1）基本构造。从图 7.11 中看到，立柱两侧是 L100×6×10 的角钢，它通过 M12×110 的镀锌连接螺栓将铝合金立柱与主体结构预埋件焊接，立柱又与铝合金横梁连接，在立柱和横梁的外侧再用连接压板通过 M6×25 圆头螺钉将带副框的玻璃组合件固定在铝合金立柱上。为了提高幕墙密封性能，在两块中空玻璃之间填充 ϕ18 的泡沫条并填耐候胶，形成 15 mm 宽的缝，使得中空玻璃发生变形时有位移的空间。《玻璃幕墙工程技术规范》（JGJ102－2003J280－2003）规定，隐框玻璃幕墙的玻璃拼缝宽度不宜小于 15 mm。

幕墙构件应连接牢固,接缝处须用密封材料使连接部位密封(图7.11中玻璃副框与横梁、立柱相交均有胶垫),用于消除构件间的摩擦响声、防止串烟串火,并消除由于温差变化引起的热胀冷缩应力。

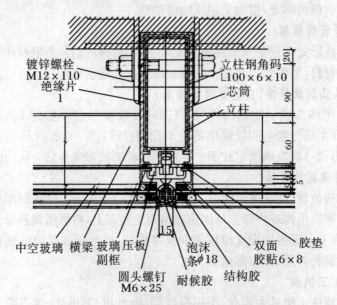

图 7.11　隐框玻璃幕墙构造(单位:mm)

玻璃幕墙立柱与混凝土结构宜通过预埋件连接,预埋件应在主体结构施工时埋入。没有条件采用预埋件连接时,应采用其他可靠的连接措施,如采用后置钢锚板加膨胀螺栓的方法,但要经过试验决定其承载力。

(2) 防火构造。为了保证建筑物的防火能力,玻璃幕墙与楼板、墙、柱之间应按设计要求设置横向、竖向连续的防火隔层。隔层的隔板必须用经防火处理的厚度不小于1.5 mm的钢板制作,不得使用铝板、铝塑板等耐火等级低的材料,否则起不到防火的作用。在横梁位置安装厚度不小于100 mm防护岩棉,且不得与幕墙玻璃直接接触,防火材料朝玻璃面宜采用装饰材料覆盖。防火隔层与幕墙和主体结构间的缝隙必须用防火密封胶严密封闭,如图7.12所示。

(3) 防雷构造。玻璃幕墙应设防雷系统,且应与主体建筑物的防雷系统相连,一般采用均压环做法,即梁的主筋采用焊接连接,再与柱筋焊接连通,幕墙的骨架与均压环连通,形成导电通路。防雷系统的构造做法应按有关规定执行,其接地电阻应小于4 Ω。

幕墙顶防雷可用避雷带或避雷针,由建筑防雷系统考虑。

3）施工工艺

幕墙安装之前应会同主体结构施工单位检查现场情况、脚手架和起重运输设备,确认幕墙施工条件。

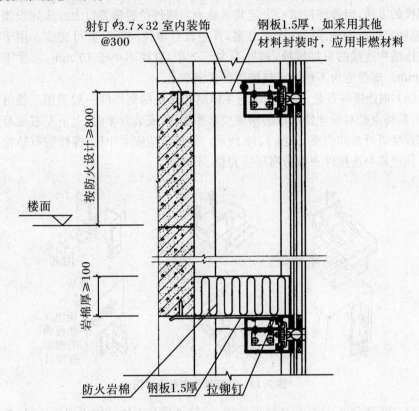

射钉 $\phi 3.7 \times 32$ 室内装饰@300
钢板1.5厚,如采用其他材料封装时,应用非燃材料
按防火设计 ≥800
楼面
岩棉厚 ≥100
防火岩棉
钢板1.5厚
拉铆钉

图 7.12　隐框玻璃幕墙防火构造(单位:mm)

幕墙施工工艺流程为:测量、放线→调整和后置预埋件→安装钢连接件和型材框架→安装玻璃→封胶→清洁、整理→检查、验收。

(1)测量放线:① 由专业技术人员操作,确定玻璃幕墙的位置,这是保证工程质量的第一道关键性工序。② 弹线工作是以建筑物轴线为准,依据设计要求以中心线为基准向两侧排基准竖线,以确定竖向杆件的位置;垂直方向以中部水平线为基准,向上下返线确定每层水平线,然后用水平仪抄平横向节点的标高。幕墙工程施工要求精度很高,所以不能依靠土建水平基准线,必须由基准轴线和水准点重新测量,并校正复核;按照设计在底层确定幕墙定位线和分格线位。③ 放线定位后要对控制线定时校核,以确保幕墙垂直度和金属竖框位置的正确。

④ 高层建筑的测量放线应在风力不大于四级时进行。

（2）调整、后置预埋件：设置幕墙与主体结构的埋件，埋件位置偏差不得超过 20 mm。预埋件应尽量采用原主体结构预埋件，无条件时可采用后置钢锚板加锚固螺栓的方法，但要经过试验决定其承载力。埋件位置偏差过大或未埋设预埋件时，应制定补救措施或可靠连接方案，并经设计单位同意后方可实施。用于立柱与主体结构连接的后加螺栓，每处不少于 2 个，直径不小于 10 mm，长度不小于 110 mm。螺栓应为不锈钢或热镀锌碳素钢产品。

（3）钢连接件安装：玻璃幕墙与主体结构连接的钢构件一般采用三维可调连接件，其特点是对预埋件埋设的精度要求不很高，安装骨架时，上下左右及幕墙平面垂直度等可自如调整，如图 7.13 所示。连接件应安装牢固，螺栓应有防松动措施。预埋件与连接件表面防腐层应完整、不破损。

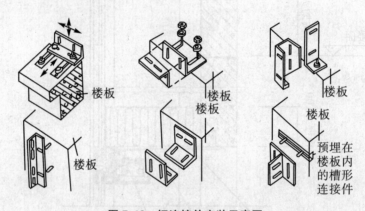

图 7.13　钢连接件安装示意图

（4）框架安装：立柱与连接件连接，连接件再与主体结构预埋件连接，并进行调整和固定。立柱安装标高偏差不应大于 3 mm，轴线前后偏差不应大于 2 mm，左右偏差不应大于 3 mm。相邻两根立柱安装标高偏差不应大于 3 mm，同层立柱的最大标高偏差不应大于 5 mm；相邻两根立柱的距离偏差不应大于 2 mm。

同一层横梁安装由下向上进行，当安装完一层高度时，进行检查调整校正固定，相邻两根横梁的水平标高偏差不应大于 1 mm。同层横梁标高偏差：当一幅幕墙宽度小于或等于 35 m 时，不应大于 5 mm；当一幅幕墙宽度大于 35 m 时，不应大于 7 mm。

横梁与立柱相连处应垫弹性橡胶垫片，用于消除横向热胀冷缩应力以及变形造成的横竖杆间的摩擦响声。

（5）玻璃安装：① 玻璃安装前将表面尘土污物擦干净，所采用镀膜玻璃镀膜面朝向室内。玻璃与构件不得直接接触，以防止玻璃因温度变化引起胀缩导致破坏。② 明框玻璃安装。玻璃在铝合金框的凹槽内应用定型橡胶压条嵌填,然后用耐候胶嵌缝。金属装饰压板应符合设计要求,不得有变形、波纹及凹凸不平,接缝均匀严密。玻璃四周与构件凹槽底应保持一定空隙,每块玻璃下部应设不少于2块的弹性定位垫块(如氯丁橡胶等),垫块宽度与槽口宽度相同,长度不小于100 mm,厚度不小于5 mm。③ 隐框、半隐框玻璃幕墙玻璃安装。隐框玻璃幕墙用经过设计确定的铝压板用不锈钢螺钉固定玻璃组合件。玻璃板块组件应安装牢固,固定点间距应符合设计要求,且不得大于300 mm,每块玻璃下设置两个不锈钢或铝合金托条,其长度不小于100 mm,厚度不小于2 mm,托条外端应低于玻璃表面2 mm。④ 玻璃拼缝应横平竖直、缝宽均匀,并符合设计及允许偏差要求。

每块玻璃初步定位后进行自检,不合要求的应进行调整,自检合格后再报质检人员抽检。抽检合格后方可进行泡沫条嵌填和耐候胶灌注。

(6)拼缝密封:玻璃幕墙的密封材料常用的是耐候硅酮密封胶。

耐候胶在缝内相对两面粘结,不得三面粘结,较深的密封槽口应先嵌填聚乙烯泡沫条(表面应凹入玻璃外表面 5 mm 左右)。耐候胶施工厚度应大于3.5 mm,施工宽度不应小于施工厚度的 2 倍。注胶后胶缝饱满、表面光滑细腻,不污染其他表面,注胶前应在可能导致污染的部位贴纸基胶带(即美纹纸条),注胶完成后除去。

(7)玻璃幕墙与主体结构之间缝隙处理:玻璃幕墙四周与主体结构之间的缝隙,应采用防火保温材料严密填塞。幕墙转角、上下、侧边、封口及周边墙体的连接构造应牢固并满足密封防水要求,外表应整齐美观;幕墙玻璃与室内装饰物之间的空隙不宜少于 10 mm;水泥砂浆不得与铝型材直接接触,不得采用快干性材料填塞,内外表面应采用密封胶连接封闭,接缝应严密不渗漏,密封胶不应污染周围相邻表面。

2. 全玻璃幕墙

由玻璃板和玻璃肋制作的玻璃幕墙称为全玻璃幕墙。它通透性好、造型简洁明快。由于该幕墙通常采用较厚的玻璃,因此隔声效果较好,加之视线的无阻碍性,用于外墙装饰时使室内、室外环境浑然一体,空间交融,被广泛应用于各种底层公共空间的外装饰。

1) 全玻璃幕墙的分类

根据全玻璃幕墙构造方式的不同,分为吊挂式和坐落式两种。

(1) 吊挂式全玻璃幕墙。当建筑物层高很大,采用通高玻璃的坐落式幕墙时,因玻璃变得细长,其平面外刚度和稳定性相对很差,在自重作用下都很容易压屈破坏,不可能再抵抗各种水平力的作用。为了提高玻璃的刚度和安全性,避免压屈破坏,在超过一定高度的通高玻璃上部设置专用的金属夹具,将玻璃板和玻璃肋吊挂起来形成玻璃墙面,这种幕墙称为吊挂式全玻璃幕墙,如图 7.14 所示。此做法下部需镶嵌在槽口内,以利玻璃板的伸缩变形,吊挂式全玻璃幕墙的玻璃尺寸和厚度都比坐落式大且构造复杂、工序多,故造价较高。

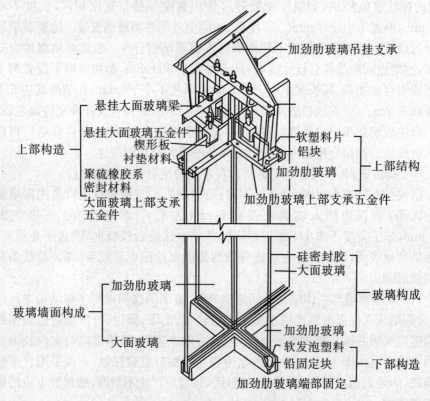

图 7.14　吊挂式全玻璃幕墙构造示意图

下列情况可采用吊挂式玻璃墓墙:玻璃厚度 10 mm,幕墙高度在 4~5m 时;玻璃厚度 12 mm,幕墙高度在 5~6 m 时;玻璃厚度 15 mm,幕墙高度在 6~8 m;玻璃厚度 19 mm,幕墙高度在 8~10 m 时。全玻璃幕墙所使用的玻璃多为钢化玻璃和夹层钢化玻璃。但玻璃无论钢化与否,边缘都应磨边处理。

(2)坐落式全玻璃幕墙,如图 7.15 所示。当全玻璃幕墙的高度较低时可采用坐落式安装,此时通高玻璃板和玻璃肋上下均镶嵌在槽内,玻璃直接支撑在下部槽内支座上,上部镶嵌玻璃的槽顶与玻璃之间留有空隙,使玻璃有伸缩的余地。该做法构造简单、造价较低。

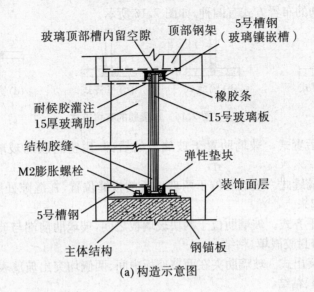

(a) 构造示意图

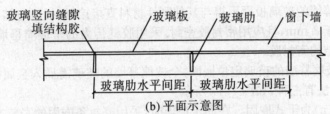

(b) 平面示意图

图 7.15　坐落式全玻璃幕墙构造示意图

2) 全玻璃幕墙的构造

(1) 吊挂式全玻璃幕墙构造:当幕墙玻璃高度超过一定高度时,采用吊挂式全玻璃幕墙做法是一种好方法。吊挂式全玻璃幕墙主要构造方法是在玻璃顶部增设钢梁、吊钩和夹具,将玻璃竖直吊挂起来,然后在玻璃底部两角附近垫上固定垫块,并将玻璃镶嵌在底部金属槽内,槽内玻璃两侧用密封条及密封胶嵌实,限制其水平位移,如图 7.14 所示。

(2) 坐落式全玻璃幕墙构造:坐落式全玻璃幕墙为了加强玻璃板的刚度、保证玻璃幕墙整体在风压等水平荷载作用下的稳定性,构造中应加设玻璃肋。玻璃肋应垂直于玻璃板面布置,间距由设计计算确定,其截面厚度不应小于 12 mm,截面高度不应小于 100 mm。当玻璃高度小于 2 m,且风压较小时可以省去玻璃肋。其构造组成有上下金属夹槽、玻璃板、玻璃肋、弹性垫块、聚乙烯泡沫垫杆或橡胶嵌条、连接螺栓、硅酮结构胶及耐候胶等,如图 7.15 所示,上下夹槽为 5 号槽钢,槽底垫弹性垫块,两侧嵌填橡胶条、耐候胶。

玻璃肋的布置方式有四种,如图 7.16 所示。

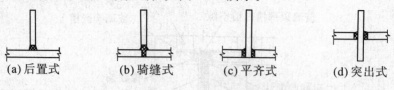

(a)后置式　　　(b)骑缝式　　　(c)平齐式　　　(d)突出式

图 7.16　玻璃肋的布置方式

（ⅰ）后置式。玻璃肋置于玻璃板的后部,用密封胶与玻璃板粘结成一个整体。

（ⅱ）骑缝式。玻璃肋位于两玻璃板的板缝位置,在缝隙处用密封胶将三块玻璃粘结起来。

（ⅲ）平齐式。玻璃肋位于两块玻璃板之间,玻璃肋前端与玻璃板面平齐,两侧缝隙用密封胶嵌填、粘结。

（ⅳ）突出式。玻璃肋夹在两玻璃板中间、两侧均突出玻璃表面,两面缝隙用密封胶嵌填、粘结。

全玻璃幕墙的玻璃板面不得与其他刚性材料直接接触,板面与结构面之间的空隙不得小于 8 mm,且应用密封胶密封,采用胶缝传力的全玻璃幕墙,其胶缝必须采用硅酮结构密封胶。

(3) 全玻璃幕墙的玻璃定位嵌固:全玻璃幕墙的玻璃需插入金属槽内定位和嵌固,安装方法有三种,如图 7.17 所示。

图 7.17(a)为干式嵌固。在固定玻璃时,采用密封条嵌固的安装方式。

图 7.17(b)为湿式嵌固。当玻璃插入金属槽内、填充垫条后,采用密封胶(如硅酮密封胶等)注入玻璃、垫条和槽壁之间的空隙,凝固后将玻璃固定的方法。

图 7.17(c)为混合式嵌固。在放入玻璃前先在槽内一侧装入密封条,然后放入玻璃,再在另一侧注入密封胶,是上两种方法的结合。

湿式嵌固的密封性能优于干式嵌固,硅酮密封胶寿命长于橡胶密封条。玻璃在槽底的坐落位置应垫以耐候性好的弹性垫块,使其受力合理、防止玻璃破碎。

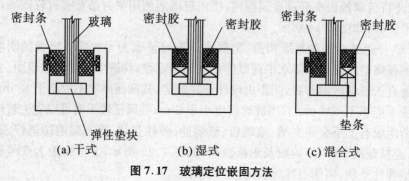

(a)干式　　　　　(b)湿式　　　　　(c)混合式

图 7.17　玻璃定位嵌固方法

3）全玻璃幕墙的施工

全玻璃幕墙的施工因玻璃尺寸及重量大、移动困难,操作中难度也很大,所以技术和安全要求高、责任重,施工前一定要做好施工组织设计,做好施工准备。现以吊挂全玻璃幕墙为例说明其施工工艺。

施工工艺流程为:定位放线→上部钢架安装→下部和侧面嵌槽安装→玻璃肋、玻璃板安装就位→嵌固及注胶密封→表面清洗和验收。

（1）定位放线:定位放线方法与有框玻璃幕墙相同。使用经纬仪、水准仪等测量设备,配合标准钢卷尺、重锤、水平尺等复核主体结构轴线、标高及尺寸,对原预埋件进行位置检查和复核。

（2）上部钢架安装:上部钢架用于安装玻璃吊具的支架,强度和稳定性要求高,应使用热镀锌钢材,严格按设计要求施工、制作。

安装前要检查预埋件或钢锚板的质量情况,锚栓位置离开混凝土外缘不小于50 mm。相邻柱间的钢架、吊具的安装必须通顺平直,吊具螺杆的中心线在同一铅垂平面内,应分段拉通线检查、复核,吊具的间距应均匀一致。钢架应进行隐蔽工程验收,需监理公司验收合格后方可对施焊处进行防锈处理。

（3）下部和侧面嵌槽安装:嵌固玻璃的槽口应采用型钢,如小尺寸槽钢等,应与预埋件焊接牢固,验收后做防锈处理。下部槽口内每块玻璃的两角附近应放置两块氯丁橡胶垫块,长度不小于100 mm。橡胶及密封胶应嵌填密实并且交圈。

（4）玻璃安装:大型玻璃的安装难度大、技术要求高,施工前要检查安全、技术措施是否到位,各种工具机具是否齐全、适用和完备等,一切就绪方可吊装玻璃。

全玻璃幕墙的玻璃宜采用机械吸盘安装,并采取必要的安全措施。吸盘固定后,需将玻璃试吊起2～3 m进行试起吊,检查各个吸盘牢固度。

玻璃安装过程中,应随时检测和调整面板、玻璃肋的水平度和垂直度,使玻璃安装平整,每块玻璃的夹具应在同一平面内,夹具的受力应均匀。

玻璃两边嵌入槽口深度及预留空隙应符合设计要求,左右空隙宜相同。玻璃表面与槽口侧壁及槽底留有足够间隙,在玻璃发生变形时不致被嵌固受限或从槽中拔出,以保证安全。

（5）灌注密封胶:① 所有注胶部位的玻璃和金属表面,均用丙酮或专用清洁剂擦拭干净,不能用湿布和清水擦洗,注胶部位必须干燥。为防止密封胶污染玻璃,需在玻璃上粘贴美纹纸。② 安排受过训练的专业注胶工施工,注胶时内外两侧同时进行并应严格遵守产品说明施工。注胶速度要均匀、厚度相同,不夹气泡。胶道表面呈凹面。注胶不应在风雨天和低于5 ℃的气温下进行。温度太低胶液会流淌、延缓固化时间,甚至影响拉伸强度。③ 胶缝厚度遵守设计。结构硅酮胶必须在产品有效期内使用。④ 清洗玻璃幕墙表面,使之符合验收要求。

4) 施工注意事项

（1）玻璃磨边。每块玻璃四周均需磨边处理,不要因为上下不露边而忽视了玻璃的安全和质量。玻璃在生产和加工过程中存在内应力;玻璃在吊装中下部可能会临时落地受力;在玻璃上端有夹具夹固,夹具处有很大的应力;吊挂后玻璃又整体受拉,内部存在着应力。如果玻璃边缘不磨边,在复杂的外力、内力共同作用下很容易产生裂纹而破坏。

（2）夹持玻璃的铜夹片一定要用专用胶粘结牢固,密实无气泡,并按说明书要求充分养护后,方可起吊。

（3）在安装玻璃时应严格控制玻璃板面的垂直度、平整度及玻璃缝隙尺寸,使之符合设计及规范要求,并保证外观效果的协调、美观。

学习单元 7.4　涂饰及裱糊工程

‖ 工作任务表 ‖

能力目标	主讲内容	学生完成任务
通过学习训练,使学生熟悉各类涂饰、裱糊工程的施工工艺及操作要点	着重介绍各类涂饰、裱糊、工程的施工工艺、施工方法以及质量要求	结合课程内容,在学习过程中对学校内建筑物、门窗以及家具器具的涂饰进行分类,并进行抽样检查并提交书面调查报告

7.4.1　涂饰工程

涂饰工程包括油漆、涂料和美术涂饰三种。它是将胶体涂布于物体表面,并能与基体材料很好地黏结并形成完整而坚韧保护膜,达到保护、装饰目的。

7.4.1.1　油漆涂饰

油漆涂饰是室内装饰中常用的做法,主要是在木质材料和金属材料表面,也有在抹灰、混凝土面层上涂饰一道很薄的漆膜,用以隔绝水或其他浸蚀性物质,防止其表面侵蚀或损伤,从而达到装饰和保护的双重目的。

1．油漆涂饰材料选用

1) 清漆

清漆分油质清漆和挥发性清漆两类。油质清漆又称凡立水,常用的有酯胶清漆、酚醛清漆、钙酯清漆和醇酸清漆等。漆膜干燥快,透明光泽,适用于木门窗、板壁及金属表面罩光。挥发性清漆又称泡立水,常用的有漆片,漆膜干燥快,坚硬光亮,但耐水、耐热、耐气候性差,易失光,多用于室内木材面层的油漆或家具罩面。

2) 调和漆

调和漆分油性和磁性两类。油性调和漆的漆膜附着力强,有较高的弹性,不易粉化、脱落及龟裂,经久耐用,但漆膜较软,干燥缓慢,光泽差,适用于室外面层涂刷。磁性调和漆常用的有酯胶调和漆和酚醛调和漆等,漆膜较硬,颜色鲜明,光亮平滑,能耐水洗,但耐气候性差,易失光、龟裂和粉化,故仅用于室内面层涂刷。调和漆有大红、奶油、白、绿、灰、黑等色,不需调配,使用时只需调匀或配色,稠度过大时可用松节油或溶剂汽油稀释。

3) 厚漆(铅油)

厚漆又称铅油,有红、白、黄、绿、灰、黑等色。使用时需加清油、松香水等稀释。漆膜柔软,与面漆粘结性好,但干燥慢,光亮度、坚硬性较差。可用于各种涂层打底或单独作表面涂层,亦可用来调配色油和腻子。

4) 清油(鱼油、熟油)

清油又称鱼油、熟油,干燥后漆膜柔软,易发粘。多用于调稀厚漆和红丹防锈漆,也可单独涂于金属、木材表面或打底子及调配腻子。

5) 聚醋酸乙烯乳胶漆

这是一种性能良好的新型涂料和墙漆,适用于作高级建筑室内抹灰面、木材面的面层涂刷,亦可用于室外抹灰面。其优点是漆膜坚硬平整,附着力强,干燥快,耐暴晒和水洗,新墙面稍干燥即可涂刷。此外,还有磁漆、大漆、硝基纤维漆(即蜡克)、耐热漆、耐火漆、防锈漆及防腐漆等。

2. 油漆涂饰施工

1) 基层表面的处理

油漆的基层有木质、金属、混凝土和抹灰层几种。油漆涂刷前,应对各种材质的进行处理,以确保油漆涂层与基层结合牢固,油漆涂层平整光洁。

(1) 木质基层应清理表面的灰尘和污垢,修整缝隙、毛刺和脂囊,填补腻子和磨光,油漆涂刷前木质要保持干燥,节疤处应点涂漆片,阻止树脂渗透。木质含水率不得超过 12%。

(2) 金属基层表面涂刷油漆之前,应将表面的灰尘、油渍、锈斑、焊渣和鳞片清除,并保持表面的干燥。

(3) 混凝土和抹灰层表面应干燥洁净,不得有灰尘、污垢、溅沫和砂浆流痕等缺陷,涂前应将基层的缺棱角处,用 1∶3 水泥砂浆(或聚合物水泥砂浆)修补;表面粗糙麻面缝隙应用腻子填补齐平。基层含水率,当施涂溶剂型涂料时不得大于8%,施涂水性涂料时不大于 10%。

(4) 新建筑物的混凝土或抹灰基层在涂饰料前应涂刷抗碱封闭底漆,旧墙面在涂前应清除疏松的旧装修层,并涂刷界面漆。

2) 刷底油

基层处理后应涂刷底油,使油质渗入基层表面,以增强油漆层同基层表面的黏结并促使基层吸油和着色能力趋于一致。底油一般采用干性油或着色干性油。

3) 抹腻子

待底油干燥后,即可批腻子。腻子涂抹厚度应适当,过厚则易龟裂和脱落,降低涂层的强度;腻子过薄则影响油漆层的平整度和光洁度。分遍刮腻子时,应控制几道腻子涂刮的时间间隔,必须待前道腻子干透后,方可打磨和涂刮下道腻子。涂刮的腻子应牢固,不得起皮和开裂。腻子涂刮遍数由油漆涂饰等级决定。

4) 涂刷油漆

油漆涂饰应在抹灰、吊顶、细部、地面及电气工程完成并验收合格后进行。油漆施工的环境应保持洁净,其温度宜在 5~35 ℃,并注意通风换气和防尘。大风和雨雾天气不应施工。涂料干燥前,应防止污染和热空气的侵袭。

油漆涂层的施工,按不同的油漆等级、品种采取刷涂、擦涂、喷涂和滚涂几种不同的工艺。一般油漆应分层涂刷,涂刷遍数由油漆涂饰的质量等级决定。根据质量要求的不同,油漆涂饰分为普通油漆、中级油漆和高级油漆三个等级。普通油漆涂刷 2 遍,中级油漆分 3 遍涂刷,高级油漆则要刷 4~5 遍。涂刷油漆时应严格控制油漆的黏度或稠度,以不流坠、不显刷纹为宜。涂刷过程中不得随意稀释;最后一遍油漆不宜加催干剂,以免降低油漆面的光洁度;后一遍油漆必须在前一遍油漆干燥后进行,各遍油漆应涂刷均匀,层间结合牢固。

木料面油漆、金属面油漆的主要工序见表 7.3 和表 7.4。

3. 油漆涂饰的质量要求

油漆涂饰应待表面结成牢固的漆膜后进行检查验收。应检查油漆涂饰所用材料品颜色是否符合设计和样板标准。油漆面层的质量检查主要包括:油漆面的光亮度和光滑度,颜色是否一致,有无漏刷、和斑迹,有无裹棱、流坠和皱皮,五金、玻璃是否洁净,表面有无刷纹,以及清漆面的钉眼和木纹的平整度及清晰度。其质量标准随油漆涂饰等级有所不同,级别越高则要求越高。

表 7.3 木质表面施涂溶剂型混合涂料的主要工序

项次	工序名称	普通油漆	中级油漆	高级油漆
1	清扫、起钉子、除油污等	+	+	+
2	铲去脂囊、修补平整	+	+	+
3	磨砂纸	+	+	+
4	节疤处点漆片	+	+	+
5	干性油或带色干性油打底	+	+	+
6	局部刮腻子磨光	+	+	+
7	腻子处涂干性油	+	+	+
8	第一遍满刮腻子		+	+
9	磨光		+	+
10	第二遍满刮腻子			+
11	磨光			+
12	刷底漆			+
13	第一遍油漆	+	+	+
14	复补腻子	+	+	+
15	磨光	+	+	+
16	湿布擦净		+	+
17	第二遍油漆	+	+	+
18	磨光(高级油漆用水砂纸)		+	+
19	湿布擦净		+	+
20	第三遍油漆		+	+

注:1. 表中"+"号表示应进行的工序。

2. 高级涂料工程,必要时可增加刮腻子的遍数及 1~2 遍涂料。

3. 机械喷涂可不受表中施涂遍数的限制,以达到质量要求为准。

表 7.4　金属表面施涂油漆的主要工序

序号	工序名称	普通油漆	中级油漆	高级油漆
1	除锈、清扫、砂纸打磨	+	+	+
2	刷防锈漆	+	+	+
3	局部刮腻子	+	+	+
4	磨光	+	+	+
5	第一遍满刮腻子		+	+
6	磨光		、+	+
7	第二遍满刮腻子			+
8	磨光			+
9	第一遍油漆	+	+	+
10	复补腻子		+	+
1l	磨光		+	+
12	第二遍油漆	+	+	+
13	磨光		+	+
14	湿布擦净		+	+
15	第三遍油漆		+	+
16	磨光(用水砂纸)			+
17	湿布擦净			+
18	第四遍油漆			+

表中"＋"号表示应进行的工序。

7.4.1.2　涂料涂饰

1. 建筑工程中常用的涂料

1) 外墙涂料

(1) JDL－82A 着色砂丙烯酸系建筑涂料。该涂料由丙烯酸系乳液人工着色石英砂及各种助剂混合而成。其特点是结膜快,耐污染、耐褪色性能良好、色彩鲜艳、质感丰富、粘结力强,适用于混凝土、水泥砂浆、石棉水泥板、纸面石膏板和砖墙等基层。

(2) JH80—1 无机高分子外墙涂料。该涂料为碱金属硅酸系无机涂料,以硅酸钾为胶结剂,掺入固化剂、填充料、分散剂和着色剂等制成的水溶性涂料。

(3) JH80—2 无机高分子外墙涂料。这种涂料以胶态氧化硅为主要成膜物质的单组分水溶性涂料。它不需固化剂,需加入填料、颜料和其他助剂。主要用于外墙饰面,也可用于要求耐擦洗的内墙面,具有耐水、耐酸、耐碱、耐污染、不产生静电等性能。

(4) 彩砂涂料。彩砂涂料是丙烯酸树脂类建筑涂料的一种,有优异的耐候性、耐水性、耐碱性和保色性等。

(5) 丙烯酸有光凹凸乳胶漆。这种涂料是以有机高分子材料苯乙烯、丙烯酸酯乳液为主要胶粘剂,加上不同颜料、填料和集料而制成的薄质型和厚质型两部分涂料。厚质型涂料是丙烯酸凹凸乳胶底漆;薄质型涂料是各色丙烯酸有光乳胶漆。

2) 内墙涂料

(1) 乳胶漆。乳胶漆属乳液型涂料,是以合成树脂乳液为主要成膜物质,加入颜料、填料以及保护胶体、增塑剂、耐湿剂、防冻剂、消泡剂、防霉剂等辅助材料,经过研磨或分散处理而制成的涂料。

(2) 喷塑涂料。喷塑涂料是以丙烯酸酯乳液和无机高分子材料为主要成膜物质的有骨料的建筑涂料(又称"浮雕涂料"或"华丽喷砖")。

(3) JHN84—1 耐擦洗内墙涂料。这种涂料是一种粘结度较高又耐擦洗的内墙无机涂料,它以改性硅酸钠为主要成膜物质,成膜物是无机高分子聚合物,掺入少量成膜辅助剂和颜料等。

(4) 其他内墙涂料。如改进型 107 耐擦洗内墙涂料及 SJ—803 内墙涂料等。

2. 涂料涂饰工程的施工

1) 基层表面的处理

涂饰前应将基层表面的灰尘、污垢、溅浆和砂浆流痕清除干净,不得有起皮、裂缝等缺陷,表面的缝隙用腻子填补平整坚实,并用砂纸磨平磨光。基层表面干燥后才能进行涂饰,以免产生脱粉现象。

2) 配制腻子

涂饰工程常用腻子,室外用乳胶腻子由乳胶、水泥和水配制,室内用乳胶腻子由乳胶、滑石粉或大白粉以及羧甲基纤维溶液配制。

3) 涂饰

小面积涂饰采用扁刷、圆刷或排笔工具刷涂,按照先左后右、先上后下、先难后易、先边后面的顺序进行。大面积涂饰宜用手压或电动喷浆机进行喷涂,喷枪压力控制在 0.4～0.8 Mpa,喷枪与墙面保持垂直,距离 500 mm 左右,两行重叠宽度控制在喷涂宽度的 1/3。涂饰次序先顶棚,后由上而下刷(喷)四面墙壁,每间房屋要一次做完,刷色浆应一次配足,以保证颜色一致。室外涂饰,如分段进行时,应以分格缝、墙面的阳角处或水落管处等为分界线。同一墙面应用相同的材料和配合比,涂料必须搅拌均匀,要做到颜色均匀、分色整齐、不漏刷、不透底,最后一遍涂饰或喷浆完毕后,应加以保护,不得损伤。涂饰按质量标准,浆料品种和等级来分几遍涂刷。中、高级涂饰应满刮腻子 1～2 遍,经磨平后再分 2～3 遍涂饰。机械喷浆则不受遍数限制,以达到质量标准为主。

涂饰工程应待表面干燥后进行检查验收。除用料品种、图案和颜色应符合设计要求外,涂饰层的质量应符合施工验收规范和质量标准要求。主要检查是否有掉粉、起皮,有无漏刷和透底,有无反碱、咬色、喷点,刷纹是否均匀通顺,装饰线和分色线是否平直,门窗和灯具是否洁净等。

7.4.1.3　美术涂饰工程

美术涂饰工程是在墙面或顶棚上涂饰各种花饰图案,如喷花、刷花、仿石纹、仿木纹,杂色花纹或墙面拉毛等。

1. 施工工艺

(1)喷花、刷花都需要用套板。套板常用的有纸板和丝绢套板,也可用薄铁皮或薄型材料作套板。操作时用喷气,也可以用油刷或喷枪,还可以用牙刷、棕刷等刷出花纹,分色顺序喷刷,前套板喷刷完,待油漆稍干后,方可进行后套板喷刷。

(2)仿石纹是在底层做好的白色油漆面上再刷一道浅灰色油漆,不等干燥就在面上刷黑色的粗条纹。条纹要曲折,当油漆将干未干时用干净刷子把条纹的边线刷混,使颜色充分调匀。干后再刷一道清漆罩面,即成粗纹大理石纹。也可将丝棉撕开放在物面上(丝棉必须先用喷漆喷 2～3 遍使其变硬),用喷枪喷漆于丝棉上,然后揭开丝棉,物即可显出细条大理石纹。

(3)仿木纹是在木材或金属的基层表面上做浅色油漆,再在上面刷一道深木材油漆,刷后用橡皮、竹丝、树皮等工具,根据需要划出各种木质花纹。做木纹的油漆中忌煤油,因煤油的渗展力强,容易把花纹弄混。仿木纹油漆表面应涂刷一道罩面清漆。

(4)杂色花纹的花样较多,例如在漆片施工中将单色颜料用开水泡好后和肥皂泡混合在一起,配成各种颜色,刷在漆布上,然后用各种工具压、刮、刷、弹和洒出各种花纹,上保护层涂料。

2. 质量要求

(1)美术涂饰工程材料的品种、型号和性能应符合设计要求。

（2）美术涂饰工程应涂饰均匀，黏结牢固，不得有漏涂、透底、起皮、掉粉和反锈现象。

（3）美术涂饰的套色、花纹和图案应符合设计要求。

（4）美术涂饰表面应洁净，不得有流坠。

（5）仿花纹涂饰面应具有被模仿材料的纹理。套色涂饰的图案不得移位，纹理和轮廓应清晰。

7.4.2　裱糊工程

裱糊工程就是将壁纸、墙布用胶粘剂裱糊在结构基层的表面上。由于壁纸和墙布的图案、花纹丰富，色彩鲜艳，故更显得室内装饰豪华、美观、艺术和雅致。

1. 裱糊材料及要求

裱糊常用的材料有普通壁纸、玻璃纤维墙布、无纺墙布、纺织纤维壁纸、金属壁纸、塑料壁纸、复合壁纸及胶粘剂。

普通壁纸系纸面纸基，透气性好，价格便宜，但不耐水，易断裂，已很少采用。玻璃纤维墙布，是以玻璃纤维布为基层，表面涂上耐磨的树脂，印压成彩色的图案、花纹或浮雕。无纺墙布是采用棉、麻等天然纤维或涤、腈等合成纤维，经过无纺成型、上树脂、印压彩色花纹和图案而成的一种高级装饰墙布。塑料壁纸是以纸为基层，用高分子乳液涂布面层，再进行印花、压纹等工艺而制成。胶粘剂则根据裱糊面层的材料品种选用，胶粘剂则根据裱糊面层的材料品种选用，普通壁纸用面粉和明矾调制的胶粘剂，塑料壁纸用聚乙烯醇缩甲醛胶与羧甲基纤维素调配的胶粘剂，玻璃纤维布则用聚醋酸乙烯酯乳胶和羧甲基纤维素配制的胶粘剂。各种胶粘剂均应具有防腐、防霉和耐久的性能。

塑料壁纸、玻璃纤维墙布和无纺墙布是应用较广的内墙装饰材料，具有可擦洗、耐光、耐老化、颜色稳定、无毒、施工简单等特点，且花纹图案丰富多彩，富有质感，适用粘贴在抹灰层、混凝土基层、纤维板、石膏板和胶合板表面。

外观是壁纸装饰效果的具体表现，要求颜色均匀，图案清晰，无色差、折印和明显污痕。印花壁纸的套色偏差不大于 1 mm，且无漏印；压花壁纸其压花深浅一致，不允许出现光面。此外，其褪色性、耐磨性、湿强度、施工性均应符合现行材料标准的有关规定。材料进场后经检验合格，方可使用。

在运输和贮存时，发泡壁纸和复合壁纸应竖放，压延壁纸和墙布应平放，不得受阳光直晒和雨淋，也不要放在潮湿处，以免产生变色和发霉。

2. 裱糊工程的施工

1) 裱糊基层的处理

（1）裱糊前，基层表面应平整、坚实和干净，基层要求基本干燥，混凝土或抹灰层的含水率不应大于 8% 。表面如有磕碰、麻面和缝隙的部位,应用腻子刮平并磨光,并将灰尘清扫干净。石膏板基层的接缝处和不同材料基层相接处应糊条盖缝。

(2) 贴壁纸前,基层表面先涂刷聚乙烯醇缩甲醛溶液一道,封闭基层表面的孔隙,以免其吸水过快,保证壁纸与基层可靠黏结。

(3) 贴纸前基层表面的设备和附件应先卸下。钉帽应嵌入基层表面并涂防锈漆,钉眼用油腻子补平,以防止铁锈上返纸面,影响美观。

(4) 建筑物的混凝土或抹灰基层墙面在刮腻子前应涂刷抗碱封闭底漆。旧墙在裱糊前应清除疏松的旧装修层,并涂刷界面剂。

2) 弹垂直线

为使壁纸粘贴的花纹、图案、线条纵横连贯,在底胶干后,根据房间大小、门窗位置、壁纸宽度和花纹图案的完整性进行弹线,从墙的阳角开始,以壁纸宽度弹垂直线,作为裱糊时的操作基准线。

3) 裁纸、闷水和刷胶

在粘贴壁纸前应进行预拼试贴,以确定裁纸尺寸,使接缝花纹完整、效果良好。裁纸时要按房间尺寸、产品类型及图案、壁纸的规格尺寸进行选配,分别拼花裁切,并编号按顺序粘贴。裁切时要用尺子压紧壁纸,刀刃紧贴尺边,一气呵成,使壁纸边缘平直整齐,不得有毛刺,并妥善卷好,平放备用。

塑料壁纸有遇水膨胀和干后自行收缩的特性,因此,应将裁好的壁纸放入水槽中浸泡 3~5 min,取出后把水抖掉,静置 10 min 左右,使纸充分吸湿伸胀,然后在墙面和纸背面同时刷胶进行裱糊。复合壁纸不得浸水;纺织纤维壁纸不宜在水中浸泡,裱糊前宜用湿布清洁背面;金属壁纸裱糊前应浸水 1~2 min,阴干 5~8 min 后在其背面刷胶;玻璃纤维壁纸、无纺墙布无需进行浸润。

胶粘剂要求涂刷均匀,不漏刷。在基层表面涂刷胶粘剂应比壁纸宽 20~30 mm,涂刷一段,裱糊一张,不应涂刷过厚。若用背面带胶的壁纸,则只需在基层表面涂刷胶粘剂。

4) 裱糊壁纸

以阴角处事先弹好的垂直线作为裱糊第一幅壁纸的基准;第二幅开始,先上后下对称裱糊,对缝必需严密,不显接槎,花纹图案的对缝必须端正吻合。拼缝对齐后,再用刮板由上往下抹压平整,挤出的多余胶粘剂用湿棉丝及时揩擦干净,不得有气泡和斑污,上下边多出的壁纸用刀切削整齐。每次裱糊 2~3 幅后,要吊线检查垂直度,以防造成累积误差,不足一幅的应裱糊在较暗或不显眼的部位。对裁纸的一边可在阴角处搭接,搭缝宽 5~10 mm,要压实,无张嘴现象。阳角处只能包角压实,不能对接和搭接,所以施工时对阳角的垂直度和平整度要严格控制。

大厅明柱应在侧面或不显眼处对缝。裱糊到电灯开关、插座等处应剪口做标志，应先卸去盒盖，裱糊以后再安装纸面上的照明设备或附件。壁纸与挂镜线、贴脸板和踢脚板等部位的连接也应吻合，不得有缝隙，使接缝严密美观。

5）清理修整

整个房间贴好后，应进行全面细致的检查，对未贴好的局部进行清理修整，要求修整后不留痕迹，然后将房间封闭予以保护。

学习单元 7.5　装饰工程质量要求和安全措施

工作任务表

能力目标	主讲内容	学生完成任务
通过学习训练，使学生熟悉装饰工程施工质量要求以及安全技术措施	着重介绍抹灰、饰面、门窗幕墙、涂饰裱糊工程施工质量要求以及安全技术措施	结合课程内容，在学习过程中以学校附近项目为载体，编写抹灰和饰面工程施工安全技术措施

7.5.1　抹灰工程

1. 抹灰工程施工的质量要求

（1）一般抹灰工程的外观质量应符合下列规定：表面光滑、洁净，接槎平整，颜色均匀，无抹纹，灰线平直方正，清晰美观。

（2）装饰抹灰面层的外观质量，应符合下列相应的规定。

水刷石：石粒清晰，分布均匀，紧密平整，色泽一致，不得有掉粒和接槎痕迹。

斩假石：剁纹均匀顺直，深浅一致，不得有漏剁处。阳角处横剁和留出不剁的边条应宽窄一致，棱角不得有损坏。

干粘石：石粒黏结牢固，分布均匀，颜色一致，不露浆，不漏粘，阳角处不得有明显黑边。

喷涂、滚涂、弹涂：颜色一致，花纹大小均匀，不显接槎。

装饰抹灰在涂抹面层前，应检查其中层砂浆表面平整度。检查标准按装饰抹灰的相应规定执行。

（3）一般抹灰工程质量的允许偏差和检验方法，应符合表 7.5 的规定。

表 7.5　一般抹灰工程质量的允许偏差和检验方法

项 次	项　　目	允许偏差（mm）		检验方法
		普通抹灰	高级抹灰	
1	立面垂直度	4	3	用 2 m 垂直检测尺检查
2	表面平整度	4	3	用 2 m 靠尺和塞尺检查
3	阳角方正	4	3	用直角检测尺检查
4	分隔条（缝）直线度	4	3	拉 5 m 线，不足 5 m 拉通线，用钢直尺检查
5	墙裙、勒脚上口直线度	4	3	拉 5 m 线，不足 5 m 拉通线，用钢直尺检查

　　注：1. 外墙一般抹灰，立面总高度的垂直偏差应符合现行《砌体工程施工及验收规范》、《混凝土结构施工及验收规范》和《装配式大板居住建筑结构设计和施工规程》的有关规定。

　　2. 顶棚抹灰，本表第 2 项表面平整度可不检查，但应顺平。

　　（4）装饰抹灰工程质量的允许偏差和检验方法，应符合表 7.6 的规定。

表 7.6　装饰抹灰工程质量的允许偏差和检验方法

项次	项目	允许偏差（mm）				检验方法
		水刷石	斩假石	干粘石	假面石	
1	立面垂直度	5	4	5	5	用 2 m 垂直检测尺检查
2	表面平整度	3	3	5	4	用 2 m 靠尺和塞尺检查
3	阳角方正	3	3	4	4	用直角检测尺检查
4	分隔条（缝）直线度	3	3	3	3	拉 5 m 线，不足 5 m 拉通线，用钢直尺检查
5	墙裙、勒脚上口直线度	3	3	—	—	用 2 m 靠尺和塞尺检查

2. 抹灰工程施工的安全措施

　　（1）严禁将垃圾随意堆放或抛撒。施工垃圾要集中堆放，应由合格单位组织消纳，严禁随意消纳。

　　（2）大风天严禁筛制砂料、石灰等材料。砂子、石灰、散装水泥要集中存放，且不得露天存放。

　　（3）清理现场时，严禁将垃圾杂物从窗口、洞口、阳台等处抛撒，以防造成粉尘污染。

　　（4）遇恶劣天气（如风力在 6 级以上），影响安全施工时，严禁高空作业。

（5）不得擅自拆动施工现场的脚手架、防护设施、安全标志和警告牌。脚手架不得搭设在门窗、暖气片、洗脸池等非承重的器物上。室内抹灰时,高凳上铺设的脚手板不应少于两块(50 cm),间距不大于2 m。移动高凳时上面不得站人,作业人员最多不得超过2人。抹灰高度超过2 m时,应搭设脚手架。

（6）对安全帽、安全网、安全带要定期检查,不符合要求的严禁使用。

（7）无论是搅拌砂浆还是抹灰操作,应注意防止灰浆溅入眼内而造成伤害。

7.5.2 饰面工程

7.5.2.1 饰面工程的质量要求

1. 饰面板的安装

（1）饰面板的品种、规格、颜色和性能应符合设计要求,木龙骨、木饰面板和塑料饰面板的燃烧性能等级应符合设计要求。饰面表面应平整、洁净、色泽一致,无裂痕和缺损。石材表面应无泛碱等污染。饰面板嵌缝应密实、平直,宽度和深度应符合设计要求,嵌填材料色泽应一致。

（2）饰面板孔、槽的数量、位置和尺寸应符合设计要求。饰面板上的孔洞应套割吻合,边缘应整齐。

（3）饰面板安装工程的预埋件(或后置埋件)、连接件的数量、规格、位置、连接方法和防腐处理必须符合设计要求。后置埋件的现场拉拔强度必须符合设计要求。

（4）采用湿作业法施工的饰面板工程,石材应进行防碱背涂处理。饰面板与基体之间的灌注材料应饱满、密实。

（5）饰面板安装的允许偏差和检验方法应符合表7.7的规定。

表7.7 饰面板安装的允许偏差和检验方法

项次	项 目	允 许 偏 差(mm)							检验方法
		石 材			瓷板	木材	塑料	金属	
		光面	剁斧石	蘑菇石					
1	立面垂直度	2	3	3	2	1.5	2	2	用2 m垂直检测尺检查
2	表面平整度	2	3	—	1.5	1	3	3	用2 m靠尺和塞尺检查
3	阴阳角方正	2	4	4	2	1.5	3	3	用直角检测尺检查

项次	项 目	石 材			瓷板	木材	塑料	金属	检验方法
		允　许　偏　差(mm)							
		光面	剁斧石	蘑菇石					
4	接缝直线度	2	4	4	2	1	1	1	拉 5 m 线,不足 5 m 拉通线,用钢直尺检查
5	墙裙、勒脚上口直线度	2	3	3	2	2	2	2	拉 5 m 线,不足 5 m 拉通线,用钢直尺检查
6	接缝高低差	0.5	3	—	0.5	0.5	1	1	用钢直尺和塞尺检查
7	接缝宽度	1	2	2	1	1	1	1	用钢直尺检查

2. 饰面砖的安装

(1) 饰面砖的品种、规格、图案、颜色和性能应符合设计要求。饰面砖表面应平整、洁净、色泽一致,无裂痕和缺损。

(2) 饰面砖粘贴工程的找平、防水、粘结和勾缝材料及施工方法应符合设计要求及国家现行产品标准和工程技术标准的规定。阴阳角处搭接方式、非整砖使用部位应符合设计要求。墙面突出物周围的饰面砖应整砖套割吻合,边缘应整齐。墙裙、贴脸突出墙面的厚度应一致。

(3) 饰面砖接缝应平直、光滑,填嵌应连续、密实,宽度和深度应符合要求。有排水要求的部位应做滴水线(槽)。滴水线(槽)应顺直,流水坡向应正确,坡度应符合设计要求。

(4) 饰面砖粘贴的允许偏差和检验方法应符合表 7.8 的规定。

表 7.8　饰面砖粘贴的允许偏差和检验方法

项次	项　目	允　许　偏　差(mm)		检验方法
		外墙面砖	内墙面砖	
1	立面垂直度	3	2	用 2 m 垂直检测尺检查
2	表面平整度	4	3	用 2 m 靠尺和塞尺检查

项次	项　目	允　许　偏　差(mm)		检验方法
		外墙面砖	内墙面砖	
3	阴阳角方正	3	3	用直角检测尺检查
4	接缝直线度	3	2	拉 5 m 线,不足 5 m 拉通线,用钢直尺检查
5	接缝高低差	1	0.5	用钢直尺和塞尺检查
6	接缝宽度	1	1	用钢直尺检查

7.5.2.2　饰面板(砖)工程的安全措施

1. 饰面板安装的安全措施

(1) 在施工过程中应防止噪声污染,在噪声敏感区域宜选择使用低噪声的设备,也可以采取其他降低噪声的措施。

(2) 挂上饰面板校核后应及时用卡具支撑稳固,并应及时灌浆,以免卡具被人碰撞松脱使饰面板掉下伤人。外饰面完活后,易破损部分的棱角处要钉护角保护,其他工种操作时不得划伤面漆和碰坏石材,完工的外挂石材应设专人看管,遇有危害成品的行为,应立即制止,并严肃处理。

(3) 材料必须符合环保要求,无污染;废料及垃圾必须及时清理干净,装袋运至指定堆放地点,堆放垃圾处必须进行围挡。

(4) 切割石材的临时用水、污水经过沉淀后方可排放。

(5) 操作前检查脚手架和脚手板是否搭设牢固,高度是否符合操作要求,合格后才能上架操作,凡不符合安全之处应及时修整。禁止穿硬底鞋、拖鞋、高跟鞋在架子上工作,架子上人不得集中在一起,工具要搁置稳定,以防止坠落伤人。

(6) 在两层脚手架操作时,应尽量避免在同一垂直线上工作,不可避免时,下层操作者必须戴安全帽,并应设置防护措施。

(7) 高空作业必须佩戴安全带,上架子作业前必须检查脚手板搭设是否安全可靠,确认无误后方可上架进行作业。

(8) 施工现场临时用电线路必须按用电规范布设,严禁乱接乱拉,远距离电缆线不得随地乱拉,必须架空固定。

(9) 小型电动工具必须安装漏电保护装置,使用时应试运转合格后方可操作。

(10) 电器设备应有接地和接零保护,现场维护电工应持证上岗,非维护电工不得乱接电源。

（11）搬运饰面材料要拿稳放牢，绳索工具要牢固。

2. 饰面砖安装的安全措施

（1）在施工过程中防止噪声污染，在噪声敏感区域宜选择使用低噪声的设备，也可以采取其他降低噪声的措施。

（2）胶粘剂等材料必须符合环保要求，无污染。

（3）操作前检查脚手架和脚手板是否搭设牢固，高度是否符合操作要求，合格后才能上架操作，凡不符合安全之处应及时修整。护身栏、挡脚板、平桥板是否齐全可靠，发现问题应及时修整好，才能在上面操作；脚手架上放置料具要注意分散并放平稳，不准超过规定荷载，严禁随意从高空向下抛掷杂物。

（4）禁止穿硬底鞋、拖鞋、高跟鞋在架子上工作，架子上人不得集中在一起，工具要搁置稳定，以防止坠落伤人。

（5）在两层脚手架上同时操作时，应尽量避免在同一垂直线上工作，不可避免时，下层操作者必须戴安全帽，并应设置防护措施。

（6）抹灰时应防止砂浆进入眼内；采用竹片和钢筋固定八字靠尺板时，应防止竹片或钢筋回弹伤人。

（7）作业时，饰面砖的碎片不得向外抛扔。

（8）电钻、砂轮等手持电动机具，必须装有漏电保护器，作业前应试机检查，作业时应戴绝缘手套。

（9）在潮湿环境中施工时，应使用 36 V 低压行灯照明。胶粘剂等材料必须符合环保要求，无污染。

7.5.3 铝合金及玻璃幕墙

7.5.3.1 铝合金及玻璃幕墙施工的质量要求

1. 铝合金门窗安装施工质量要求

（1）铝合金门窗扇安装质量：① 平开门窗扇应关闭严密，间隙均匀，开关灵活。② 推拉门窗扇应关闭严密，间隙均匀，扇与框搭接量符合设计要求，推拉灵活。

（2）铝合金门窗框与墙体间缝隙应填嵌饱满密实，表面平整、光滑、无裂缝。填塞材料及方法符合设计要求，并采用密封胶密封。密封胶表面应光滑、顺直、无裂纹。

（3）铝合金门窗外观应表面洁净，颜色一致，拼接缝严密无缝隙，无划痕、碰伤，无锈蚀，无毛边、飞刺、腐蚀斑痕及其他污迹，涂胶表面光滑平整，厚度均匀，线条粗细一致，无气泡。

（4）铝合金门窗附件安装应附件齐全，安装位置正确牢固，灵活适用，达到各自的功能,美观无污染,隔声功能应达到隔声指标。

(5)铝合金卷帘门窗应满足防风功能。

(6)铝合金门窗扇的橡胶密封条或毛毡密封条应安装完好,不得脱槽。

(7)有排水孔的铝合金门窗的排水孔应通畅,其位置和数量应符合设计要求。

(8)铝合金门窗质量验收标准以及安装的允许偏差和检验方法应符合表7.9、表7.10的规定。

表7.9 金属门窗安装工程质量验收标准

主控项目	检验方法	一般项目	检验方法
金属门窗的品种、种类、规格、尺寸、性能、开启方澳、安装位置、连接方式及铝合金型材壁厚应符合设计要求。金属门窗的防腐处理及嵌填、密封处理应符合设计要求	观察;尺量检查;检查产品合格证书、性能检测报告、进场验收记录和复验报告;检查隐蔽工程验收记录	金属门窗表面应洁净、平整、光滑、色泽一致,无锈蚀。大面应无划痕、碰伤。漆膜或保护层应连续	观察检查
金属门窗框和副框的安装必须牢固。预埋件的数量、位置、埋设方式、与框的连接方式必须符合设计要求	手扳检查;检查隐蔽工程验收记录	铝合金门窗推拉门窗扇开关力应不大于100 N	用弹簧秤检查
金属门窗扇必须安装牢固,并应开启灵活,关闭严密,无倒翘。推动门窗扇必须有防脱漏措施	观察;开启和关闭检查;手扳检查	金属门窗框与墙体之间的缝隙应填嵌饱满,并采用密封胶密封。密封表面应光滑,顺直,无裂纹	观察;轻敲门窗框检查;检查隐蔽工程验收记录
金属门窗配件的型号、规格、数量应符合设计要求,安装应牢固,位置应正确,功能应满足使用要求	观察;开启和关闭检查;手扳检查	金属门窗扇的橡胶密封条或毛毡封条应安装完好,不得脱槽有排水孔的金属门窗,排水孔应畅通,位置和数量应符合设计要求	观察;开启和关闭检查观察
		铝合金门窗安装的允许偏差和检验方法应符合下表的规定	

表 7.10　铝合金门窗安装的允许偏差和检验方法

项次	项目		允许偏差(mm)	检验方法
1	门窗槽口宽度、高度	≤1500 mm	1.5	用钢尺检查
		>1500 mm	2	
2	门窗槽口对角线长度差	≤2000 mm	3	用钢尺检查
		>2000 mm	4	
3	门窗框的正、侧面垂直度		2.5	用垂直检测尺检查
4	门窗横框的水平度		2	用 1 m 水平尺和塞尺检查
5	门窗横框标高		5	用钢尺检查
6	门窗竖向偏离中心		5	用钢尺检查
7	双层门窗内外框间距		4	用钢尺检查
8	推拉门窗扇与框搭接量		1.5	用钢直尺检查

2. 玻璃幕墙安装施工的质量要求

(1) 玻璃幕墙所使用的各种材料、构件和组件的质量,应符合设计要求及国家现行产品标准和工程技术规范的规定。造型和立面风格应符合设计要求。

(2) 玻璃幕墙使用的玻璃应符合下列规定:① 幕墙应使用安全玻璃,玻璃的品种、规格、颜色、光学性能及安装方向应符合设计要求。② 幕墙玻璃的厚度不应小于 6 mm,全玻璃墙的肋玻璃的厚度不应小于 12 mm。③ 幕墙的中空玻璃应采用双道密封。④ 幕墙的夹层玻璃应采用聚乙烯醇缩丁醛(PVB)胶片干法加工合成的夹层玻璃。点支承玻璃幕墙夹层胶片(PVB)厚度不应小于 0.76 mm。⑤ 钢化玻璃表面不得有损伤;8.0 mm 以下的钢化玻璃应进行引爆处理。⑥ 所有幕墙玻璃均应进行边缘处理。⑦ 玻璃幕墙与主体结构连接的各种预埋件、紧固件必须安装牢固。其数量、规格、位置、连接方法和防腐处理应符合设计要求。⑧ 隐框或半隐框玻璃幕墙,每块玻璃下端应设置两个铝合金或不锈钢托条,其长度不应小于 100 mm,厚度不应小于 2 mm。托条外端应低于玻璃外表面 2 mm。

(3) 明框玻璃幕墙的玻璃安装应符合下列规定:① 玻璃槽口与玻璃的配合尺寸应符合设计要求和技术标准的规定。② 玻璃与构件不得直接接触,玻璃四周与构件凹槽底部应保持一定的空隙。每块玻璃下部应至少放置两块宽度与槽口宽度相同、长度不小于 100 mm 的弹性定位垫块。玻璃两边嵌入量及空隙应符合设计要求。③ 玻璃四周橡胶条的材质、型号应符合设计要求,镶嵌应平整。橡胶条长度应比边框内槽长 1.5%～2.0%,橡胶条转角处应斜面断开,并应用粘合剂粘结牢固后嵌入槽内。④ 高度超过 4 m 的全玻璃幕墙,应吊挂在主体结构上,吊夹具应符合设计要求,玻璃与玻璃、玻璃与肋玻璃之间的缝隙,应采用硅酮结构密封胶填嵌严密。⑤ 点支承玻璃幕墙应采取带万向头的活动不锈钢爪,其钢爪间的中心距离应大于 250 mm。⑥ 玻璃幕墙四周、玻璃幕墙内表面与主体结构之间的连接节点、各种变形缝墙角的连接节点应符合设计要求和技术标准的规定。⑦ 玻璃幕墙应无渗漏。⑧ 玻璃幕墙结构胶和密封胶打注应饱满、密实、连续、均匀、无气泡,宽度和厚度应符合设计要求和技术标准的规定。⑨ 玻璃幕墙开启窗的配件应齐全,安装应牢固,安装位置和开启方向、角度应正确;开启应灵活,关闭应严密。⑩ 玻璃幕墙的防雷装置必须与主体结构的防雷装置可靠连接。

3.一般项目

(1) 玻璃幕墙表面应平整、洁净;整幅玻璃的色泽应均匀一致;不得有污染和镀膜损坏。

(2) 每平方米玻璃的表面质量和检验方法应符合表 7.11 的规定。

表 7.11　玻璃的表面质量和检验方法

项次	项目	质量要求	检验方法
1	明显划伤和长度>100 mm 的轻微划伤	不允许	观察
2	长度≤100 mm 的轻微划伤	≤8 条	用钢尺检查
3	擦伤总面积	≤500 mm²	用钢尺检查

(3) 一个分割铝合金型材的表面质量和检验方法应符合表 7.12 的规定。

表 7.12　铝合金型材的表面质量和检验方法

项次	项目	质量要求	检验方法
1	明显划伤和长度>100 mm 的轻微划伤	不允许	观察
2	长度≤100 mm 的轻微划伤	≤2 条	用钢尺检查
3	擦伤总面积	≤500 mm²	用钢尺检查

(4) 明框玻璃幕墙的外露框或压条应横平竖直,颜色、规格应符合设计要求,压条安装应牢固。单元玻璃幕墙的单元拼缝或隐框玻璃幕墙的分格玻璃拼缝应横平竖直、均匀一致。

(5) 玻璃幕墙的密封胶缝应横平竖直、深浅一致、宽窄均匀和光滑顺直。

(6) 防火、保温材料填充应饱满、均匀,表面应密实、平整。

(7) 玻璃幕墙隐蔽节点的遮封装修应牢固、整齐和美观。

（8）明框玻璃幕墙安装的允许偏差和检验方法应符合表 7.13 的要求。

表 7.13　明框玻璃幕墙安装的允许偏差和检验方法

项次	项目		允许偏差（mm）	检验方法
1	幕墙垂直度	幕墙高度≤30 m	10	用经纬仪检查
		30 m＜幕墙高度≤60 m	15	
		60 m＜幕墙高度≤90 m	20	
		幕墙高度＞90 m	25	
2	幕墙水平度	幕墙幅宽≤35 m	5	用水平仪梭查
		幕墙幅宽＞35 m	7	
3	构件直线度		2	用 2 m 靠尺和塞尺检查
4	构件水平度	构件长度≤2 m	2	用水平仪检查
		构件长度＞2 m	3	
5	相邻构件错位		1	用钢直尺检查
6	分格框对角线长度差	对角线长度≤2 m	3	用钢尺检查
		对角线长度＞2 m	4	

（9）隐框、半隐框玻璃幕墙安装的允许偏差和检验方法应符合表 7.14 的规定。

表 7.14　隐框、半隐框玻璃幕墙安装的允许偏差和检验方法

项次	项目		允许偏差（mm）	检验方法
1	幕墙垂直度	幕墙高度≤30 m	10	用经纬仪检查
		30 m＜幕墙高度≤60 m	15	
		60 m＜幕墙高度≤90 m	20	
		幕墙高度＞90 m	25	
2	幕墙水平度	层高≤3 m	3	用水平仪检查
		层高＞3 m	5	
3	幕墙表面平整度		2	用 2 m 靠尺和塞尺检查
4	板材立面垂直度		2	用垂直检测尺检查
5	板材上沿水平度		2	用 1 m 水平尺和钢直尺检查

项次	项目	允许偏差(mm)	检验方法
6	相邻板材板角错位	1	用钢直尺检查
7	阳角方正	2	用直角检测尺检查
8	接缝直线度	3	拉 5 m 线,不足 5 m 拉通线,用钢直尺检查
9	接缝高低差	1	用钢直尺和塞尺检查
10	接缝宽度	1	用钢直尺检查

7.5.3.2 铝合金及玻璃幕墙施工的安全措施

1. 铝合金门窗安装施工注意事项

(1)铝合金门窗与墙体的连接形式分为有预埋件安装和无预埋件安装,家庭装饰一般是多为无预埋件安装。

(2)无预埋件安装采用滑片、连接件的紧固形式。

(3)连接件多用镀锌锚固板,一端固定在墙体结构上,另一端固定在门窗框外侧。

(4)门窗框与墙体结构之间需留有一定的间隙,以防止热胀冷缩引起变形。

(5)所留间隙视墙面的不同饰面材料而定,门窗框架固定后,周边要填缝。

(6)填缝应分层填入矿棉或玻璃棉毡条、泡沫塑料等软质材料。

(7)铝合金门窗框边留 5～8 mm 深的槽口,待粉刷或贴面后,清除浮灰,嵌填防水密封胶。

(8)铝合金门窗框塞缝应有专人负责。先将水泥砂浆用小溜子将缝塞实塞严,待达到一定强度后再用水泥砂浆找平。

(9)铝合金门窗框安装应采取有效措施,以保证与墙体连接牢固,抹灰后不致在门窗框边处发生裂缝、空鼓问题。

(10)加气混凝土砌块隔墙与门框连接采用后立口时,先将墙体钻深100 mm、直径 35 mm 的孔眼,再以相同尺寸的圆木蘸建筑胶水泥浆,打入孔洞内,表面露出约 10 mm 代木砖用。

(11)炭化石灰板、石膏珍珠岩空心条板隔墙与门口连接,宜采用立板同时顺序立门口,与板材粘钉结合的方法施工。

(12)立条板顺序安装至门口位置时,先将条板侧面浮砂清除干净,刷建筑胶一道,再涂抹粘结砂浆。

(13)铝合金门框要用木卡子卡好找方,钉两道支撑,以防止受外力挤压使门框变形,待粘结砂浆有一定强度后方可打掉门框上的支撑。

2. 全玻璃幕墙安装施工的安全措施

(1) 安装玻璃幕墙用的施工机具,应做严格检验。手电钻、电动螺钉旋具、射钉枪等电动工具应作绝缘电压试验,手持玻璃吸盘、电动玻璃吸盘应进行吸附重量和吸附持续时间的试验。

(2) 施工人员应佩带安全帽、安全带和工具袋等。

(3) 在高层玻璃幕墙安装与上部结构施工交叉时,结构施工下方应设安全防护网。在离地 3 m 高处,应搭设挑出 6 m 的水平安全网。

(4) 现场焊接时,在焊件下方应设接火斗。

7.5.4　涂饰及裱糊工程

7.5.4.1　涂饰及裱糊工程施工的质量要求

1. 油漆工程施工的质量要求

油漆工程应待表面结成牢固的漆膜后进行检查验收。应检查油漆工程所用材料品种、颜色是否符合设计和样板标准。

油漆面层的质量检查主要包括:油漆面的光亮度和光滑度,颜色是否一致,有无漏刷、脱皮和斑迹,有无裹棱、流坠和皱皮,五金、玻璃是否洁净,表面有无刷纹,以及清漆面的钉眼和木纹的平整度及清晰度。其质量标准随油漆工程等级有所不同,级别越高则要求标准越高。

2. 涂料涂饰工程施工的质量要求

(1) 选用的乳胶漆品种、型号和颜色应符合设计要求,材料应有使用说明、储存有效期和产品合格证。

(2) 基层含水率不得大于 8%;基层腻子应平整、坚实和牢固,无粉化、起皮和裂缝;涂饰均匀,粘结牢固,不得漏涂、透底、起皮和掉粉。质量检测标准见表 7.15。

(3) 基层腻子应刮实、磨平,平整、坚实、牢固、无粉化、起皮和裂缝。应涂刮均匀,不得漏涂、透底。

(4) 残缺处应补齐腻子,砂纸打磨到位;应认真按照工艺标准操作。后一遍涂料涂刷必须在前一遍涂料干燥后进行。

表 7.15 质量检测标准

项次	项目	中级抹灰	高级抹灰	检查方法
1	颜色	均匀一致	均匀一致	观察
2	泛碱、咬色	允许少量轻微	不允许	观察
3	流坠、疙瘩	允许少量轻微	不允许	观察
4	砂眼、刷痕	允许少量轻微砂眼,刷纹通顺	无砂眼,无刷痕	观察
5	装饰线、分色线直线度允许偏差(mm)	2	1	拉 5 m 线,不足 5 m 拉通线,用钢直尺检查

3.美术涂饰工程的质量要求

(1)美术涂饰工程材料的品种、型号和性能应符合设计要求。

(2)美术涂饰工程应涂饰均匀,黏结牢固,不得有漏涂、透底、起皮、掉粉和反锈现象。

(3)美术涂饰的套色、花纹和图案应符合设计要求。

(4)美术涂饰表面应洁净,不得有流坠。

(5)仿花纹涂饰面应具有被模仿材料的纹理。套色涂饰的图案不得移位,纹理和轮廓应清晰。

4.裱糊工程施工的质量要求

裱糊工程材料品种、颜色、图案应符合设计要求。裱糊工程的质量应符合下列规定:

(1)壁纸、墙布必须粘贴牢固,表面色泽一致,不得有气泡、空鼓、裂缝、翘边、皱折和斑污,斜视时无胶痕。燃烧性能等级必须符合设计要求及国家现行标准的有关规定。

(2)表面平整。无波纹起伏。壁纸、墙布与与各种装饰线、设备线盒应交接严密,不得有缝隙。

(3)裱糊后各幅拼接横平竖直,拼接处花纹、图案吻合,不离缝,不搭接,距墙面1.5 m处正视不显拼缝。

(4)阴阳角垂直,棱角分明,阴角处搭接顺光,阳角处无接缝。

(5)壁纸、墙布边缘平直整齐,不得有纸毛和飞刺。

(6)不得有漏贴、补贴和脱层等缺陷。

7.5.4.2 涂饰及裱糊工程施工的安全措施

1.油漆工程施工的安全措施

(1)油漆材料、所用设备必须有专人保管,且存放在专用库房内,各原料桶必须要有封盖。

(2) 在油库材料库房内,严禁吸烟,且应有消防设备,其周围有火源时,应按防火消防规定,隔绝火源。

(3) 油漆原料间照明,应有防爆装置,且开关应设在门外。

(4) 使用喷灯时,加油不得加满,打气不应过足,使用时间不宜过长,点火时,灯嘴不准对人。

(5) 操作者应做好劳动保护工作,坚持穿戴安全防护用具。

(6) 使用溶剂时(如甲苯等有毒物质时),应采取对眼睛、皮肤等的防护措施,且随时注意中毒现象。

(7) 熬胶、浇油桶应离开建筑物 10 m 以外,熬炼桐油时,应距建筑物 30~50 m。

(8) 在喷涂硝基漆或其他挥发性、易燃性溶剂稀释的涂料时不准使用明火。

(9) 为了避免静电集聚引起事故,对罐体涂漆应接地线装置。

2. 裱糊工程施工的安全措施

(1) 禁止穿硬底鞋、拖鞋和高跟鞋在架子上工作,架子上施工人员不得集中在一起,工具要搁置稳定,防止坠落伤人。

(2) 操作前检查脚手架和脚手板是否搭设牢固,高度是否满足操作要求,不符合安全之处应及时修整。

(3) 在两层脚手架上操作时,应尽量避免在同一垂直线上工作。

(4) 选择材料时,必须选择符合国家规定的材料。

(5) 墙纸裱糊完的房间应及时清理干净,不准作为料房或休息室,避免污染和损坏。

(6) 在整个裱糊的施工过程中,严禁非操作人员随意触摸壁纸。

(7) 电气和其他设备等在进行安装时,应注意保护壁纸,防止污染和损坏。

(8) 严禁在已裱糊好壁纸的顶、墙上剔眼打洞。若确需变更设计,也应采取相应的措施,施工时要小心保护,施工后要及时认真修复,以保证壁纸的完整。

(9) 二次修补油、浆糊及磨石二次清理打蜡时,注意做好壁纸的保护,防止污染、碰撞与损坏。

复习思考题与习题

1. 试述建筑装饰工程的施工特点及施工顺序。

2. 简述一般抹灰工程的材料要求、基层处理和施工要点。

3. 试述装饰抹灰的主要装饰面层的施工工艺。

4. 试述饰面板绑扎固定灌浆法的施工工艺。

5. 试述石材干挂法施工的施工工艺。

6. 简述混凝土框架结构墙面金属板安装工艺及木质饰面板施工的饰面板安装。

7. 简述饰面砖镶贴的材料要求、施工工艺、操作要点。

8. 试述铝合金门窗与墙体连接方式及安装的主要工序。

9. 简述玻璃幕墙的分类、技术要求及施工方法。

10. 简述油漆工程施工基层表面的粘附物及清理的方法。

11. 简述涂料涂饰工程的施工工艺。

12. 试述一般抹灰工程施工的质量要求和安全措施。

13. 试述饰面砖施工的质量要求和安全措施。

14. 试述铝合金及玻璃幕墙施工的安全措施。

15. 试述裱糊工程施工的质量要求。

参 考 文 献

[1]《建筑施工手册》编写组.建筑施工手册[M].4版.北京:中国建筑工业出版社,2003.

[2] 包永刚,钱武鑫.建筑施工技术[M].北京:中国水利水电出版社,2007.

[3] 傅敏.现代建筑施工技术[M].北京:机械工业出版社,2009.

[4] 穆静波,孙震.土木工程施工[M].北京:中国建筑工业出版社,2009.

[5] 侯洪涛,郑建华.建筑施工技术[M].北京:机械工业出版社,2009.

[6] 魏应乐,徐勇猛.建筑施工技术[M].北京:中国水利水电出版社,2009.

[7] 宁仁岐.建筑施工技术[M].北京:高等教育出版社,2002.

[8] 徐占发.建筑施工[M].北京:机械工业出版社,2009.

[9] 陈守兰.建筑施工技术[M].北京:科学出版社,2005.

[10] 中国建筑技术集团有限公司.建筑施工土石方工程安全技术规范[M].北京:中国建筑工业出版社,2009.

[11] 中国华西企业股份有限公司.土方与爆破工程施工及验收规范[M].北京:中国建筑工业出版社,2012.

[12] 陕西省建筑科学研究院.砌体结构工程施工质量验收规范[M].北京:中国建筑工业出版社,2011.

[13] 中国建筑科学研究院.建筑施工扣件式钢管脚手架安全技术规范[M].北京:中国建筑工业出版社,2011.

[14] 中国建筑科学研究院.混凝土结构工程施工规范[M].北京:中国建筑工业出版社,2011.

[15] 中国建筑装饰协会.住宅装饰装修工程施工规范[M].北京:中国建筑工业出版社,2002.